住房和城乡建设部“十四五”规划教材
高等学校给排水科学与工程专业系列教材

建筑消防工程
（第三版）

徐志嫱　徐　慧　李　梅　刘　维　主编
田　静　主审

中国建筑工业出版社

图书在版编目(CIP)数据

建筑消防工程 / 徐志嫱等主编. — 3版. — 北京：
中国建筑工业出版社，2023.4 (2024.6重印)
住房和城乡建设部“十四五”规划教材　高等学校给
排水科学与工程专业系列教材
ISBN 978-7-112-28310-1

Ⅰ. ①建… Ⅱ. ①徐… Ⅲ. ①建筑物—消防—高等学
校—教材 Ⅳ. ①TU998.1

中国国家版本馆CIP数据核字（2023）第017433号

本书免费配套资源下载流程：
中国建筑工业出版社官网 www.cabp.com.cn→输入书名或征订号查询→点选图书→点击配套资源即可下载。
重要提示：下载配套资源需注册网站用户并登录，该配套资源有效期为本书出版后五年。

责任编辑：张文胜
责任校对：党　蕾

住房和城乡建设部“十四五”规划教材
高等学校给排水科学与工程专业系列教材
建筑消防工程
（第三版）
徐志嫱　徐　慧　李　梅　刘　维　主编
田　静　主审
*
中国建筑工业出版社出版、发行（北京海淀三里河路9号）
各地新华书店、建筑书店经销
北京红光制版公司制版
廊坊市海涛印刷有限公司印刷
*
开本：787毫米×1092毫米　1/16　印张：21¼　字数：529千字
2023年4月第三版　2024年6月第三次印刷
定价：**58.00**元
ISBN 978-7-112-28310-1
(40609)

第三版前言

近年来，随着新技术、新工艺、新材料在民用建筑中的广泛应用，以及建筑的设计和建造向绿色低碳方向的转型，对建筑消防提出了更高的要求。为了保障建筑使用安全，规范建筑行业的技术措施，国家相关部门陆续出台和修订了相关标准规范，如《建筑设计防火规范》GB 50016—2014（2018年版）、《消防设施通用规范》GB 55036—2022、《自动跟踪定位射流灭火系统技术标准》GB 51427—2021、《建筑防烟排烟系统技术标准》GB 51251—2017、《消防应急照明和疏散指示系统技术标准》GB 51309—2018等。为能及时反映建筑消防工程领域最新发展趋势和规范技术要求，教材编写组在第二版的基础上，对相关内容进行了修订和完善。

《建筑消防工程》（第三版）重点对第3章中部分内容进行了调整，增加了细水喷雾灭火系统，并将水喷雾及细水喷雾灭火系统合并为单独一节，将其他新型消防系统调整为自动跟踪定位射流灭火系统，在气体灭火系统中增加了氮气和二氧化碳灭火系统的描述。引用和借鉴了国家建筑标准设计图集（如《建筑设计防火规范》图示、《消防给水及消火栓系统技术规范》图示、自动喷水灭火系统的设计、自动喷水灭火设施安装、《建筑防烟排烟系统技术标准》图示、《火灾自动报警系统设计规范》图示等）中的图例，增加了一定量的设计计算算例和工程实例，增强了教材的实用性。

本书主要内容分为5章：绪论、民用建筑防火、建筑消防系统、建筑防烟排烟和火灾自动报警。书中分析了火灾发生、发展的规律，明确了民用建筑防火的技术措施，重点阐述了消防给水及消火栓系统、自动喷水灭火系统、自动跟踪定位射流灭火系统、水喷雾及细水喷雾灭火系统、气体灭火系统和建筑灭火器等建筑消防系统的类型、组成、工作原理、适用场所、设计计算方法等；探讨了汽车库和人民防空工程等特殊建筑采用的消防技术方法，并对建筑防烟排烟和火灾自动报警系统的设计要点、过程和方法进行了系统描述。

本书可作为高等学校给排水科学与工程（给水排水工程）专业的教学用书，也可作为建筑、消防、建筑环境与设备、自动控制工程等专业的参考教材及工程设计、施工、监理及消防行业管理等人员的参考用书。

本书由徐志嫱、徐慧、李梅、刘维担任主编，西安市建筑设计研究院田静担任主审。教材编写组成员包括：西安理工大学徐志嫱、刘维，山东建筑大学李梅、刘静、王珊，西北综合勘察设计研究院徐慧、孙小虎、宋涛、李彩玲、魏王斌。

本书在编写过程中参考了西北综合勘察设计研究院、西安市建筑设计研究院大量工程设计实例，得到了西安理工大学和山东建筑大学有关部门和人员的大力支持，在此一并表示感谢。

由于编写水平有限，书中错误和不妥之处在所难免，恳请读者及同行不吝指教，以臻完善。

编者

2022年10月

第二版前言

随着城市建设的迅速发展，民用建筑的技术密集和复杂程度已今非昔比，而建筑中的安全性问题也日益突出。现实生活中由于在设计中轻视了建筑安全性问题而导致的建筑火灾事故频繁发生，造成的人员伤亡和财产损失触目惊心、难以弥补，所以建筑中的安全性问题应引起足够的重视。

本书从建筑安全的角度出发，构建了民用建筑消防系统的完整框架。结合建筑防火设计的思想，分析了建筑火灾发生、发展的基本规律，围绕建筑防火的技术措施，系统地阐述了民用建筑防火、建筑消防系统、建筑防烟排烟、火灾自动报警系统的相关内容。重点讲述了消火栓消防给水系统、自动喷水灭火系统、洁净气体灭火系统及建筑灭火器等建筑消防系统的类型、组成、工作原理、适用条件、设计计算方法；人防地下室、汽车库的消防系统设计、消防排水等问题。探讨了适用于建筑高大空间的大空间智能型主动灭火系统和固定消防炮灭火系统的工作原理和设计方法。

本书注重吸收近年来在建筑消防工程领域的新技术和先进经验，阐述了国内建筑消防设计的最新成果，以国家最新颁布的建筑消防技术规范和示图为依据，用大量的图表和实例对各系统的设计和相关问题进行了详细的分析和计算，是一部理论与实际紧密结合的实用教材。

本书可作为高等院校给排水科学与工程专业的教学用书，也可作为建筑、消防、建筑环境与设备、自动控制工程等专业的参考教材及工程设计、施工、监理及消防行业管理等方面人员的参考用书。

本书的作者来自于教学、设计、管理等不同部门。由西安理工大学徐志嫱、山东建筑大学李梅、西北综合勘察设计研究院孙小虎担任主编，西北建筑设计研究院陈怀德主审。全书共5章，第1章由山东建筑大学张克峰和刘静编写；第2章由西北综合勘察设计研究院孙小虎编写；第3章由徐志嫱、李梅、西北综合勘察设计研究院的宋涛、河北工程大学的刘维、西安科技大学的李亚娇编写；第4章由徐志嫱、西北综合勘察设计研究院的杨天文编写；第5章由西北综合勘察设计研究院的魏王斌编写。

本书在编写过程中参阅了多位专家的著作和文章，参考了西北综合勘察设计研究院、西安市建筑设计院的大量工程设计实例，并得到了西安市建筑设计院田静的热情帮助，以及西安理工大学和山东建筑大学有关部门和人员的大力支持，在此一并表示感谢。

由于编者的水平有限，书中错误和不妥之处在所难免，恳请读者及同行不吝指教，以臻完善。

编者
2018年5月

第一版前言

随着城市建设的迅速发展，高层建筑、生态建筑、地下建筑及大空间建筑等技术的密集和复杂程度已今非昔比，而建筑中的安全性问题也日益突出。现实生活中由于在设计中轻视了建筑安全性问题而导致的建筑火灾事故频频发生，造成的人员伤亡和财产损失触目惊心、难以弥补，所以建筑中的安全性问题应引起足够的重视。

本书从系统安全的角度出发，构建了建筑消防系统的完整框架。结合建筑防火设计的思想，分析了建筑火灾发生、发展的基本规律，围绕建筑防火的技术措施，系统地阐述了建筑设计防火，建筑消防系统、建筑防烟排烟、火灾自动报警系统的相关内容。重点讲述了室内外消火栓、自动喷水灭火系统、洁净气体灭火系统及建筑灭火器等建筑消防设备的类型、组成、工作原理、适用条件、设计计算方法；人防地下室、汽车库的消防系统设计、消防排水等问题；论述了大空间建筑消防和注氮控氧等一些新型灭火防火系统。

本书注重吸收近年来在建筑消防工程领域的新技术和先进经验，阐述了国内建筑消防设计的最新成果，以国家最新颁布的建筑消防技术规范为依据，用大量的图表和实例对各种系统的设计和相关问题进行了详细的分析和计算，是一部理论与实际紧密结合的实用教材。

本书可作为高等院校给水排水工程专业的教学用书，也可作为建筑、消防、建筑环境与设备、自动控制工程等专业的参考教材及工程设计、施工、监理及消防行业管理等方面人员的参考用书。

本书的作者来自于教学、设计、管理等不同部门。由西安理工大学徐志嫱、山东建筑大学李梅担任主编，西北建筑设计研究院陈怀德主审。全书共6章，其中第4章4.3、4.4、4.5节，第5章5.1、5.2、5.3节由徐志嫱编写；第2章、第4章4.2、4.4、4.7节由李梅编写。其他参加编写的人员有：西北综合勘察设计研究院的孙晓强（第3章）、宋涛（第4章4.1、4.5节）、杨天文（第5章、5.4、5.5、5.6节）、魏王斌（第6章）；山东建筑大学的张克峰、刘静（第1章、第4章4.6）；西安科技大学的李亚娇（第4章4.8）。

本书在编写过程中参阅了多位专家的著作和文章，参考了西北综合勘察设计研究院、西安市建筑设计院的大量工程设计实例，并得到了西安市建筑设计院田静的热情帮助，西安理工大学和山东建筑大学有关部门和人员的大力支持，在此一并表示感谢。

由于编者的水平有限，书中错误和不妥之处在所难免，恳请读者及同行不吝指教，以臻完善。

编著者

2008年12月

目　　录

第1章 绪 论

1.1 建筑火灾教训

建筑火灾是指建筑物失火，在时间和空间上失去控制，导致建筑物烧毁（损），造成生命财产损失的灾害。为了避免和减少建筑火灾的发生，就必须研究其发生、发展规律，总结火灾教训，进行必要的防火设计，采取防火技术，防患于未然。

近年来，我国建筑事业发展十分迅速，防火设计已积累了较丰富的经验，国外也有不少新经验值得借鉴，同时也有不少教训值得认真吸取。国内外许多高层建筑火灾的经验教训表明，在建筑设计中，如果对防火设计缺乏考虑或考虑不周密，一旦发生火灾，则会造成严重的伤亡事故和经济损失，有的还会带来严重的政治影响。

为了对建筑火灾有个初步了解，下面介绍一些国内外火灾案例，以便了解火灾发生发展过程，火灾造成的生命财产损失概况及应吸取的教训，从而提高对防火重要性的认识。

1.1.1 我国哈尔滨天鹅饭店火灾

1. 建筑概况

天鹅饭店是11层钢筋混凝土框架结构，标准层面积为1200m^2。设两部楼梯、4台电梯（其中一台兼作消防电梯）。标准层平面如图1-1所示。隔墙为轻钢龙骨石膏板，走道采用石膏板吊顶。

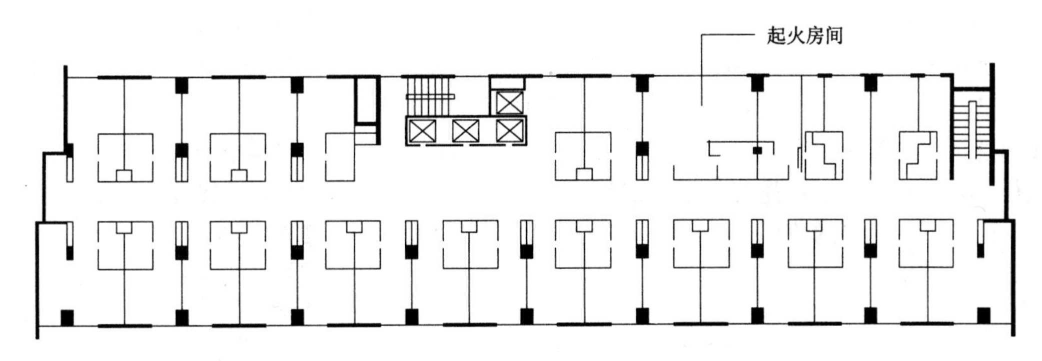

图1-1 天鹅饭店标准层平面及起火房间位置

2. 火灾发展情况

1985年4月9日，住在第十一层16号房间的客人，酒后躺在床上吸烟引发火灾。由于火灾发生在午夜，待肇事人被烟熏火燎惊醒逃出起火房间之后，才发现火灾。由于火灾发现的时间晚，又没有及时组织扑救，有6个房间被烧毁，12个房间被烧坏，走道吊顶大部分被烧毁。此次火灾中，10人死亡，7人受伤，受灾面积达505m^2，经济损失25万余元。

3. 主要经验教训

(1) 该饭店大楼设计有火灾自动报警装置，但由于某种原因，在消防安全设施极不完善的条件下，强行开了业。如果安装火灾自动报警装置和自动喷水灭火系统，这次火灾事故完全可以避免蔓延扩大。

(2) 采用的塑料墙纸为高分子易燃材料，存在较大隐患。起火后产生大量有毒的烟雾，加快了灾情的发展，造成大量人员伤亡。

(3) 饭店大楼由于管道穿过楼板的孔洞没有用防火封堵材料严密封堵（施工缺陷），火灾时，火星不断地向下面几层掉落，造成火灾在楼层间蔓延。因此，管道穿过楼板时，用防火封堵材料封堵是完全必要的。

(4) 楼梯设计不当。未按防烟楼梯间设计，致使烟气窜入，使人员失去逃生通道，导致惨重的伤亡事故。

(5) 消防扑救面不足。高层建筑应设环形消防车道，而天鹅饭店周边无环形消防车道。紧贴主楼的东、南、西三个方向（东、西向为长边）都建造了与主楼相连的附属建筑。因此，发生火灾时，消防云梯车就无法停靠主楼登高救人。

1.1.2 韩国首尔大然阁旅馆火灾

1. 建筑概况

大然阁旅馆于1970年6月建成。建筑层数20层，标准层平面为“L”形，每层面积近1500m^2（图1-2）。西部是公司办公用房，地下层为汽车库，一层为设备层，二层为大厅，三～二十层为办公室。东部是旅馆，一层为设备层，二层为大厅和咖啡厅，三层为餐馆，四层为宴会厅，五层为设备层，六～ 二十层为旅馆，共有客房223间。第二十一层是公共娱乐用房，该建筑每层的公司办公用房和旅馆部分是相互连通的，各设有一部楼梯，共设8台电梯。

2. 火灾发展情况

1971年12月25日，旅馆部分二层咖啡厅因瓶装液化石油气泄漏引起火灾（图1-3），火势迅猛。猛烈的火焰使咖啡厅内3名员工毫无反应地烧死在工作岗位上，店主严重烧伤后和其他6名员工逃出火场。火焰很快将咖啡厅和旅馆大厅烧毁，并沿二～ 四层的敞开楼梯间延烧到餐馆和宴会厅。浓烟火焰充满了楼梯间，封住了上部旅客和工作人员疏散的途径。管道井也向上传播着火焰。二层旅馆大厅和公司办公大厅的连接处设置普通玻璃门，阻止不了火势的蔓延，导致公司办公部分也成为火海。大楼东、西部之间本来有一道

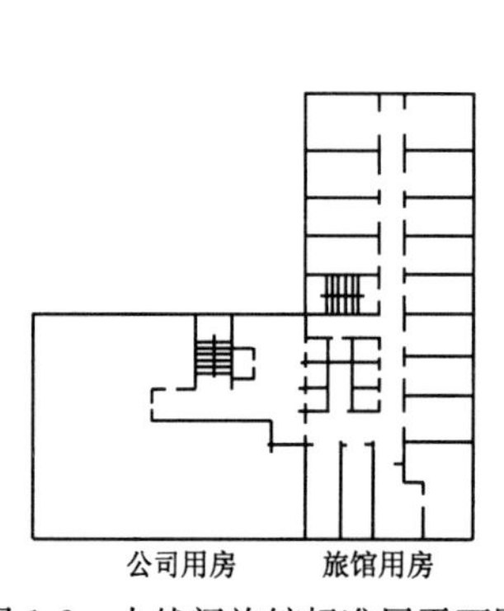

图1-2 大然阁旅馆标准层平面图

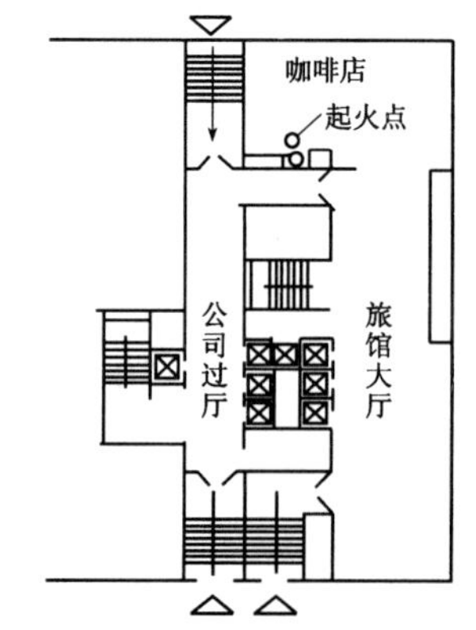

图1-3 大然阁旅馆起火位置

厚 20cm 的钢筋混凝土墙，但每层相通的门洞未设防火门，成为火灾水平蔓延通道，使整幢大楼犹如一座火笼，建筑全部烧毁，仅 62 人逃离火场。建筑内装修、家具、陈设等被全部烧光，死亡 163 人，伤 60 人，经济损失严重。

3. 主要经验教训

(1) 关键部位未设防火门。如上所述，该大楼的旅馆区与办公区之间虽然用 20cm 厚的钢筋混凝土墙板分隔，但相邻的两个门厅分界处未用防火门分隔，而采用了玻璃门，起不到阻火作用，成了火灾蔓延的主要途径。

(2) 开敞竖井。大楼内的空调竖井及其他管道竖井都是开敞式的，并未在每层采取分隔措施，以致烟火通过这些管井迅速蔓延到顶层。目击者看到二十一层的公共娱乐中心很早就被火焰笼罩，全大楼很快形成一座火笼。

(3) 楼梯间设计不合理。楼梯间的平面设计是一般多层建筑所使用的形式，加快了竖向的火灾蔓延。旅馆部分二～四层是敞开楼梯间，五层以上是封闭楼梯间。公司办公部分的楼梯也是一座敞开楼梯间。旅馆部分五层以上虽然是封闭楼梯间，但由于没有采用防火门，在阻止烟火能力方面与敞开楼梯间基本相同。楼梯间没有按高层建筑防火要求设计，既加速了火灾的传播，又使起火层以上的人员失去了安全疏散的垂直通道。

(4) 不应使用瓶装液化石油气。此次火灾是液化石油气瓶爆炸燃烧引起的，足见在高层建筑中使用瓶装液化石油气的危险性。瓶装液化石油气爆炸燃烧不仅会引发火灾，而且其爆炸压力波以及高温气流还促使火灾迅猛蔓延。

1.1.3 巴西焦玛大楼火灾

1. 建筑概况

焦玛大楼于 1973 年建成，地上 25 层，地下 1 层。首层和地下一层是办公档案及文件储存室。二～十层是汽车库，十一～二十五层是办公用房。标准层面积 585m^2。设有一座楼梯和四部电梯，全部敞开布置在走道两边，如图 1-4 所示。建筑主体是钢筋混凝土结构，隔墙和房间吊顶使用的是木材，铝合金门窗。办公室设窗式空调器，铺地毯。

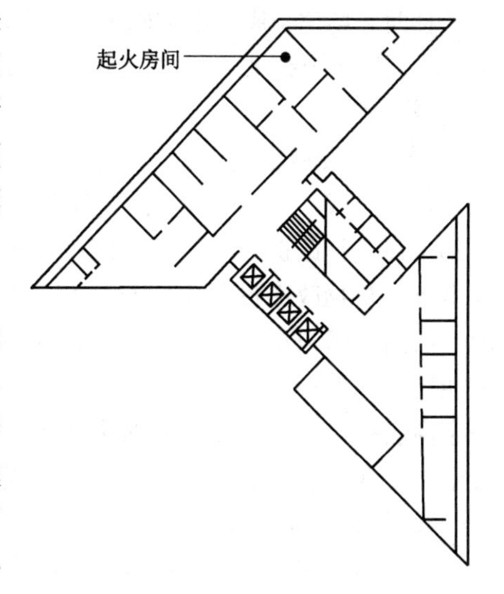

图 1-4 巴西焦玛大楼标准层平面示意图

2. 火灾发展情况

1974 年 2 月 1 日上午，十二层北侧办公室的窗式空调器起火。窗帘引燃房间吊顶和可燃隔墙，房间在十多分钟就达到轰燃。消防队在 20min 后到达现场时，火焰已窜出窗外沿外墙向上蔓延，起火楼层的火势在水平方向传播开来。烟、火充满了唯一的开敞楼梯间，并使上部各楼层燃烧起来。外墙上的火焰也逐层向上燃烧。消防队到达现场后仅半个小时，大火就烧到二十五层。虽然消防部门出动了大批登高车、水泵车和其他救险车辆，但消防队员无法到达起火层进行扑救。当十二～二十五层的可燃物烧尽之后，火势才开始减弱。火灾造成 179 人死亡，300 人受伤，经济损失 300 余万美元。

3. 主要经验教训

（1）楼梯间设计不当，是造成众多人员伤亡的一个主要原因。该建筑为总高度约70m、集办公和车库为一体的综合性高层建筑，由图1-4所示的标准层平面看，楼梯间和电梯敞开在连接东、西两部分的走道上，是极其错误的。高层建筑的楼梯间应设计成防烟楼梯间。

（2）火灾失去控制的重要原因，在于消防队员无法达到起火层进行扑救。因为建筑设计中没有设置消防电梯。消防电梯可保证在发生火灾情况下正常运行而不受火灾的威胁，电梯厅门外有一个可阻止烟火侵袭的前室，并以此为据点可开展火灾扑救。由于设计上没有这样考虑，消防队到达现场后，只能“望火兴叹”。

（3）焦玛大楼是钢筋混凝土结构的高层建筑，但隔墙和室内吊顶使用的木材是可燃的。若初期火灾不能及时被扑灭，可燃材料容易失去控制而酿成大灾。可见选材不当会造成严重的后果，这是建筑设计中应该认真吸取的经验教训。假如隔墙使用不燃烧体材料，初期火灾还是可以被限制在一定范围内的。

（4）火灾时因消防设备不足，缺少消防水源，导致火灾蔓延扩大。焦玛大楼无自动和手动火灾报警装置和自动喷水灭火设备，无火灾事故照明和疏散指示标志。虽然设有消火栓给水系统，但未设消防水泵，也无消防水泵接合器。

（5）狭小的屋顶面积，不能满足直升机救人的要求，是这次火灾暴露的又一个教训。为抢救屋顶上的人员，当局虽然出动了民用和军用直升机，但在浓烟烈火的燎烤下，直升机无法安全接近和停降在狭小的屋顶上救人，以致疏散到屋顶的人员不能安全脱险，有90人死于屋顶。在火灾平息后，直升机从北部较大的屋顶降落，才救出幸存的81人。

1.1.4 我国唐山林西商场火灾

1. 建筑概况

林西商场位于唐山市东矿区（现古治区），是一座3层的临街建筑，框架结构，长56m，宽16m，每层层高4.8m，总面积约3000m^2。1986年投入使用，1992年9月对大楼进行装修改造。

2. 火灾发展情况

1993年2月14日13时15分左右，林西商场发生火灾，失火时，商场首层的家具营业部正在进行改造。为了在顶棚进行扩建，凿开了多个孔洞，并一边施工一边营业。火灾是由于建筑物改造过程中违章进行电焊作业，电焊作业溅落的火星引燃了海绵床垫引起的。店内的营业员发现起火后，找到一只灭火器和大楼内消火栓，但没有人会使用，致使未能控制初期火灾。营业员想报警，但大楼的电话只能接听，不能拨打电话。只好到附近一家商店打119报警，而此时火情已完全失控。大火延续了3个多小时才基本被扑灭。火灾中死亡80人，伤55人，直接经济损失超过400万元。

3. 主要经验教训

（1）商场违章装修是引发火灾的直接原因。家具营业厅内存放着大量易燃物品，在这种情况下动用明火必须采取保护措施。施工队在未采取任何保护措施的情况下又让没有取得安全许可证的工人进行违规作业，引起了火灾。

（2）商场无防火、防烟分区是造成人员严重伤亡的重要原因。起火点处堆放大量海绵床垫和化纤地毯，使火灾发展迅速。大楼装修使用大量的木质材料，使营业厅内形成猛烈燃烧，加之楼板上开洞，火灾仅十几分钟就由首层烧到了三层，楼梯间成了蔓延烟火的“烟囱”。

（3）出入口数量不足，楼梯间防火防烟设计不合理，是造成人员伤亡的原因之一。火灾中一层的出口被烟火封住，二、三层的人员无法逃出，很快被火灾产生的有毒烟气窒息。楼道是浓烟最盛的地方，也是毒气最大的地方，人们在起火后第一反应就是朝楼梯口跑，但刚跑到楼梯口就被浓烟迷晕了。

1.1.5 我国上海“11.15”胶州路高层公寓大楼火灾

1. 建筑概况

上海市静安区胶州路728号教师公寓于1997年12月建成并投入使用，为钢筋混凝土剪力墙结构，地上28层，地下1层，建筑高度85m，总建筑面积约18472m^2；其中地下一层为设备用房、停车库，地上一层为消防控制室、办公室及商业用房，地上二～四层主要为居住用房，部分用于办公，地上五层及以上为居民住宅；整个建筑共有居民156户。该建筑设有两部防烟楼梯间和1部消防电梯；公共疏散走道设有火灾自动报警系统和机械排烟系统；住宅每层公共部分设有两个消火栓；地下一层至地上四层设有自动喷水灭火系统。

2. 火灾发展情况

2010年9月24日，上海市静安区建设和交通委员会组织对教师公寓进行建筑节能综合改造施工，施工内容包括外立面搭设脚手架、外墙喷涂聚氨酯硬泡保温材料、更换外窗等。施工用脚手架沿建筑外墙用钢管架设，地上二层及以上层脚手架每隔6层（约4层楼面高度）铺设木夹板，堆放保温材料及手锯。

2010年11月15日13时左右，物业管理公司雇佣无证电焊工人违规作业时，溅落的金属熔融物引燃了北墙外侧九层脚手架上掉落的聚氨酯泡沫碎块、碎屑。工人发现起火后，使用现场灭火器进行扑救，但未扑灭，两人随即逃离现场。聚氨酯泡沫碎块、碎屑被引燃后，立即引起墙面喷涂的聚氨酯保温材料及脚手架上的毛竹排、木夹板和尼龙安全网燃烧，并在较短时间内形成大面积的脚手架立体火灾。燃烧后产生的热量直接作用在建筑外窗玻璃表面，使外窗玻璃爆裂，火势通过窗口向室内蔓延，引燃了住宅内的可燃装修材料及家具等可燃物品，导致大楼整体燃烧。

上海消防总队接警后，共调集122辆消防车、1300余名消防官兵参加灭火救援，上海市调集本市公安、供水、供电、供气、医疗救护等10余家应急联动单位紧急到场协助处置。经全力扑救，大火于15时22分被控制，18时30分基本被扑灭。

火灾造成50多人死亡、约70人受伤，直接经济损失约1.5亿元。地上一层消防控制室、办公室及沿街商铺被烧毁；二～二十八层约148户的室内基本被烧毁或部分烧毁，14户受高温、烟熏、水渍等破坏；地下室设备房中的设备及车库内停放的小汽车全部被水浸泡。

3. 主要经验教训

（1）施工现场消防安全管理漏洞多，工程多层分包缺乏有效的安全监管；使用无证电焊工违法施工，也未采取相应安全防护措施，特别是在未涂抹防护层的聚氨酯泡沫保温材料部位进行电焊作业，严重违反了操作规定。

（2）建筑外墙保温工程使用燃烧性能为B3级易燃的外墙保温材料，不符合有关部门要求的墙体外保温材料的燃烧性能不应低于B2级的相关规定；外墙保温系统的安全技术标准和法律法规亟待完善和补充。

1.1.6 我国天津滨海新区“8.12”爆炸事故

1. 背景概况

天津东疆保税区瑞海国际物流有限公司（简称瑞海公司）是天津海事局指定危险货物监装场站和天津市交通运输委员会港口危险货物作业许可单位。曾多次进行危险化学品事故演练。事发地点位于其公司天津市滨海新区吉运二道95号的瑞海公司危险品仓库运抵区。

2. 火灾发展情况

2015年8月12日22时51分，瑞海公司危险品仓库最先起火。随后天津港公安局消防四大队首先到场。23时34分06秒集装箱内的易燃易爆物品发生第一次爆炸，相当于15吨TNT当量。现场火光冲天，在强烈爆炸声后，高数十米的灰白色蘑菇云瞬间腾起。23时34分37秒发生第二次更剧烈的爆炸，相当于430吨TNT当量。8月13日早8点，距离爆炸已经有8个多小时，大火仍未完全扑灭。因为需要沙土掩埋灭火，需要很长时间；事故现场形成6处大火点及数十个小火点。8月13日上午，先后从北京、河北、辽宁、江苏等多地军队和消防部门调集防化编队参与救援，配合处置。8月14日16时40分，现场明火被扑灭。

3. 主要经验教训

（1）有关地方和部门管理失职，事故企业严重违法违规经营。严格执行城市规划法规意识不强，对违反规划的行为失察。有关政府部门违法违规审批、监管失职。瑞海公司置国家法律法规、标准于不顾，变更及扩展经营范围，长期违法违规经营。

（2）危险化学品安全监管体制不顺、机制不完善，管理法律法规标准不健全。危险化学品生产、储存、使用、经营、运输和进出口等环节涉及部门多，地区之间、部门之间的相关行政审批、资质管理、行政处罚等未形成完整的监管"链条"。同时，全国缺乏统一的危险化学品信息管理平台，难以实现对危险化学品全时段、全流程、全覆盖的安全监管。危险化学品环境风险防控的专门法律缺乏，使用等环节要求不明确、不具体。

（3）危险化学品事故应急处置能力不足。瑞海公司应急预案流于形式，应急处置力量、装备严重缺乏，不具备初起火灾的扑救能力。相关消防部门没有针对不同性质的危险化学品准备相应的预案、危险化学品事故处置能力不强；缺乏处置重大危险化学品事故的预案以及相应的装备。

通过对上述几个火灾案例进行分析可知，建筑物发生火灾的主要原因有：吸烟不慎、电气火灾、可燃气体发生爆炸、消防设计不合理、建筑材料使用不当、建筑施工管理不合规、化学易燃品使用管理不当、建筑物装修维护过程中操作不当、建筑物使用中管理混乱等。

1.2 建筑火灾知识

1.2.1 燃烧的基本原理

1.2.1.1 燃烧条件

燃烧是可燃物与氧化剂作用发生的放热反应，通常伴有火焰、发光和（或）发烟的现象。燃烧具有放热、发光、生成新物质（化学反应）的特征。燃烧的发生、发展必须具备三个必要条件，即可燃物、助燃物（氧化剂）和引火源（温度），是构成燃烧的三个要素（图1-5）。

大部分燃烧的发生、发展需要四个条件，即可燃物、助燃物（氧化剂）和引火源（温度）和链式反应自由基。

1. 可燃物

能在空气、氧气或其他氧化剂中发生燃烧反应的物质称为可燃物。如钠、钾、铝等金属单质，碳、磷、硫等非金属单质，木材、煤、棉花、纸、汽油、塑料等有机可燃物。

2. 氧化剂

能和可燃物发生反应并引起燃烧的物质称为助燃物（氧化剂）。氧气是最常见的氧化剂，其他常见的氧化剂有氟、氯、溴、氯酸盐、重铬酸盐、过氧化物等化合物。

图 1-5　燃烧三要素

3. 引火源

具有一定能量，能够引起可燃物质燃烧的能源称为引火源。如明火、电弧、电火花、雷击等。

要使可燃物发生燃烧，必须有氧化剂和引火源的参与，而且三者都要具备一定的“量”，才能发生燃烧现象。若可燃物的数量不够，氧化剂不足或引火源的能量不够大，燃烧就不能发生。

1.2.1.2　燃烧类型

燃烧的类型可以分为闪燃、着火、自燃和爆炸四种。

1. 闪燃与闪点

闪燃是指可燃性液体挥发出来的蒸气与空气混合达到一定的浓度或者可燃性固体加热到一定温度后，遇明火发生一闪即灭的燃烧。

闪点是可燃性液体发生闪燃的最低温度。闪点是判断液体火灾危险性大小以及对可燃液体进行分类的重要依据。可燃性液体的闪点越低，其火灾的危险性越大；反之亦然。

可燃性液体可根据闪点分为甲、乙、丙三类火灾危险性类别。闪点＜28℃的液体（如汽油），划分为甲类；28℃≤闪点＜60℃的液体（如煤油），划分为乙类；闪点≥60℃的液体（如柴油），划分为丙类。

2. 着火与燃点

着火是指可燃物质在与空气共存的条件下，当达到某一温度时遇明火可引起燃烧，并在火源移开后仍能继续燃烧的现象。

燃点是指可燃物质开始持续燃烧所需的最低温度。燃点是衡量固体火灾危险性大小的主要指标。可燃液体的燃点一般情况下均高于闪点。

3. 自燃与自燃点

自燃是指可燃物质不用明火点燃就能够自发燃烧的现象。

自燃点是指可燃物质能自动引起燃烧和继续燃烧时的最低温度。自燃点是衡量可燃物质火灾危险性大小的主要指标。

例如，在库房储存物品的火灾危险性中，将常温下能自行分解或在空气中氧化即能导致迅速自燃或爆炸的物质划为甲类；而将常温下与空气接触能缓慢氧化，积热不散引起自燃的物品划为乙类。

4. 爆炸与爆炸极限

爆炸是指可燃气体、液体蒸气和粉尘与空气组成的混合物，当达到一定浓度时，遇火源即能发生爆炸。

爆炸极限是指可燃气体、液体蒸气和粉尘与空气混合后发生爆炸的最高或最低浓度范围。能引起爆炸的浓度最低的界限称为爆炸下限；浓度最高的界限称为爆炸上限。浓度低于爆炸下限或高于爆炸上限时，接触到火源都不会引起爆炸。

爆炸极限是评价可燃气体、液体蒸气、粉尘等物质火灾危险性大小的主要参数。爆炸极限的范围越大，发生爆炸事故的危险性越大。爆炸下限越低，形成爆炸混合物的浓度越低，形成爆炸的条件越容易。

爆炸极限可以作为评定生产和储存场所火灾危险性的依据。例如，将在生产过程中使用或产生可燃气体的厂（库）房，可燃气体爆炸下限＜10％时，划分为甲类生产；爆炸下限≥10％时，划分为乙类生产；在生产过程中排放可燃粉尘、纤维、闪点≥60℃的液体雾滴，并能够与空气形成爆炸混合物的生产，划分为乙类生产。

1.2.2 火灾

1.2.2.1 火灾分类

按照燃烧对象的性质可分为：

（1）A类火灾：固体火灾。如木材、毛、麻、纸张、棉等。

（2）B类火灾：液体或可溶化固体火灾。如汽油、煤油、柴油、酒精，石蜡、沥青等。

（3）C类火灾：气体火灾。如煤气、天然气、甲烷、氢气、乙炔等。

（4）D类火灾：金属火灾。如钾、钠、镁、钛、锆、锂等。

（5）E类火灾：物体带电燃烧火灾。如变压器、计算机、电器设备等。

（6）F类火灾：烹饪器具内的烹饪物燃烧火灾。如动植物油脂等。

按照火灾事故所造成的灾害损失程度，可分为特别重大、重大、较大、一般四类，各类的特点如表1-1所示。

火灾所造成的灾害程度的分类　　表1-1

损害程度类别	死亡人数（人）	重伤（人）	直接财产损失（亿元）
特别重大	人数＞30	人数＞100	财产损失＞1.0
重大	10＜人数≤30	50＜人数≤100	0.5＜财产损失≤1.0
较大	3＜人数≤10	10＜人数≤50	0.1＜财产损失≤0.5
一般	人数≤3	人数≤10	财产损失≤0.1

1.2.2.2 火灾的发展过程

建筑室内火灾的发展过程可以用室内烟气的平均温度随时间的变化来描述，如图1-6所示。发生火灾时，其发展过程一般要经过火灾的初起、全面发展、熄灭三个阶段。

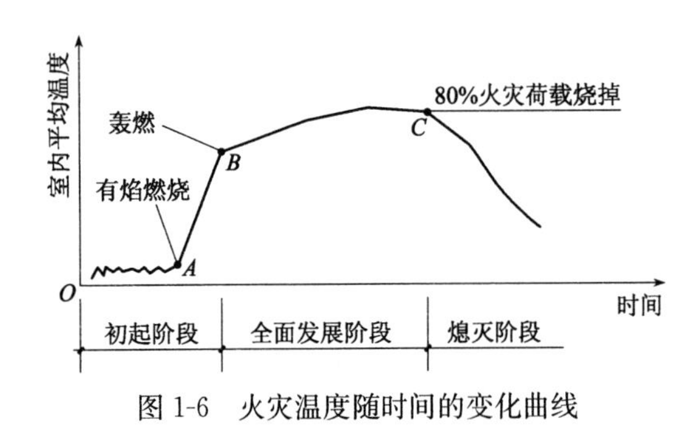

图1-6 火灾温度随时间的变化曲线

1. 初起阶段

室内发生火灾后，最初只是起火部位及其周围可燃物着火燃烧。这时火灾好像在敞开的空间进行一样。

初起阶段的特点是：火灾燃烧范围不大，火灾仅限于初始起火点附近；室内温度差别大，在燃烧区域及其附近存在高温，室内平均温度低；火灾发展速度缓慢，在发展过程中火势不稳定；火灾发展时间因点火源、可燃物质性质和分布、通风条件等因素影响，差别较大。

从灭火角度看，火灾初起阶段燃烧面积小，只用少量的水或灭火设备就可以把火扑灭。所以，该阶段是灭火的最有利时机，应设法争取尽早发现火灾，把火灾及时控制消灭在初起阶段。为此，在建筑物内安装和配备灭火设备，设置及时发现火灾和报警的装置是很有必要的。初起阶段也是人员安全疏散的最有利时机，发生火灾时人员若在这一阶段不能疏散出房间，就很危险了。初起阶段时间持续越长，就有更多的机会发现火灾和灭火，并有利于人员安全疏散。

2. 全面发展阶段

在火灾初起阶段后期，火灾范围迅速扩大，当火灾房间温度达到一定值时，聚集在房间内的可燃气体突然起火，整个房间都充满了火焰，房间内所有可燃物表面部分都卷入火灾中，燃烧很猛烈，温度升高很快。房间内局部燃烧向全室性燃烧过渡的现象通常称为轰燃。轰燃是室内火灾最显著的特征之一，它标志着火灾全面发展阶段的开始。对于安全疏散而言，人员若在轰燃之前还没有从室内逃出，轰燃之后则很难逃生。

轰燃发生后，房间内所有可燃物都在猛烈燃烧，放热速度很大，因而房间内温度升高很快，并出现持续性高温，最高温度可达 1100℃左右。火焰、高温烟气从房间的开口大量喷出，把火灾蔓延到建筑物的其他部分。室内高温还对建筑构件产生热作用，使建筑构件的承载能力下降，甚至造成建筑物局部或整体倒塌。

耐火建筑的房间通常在起火后，由于其四周墙壁、顶棚及地面坚固，不会被烧穿，因此发生火灾时房间通风开口的大小没有变化，当火灾发展到全面燃烧状态，室内燃烧大多由通风控制着，室内火灾保持着稳定的燃烧状态。火灾全面发展阶段的持续时间取决于室内可燃物的性质和数量、通风条件等。

为了减少火灾损失，针对火灾全面发展阶段的特点，在建筑防火设计中应采取的主要措施有：在建筑物内设置具有一定耐火性能的防火分隔物，把火灾控制在一定范围内，防止火灾大面积蔓延；选用耐火程度较高的建筑结构作为建筑物的承重体系，确保建筑物发生火灾时不倒塌，为火灾时人员疏散、消防扑救、火灾后建筑物修复、继续使用创造条件。

3. 熄灭阶段

在火灾全面发展阶段后期，随着室内可燃物的挥发物质不断减少，以及可燃物数量减少，燃烧速度递减，温度逐渐下降。当室内平均温度降到温度最高值的 80%时，则认为火灾进入熄灭阶段。随后，房间温度下降明显，直到房间内的全部可燃物燃烧完，室内外温度趋于一致，宣告火灾结束。

该阶段前期，燃烧仍十分猛烈，温度仍很高。针对该阶段的特点，应注意防止建筑构件因长时间受温度和灭火射水的冷却作用而出现裂缝、下沉、倾斜或倒塌，并应防止火灾向相邻建筑蔓延。

1.2.2.3 建筑火灾蔓延的方式

建筑火灾蔓延的主要方式有：热传导、热对流和热辐射。

1. 热传导

火灾区域燃烧产生的热量，经导热性好的建筑构件或建筑设备（如薄壁隔墙、楼板、金属管壁等）传导，能够使火灾蔓延到相邻或上下层房间，使地板上或靠着隔墙堆积的可燃、易燃物体燃烧，导致火场扩大。火灾通过传导的方式进行蔓延扩大，有两个比较明显的特点：一是必须具有导热性好的媒介，如金属构件、薄壁构件或金属设备等；二是蔓延的距离较近，一般只能是相邻的建筑空间，传导蔓延的范围有限。

2. 热辐射

热辐射是以电磁波形式传播热量的现象，其是相邻建筑之间火灾蔓延的主要方式之一。建筑防火中设置的防火间距，主要是考虑防止热辐射引起相邻建筑着火而设置的间隔距离。

3. 热对流

热对流是热通过流动介质，由空间的一处传播到另一处的现象，其是建筑物内火灾蔓延的一种主要方式。它可以使火灾区域的高温燃烧产物与火灾区域外的冷空气发生强烈流动，将高温燃烧产物流传到较远处，造成火势扩大。燃烧时烟气热而轻，易上窜升腾，燃烧又需要空气，这时，冷空气就会补充，形成对流。在火场上，浓烟流窜的方向，往往就是火势蔓延的方向。图1-7为剧场热对流造成火势蔓延的示意图。

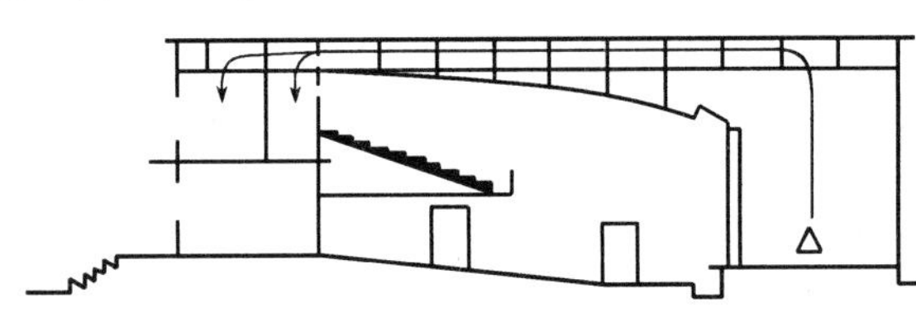

图1-7 剧场火势蔓延示意图
△—起火点；→—火势蔓延方向

1.2.2.4 火灾的蔓延途径

从本书1.1节介绍的火灾案例中可知，建筑物内某房间发生火灾，当发展到轰燃之后，火势猛烈，就会突破房间的限制，向其他空间蔓延，其蔓延途径有：未设适当的防火分区，使火灾在未受限制的条件下蔓延；防火隔墙和房间隔墙未砌到顶板底皮，导致火灾在吊顶空间内部蔓延；由可燃的户门及可燃隔墙向其他空间蔓延；电梯井竖向蔓延；非防火、防烟楼梯间及其他竖井未做有效防火分隔而形成竖向蔓延；外窗口形成的竖向蔓延；通风管道等及其周围缝隙造成火灾蔓延，等等。

1. 火灾在水平方向的蔓延

（1）未设防火分区

对于主体为耐火结构的建筑来说，造成火灾水平蔓延的主要原因之一是建筑物内未设水平防火分区，没有防火墙及相应的防火门等形成控制火灾的区域空间。例如，某医院大楼，每层建筑面积2700m^2，未设防火墙分隔，也无其他防火措施，三层着火，将该楼层全部烧毁，由于楼板是钢筋混凝土板，火灾才未向其他楼层蔓延。又如，1982年2月，东京新日本饭店由于未设防火分隔，大火烧毁了第九、第十层，面积达4360m^2，死亡32人，受伤34人，失踪30多人。再如，1980年11月美国内华达州拉斯维加斯米高梅酒店发生火灾，由于未采取严格的防火分隔措施，甚至对4600m^{2}的大赌场也未采取任何防火分隔措施和挡烟措施，大火烧毁了大赌场及许多公共用房，造成84人死亡、679人受伤的严重后果。

（2）洞口分隔措施不完善

对于耐火建筑来说，火灾横向蔓延的另一途径是洞口处的分隔处理措施不完善。如，户门为可燃的木质门，火灾时被烧穿；普通的金属防火卷帘无水幕保护，导致卷帘被熔化；管道穿孔处未用不燃材料密封等，都会使火灾从一侧向另一侧蔓延。

在穿越防火分区的洞口上，一般都装设防火卷帘或防火门，而且大多数采用自动关闭装置。然而，发生火灾时能够自动关闭的比较少。另外，在建筑物正常使用的情况下，防火门是开着的，一旦发生火灾，不能及时关闭也会造成火灾蔓延。

此外，防火卷帘和防火门受热后变形很大，一般凸向加热一侧。防火卷帘在火焰的作用下，其背火面的温度很高，如果无水幕保护，其背火面将会产生强烈的热传导。在背火面靠近卷帘堆放的可燃物，或卷帘与可燃构件、可燃装修材料接触时，都会导致火灾蔓延。

（3）火灾在吊顶内部空间蔓延

目前，有些框架结构的高层建筑，竣工时只是个大的通间，出售或出租给用户后，由用户自行分隔、装修。有不少装设吊顶的高层建筑，房间与房间、房间与走廊之间的分隔墙只做到吊顶底部，吊顶之上仍为连通空间，一旦起火极易在吊顶内部蔓延，且难以及时发现，导致灾情扩大；即便没有设吊顶，隔墙如果不砌到结构底部，留有孔洞或连通空间，也会成为火灾蔓延和烟气扩散的途径。

（4）火灾通过可燃的隔墙、吊顶、地毯等蔓延

可燃构件与装饰物在火灾时直接成为火灾荷载，由于它们的燃烧而导致火灾扩大的例子很多。如巴西圣保罗市安得拉斯大楼，隔墙采用木板和其他可燃板材，吊顶、地毯、办公家具和陈设等均为可燃材料。1972 年 2 月 4 日，该大楼发生了火灾，可燃材料成为燃烧、蔓延的主要途径，造成 16 人死亡，326 人受伤，经济损失达 200 万美元。

2. 火灾通过竖井蔓延

建筑物内部有大量的电梯、楼梯、设备等竖井，这些竖井往往贯穿整个建筑，若未做周密完善的防火设计，一旦发生火灾，就可以蔓延到建筑物的任意一层。

此外，建筑物中一些不引人注意的孔洞，有时会造成整座大楼的恶性火灾。尤其是在现代建筑中，吊顶与楼板之间、幕墙与分隔构件之间的空隙，保温夹层，通风管道等都有可能因施工问题留下孔洞，而且有的孔洞水平方向与竖直方向互相串通，用户往往不知道这些孔洞的存在，更不会采取防火措施，所以，火灾时就会造成生命财产的损失。

（1）火灾通过楼梯间蔓延

高层建筑的楼梯间若未按防火、防烟要求设计，则在火灾时，楼梯间犹如烟囱一般，烟火很快会由此向上蔓延。如巴西里约热内卢市卡萨大楼，31 层，设有两部敞开楼梯间和一部封闭楼梯间。1974 年 1 月 15 日，该大楼第一层着火，大火通过敞开楼梯间一直蔓延到十八层，造成三～ 五层、十六、十七层室内装修基本烧毁，经济损失巨大。

有些高层建筑的楼梯间虽为封闭楼梯间，但起封闭作用的门未用防火门，发生火灾后，不能有效地阻止烟火进入楼梯间，以致形成火灾蔓延通道，甚至造成重大的火灾事故。如美国纽约市韦斯特克办公楼，共 42 层，只设了普通的封闭楼梯间，1980 年 6 月 23 日发生火灾，大火烧毁十七 ～二十五层的装修、家具等，137 人受伤，经济损失达 1500 万美元。又如西班牙的罗那阿罗肯旅馆，地上 11 层，地下 3 层，设置封闭楼梯间和开敞

电梯，1979 年 9 月 12 日发生火灾，烟火通过未关闭的楼梯间和开敞的电梯厅，从底层迅速蔓延到了顶层，造成 85 人死亡，经济损失惨重。

（2）火灾通过电梯井蔓延

电梯间未设防烟前室及防火门分隔，将会形成一座竖向烟囱。如 1980 年 11 月 21 日美国米高梅旅馆“戴丽”餐厅失火，由于大楼的电梯井、楼梯间没有设置防烟前室，各种竖向管井和缝隙没有采用分隔措施，使烟火通过电梯井等竖向管井迅速向上蔓延，在很短时间内，浓烟笼罩了整个大楼，并窜出大楼高达 150m。

在现代商业大厦及交通枢纽等人流集散量大的建筑物内，一般以自动扶梯代替了电梯。自动扶梯所形成的竖向连通空间，也是火灾蔓延的途径，设计时必须予以高度重视。

（3）火灾通过其他竖井蔓延

通风竖井、管道井、电缆井也是高层建筑火灾蔓延的主要途径。如前述美国韦斯特克办公楼，火灾烧穿了通风竖井的检查门（普通门），烟火经通风竖井和其他管道的检查门蔓延到二十二层，而后又向下窜到十七层，使十七～二十二层陷入烈火浓烟中，损失惨重。

3. 火灾通过空调系统管道蔓延

高层建筑空调系统未按规定设防火阀，采用可燃材料做保温层，火灾时会造成严重损失。如杭州某宾馆，空调管道用可燃保温材料，在送、回风总管和垂直风管与每层水平风管交接处的水平支管上均未设置防火阀，因气焊烧着风管可燃保温层引起火灾，烟火顺着风管和竖向孔隙迅速蔓延，从一层烧到顶层，整个大楼成了烟火笼，楼内装修、空调设备和家具等统统化为灰烬，造成巨大损失。

通风管道的火灾蔓延一般有两种方式：一是通风道内起火并向连通的空间（房间、吊顶内部、机房等）蔓延；二是通风管道把起火房间的烟火送到其他空间。通风管道不仅很容易把火灾蔓延到其他空间，更危险的是它可以吸进火灾房间的烟气，而在远离火场的其他空间再喷吐出来，造成大批人员因烟气中毒而死亡。如 1972 年 5 月，日本大阪千日百货大楼第三层发生火灾，空调管道从火灾层吸入烟气，在第七层的酒吧间喷出，使烟气很快笼罩了酒吧大厅，引起在场人员的混乱，加之缺乏疏散引导，导致 118 人丧生。

因此，在通风管道穿越防火分区处，一定要设置具有自动关闭功能的防火阀门。

4. 火灾由窗口向上层蔓延

在建筑中，从起火房间窗口喷出的烟气和火焰，往往沿窗间墙及上层窗口向上窜跃，烧毁上层窗户，引燃房间内的可燃物，使火灾蔓延到上部楼层。若建筑物采用带形窗，火灾房间喷出的火焰被吸附在建筑物表面，有时甚至会吸入上层窗户内部。

1.2.2.5 灭火的基本方法

灭火的基本原理实质上就是破坏燃烧的必要条件，即破坏可燃物、助燃物、引火源和链式反应自由基的条件。

1. 隔离灭火

控制可燃物，将可燃物与火焰、氧气隔离开来，使燃烧因隔离可燃物而停止。例如，在输送易燃、易爆液体和可燃气体管道上设置消防控制阀门；易燃、可燃液体储罐设置倒罐传输设备，气体储罐设放空火炬设备等。

2. 窒息灭火

通过降低可燃物周围氧气的浓度（一般氧气浓度低于 15%），使燃烧得不到足够的氧气而熄灭。窒息灭火法常用的灭火剂有二氧化碳、氮气等。

3. 冷却灭火

可燃物达到着火点，即会发生持续燃烧。若将燃烧物的温度降到一定温度以下，燃烧即会停止。水具有较大的热容量和很高的汽化潜热，是冷却性能最好的灭火剂。

4. 化学抑制灭火

主要通过抑制链式反应产生的自由基或降低火焰中的自由基浓度，使燃烧停止。如七氟丙烷和干粉灭火剂具有化学抑制作用。

1.3 建筑防火应对原则、措施与对策

1.3.1 建筑防火设计原则

（1）建筑防火必须遵循国家有关安全、环保、节能、节地、节水、节材、低碳等经济技术政策和工程建设的基本要求，贯彻“预防为主，防消结合”的消防工作方针，从全局出发，针对不同建筑及其使用功能的特点和防火、灭火需要，结合具体工程及当地的地理环境等自然条件、人文背景、经济技术发展水平和消防救援力量等实际情况进行综合考虑。

（2）不同功能的建筑，因功能差异，有不同的防火要求，故应满足相关专项标准规范要求。

（3）高层建筑立足于自防自救为主，外部救援配合实施。随着消防科技的进步和消防设备的完善，原来高层建筑只能依靠自身防护救援的情况，现在已经有所改善，我国城市均配备了30～50m的消防登高车，某些超大型重要城市还配备了登高高度近百米的消防救援车。所以现阶段消防设计不但要考虑自救，还要考虑外部施救。

1.3.2 建筑防火措施

建筑防火措施主要有四个方面的内容，即：建筑防火、建筑消防系统、建筑防烟排烟、火灾自动报警系统。

1.3.2.1 建筑防火

1. 总平面布局

在总平面布局中，应根据建筑物的使用性质、火灾危险性、地形、地势和风向等因素，进行合理布局，尽量避免建筑物相互之间构成火灾威胁和发生火灾爆炸后可能造成的严重后果，并为消防车顺利扑救火灾提供条件。

2. 耐火等级

要求建筑物在火灾高温的持续作用下，墙、柱、梁、楼板、吊顶等基本建筑构件，能在一定的时间内不被破坏，不传播火灾，从而起到延缓和阻止火灾蔓延，为人员疏散、抢救物资、扑救火灾及火灾后结构修复创造条件。

3. 防火分区

在建筑物内部采用耐火性能较好的分隔设施（防火墙、耐火楼板、防火卷帘、防火门等），将建筑空间分隔成若干区域，防止火灾扩大蔓延。

4. 防烟分区

用挡烟构件（挡烟墙、挡烟垂壁、梁、隔墙等）对建筑内部空间进行划分，将烟气控

制在一定范围内，以便用排烟设施将烟气排出，便于人员安全疏散和消防扑救。

5. 安全疏散

为保证建筑物内人员在较短时间内全部疏散到安全场所，要求建筑物应设置完善的安全疏散设施（安全疏散走道、楼梯、门等）和避难营救设施（避难层、避难阳台、屋顶直升机停机坪、缓降器等），为安全疏散和避难创造良好条件。

6. 灭火救援设施

在建筑总平面中应合理布局消防车道和消防登高操作场地，在建筑物内应合理设置消防电梯，确保消防车辆和消防队员及时到达火灾现场，扑救火灾。

1.3.2.2 建筑消防系统

建筑消防系统的主要内容包括：消防给水及消火栓系统、自动喷水灭火系统、气体灭火系统、建筑灭火器的配置等。

（1）消防给水及消火栓系统：按现行国家标准要求，建筑物的大多数场所都有设置消火栓的要求，设置面很广泛，作用不可忽视。消防给水及消火栓系统至今仍是建筑内部最主要、最普遍应用的灭火设施。

（2）自动喷水灭火系统：在一些功能齐全、火灾危险大、建筑高度较高、规模较大的民用建筑中均有设置自动喷水灭火系统的要求。自动喷水灭火系统是当今世界上公认的最为有效的自救灭火设施，是应用最广泛、用量最大的自动灭火系统。

（3）气体灭火系统：在建筑物中有些场所不便用水扑救，有些场所有易燃、可燃物体很难用水扑灭，还有些场所用水扑救会造成严重的水渍损失。所以在建筑物内除设置水消防系统外，还要针对这些场所的使用功能、性质和要求，设置二氧化碳、七氟丙烷、IG-541混合气体等气体灭火系统。

（4）建筑灭火器的配置。灭火器是扑救初起火灾的重要消防器材，轻便灵活、使用方便，属消防实战灭火过程中较理想的第一线灭火装备。在建筑物内正确地选择灭火器的类型，确定灭火器的配置规格与数量，合理地定位及设置灭火器，就能在火灾现场迅速地用灭火器扑灭初起小火，减少火灾损失。

1.3.2.3 建筑防烟排烟系统

在进行防烟排烟系统设计时，要根据建筑物的性质、使用功能、规模等确定好设置范围，合理采用防烟排烟方式，划分防烟分区，合理选用设备类型等。

1.3.2.4 火灾自动报警系统

应根据建筑物的性质，合理选择火灾探测器和设置火灾报警系统设备，采用先进可靠的消防联动控制系统和火灾报警系统。合理确定电气火灾监控系统和报警系统的供电。

1.3.3 消防法规和方针

1. 消防基本法

《中华人民共和国消防法》是我国的消防基本法。根据2021年4月29日第十三届全国人民代表大会常务委员会第二十八次会议《关于修改〈中华人民共和国道路交通安全法〉等八部法律的决定》第二次修正。该法分总则、火灾预防、消防组织、灭火救援、监督检查、法律责任、附则，共七章，七十四条。

2. 消防行政法规

消防行政法规规定了消防管理活动的基本原则、程序和方法。如《城市消防规划建设管理规定》《仓库防火安全管理规则》《古建筑消防管理规则》等。这些行政法规，对于建立消防管理程序化、规范化和协调消防管理部门与社会上各相关方面的关系，推动消防事业发展都起着重要作用。

3. 消防技术规范

消防技术规范是用于调整人与自然、科学、技术的关系的标准。如《建筑设计防火规范》GB 50016、《消防给水及消火栓系统技术规范》GB 50974、《自动喷水灭火系统设计规范》GB 50084 等。

除了上述三类外，各省、市、自治区结合本地区的实际情况，还制定了一些地方性的标准、规定、办法。这些规章和管理措施，都为防火监督管理提供了依据。

4. 消防工作方针

我国的消防工作方针为"预防为主，防消结合"。在消防工作中，要把火灾预防放在首位，积极贯彻落实各项防火措施，力求防止火灾的发生。同时，还要加强消防队伍的建设和使用者的日常培训，随时做好灭火的准备，以便在火灾初起阶段及时发现灭火，在火灾过程中，能够迅速、有效地扑灭火灾，最大限度减少火灾造成的人身伤亡和财产损失。

1.3.4 建筑防火技术对策

建筑防火可采用积极防火和被动防火两类对策。

积极防火对策：采用预防失火、早期发现、初期灭火等措施。具体措施有：加强用火、用电管理，减少可燃物的数量，有效控制发生燃烧的条件；加强值班巡视，安装火灾自动报警探测设备，安装公共环境监控摄像头等，做好早发现、早扑救初期火灾的准备；安装自动喷水灭火系统、消防给水及消火栓系统、气体灭火系统以及配置足够数量的灭火器等。采用这类防火对策，可以有效减少火灾发生的次数。

被动防火对策：加强平时有针对性的消防演练，聘请消防专家进行相关消防知识讲解。起火后尽量限制火势和烟气的蔓延，利用耐火构件等设计防火分区，以达到控制火灾的目的。具体技术措施有：有效地进行防火分区，如采用耐火构造、防火门、防火卷帘，设置防烟分区，阻止烟气扩散和蔓延，安装防烟排烟设施，设置安全疏散楼梯、消防电梯等措施。以被动防火对策为重点进行防火，虽然会发生火灾，但可以减少发生重大火灾的概率。由此从根本上减少火灾起数，重视采用的被动对策措施的落实，以达到控制火灾损失的目的。

思考题与习题

1. 简述燃烧的类型，不同种类物体火灾危险性大小可以用什么指标来衡量？
2. 建筑火灾蔓延的途径有哪些？
3. 简述灭火的基本原理和方法。

第2章 民用建筑防火

2.1 建筑分类

2.1.1 民用建筑的分类

根据类型，建筑可分为农业建筑、民用建筑和工业建筑。本教材仅讨论民用建筑。

民用建筑按建筑类型，分为住宅建筑和公共建筑；按建筑高度又可分为单层、多层民用建筑和高层民用建筑；高层民用建筑根据其建筑高度、使用功能等可分为一类高层民用建筑和二类高层民用建筑。民用建筑的分类应符合表2-1和表2-2的规定。

民用建筑的分类 **表2-1**

建筑分类	建筑类型	备注
单层、多层建筑	建筑高度≤27m的住宅建筑（包括设置商业服务网点的住宅建筑）； 建筑高度≤24m（或已超过24m但为单层）的公共建筑	
高层建筑	建筑高度＞27m的住宅建筑（包括设置商业服务网点的住宅建筑）； 其他建筑高度＞24m的非单层建筑	建筑高度＞100m的高层建筑，为超高层建筑

高层民用建筑的分类 **表2-2**

类型	高层民用建筑	
	一类	二类
住宅建筑	建筑高度大于54m的住宅建筑（包括设置商业服务网点的住宅建筑）	建筑高度大于27m，但不大于54m的住宅建筑（包括设置商业服务网点的住宅建筑）
公共建筑	建筑高度大于50m的公共建筑； 建筑高度24m以上部分任一楼层建筑面积大于1000m²的商店、展览、电信、邮政、财贸金融建筑和其他多种功能组合的建筑； 建筑高度大于24m的医疗建筑、重要公共建筑、独立建造的老年人照料设施； 建筑高度大于24m的省级及以上的广播电视和防灾指挥调度建筑、网局级和省级电力调度建筑； 建筑高度大于24m、藏书超过100万册的图书馆、书库	除一类高层公共建筑外的其他高层公共建筑

（1）商业服务网点是指设置在住宅建筑的首层或首层及二层，每个分隔单元建筑面积不大于300m²的商店、邮政所、储蓄所、理发店等小型营业性用房。

（2）住宅建筑的下部设置商业服务网点时，该建筑仍为住宅建筑；住宅建筑的下部设置商业服务设施的建筑，其面积大于 300m²时，该建筑就为公共建筑。

(3) 建筑面积大于 200m²的商业服务网点内应设置消防软管卷盘或轻便消防水龙。

2.1.2 建筑高度的确定

建筑高度指建筑物室外设计地面至其檐口与屋脊或屋面面层的高度。存在下列情况的建筑的高度计算方法如下：

(1) 建筑屋面为坡屋面时，建筑高度为建筑室外设计地面至其檐口与屋脊的平均高度（图 2-1），即 $H = H_1 + (1/2)H_2$。

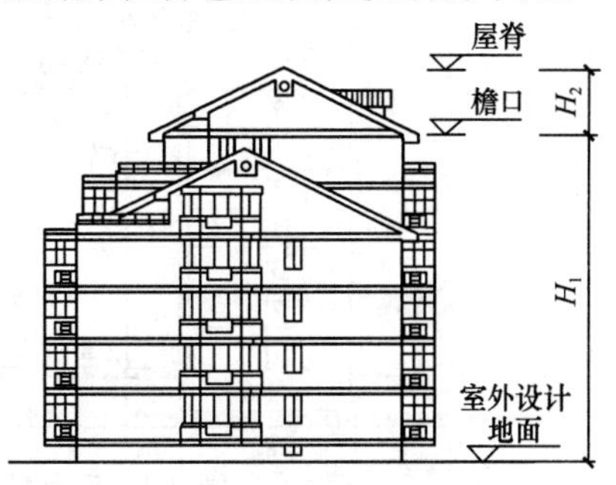

图 2-1 坡屋面的建筑建筑高度的确定

(2) 建筑屋面为平屋面（包括有女儿墙的）时，建筑高度为：建筑室外设计地面至其屋面面层的高度。位于城市高度控制区的建筑，平屋面高度应计算至女儿墙顶点高度（图 2-2）。

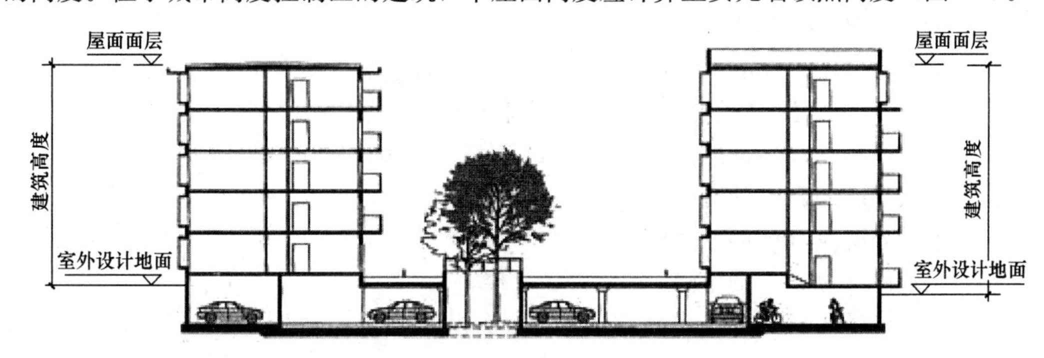

图 2-2 平屋面的建筑建筑高度的确定

(3) 同一建筑有多种形式屋面（组合屋面）时，建筑高度应分别计算取最大值（图 2-3）。

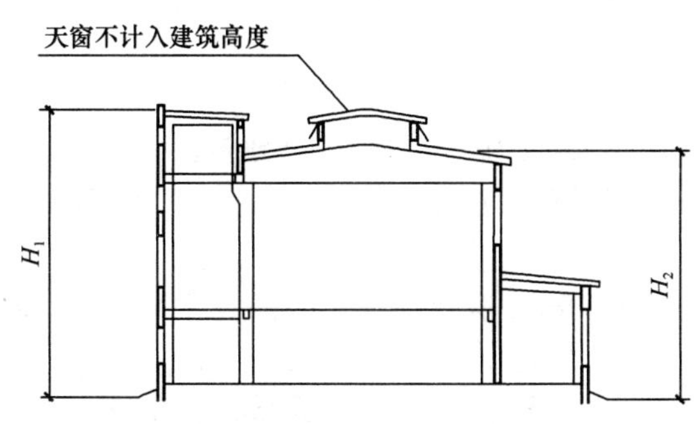

图 2-3 多种形式屋面建筑高度剖面示意图

(4) 局部突出屋顶的瞭望塔、冷却塔、水箱间、微波天线间或设施、电梯机房、排风和排烟机房以及楼梯出口小间等辅助用房占屋顶平面面积不大于 1/4 者，可不计入建筑高度（图 2-4）。

(5) 对于住宅建筑，设置在底部且室内高度不大于 2.2m 的自行车库、储藏室、敞开空间，室内外高差或建筑的地下或半地下室的顶板面高出室外设计地面的高度不大于 1.5m 的部分，不计入建筑高度（图 2-4）。

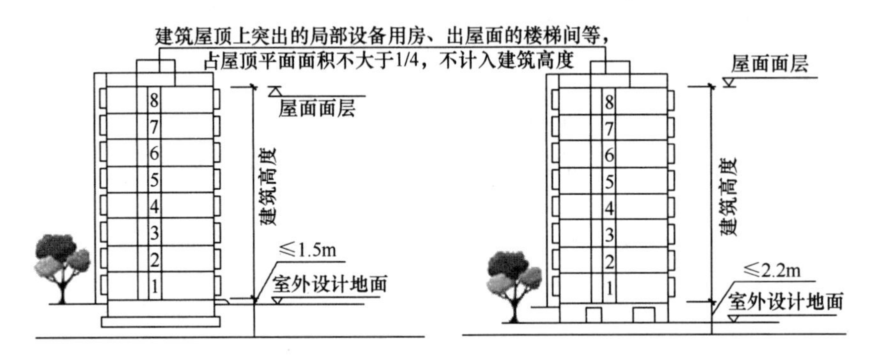

图 2-4　两种特殊情况的住宅建筑建筑高度的确定

【例 2-1】

试判断下列建筑的类型。

（1）某建筑高度为 30m，其中底层为百货店、副食店等小型商业网点，每个网点的建筑面积为 280m²，二层以上为普通住宅，且商业与住宅部分完全隔开。

（2）某建筑高度为 32m 的商业中心，每层的建筑面积均为 1200m²。

（3）建筑高度为 24m 的医院。

（4）建筑高度为 50m 的办公楼。

（5）建筑高度为 28m 的市政府政务办公大楼。

（6）住宅层高 3m，总建筑高度 42m，每层面积 2000m²，底部一～三层为商场，四层及四层以上为住宅的建筑。

【解】

（1）由于该建筑底层为面积 280m²（≤300m²）的商业网点，二层以上为普通住宅，所以该建筑为住宅建筑，又因该建筑高度为 30m（＜54m），所以该建筑为二类高层住宅建筑。

（2）该建筑高度为 32m（＞24m），性质为商业，24m 以上的任一层的建筑面积为 1200m²（＞1000m²），所以该建筑为一类高层公共建筑。

（3）虽然该建筑为医疗建筑，但其建筑高度为 24m（不满足＞24m 的要求），所以该建筑为多层公共建筑。

（4）由于该建筑高度为 50m（不满足＞50m 的要求），所以该建筑为二类高层公共建筑。

（5）该建筑高度为 28m（＞24m），又属于重要的公共建筑，所以该建筑为一类高层公共建筑。

（6）由于该建筑底部一～三层为商场，属于公共建筑，建筑高度为 42m（＜50m），所以该建筑为二类高层公共建筑。

【例 2-2】

试计算下列建筑的高度，并判断建筑的类型。

（1）某建筑地上自然楼层层数为 18 层，每层建筑面积均为 1200m²，首层和二层为商业服务网点，三～十八层为住宅，建筑屋面为坡屋面，建筑室外设计地面至其檐口、屋脊的高度分别为 53.1m、55.1m，建筑首层与室外地面高差 0.3m。

（2）某住宅建筑，建筑屋面为平屋面，建筑室外设计地面至建筑屋面面层的高度为 56m，住宅建筑底部为室内高度为 2.2m 的储藏室，建筑首层与室外地面高差 0.3m。

（3）某商业建筑，室外地面至顶部屋面高度为 23.8m，顶部屋面面积为 $220m^2$，该建筑顶部有局部突出屋顶的冷却塔、机房等辅助用房。冷却塔面积为 $50m^2$，高度为 2.0m；机房面积为 $60m^2$，高度为 2.2m。

（4）某 16 层民用建筑，一～二层为小型营业性用房，每个分隔单元的面积为 $300m^2$；三～十六层为单元式住宅，每层建筑面积为 $1200m^2$；建筑首层室内地坪标高为±0.000m，室外地坪高为－0.300m，商业平屋面面层标高为 7.6m，住宅平屋面面层标高为 49.7m，女儿墙顶部标高为 50.9m。屋顶水箱间建筑面积为 $300m^2$，顶部标高为 53.7m。

（5）某民用建筑，地下 1 层，地上 18 层，每层建筑面积为 $1500m^2$；其中一～二层为小型营业性用房，每个分隔单元的面积为 $350m^2$，三层以上为单元式住宅。一层地面标高为±0.000m，室外地坪高为－1.5m，屋面面层标高为 51m。平屋面一设备用房面积为 $300m^2$，设备用房屋顶标高为 54m。

【解】

（1）由于该建筑首层和二层为商业服务网点，三～十八层为住宅，属于住宅建筑；该建筑屋面为坡屋面，其建筑高度为室外设计地面至其檐口与屋脊的平均高度，即 $H=53.1+(55.1-53.1)/2-0.3=53.8$m，所以该建筑高度＝53.8m（＜54m），属于二类高层住宅建筑。

（2）由于该建筑为住宅建筑，根据《建筑设计防火规范》GB 50016—2014（2018 年版）附录 A，对于住宅建筑，设置在底部且室内高度不大于 2.2m 的自行车库、储藏室、敞开空间，可不计入建筑高度的规定。故该建筑的高度 $H=56-2.2-0.3=53.5$m＜54m，属于二类高层住宅建筑。

（3）根据《建筑设计防火规范》GB 50016—2014（2018 年版）附录 A“局部突出屋顶的瞭望塔、水箱间、电梯机房、排烟和排风机房及楼梯出口小间等辅助用房占屋面面积不大于 1/4 者，可不计入建筑高度”的规定，该建筑冷却塔的面积占比＝50/220＝0.23＜0.25，不计入建筑高度，而机房的面积占比＝60/220＝0.27＞0.25，应计入建筑高度，所以该建筑高度 $H=23.8+2.2=26$m，属于商业建筑，为公共建筑，24m＜H＜50m，为二类高层公共建筑。

（4）该建筑一、二层为小型营业性用房，每个分隔单元的面积为 $300m^2$（≤$300m^2$），三层以上为住宅，所以该建筑属于住宅建筑。突出屋顶的水箱间面积占比为 300/1200＝0.25，可不计入建筑高度，所以该建筑高度为室外设计地面至屋面面层的高度，但又根据“住宅建筑中地下室的顶板面高出室外设计地面的高度不大于 1.5m 的部分，不计入建筑高度”的规定，所以该建筑的高度 $H=49.7$m，所以该建筑为二类高层住宅建筑。

（5）由于该建筑一、二层小型营业性用房的每个分隔单元的面积为 $350m^2$（＞$300m^2$），属于公共建筑。屋面辅助用房面积占比为 300/1500＝0.2，建筑高度不计入。由于该建筑为公共建筑，建筑高度 $H=51+1.5=52.5$m，为一类高层公共建筑。

2.2 耐火等级

2.2.1 建筑防火基本概念

1. 火灾荷载

建筑物内的可燃物种类很多，其燃烧发热量也因材而异。为了便于研究，在实际中常根据燃烧热值把某种材料换算为等效发热量的木材，用等效木材的重量表示可燃物的数量，称为等效可燃物量。等效可燃物的数量与建筑面积或容积的大小有关，一般把火灾范围内单位地板面积的等效可燃物木材的数量称为火灾荷载。

所以，在建筑物发生火灾时，火灾荷载直接决定着火灾持续时间的长短和室内温度的变化情况。

2. 构件的燃烧性能

材料的燃烧性可分为不燃材料、难燃性材料、可燃材料和易燃材料四级。

构件的燃烧性能分为四类：

（1）不燃性构件：是指用不燃烧材料做成的建筑构件具有的燃烧性能。不燃烧材料指在空气中受到火烧或高温作用时不起火、不燃烧、不碳化的材料，如建筑中采用的金属材料和天然或人工的无机矿物材料。

（2）难燃性构件：是指用难燃烧材料做成的建筑构件或用燃烧材料做成而用不燃烧材料做保护层的建筑构件。难燃烧材料指在空气中受到火烧或高温作用时难起火、难微燃、难碳化，当火源移走后，燃烧或微燃立即停止的材料。如沥青混凝土、经过防火处理的木材、用有机物填充的混凝土和水泥刨花板等。

（3）可燃性构件：是指用燃烧材料做成的建筑构件。燃烧材料指在空气中受到火烧或高温作用时立即起火或燃烧，且火源移走后仍继续燃烧或微燃的材料，如木材等。

（4）易燃性构件：材料在空气中或较高温度时，即可起火燃烧，自身无任何阻燃性，火灾危险性很大。

3. 构件的耐火极限

对建筑构件进行耐火试验，从受到火的作用时起，到失去承载能力、完整性或隔热性时为止的这段时间称为构件的耐火极限，用小时（h）表示，为承载能力、完整性或隔热性三者之中的最小时间。

建筑构件的耐火极限与材料的燃烧性能是截然不同的两个概念。材料不燃或难燃，并不等于其耐火极限就高，如钢材，它是不燃的，可在没有被保护时，钢材的耐火极限仅为15min。所以，在使用构件时，不仅要看材料的燃烧性能，还要看其耐火极限。

2.2.2 建筑耐火等级划分

耐火等级是衡量建筑物耐火程度的分级标准。火灾实例说明，耐火等级高的建筑物，发生火灾的次数少，火灾时被火烧坏、倒塌的少；耐火等级低的建筑物，发生火灾的概率大，火灾时容易被烧坏，造成局部或整体倒塌，损失大。划分建筑物耐火等级的目的在于根据建筑物不同用途提出不同的耐火等级要求，做到既有利于消防安全，又节约基本建设投资。

建筑物耐火等级是由组成建筑物的墙、柱、梁、楼板、屋顶承重构件和吊顶等主要建筑构件的燃烧性能和耐火极限决定的。民用建筑的耐火等级可分为一级、二级、三级和四级 4 个等级。

建筑构件的耐火等级是以楼板的耐火极限为基准进行划分的。楼板的耐火极限是以我国火灾发生的实际情况和建筑构件构造的特点为依据确定的。据火灾统计资料表明，我国 90%的火灾延续时间在 2h 以内，88%的火灾延续时间在 1.5h 以内，在 1h 内扑灭的火灾约占 80%。据此，将一级建筑物楼板的耐火极限定为 1.5h，二级建筑物楼板的耐火极限定为 1h。其他结构构件按照在结构中所起的作用以及耐火等级的要求而确定相应的耐火极限。如对于在建筑中起主要支撑作用的柱子，其耐火极限值要求相对较高，一级耐火等级的建筑要求 3.0h，二级耐火等级的建筑要求 2.5h（表 2-3）。

但对于钢结构建筑，就必须采取相应的保护措施方可满足耐火极限的要求，如可采用外包混凝土或砌筑砌体、涂敷防火涂料、防火板包覆、复合防火保护、柔性毡状隔热材料包覆等。

对于二级耐火等级的多层住宅建筑内可采用预应力钢筋混凝土的楼板，自重小、强度大、节约材料，特殊的建造方式要求其耐火极限也不应低于 0.75h。

不同耐火等级建筑相应构件的燃烧性能和耐火极限（h） **表 2-3**

构件名称		耐火等级			
		一级	二级	三级	四级
墙	防火墙	不燃性 3.00	不燃性 3.00	不燃性 3.00	不燃性 3.00
	承重墙	不燃性 3.00	不燃性 2.50	不燃性 2.00	难燃性 0.50
	非承重外墙	不燃性 1.00	不燃性 1.00	不燃性 0.50	可燃性
	楼梯间和前室的墙 电梯井的墙 住宅建筑单元之间的墙和分户墙	不燃性 2.00	不燃性 2.00	不燃性 1.50	难燃性 0.50
	疏散走道两侧的隔墙	不燃性 1.00	不燃性 1.00	不燃性 0.50	难燃性 0.25
	房间隔墙	不燃性 0.75	不燃性 0.50	难燃性 0.50	难燃性 0.25
柱		不燃性 3.00	不燃性 2.50	不燃性 2.00	难燃性 0.50
梁		不燃性 2.00	不燃性 1.50	不燃性 1.00	难燃性 0.50
楼板		不燃性 1.50	不燃性 1.00	不燃性 0.50	可燃性
屋顶承重构件		不燃性 1.50	不燃性 1.00	不燃性 0.50	可燃性
疏散楼梯		不燃性 1.50	不燃性 1.00	不燃性 0.50	可燃性
吊顶（包括吊顶搁栅）		不燃性 0.25	难燃性 0.25	难燃性 0.15	可燃性

注：1. 以木柱承重且墙体采用不燃材料的建筑，其耐火等级应按四级确定。
2. 住宅建筑构件的耐火极限和燃烧性能可按现行国家标准《住宅建筑规范》GB 50368 的规定执行。

【例 2-3】

试确定下列建筑的耐火等级。

（1）5层现浇钢筋混凝土框架结构宾馆建筑，加气混凝土砌块墙、预应力钢筋混凝土楼板（耐火极限0.75h）、轻钢龙骨石膏板吊顶（耐火极限0.25h）。

（2）砖墙、钢筋混凝土楼板、木屋架、瓦屋面、板条抹灰吊顶（耐火极限0.25h）的单层民用建筑。

【解】

建筑物的耐火等级应按照构件的燃烧性能和耐火等级最低的构件确定。

（1）除预应力钢筋混凝土楼板允许在二级耐火等级的建筑中采用外，其他构件均符合一级耐火等级的要求，故该建筑的耐火等级定为二级。

（2）因三级耐火等级的建筑允许采用燃烧体屋架，所以该建筑的耐火等级定为三级。

2.2.3　建筑耐火等级的确定

无论使用哪种材质的建筑物，民用建筑的耐火等级应根据其建筑高度、使用功能、重要性和火灾扑救难度等确定。

1. 建筑高度

建筑高度越高，火灾时人员的疏散和火灾扑救越困难，造成的经济损失也越大。由于高层建筑火灾的特点，有必要对其耐火等级的要求严格一些。对于高度较高的建筑物选定较高的耐火等级，可以确保其在火灾时不易发生倒塌破坏，给人员安全疏散和消防扑救创造有利条件。

2. 建筑重要性

对于建筑物性质重要、功能多、设备复杂、建设标准高的建筑，其耐火等级应选定得高一些。如国家机关重要的办公楼、通信中心大楼、广播电视大楼、大型影剧院、商场、重要的科研楼、图书档案楼、高级旅馆等。这些建筑一旦发生火灾，往往经济损失大、人员伤亡多、造成的影响大。而对于一般的办公楼、宿舍等，由于其可燃物相对较少，耐火等级可以适当低一些。

3. 建筑使用功能

使用功能越复杂的建筑，其耐火等级选定得高一些，火灾时造成的损失小，反之亦然。

民用建筑耐火等级的确定应符合下列规定：

（1）地下或半地下建筑（室）和一类高层建筑的耐火等级不应低于一级；

（2）单、多层重要公共建筑和二类高层建筑的耐火等级不应低于二级；

（3）除木结构建筑外，老年人照料设施的耐火等级不应低于三级；

（4）耐火等级低于四级的既有建筑，其耐火等级可按四级确定。

在选定了建筑物的耐火等级后，必须保证建筑物的所有构件均满足该耐火等级对构件耐火极限和燃烧性能的要求。

2.3　建筑总平面布局

建筑总平面布局是建筑设计的关键，所以在进行建筑总平面布局中，应合理确定建筑的位置、防火间距、消防车道和消防水源等。不宜将民用建筑物布置在有可燃液体和可燃气体储罐及可燃材料堆场的附近。

2.3.1 防火间距

建筑规划布局无论从功能分区、城市景观，健康需求，还是从建筑的外部空间设计上，均要求建筑物之间、建筑物与街道之间保留适当的距离。建筑物着火后，火势不仅会在建筑物内部蔓延扩大，而且在建筑物外部还会因强烈的热辐射作用对周围建筑物构成威胁。火势越大，持续时间越长，建筑距离越近，所受辐射热越强。建筑物间的防火间距是为了防止着火建筑的辐射热在一定时间内引燃相邻建筑，且便于消防扑救时，消防车通行、停靠，展开扑救操作的所需。

（1）民用建筑之间的防火间距不应小于表 2-4 的要求。

民用建筑之间的防火间距　　表 2-4

建筑类别和耐火等级		防火间距（m）			
高层民用建筑	一、二级	13	9	11	14
裙房和其他民用建筑	一、二级	9	6	7	9
	三级	11	7	8	10
	四级	14	9	10	12

一、二级耐火等级民用建筑之间的防火间距如图 2-5 所示。

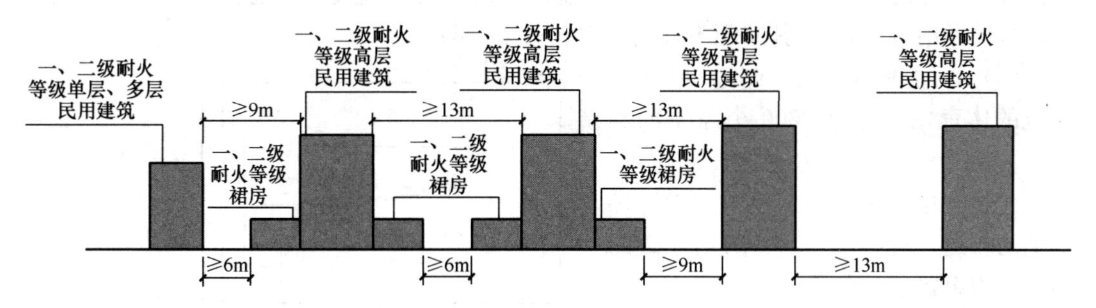

图 2-5　一、二级耐火等级民用建筑之间的防火间距示意图

（2）民用建筑与单台蒸汽锅炉的蒸发量不大于 4t/h 或单台热水锅炉的额定热功率不大于 2.8MW 的燃煤锅炉房的防火间距，可根据锅炉房的耐火等级按民用建筑的规定执行（表 2-4）。

（3）民用建筑与单独建造的燃油、燃气或燃煤锅炉房的防火间距可按表 2-5 中的规定执行。

民用建筑与锅炉房之间的防火间距（m）　　表 2-5

耐火等级	裙房，单、多层建筑			高层建筑	
燃油、燃气、燃煤锅炉房	一、二级	三级	四级	一类	二类
一、二级	10	12	14	15	13
三级	12	14	16	18	15

2.3.2 消防车道

1. 设置要求

(1) 街区内的道路应考虑消防车的通行，道路中心线间的距离不宜大于160m。

(2) 当建筑物沿街道部分的长度大于150m或总长度大于220m时，应设置穿过建筑物的消防车道。确有困难时，应设置环形消防车道（图2-6）。

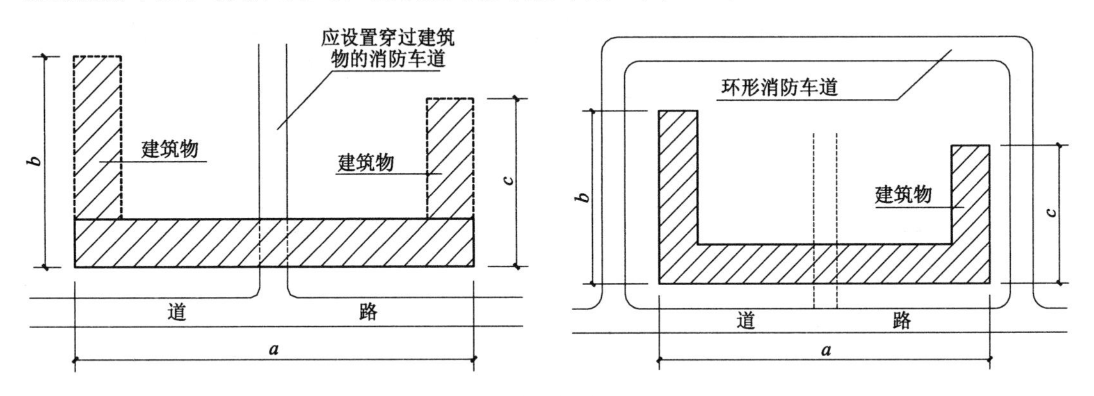

图2-6 消防车道的设置

$a>150$m（长条形建筑物）；$a+b>220$m（L形建筑物）；$a+b+c>220$m（U形建筑物）

(3) 有封闭内院或天井的建筑物，当内院或天井的短边长度大于24m时，宜设置进入内院或天井的消防车道（图2-7）；当该建筑物沿街时，应设置连通街道和内院的人行通道（可利用楼梯间），其间距不宜大于80m（图2-8）。

(4) 高层民用建筑，超过3000个座位的体育馆，超过2000个座位的会堂，占地面积大于3000m^{2}的商店建筑、展览建筑等单、多层公共建筑应设置环形消防车道，确有困难时，可沿建筑的两个长边设置消防车道。

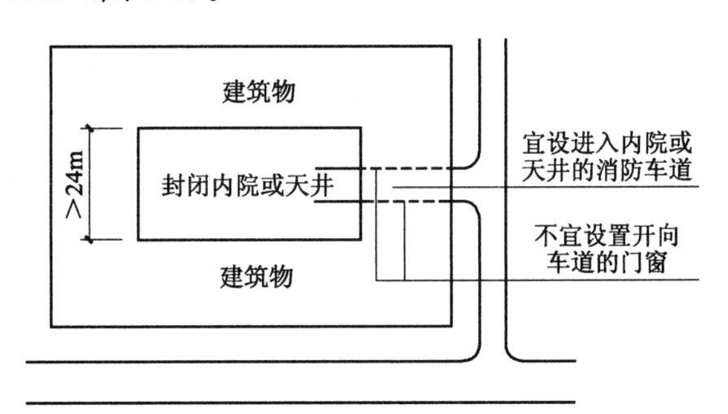

图2-7 有天井建筑消防车道的设置

2. 消防车道设置要求

(1) 供消防车取水的天然水源和消防水池应设置消防车道，消防车道的边缘距离取水点不宜大于2m（图2-9）。

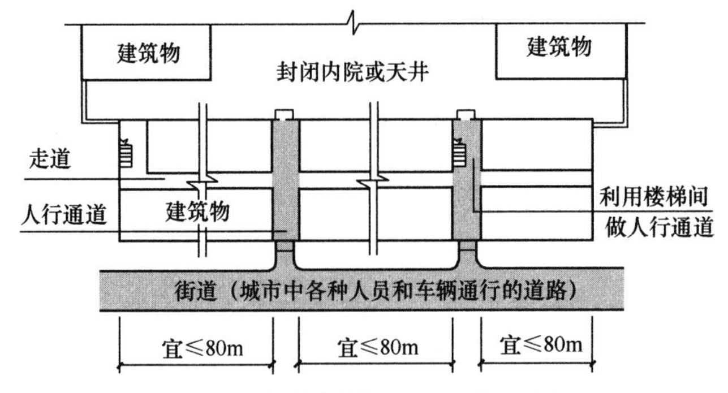

图2-8 沿街建筑物人行通道的设置

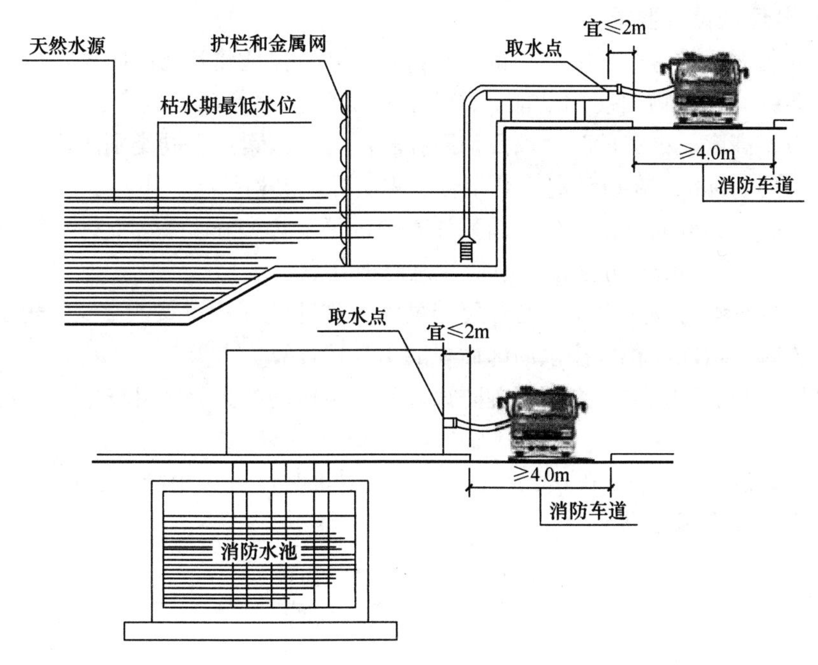

图 2-9 天然水源和消防水池对设置消防车道的要求

（2）消防车道的净宽度和净空高度均不应小于 4.0m。

（3）消防车道的坡度不宜大于 8%。

（4）转弯半径应满足消防车转弯的要求。

（5）消防车道与建筑之间不应设置妨碍消防车操作的树木、架空管线等障碍物。

（6）消防车道靠建筑外墙一侧的边缘距离建筑外墙不宜小于 5m。

消防车道的设置要求如图 2-10 所示。

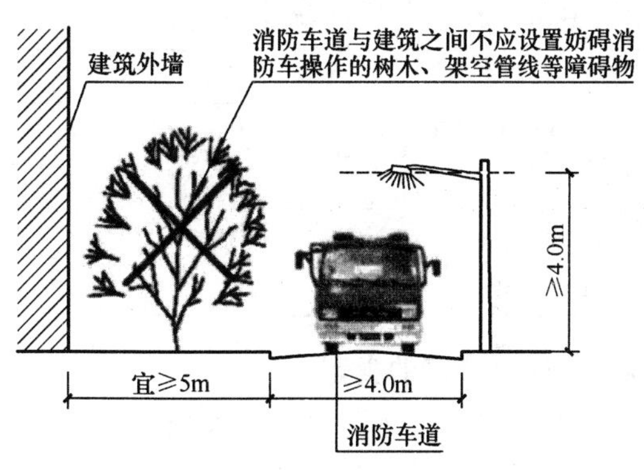

图 2-10 消防车道的设置要求

2.4 防 火 分 区

2.4.1 防火分区的作用

建筑物的某空间发生火灾，火势便会从楼板、墙壁的烧损处和门窗洞口向其他空间蔓延扩大，最后发展成为整座建筑的火灾。因此，对规模、面积较大的多层和高层建筑，在一定时间内将火势控制在一定区域内，是非常重要的。控制火势蔓延最有效的办法是划分防火分区。

防火分区是在建筑内部采用防火墙、楼板及其他防火分隔设施分隔而成，能在一定时间内防止火灾向建筑内的其他部分蔓延的局部空间。

采用具有一定耐火性能的分隔物对空间进行划分，有利于控制火势蔓延、消防扑救、减少火灾损失，同时为人员安全疏散、消防扑救提供有利条件。

2.4.2　防火分区的设计要求

从防火的角度看，防火分区划分得越小，越有利于保证建筑物的防火安全。但划分得过小，势必会影响建筑物的使用功能。防火分区面积大小的确定应考虑建筑物的使用性质、耐火等级、高度、火灾危险性以及消防扑救能力等因素。不同类别的建筑，其防火分区的划分有不同的标准。在设计时必须结合工程实际，严格执行。

民用建筑防火分区面积是以建筑面积计算的，每个防火分区最大允许建筑面积应符合表 2-6 的要求。在进行防火分区设计时应注意以下几点：

（1）建筑内设置自动灭火系统时，每层最大允许建筑面积可按表 2-6 的规定增加 1.0 倍；局部设置时，增加面积可按该局部面积的 1.0 倍计算。

（2）裙房与高层建筑主体之间设置防火墙时，裙房的防火分区可按单、多层建筑的要求确定。

（3）防火分区之间应采用防火墙分隔，确有困难时，可采用防火卷帘（耐火极限≥3.0h）等防火分隔设施分隔。

防火分区最大允许建筑面积　　表 2-6

<table>
<tr><th>名称</th><th>耐火等级</th><th>允许建筑高度或层数</th><th>防火分区最大允许建筑面积（m²）</th><th>备注</th></tr>
<tr><td>高层民用建筑</td><td>一、二级</td><td>按表 2-2 确定</td><td>1500</td><td rowspan="2">对于体育馆、剧场的观众厅，防火分区的最大允许建筑面积可适当增加</td></tr>
<tr><td rowspan="3">单层、多层民用建筑</td><td>一、二级</td><td>按表 2-1 确定</td><td>2500</td></tr>
<tr><td>三级</td><td>5 层</td><td>1200</td><td rowspan="2"></td></tr>
<tr><td>四级</td><td>2 层</td><td>600</td></tr>
<tr><td>地下或半地下建筑（室）</td><td>一级</td><td>—</td><td>500</td><td>设备用房的防火分区最大允许建筑面积不应大于 1000m²</td></tr>
</table>

2.4.3　防火分区的类型

防火分区分水平防火分区和竖向防火分区。

1. 水平防火分区

水平防火分区是指在同一层水平空间内，采用具有一定耐火性能的墙体、门、窗等水平防火分隔物，将该层分隔为若干个区域，防止火灾在水平方向扩大蔓延。应按照规定的建筑面积标准和建筑内部的不同使用功能区域进行划分。

2. 竖向防火分区

竖向防火分区主要是防止建筑内层与层之间的竖向火灾蔓延，沿建筑高度方向划分的防火分区。主要是用具有一定耐火性能的钢筋混凝土楼板、上下楼层之间的窗槛墙、防火房间等构件进行防火分隔。

2.4.4　防火构造

水平防火构件主要有防火墙、防火门窗、防火卷帘等；竖向防火构件有耐火楼板、楼层上下的窗槛墙、防火挑檐、防烟楼梯间、封闭楼梯间等。

1. 防火墙

防火墙是防火分区划分中最常用的防火分隔构件，由不燃烧材料构成（如砖墙、钢筋混凝土墙等），其耐火极限不低于 3.0h。

防火墙应直接设置在建筑的基础或框架、梁等承重结构上。防火墙上不应开设门、窗、洞口，确需开设时，应设置不可开启或火灾时能自动关闭的甲级防火门、窗。

可燃气体和甲、乙、丙类液体的管道严禁穿过防火墙。防火墙内不应设置排气道。

其他管道不宜穿过防火墙，确需穿过时，应采用水泥砂浆等不燃材料或防火封堵材料将墙与管道之间的空隙紧密填实。管道为难燃及可燃材料（如 PVC 材料等）时，应在防火墙两侧的管道上采取防火措施（如设膨胀型阻火圈或者设置在具有耐火性能的管道井内等）。

管道贯穿防火墙封堵的做法如图 2-11 所示。

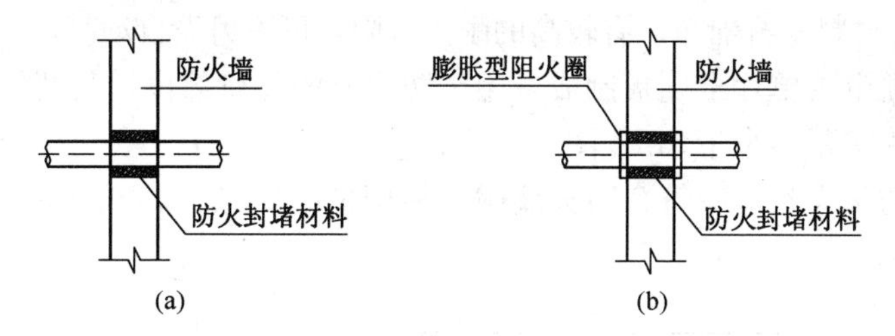

图 2-11　管道贯穿防火墙封堵做法示意图

（a）管道贯穿防火墙的做法；（b）难燃或可燃管道贯穿防火墙的做法

2. 防火门窗

防火门窗不仅具有普通门窗的通行、通风、采光等功能，而且具有隔火、隔烟的阻火功能。防火门窗按耐火等级可分为甲、乙、丙三个等级。甲级防火门窗的耐火极限不低于 1.5h；乙级防火门窗的耐火极限不低于 1.0h；丙级防火门窗的耐火极限不低于 0.5h。

（1）甲级防火门窗主要用于防火墙和重要设备用房上，如消防水泵房、柴油发电机房等。

（2）乙级防火门窗主要用于疏散楼梯间、消防电梯前室，消防控制室、单元式高层住宅入户门等。

（3）丙级防火门主要用于电缆井、管道井、排烟竖井等检查门。

防火门、窗主要功能如下：

（1）设置在建筑内经常有人通行处的防火门宜采用常开防火门，且能在火灾时自行关闭，并应具有信号反馈的功能。

（2）设置在疏散楼梯间、前室的防火门在火灾时应有自动关闭功能。

（3）设置在防火墙、防火隔墙上的防火窗，应采用不可开启的窗扇或具有火灾时能自行关闭的功能。

3. 防火卷帘

防火卷帘是在一定时间内，连同框架能满足耐火稳定性、完整性和耐火隔热性要求的卷帘，在建筑中被广泛使用。按材料可分为普通型钢质、复合型钢质（中间加隔热材料）、复合非金属材质。

耐火完整性指试验件在标准耐火试验条件下，建筑构件当某一面受火时，在一定时间内阻止火焰和热气穿透或在背火面出现火焰的能力，是保证卷帘系统整体完整防火能力的体现。

耐火隔热性分两个概念，一个是平均温升，一个是最高温升。考虑到背火面判定条件的适用性，达到一定温度就可造成背火面物件的燃烧。通常最高温升已远远超过物体燃烧所需要的温度条件。因此，在这里以平均温升为判定标准。规定以试件背火面平均温升超过试件表面初始平均温度140℃，则判定试件失去耐火隔热性。

防火卷帘一般设置在开敞的中庭周边、自动扶梯周围、中庭与楼层走道，火灾时可阻止火势从门窗等开口部位蔓延。

复合型防火卷帘由两片金属板中间夹隔热材料构成，当耐火极限满足防火墙的耐火极限（不低于3.0h）要求时，可不设自动喷水灭火系统［图2-12（a）］；采用非金属材料制作的复合防火卷帘，主要材料是石棉布，有较高的耐火极限，可不另设自动喷水灭火系统。

普通型防火卷帘由单片金属板制成，用于防火墙的开口部位，其两侧应设自动喷水系统保护，两侧喷头间距不小于2m［图2-12（b）］。

替代防火墙的防火卷帘应符合防火墙耐火极限的判定条件，或在其两侧设冷却水幕，其火灾延续时间按不小于3.0h考虑。

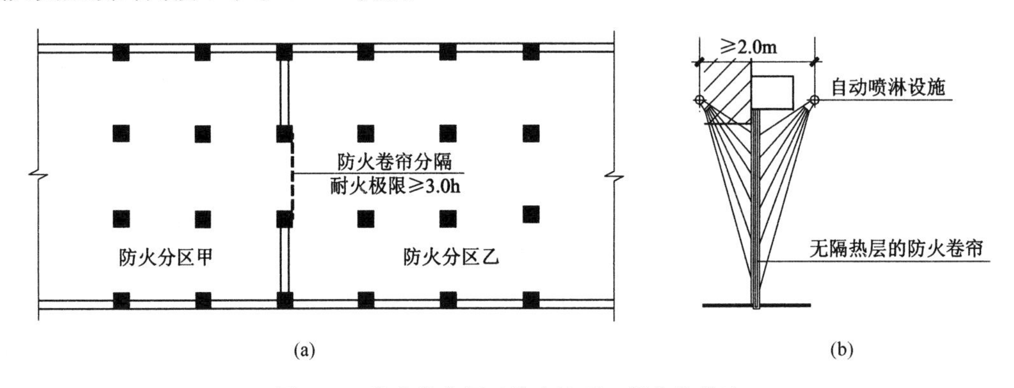

图2-12　防火卷帘用于防火墙开口部位的做法

（a）复合型防火卷帘；（b）普通防火卷帘

4. 楼面板和屋面板

一、二级耐火等级的建筑楼面板和屋面板应分别采用耐火极限1.5h和1.0h以上的不燃烧体，如钢筋混凝土楼屋面板，以阻隔火势向上蔓延。

5. 窗槛墙和防火挑檐

火灾时，火焰可以通过外墙窗口向上层延烧。当采用具有1.5 h或1.0 h耐火极限的楼板和窗槛墙将上下层隔开，两上、下窗之间的距离大于1.2m时，竖向的隔火效果较好。另外，在下层窗的上沿设置外挑挑檐或上层阳台及楼板外伸等设计做法均能提高楼层的竖向防火性能。

6. 各种竖井的防火分隔

大量火灾教训表明，建筑中的各种竖井，如在设计、施工中的疏忽，没有进行很好的封隔，一旦发生火灾，便成为拔烟、拔火的通道，助长火势蔓延扩大，造成严重损失。所以，各类竖井的井壁要具备较好的耐火能力。

（1）管道井、电缆井等竖向井道应分别独立设置，井壁的耐火极限不应低于1.0h，井壁上的检查门应采用丙级防火门（图2-13）。

（2）排烟井、风井等竖向井道应分别独立设置，井壁的耐火极限不应低于1.0h（图2-13）。

（3）建筑内的管道井、电缆井与房间、走道等连通的孔隙应采用防火封堵材料进行封堵。

7. 防烟楼梯间和封闭楼梯间

防烟楼梯间和封闭楼梯间用于人员疏散，同时也是竖向隔火部件，可以阻止火势竖向发展。详细描述参见本书第2.5节相关内容。

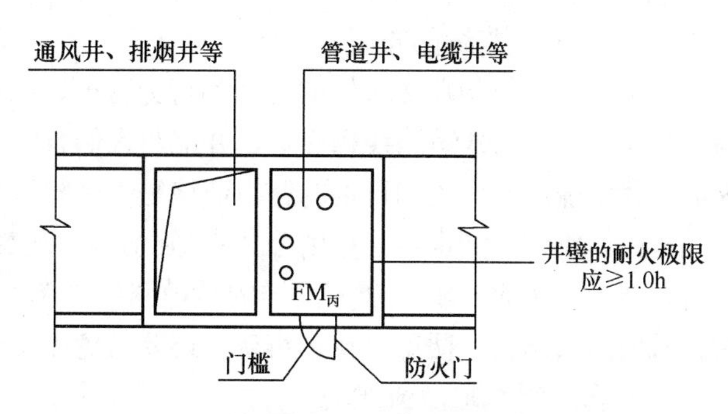

图2-13 管道井防火分隔设计要求示意图

2.5 安全疏散和避难

安全疏散设施的建立，其目的是使人能从发生火灾的建筑中迅速撤离到安全部位（室外或避难层、避难间等），及时转移室内重要的物资和财产，减少火灾造成的人员伤亡和财产损失，为消防人员提供有利的灭火条件。因此，完善建筑物的安全疏散设施是十分必要的。

建筑物的安全疏散设施包括安全出口、疏散楼梯、走道和疏散门等；辅助安全疏散设施包括防排烟设施、疏散指示装置、疏散阳台、缓降器等；对于建筑高度大于100m的公共建筑还应设置避难层（间）。在设计时，应根据建筑物的规模、使用性质、火灾危险性、容纳人数以及人们在火灾时的心理状态和行动特点等，合理设置安全疏散设施，为人员的安全疏散创造有利条件。

2.5.1 安全疏散设施布置的原则

1. 火灾时人的心理与行为

在布置安全疏散路线时，必须充分考虑火灾时人们在异常心理状态下的行为特点（表2-7），在此基础上进行合理设计，达到安全疏散人员的目的。

疏散人员的心理与行为　　表2-7

前往经常使用的出入口、楼梯间避难	在旅馆、剧院等发生火灾时，人员习惯于从原出入口或走过的楼梯疏散，而很少使用不熟悉的出入口或楼梯
习惯于向明亮的方向疏散	人具有朝着光明处运动的习性，以明亮的方向为行动的目标
奔向开阔的空间	与趋向光明处的心理行为是同一性质
对烟火怀有恐惧心理	对于红色火焰怀有恐惧心理是动物的一般习性，人一旦被火包围，则不知所措
因危险而陷入极度恐慌，逃向狭小角落	在出现死亡事故的火灾中，常可看到缩在房角、厕所或把头插进橱柜而死亡的例子
越慌乱，越容易跟随他人	人在极度慌乱中，往往会失去正常判断能力，无形中产生跟随他人的行为
紧急情况下能发挥出意想不到的力量	把全部精力集中在应付紧急情况上，会做出平时预想不到的举动。如遇火灾时，甚至敢从高楼上跳下去

2. 安全疏散路线的布置

根据火灾事故中疏散人员的心理和行为特征，在进行疏散线路的设计时，应使疏散的线路简捷明了，不与扑救路线相交叉，并能与人们日常生活的活动路线有机结合起来。在发生火灾，紧急疏散时，人们行走的路线应该是一个阶段比一个阶段安全性高。如人们从着火房间或部位，跑到公共走道，再由公共走道到达疏散楼梯间，然后转向室外或其他安全处所，如避难层，一步比一步安全，这样的疏散路线即为安全疏散路线。因此，在布置疏散路线时，既要力求简捷，便于寻找、辨认，还要避免因受某种障碍发生"逆流"情况。

（1）合理组织疏散流线

应按照建筑物中各功能区的不同用途，分别布置疏散线路。因为高层建筑疏散路线的竖向连通性，要防止各个不同层面的防火分区通过疏散路径"串联"，扩大火灾的危险。如某高层商住综合楼，地下室为车库、设备用房，一、二层为商业用房，三层及三层以上为住宅。为了确保疏散路线的安全性，可将安全疏散路线分为完全独立的三个部分：1）上部住宅人群的疏散；2）一、二层商业用房人群的疏散；3）地下室人群的疏散。这三部分的疏散楼梯各自完全独立，确保疏散路线的明晰，同时有效地防止了各层面不同功能区的火灾的"串联"。

（2）合理布置疏散路线

当发生火灾时，人们通常首先考虑熟悉并经常使用的由电梯所组成的疏散路线。因此，疏散楼梯间靠近电梯间布置较为有利。当靠近电梯间设置疏散楼梯间时，就能使经常使用的路线和火灾时的疏散路线有机结合起来，有利于疏散的快速和安全。图 2-14 既为疏散楼梯间与消防电梯相结合的设置形式，其中图 2-14（a）为一对剪刀梯设置为防烟楼梯间，楼梯间的前室与消防电梯前室合用，疏散路线与平时常用路线相结合，人群可直接通过短走道进入合用前室，再进入疏散楼梯间，安全有良好的保障。图 2-14（b）中布置

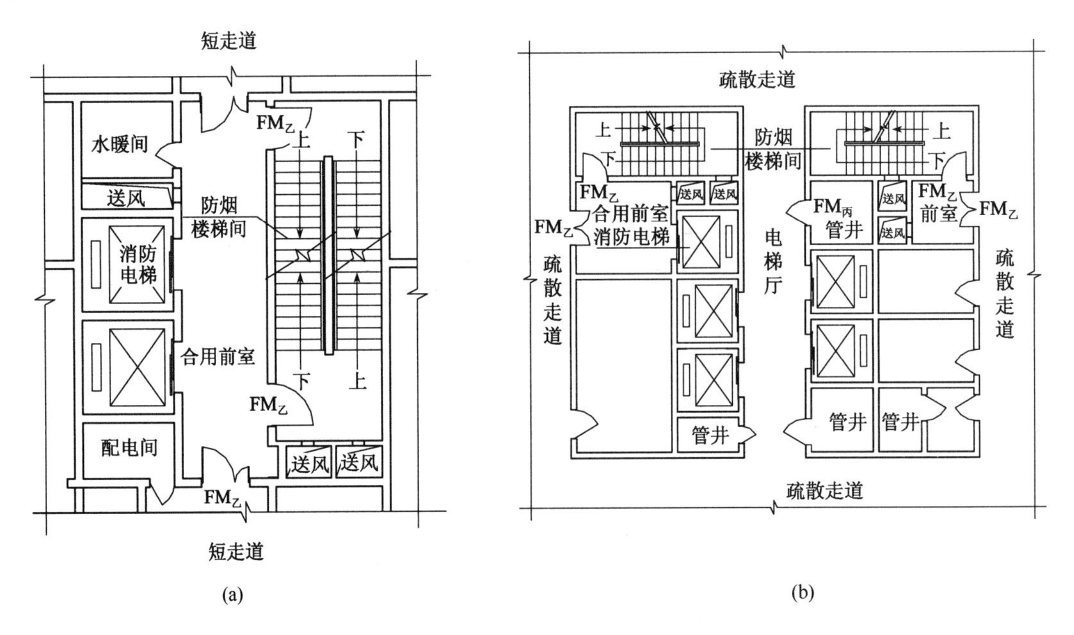

图 2-14　疏散楼梯间与电梯相结合布置示意

（a）剪刀梯与消防电梯相结合的布置图；（b）防烟楼梯间与消防电梯相结合的布置图

了环形走道和两座防烟楼梯间，形成了完善的双向疏散路线，以满足消防人员救护和便于人们疏散的需要。

3. 合理布置疏散出口

为了保证人们在火灾时向不同方向疏散，一般应在靠近主体建筑标准层或其防火分区的两端设置安全出口。在火灾时人们常常是习惯性冲向熟悉、习惯和明亮处的出口或楼梯疏散，若遇烟火阻碍，就得掉头寻找出路，尤其是人们在惊慌、失去理智控制的情况下，往往会追随别人盲目行动，所以只有一个方向的疏散路线是极不安全的。

有条件时，疏散楼梯间及其前室，应尽量靠近外墙设置。因为这样布置可利用在外墙开启的窗户进行自然通风，从而为人员安全疏散和消防扑救创造有利条件；如因条件限制，将疏散楼梯布置在建筑核心部位时，应设有机械加压送风设施，以利安全疏散。

2.5.2 安全疏散的设置要求

1. 疏散门

疏散门是指通向疏散走道或直接开向疏散楼梯间，直通室外的门，是人员安全疏散的主要出口。

2. 安全出口

安全出口是供人员安全疏散用的楼梯间和室外楼梯的出入口或直通室内外安全区域的出口。通常情况下每座建筑或每个防火分区的安全出口数目不应少于 2 个。每个防火分区相邻 2 个安全出口或每个房间疏散出口最近边缘之间的水平距离不应小于 5.0m。

3. 疏散走道

疏散走道应简捷，并按规定设置疏散指示标志和诱导灯。疏散走道在防火分区处应设置常开的甲级防火门。

4. 安全疏散距离

安全疏散距离包括两段：第一段是从房间内最远点到疏散门的疏散距离；第二段是从疏散门到安全出口的疏散距离。当民用建筑中全部设置自动喷水灭火系统时，安全疏散距离可增加 25%。

5. 疏散楼梯、避难层（间）

疏散门、安全出口、疏散走道等是人员安全逃生的通道，其布置示意图如图 2-15 所示。

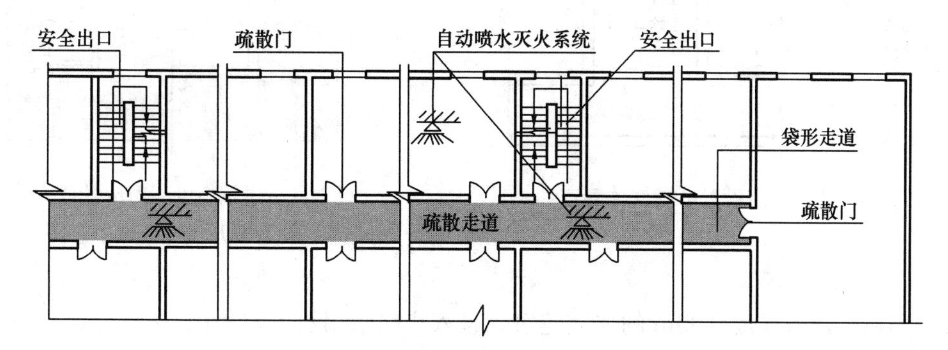

图 2-15 疏散门、安全出口的布置示意图

2.5.3　疏散楼梯与疏散楼梯间

疏散楼梯是人员在火灾紧急情况下安全疏散所用的竖向交通，其是楼内人员的疏散线路，也是消防人员灭火进攻线路。

按防烟火作用和安全疏散程度，疏散楼梯间可分为敞开楼梯间、封闭楼梯间、防烟楼梯间、室外疏散楼梯。其中敞开楼梯间的防烟火作用、安全疏散程度最差，防烟楼梯间最好。剪刀楼梯应按防烟楼梯间进行设计。

1. 疏散楼梯的一般要求

（1）楼梯间应能天然采光和自然通风，并宜靠外墙设置。

（2）楼梯间内不应设置开水间、可燃材料储藏室、垃圾道。

（3）楼梯间内不应有影响疏散的凸出物或其他障碍物。

（4）封闭楼梯间、防烟楼梯间及其前室，不应设置卷帘。

（5）楼梯间内不应设置甲、乙、丙类液体管道。

（6）封闭楼梯间、防烟楼梯间及其前室内禁止穿过或设置可燃气体管道。

（7）敞开楼梯间内不应设置可燃气体管道。

（8）当住宅建筑的敞开楼梯间内确需设置可燃气体管道和可燃气体计量表时，应采用金属管和设置切断气源的阀门（图 2-16）。

2. 敞开楼梯间

（1）特征：楼梯与走廊或大厅都敞开在建筑物内，在发生火灾时不能阻止烟气进入楼梯间，而且可能成为向其他楼层蔓延的主要通道。

（2）适用范围：多层住宅建筑。

1）建筑高度≤21m 的住宅建筑或与电梯井相邻布置，户门采用乙级防火门（图 2-17）。

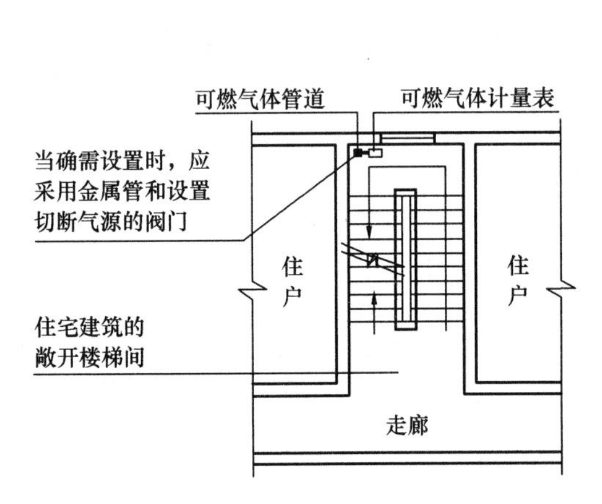

图 2-16　住宅建筑设置可燃气体管道和计量表的做法示意图

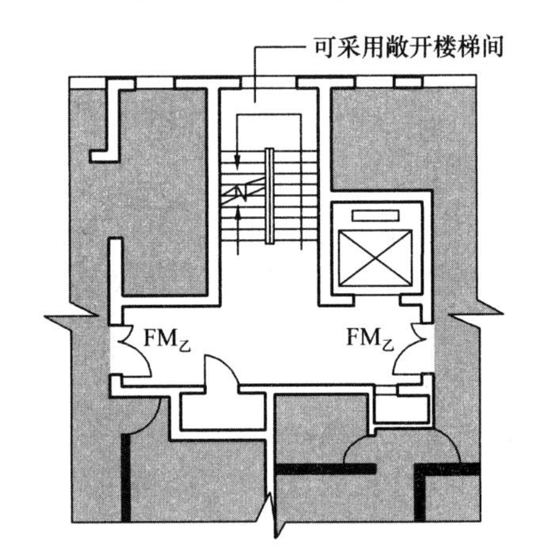

图 2-17　建筑高度≤21m 的住宅建筑设置敞开楼梯间的示意图

2）21m＜建筑高度≤33m 的住宅建筑，且入户门采用乙级防火门。

3. 封闭楼梯间

封闭楼梯间是指在楼梯间入口处设置防火门，防止火灾时烟和热气进入的楼梯间。

民用建筑中封闭楼梯间的设置场所见表 2-8。

民用建筑中封闭楼梯间的设置场所　　表 2-8

建筑类型	设置场所
高层公共建筑	裙房和建筑高度不大于 32m 的二类高层公共建筑
单、多层公共建筑	医疗建筑、旅馆、老年人建筑及类似使用功能的建筑； 设置歌舞娱乐放映游艺场所的建筑； 商店、图书馆、展览建筑、会议中心及类似使用功能的建筑； 6 层及以上的其他建筑
住宅建筑	建筑高度≤21m 的住宅建筑与电梯井相邻布置的疏散楼梯； 21m＜建筑高度≤33m 的住宅建筑
地下建筑	地坪高差≤10m 且 3 层以下地下、半地下建筑的疏散楼梯

封闭楼梯间一般不设前室，当发生火灾时可利用设在封闭楼梯间外墙上开启的窗户，或当不能自然通风（自然通风不满足要求）时，可通过设置机械加压送风系统将楼梯内烟气压出（图 2-18）。高层建筑、人员密集的公共建筑，其封闭楼梯间的门一般采用乙级防火门，并应向疏散方向开启；其他建筑可采用双向弹簧门。

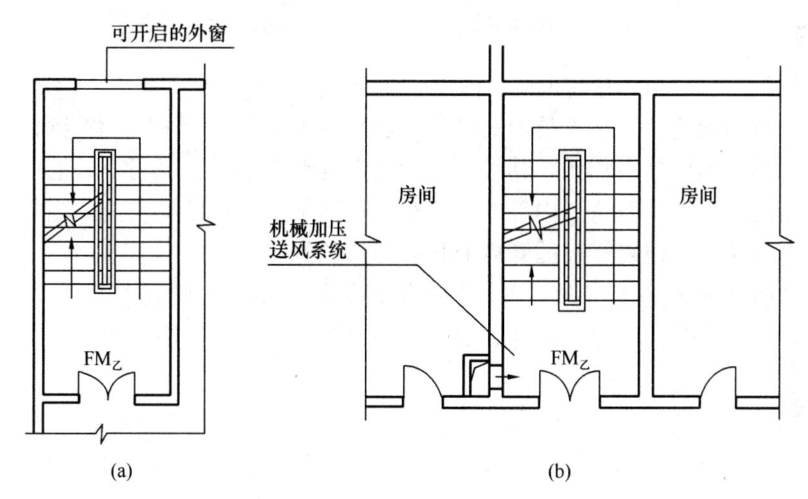

图 2-18　封闭楼梯间的做法示意图

（a）可开启外窗的封闭楼梯间；（b）设置机械加压送风系统的封闭楼梯间

4. 防烟楼梯间

防烟楼梯间是指在楼梯间入口处设置防烟的前室、开敞式阳台或凹廊（统称前室）等设施，且通向前室和楼梯间的门均为防火门，以防止火灾时烟和热气进入的楼梯间。防烟楼梯间的前室可以与消防电梯前室合用。

防烟楼梯间有如下几种类型：

（1）带开敞前室的防烟楼梯间

这种防烟楼梯间的特点是以阳台或凹廊作为前室，疏散人员须通过开敞的前室和两道防火门才能进入封闭的楼梯间内。其优点是自然风力能将随人流进入阳台的烟气迅速排走，同时转折的路线也使烟很难袭入楼梯间，无需再设其他的排烟装置。

图 2-19（a）为以阳台作为开敞前室的防烟楼梯间，其特点是人流通过阳台才能进入楼梯间，风可将窜入阳台的烟气立即吹走，所以防烟、排烟的效果较好。

图 2-19（b）为以凹廊作为开敞前室的防烟楼梯间，这种形式的楼梯间除自然排烟效果较好外，在平面布置上还可与电梯厅相结合，使经常使用的流线和火灾时的疏散路线结合起来。

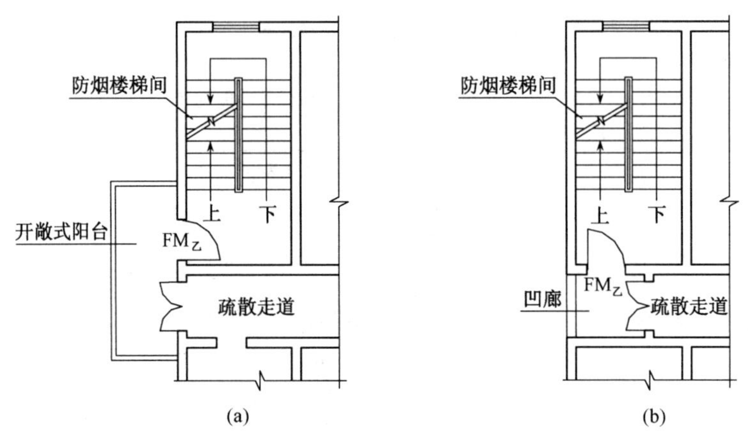

图 2-19　带开敞前室的防烟楼梯间做法

（a）以阳台为开敞前室；（b）以凹廊为开敞前室

（2）带封闭前室的防烟楼梯间

这种防烟楼梯间的特点是人员须通过封闭的前室和两道防火门，才能到达楼梯间内。与带开敞前室的防烟楼梯间相比，其平面布置灵活且形式多样，既可靠外墙设置，也可在建筑物核心筒内部布置。但位于内部的前室和楼梯间须设机械防烟设施。当靠外墙布置时可利用窗口自然排烟，但对外窗的开启面积有相应的规定。

采用机械防烟的楼梯间（图 2-20），适合于高层筒体结构的建筑物疏散楼梯间的布置。筒体结构的建筑常将电梯、楼梯、服务设施及管道系统布置在中央部位，周围是大面积的主要用房。

采用自然排烟的防烟楼梯间（图 2-21）靠外墙布置，设有可开启的外窗，外窗的开启面积每 5 层总和不小于 2m^2。防烟楼梯间前室和消防电梯前室可开启外窗的面积也不宜小于 2m^2。合用前室可开启外窗的面积不宜小于 3m^2。这样在发生火灾时，可以确保烟气通过前室和楼梯间的外窗排出室外，从而达到防烟排烟的效果。

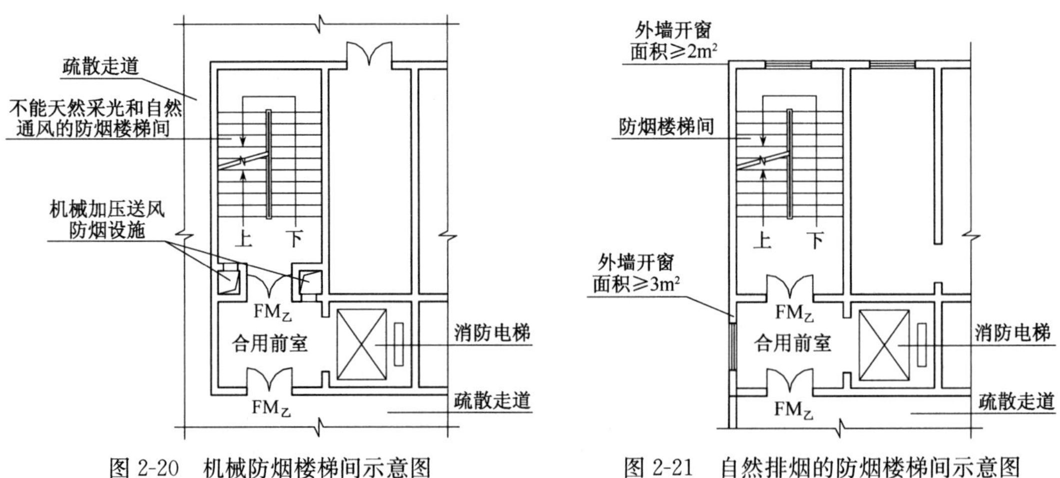

图 2-20　机械防烟楼梯间示意图

图 2-21　自然排烟的防烟楼梯间示意图

民用建筑中防烟楼梯间的设置场所如表 2-9 所示。

民用建筑中防烟楼梯间的设置场所 **表 2-9**

建筑类型	设置场所
公共建筑	一类高层公共建筑和建筑高度>32m 的二类高层公共建筑
住宅建筑	建筑高度>33m 的住宅建筑
地下、半地下建筑	地坪高差>10m，或 3 层及 3 层以上的地下、半地下建筑的疏散楼梯

防烟楼梯间的设置应符合下列规定：

（1）楼梯间入口处应设前室、阳台或凹廊。

（2）前室的使用面积：公共建筑不应小于 6.0m²，住宅建筑不应小于 4.5m²。

（3）当与消防电梯间前室合用时，合用前室的使用面积：公共建筑不应小于 10.0m²，住宅建筑不应小于 6.0m²。

（4）前室和楼梯间的门均为乙级防火门，并应向疏散方向开启。

5. 室外疏散楼梯

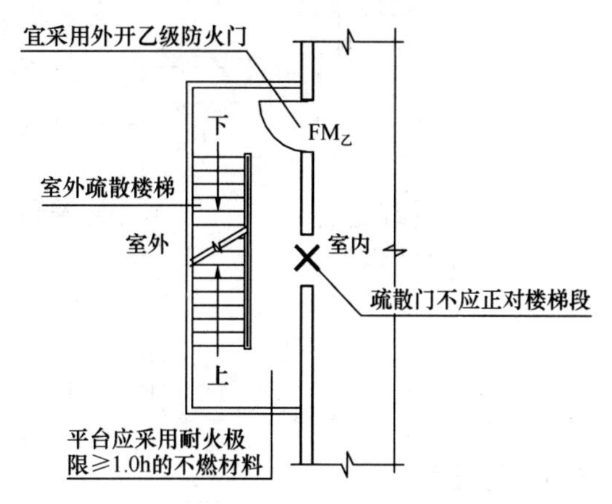

图 2-22 室外疏散楼梯设置示意图

室外疏散楼梯是在建筑物的外墙上设置的，且常布置在建筑端部，全部开敞于室外的楼梯（图 2-22）。可供人员应急疏散或消防队员直接从室外进入起火楼层进行火灾扑救。室外疏散楼梯的设置要求如图 2-23 所示。室外疏散楼梯一般用于厂房和多层公共建筑，如甲、乙、丙类多层厂房的疏散楼梯。

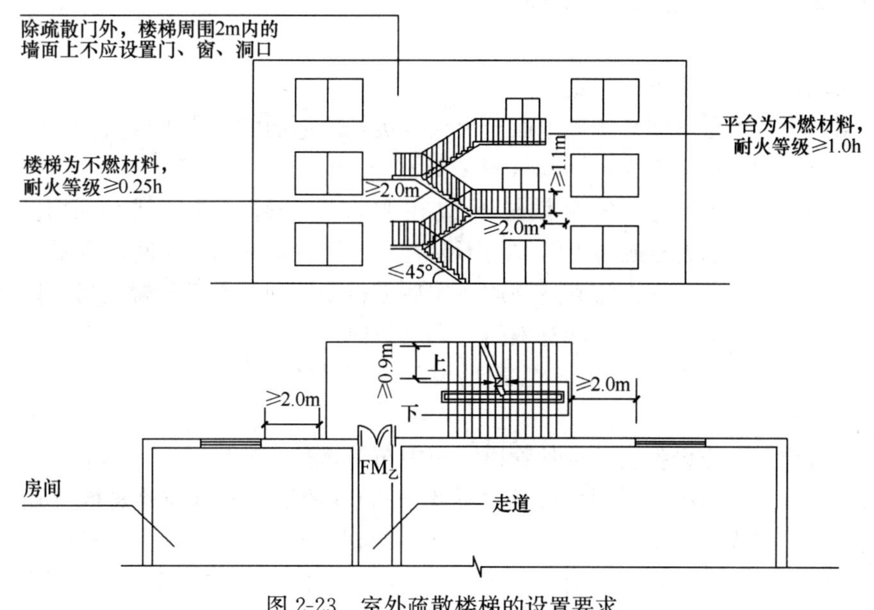

图 2-23 室外疏散楼梯的设置要求

6. 疏散楼梯间消防设施的设置

前室和楼梯间内要设有事故照明，疏散楼梯的前室要有防烟措施，前室应设置消火栓（图 2-24）。

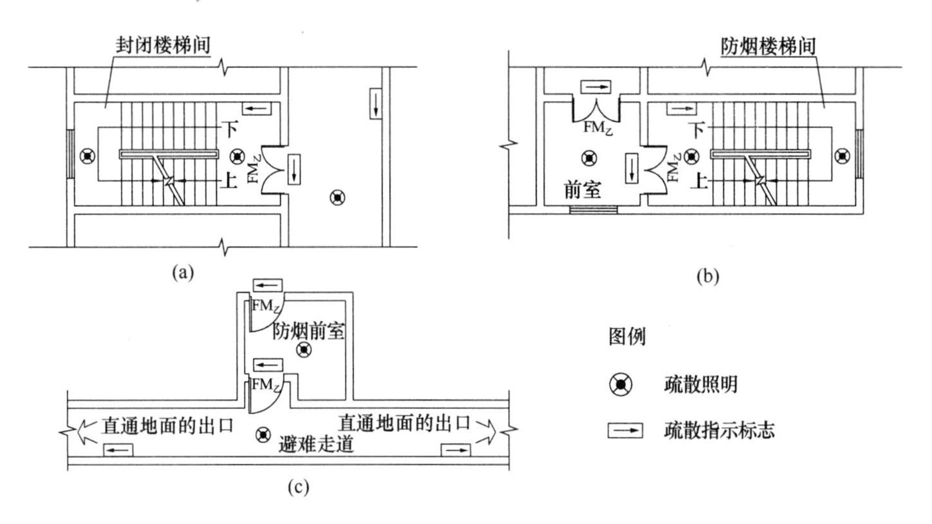

图 2-24　疏散楼梯间设置消防设施的要求示意图

（a）封闭楼梯间；（b）防烟楼梯间；（c）避难走道

2.5.4　避难层

1. 避难层的设置

建筑高度大于 100m 的公共建筑（超高层建筑），尽管已设有防烟楼梯间等安全疏散设施，但是一旦发生火灾，要将建筑物内的人员全部疏散到地面是非常困难的，甚至是不可能的。因此，在超高层建筑内适当楼层设置供疏散人员暂时躲避火灾和烟气危害的一块安全区域（避难层或避难间）是非常必要的。

2. 避难层设计要求

避难层的设计应符合下列规定：

（1）第一个避难层（间）的楼地面至灭火救援场地地面的高度不应大于 50m，两个避难层（间）之间的高度不宜大于 50m（图 2-25）。

（2）通向避难层（间）的疏散楼梯应在避难层分隔、同层错位或上下层断开（图 2-26）。为避免防烟失控或防火门关闭不灵时，烟气波及整部楼梯间，应采取楼梯间在避难层错位的布置方式。即人流到达该避难层后需转换到同层邻近位置的另一段楼梯再向下疏散。这种不连续的楼梯竖井能有效阻止烟气竖向扩散。

（3）避难层（间）的净面积应能满足设计避难人数避难的要求，并宜按 5 人/m^2 计算。

（4）避难层可兼作设备层。设备管道宜集中布置，其中的易燃、可燃液体或气体管道应集中布置，设备管道区应采用耐火极限不低于 3.0h 的防火隔墙与避难区分隔。管道井和设备间应采用耐火极限不低于 2.0h 的防火隔墙与避难区分隔，管道井和设备间的门不应直接开向避难区；确需直接开向避难区时，与避难层区出入口的距离不应小于 5m，且应采用甲级防火门。

（5）避难层应设置消防电梯出口、消火栓和消防软管卷盘以及消防专线电话和应急广播。

（6）应设置直接对外的可开启窗口或独立的机械防烟设施，外窗应采用乙级防火窗。

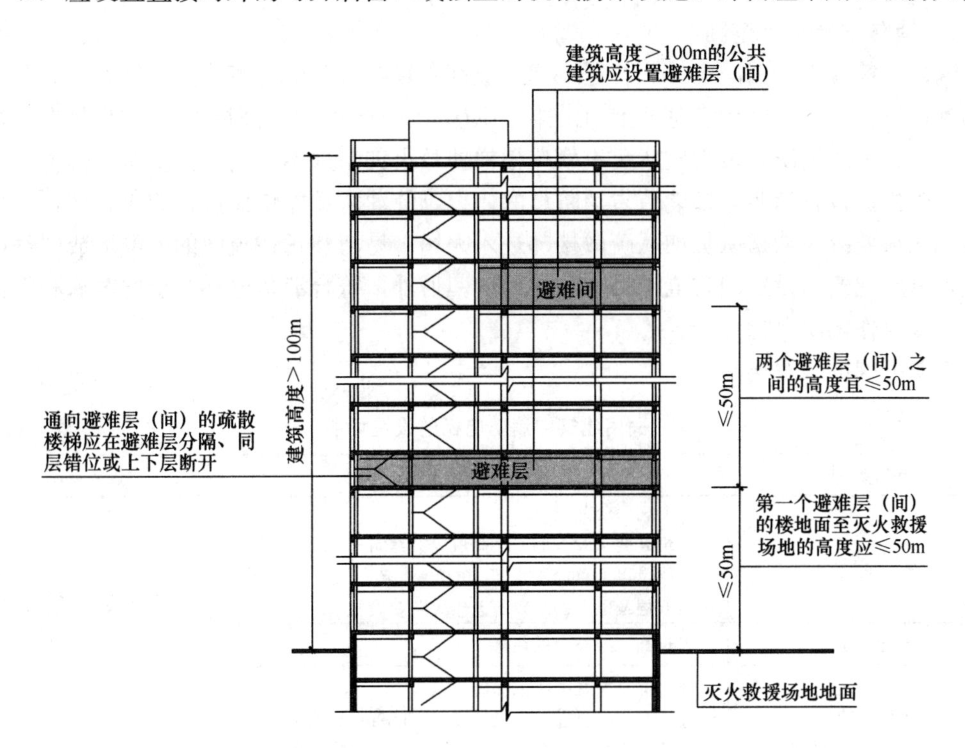

图 2-25　建筑高度＞100m 的公共建筑避难层设置位置剖面示意图

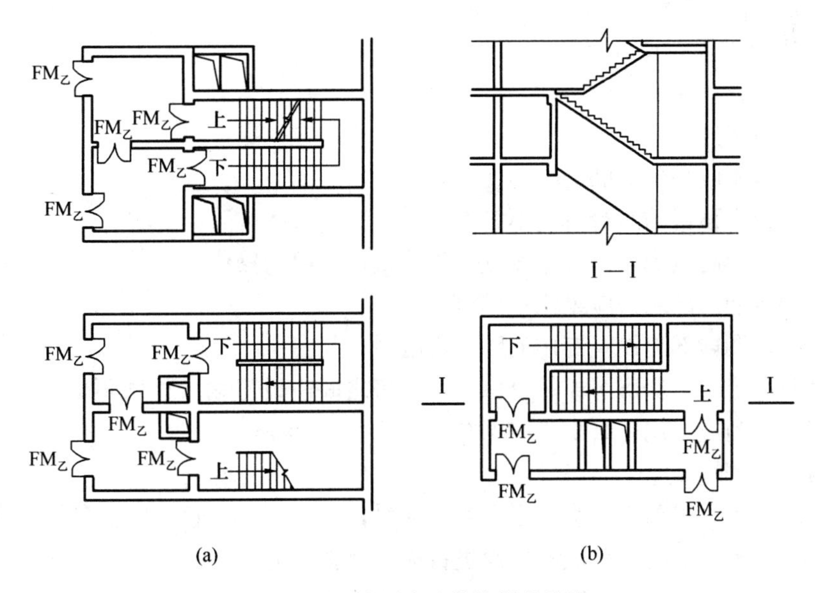

图 2-26　避难层中疏散楼梯的设计

（a）防烟楼梯在避难层分隔平面示意图；（b）防烟楼梯在避难层上下层断开平面示意图

2.6 消　防　电　梯

2.6.1 消防电梯设置范围

高层建筑应设置消防电梯。普通电梯一般都布置在敞开的走道或电梯厅，火灾时因电源切断而停止使用，因此普通电梯无法供消防队员扑救火灾。高层建筑如不设置消防电梯，发生火灾时消防队员需徒步负重攀登楼梯扑救火灾，这不仅消耗消防队员体力，还延误灭火时机。设置消防电梯能节省消防员的体力，使消防员能快速接近着火区域，提高战斗力和灭火效果。消防队员如从疏散楼梯进入火场，易与和正在疏散的人群形成“对撞”。因此，高层建筑内设置消防电梯是十分必要的。另外，符合消防电梯要求的客梯和工作电梯，可以兼作消防电梯。

消防电梯的设置场所见表 2-10。

民用建筑中消防电梯的设置场所　　　表 2-10

建筑类型	设置场所	设置要求
公共建筑	一类高层公共建筑； 建筑高度＞32m 的二类高层公共建筑； 五层及以上总面积大丁 3000m² （包括设置在其他建筑内五层及以上楼层）的老年人照料设施	分别设置在不同的防火分区内，且每个防火分区应≥1 台
住宅建筑	建筑高度＞33m 的住宅建筑	
地下、半地下建筑（室）	地上部分设置消防电梯的建筑； 埋深＞10m 且总建筑面积大于 3000m² 的地下、半地下建筑（室）	

2.6.2 消防电梯的设置

1. 消防电梯的设置要求

消防电梯的设置应当符合下列要求：

（1）应能每层停靠；

（2）载重量不应小于 800kg；

（3）从首层至顶层的运行时间不宜大于 60s；

（4）首层的消防电梯入口处应设置供消防人员专用的操作按钮；

（5）电梯桥厢内部装修应采用不燃材料；

（6）电梯桥厢内部应设置专用消防对讲电话；

（7）消防电梯井、机房与相邻电梯井、机房之间应设置耐火极限不低于 2.0h 的防火隔墙，隔墙上的门应采用甲级防火门（图 2-27）。

2. 消防电梯前室的设置要求

（1）消防电梯设置前室是为了当发生火灾时，消防队员在起火楼层有一个较为安全的地方放置必要的消防器材，并能顺利地进行火灾扑救。前室也具有防火、防烟的功能。

（2）前室宜靠外墙设置，在首层应设置直通室外的出口或经过长度不超过 30m 的通道通向室外。

（3）消防电梯和防烟楼梯间可合用一个前室。

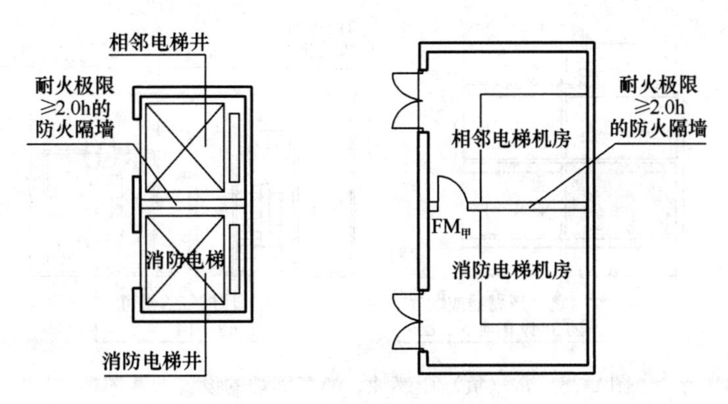

图 2-27 消防电梯的设置要求

（4）消防电梯单独设置的前室，其面积不应小于 6.0m²；合用前室的面积，居住建筑不应小于 6.0m²，公共建筑不应小于 10m²，与剪刀防烟楼梯间合用时，不应小于 12m²。

（5）前室或合用前室的门应采用乙级防火门，不应设置防火卷帘。

3. 消防电梯排水

（1）消防电梯前室门口宜设置挡水设施。

（2）消防电梯的井底应设排水设施，排水井容量不应小于 2.0m³，排水泵的排水量不应小于 10L/s。消防电梯井底排水的做法参见本书 3.1.3 节相关内容。

2.7 设备用房的平面布置

2.7.1 锅炉房、变压器室的布置

（1）燃油或燃气锅炉房、油浸电力变压器、充有可燃油的高压电容器和多油开关等用房，宜单独建造，设置在建筑外的专用房间内。

（2）确需贴邻民用建筑布置时，应采用防火墙与贴邻的建筑分隔，且不应贴邻人员密集场所。该专用房间的耐火等级不应低于二级。

（3）当需布置在民用建筑内时，不应布置在人员密集的场所的上一层、下一层或贴邻，并应符合下列规定：

1）燃油或燃气锅炉房、变压器室应布置在建筑物的首层或地下一层靠外墙部位，但常（负）压燃油或燃气锅炉可设置在地下二层或屋顶上。设置在屋顶上的常（负）压燃气锅炉，距离通向屋面的安全出口的距离不应小于 6m（图 2-28）。

燃油锅炉应采用丙类液体作为燃料，采用相对密度不小于 0.75 的可燃气体为燃料的锅炉，不得设置在地下或半地下。

2）锅炉房、变压器室的门均应直通室外或直通安全出口。

3）锅炉房、变压器室与其他部位之间应采用耐火极限不低于 2.0h 的不燃烧体隔墙和 1.5h 的楼板隔开。在隔墙和楼板上不应开设洞口；当必须在隔墙上开设门窗时，应设甲级防火门、窗（图 2-29）。

4）当锅炉房内设置储油间时，用耐火极限不低于 3.0 h 的不燃烧体隔墙隔开，储油间总储存量不大于 1m³（图 2-30）。

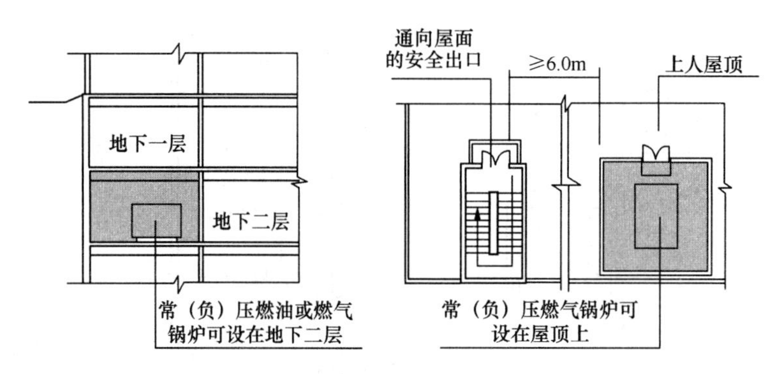

图2-28　常（负）压燃油、燃气锅炉的设置示意图

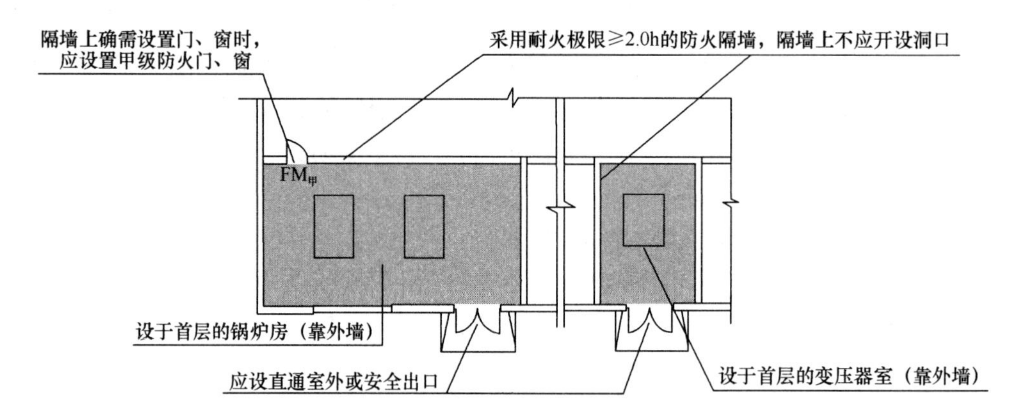

图2-29　锅炉房、变压器室布置在建筑首层的平面布置示意图

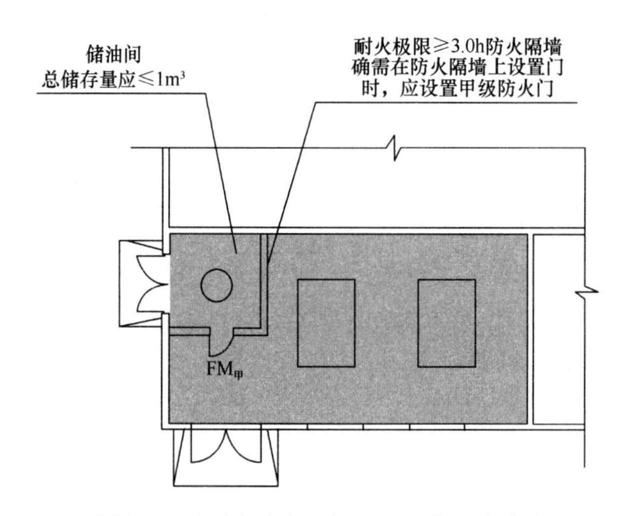

图2-30　锅炉房内储油间的平面布置示意图

5）锅炉房、变压器室应设置火灾报警系统、自动灭火系统、锅炉泄压及独立通风系统。

2.7.2　柴油发电机房的布置

柴油发电机房布置在民用建筑和裙房内时，应符合下列规定：

（1）不应布置在人员密集场所的上一层、下一层或贴邻；

(2) 宜布置在建筑首层或地下一层、地下二层；

(3) 应采用耐火极限不低于 2.0h 的防火隔墙和 1.5h 的不燃性楼板与其他部位分隔；

(4) 开门均应采用甲级防火门；

(5) 机房内设置储油间时，其总储存量不应大于 $1m^3$，储油间应采用耐火极限不低于 3.0 h 的防火隔墙及甲级防火门与发电机间分隔；

(6) 应设置火灾报警系统和自动灭火系统。

2.7.3 消防水泵房的布置

消防水泵房是消防给水系统的“心脏”，故单独建造的消防水泵房，其耐火等级不应低于二级；附设在建筑内的消防水泵房应符合下列规定：

(1) 设置在首层时，其出口宜直通室外；

(2) 设置在地下室或其他楼层时，消防水泵房不应设在地下三层及以下或室内地面与室外出入口地坪高差大于 10m 的地下楼层，其出口应靠近安全出口；

(3) 消防水泵房的门应采用甲级防火门；

(4) 消防水泵房应采取防水淹的技术措施。

2.7.4 消防控制室的布置

消防控制室是火灾扑救的指挥中心，是保障建筑物安全的要害部位之一。所以，设置火灾自动报警系统和需要联动控制的消防设备的建筑（群）应设置消防控制室。消防控制室的布置应符合下列规定：

(1) 单独建造的消防控制室，其耐火等级不应低于二级。

(2) 附设在建筑内的消防控制室，宜设置在建筑内首层或地下一层，应采用耐火极限不低于 2.0h 的隔墙和不低于 1.5h 的楼板与其他部位隔开，疏散门应直通室外或安全出口。

(3) 消防控制室的门应采用乙级防火门。

各类设备用房的防火分隔和疏散门的要求如图 2-31 所示。

民用建筑中设备用房平面布置的情况见表 2-11。

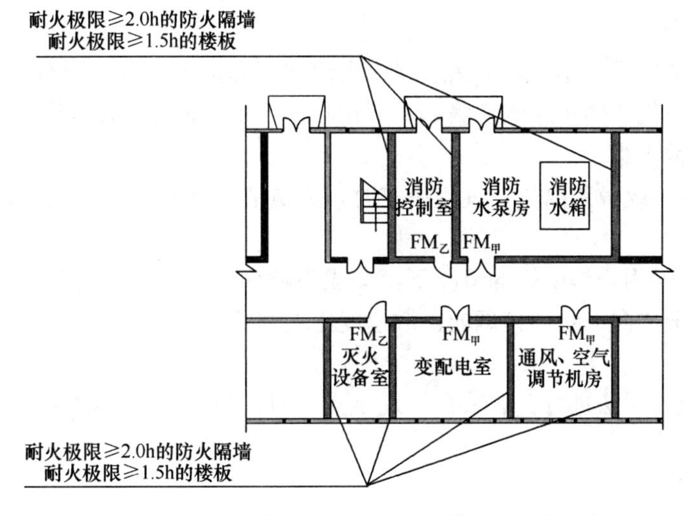

图 2-31 各设备用房的防火分隔和疏散门的要求示意图

民用建筑中设备用房的平面布置要求　　表2-11

设备用房名称	平面布置	结构分隔	疏散出口
锅炉房、变压器室	独立建造，不应布置在人员密集场所的上一层、下一层或贴邻； 宜布置在首层或地下一层； 常（负）压锅炉可设置在地下二层或屋顶	甲级防火门，耐火极限不低于2.0h的隔墙和耐火极限不低于1.5h的楼板	直通室外或安全出口
柴油发电机房	不应布置在人员密集场所的上一层、下一层或贴邻； 宜布置在首层或地下一层、地下二层	甲级防火门，耐火极限不低于2.0h的隔墙和耐火极限不低于1.5h的楼板	—
消防水泵房	不应布置在地下三层或地坪高差>10m的地下楼层	甲级防火门，耐火极限不低于2.0h的隔墙和耐火极限不低于1.5h的楼板	直通室外或安全出口
消防控制室	宜布置在首层或地下一层	乙级防火门，耐火极限不低于2.0h的隔墙和耐火极限不低于1.5h的楼板	直通室外或安全出口

2.8 特殊建筑防火

2.8.1 地下建筑防火

1. 地下建筑火灾特点

地下建筑是在地下通过开挖、建造而成的使用空间。由于只有内部空间，无外部空间，不能开设窗户，与建筑外部相连的通道少，且通道的宽度和高度受空间的限制，一般尺寸较小。由此决定了地下建筑发生火灾时的特点。

（1）发烟量大，温度高

地下建筑发生火灾时，一般供氧不足，温度开始上升较慢，阴燃时间较长，发烟量大。由于地下建筑无窗，发生火灾时不能像地面建筑那样有80%的烟可通过破碎的窗户扩散到大气中，而是聚集在建筑物中，而且燃烧的可燃物中还会产生各种有毒的物质，危害人员的生命安全。

地下建筑的热烟很难排出，散热缓慢，内部空间温度上升快，会较早地出现“轰燃”现象，火灾房间空气的体积急剧膨胀，一氧化碳、二氧化碳等有害气体的浓度较高。

（2）人员疏散困难

1）出入口少，疏散距离长。发生火灾时，人员的疏散只能通过出入口，只有跑出地下建筑物才能安全。

2）出入口在没用排烟设施的情况下，会成为喷烟口。发生火灾时，人员的疏散方向与高温浓烟的扩散方向一致，且烟的扩散速度比人群的疏散速度要快得多，人员无法逃避高温浓烟的危害。

3）地下建筑物无法进行自然采光。发生火灾时，一旦停电，建筑物内一片漆黑，人员难以逃离火场。

（3）扑救困难

因出入口少，地下建筑的灭火进攻路线少，而且出入口又易成为“烟筒”，消防队员在高温浓烟情况下难以接近着火点；可用于地下建筑的灭火剂种类较少；在地下建筑中通信联络困难，照明条件差；消防人员无法直接观察地下建筑中起火部位及燃烧情况，给现场指挥灭火造成困难。可见，从外部对地下建筑内的火灾进行有效扑救是很难的。

2. 地下建筑防火设计

地下建筑防火设计要坚持“预防为主，防消结合”的方针，从重视火灾的预防和扑救初期火灾的角度出发，制定正确的防火措施，设置比较完善的灭火设施，以确保地下建筑的安全使用。

（1）人员密集的公共场所宜设置在地下一层，且应符合下列规定：

1）当布置在地下一层时，地下一层地面与室外出入口地坪的高差不应大于 10m。

2）歌舞厅、游艺厅、网吧等歌舞娱乐放映游艺场所不应布置在地下二层及以下。

3）地下商店营业厅只能设在地下一层或地下二层，不应设置在地下三层及以下，地下或半地下不应经营、存储和展示甲、乙类火灾危险性物品。因营业厅设置在地下三层及以下时，由于经营和储存商品数量多，火灾荷载大，垂直疏散距离较长，一旦发生火灾，火灾扑救、烟气排除和人员疏散都极为困难。

目前国内外一些大城市都有地下街，并和地下铁道、地下车库相通，一般地下街都设在地下一层，地下二层是地下铁道和地下车库等，地下三层是通风管道、排水沟、电缆沟等设备层。

（2）地下建筑防火分区划分的要求：

1）每个防火分区的面积不应大于 500m^2，当设有自动灭火系统时，可以放宽，但不宜大于 1000m^2。

2）对于商业营业厅、展览厅等地下建筑，当设有火灾自动报警系统和自动灭火系统时，防火分区的最大允许建筑面积不应大于 2000m^2。

（3）地下建筑安全疏散的要求：

1）地下建筑每个防火分区内的安全出口不应少于 2 个。

2）地下建筑的房间面积小于等于 50m^2，且经常停留人数不超过 15 人时，可设置一个疏散门。

3）歌舞娱乐放映游艺场所不应布置在地下二层及以下楼层；不宜布置在袋形走道的两侧或尽端；确需布置在地下或四层及以上楼层时，一个厅、室的建筑面积不应大于 200m^2；厅、室之间及与建筑的其他部位之间，应采用耐火极限不低于 2.0 h 的防火墙和不低于 1.0h 的不燃性楼板分隔，设置在厅、室墙上的门和该场所与建筑内其他部位相通的门均应采用乙级防火门。

2.8.2 汽车库防火

通常所指的汽车库是汽车停车库、修车库和停车场的总称。汽车库的消防设计须符合现行国家标准《汽车库、修车库、停车场设计防火规范》GB 50067 的相关规定。

1. 汽车库的种类

（1）汽车库：停放由内燃机驱动且无轨道的客车、货车、工程车等汽车的建筑物。

（2）修车库：保养、修理由内燃机驱动且无轨道的客车、货车、工程车等汽车的建（构）筑物。

（3）停车场：停放由内燃机驱动且无轨道的客车、货车、工程车等汽车的露天场所或构筑物。

（4）地下汽车库：室内地坪面低于室外地坪面高度超过该层车库净高一半的汽车库。

（5）高层汽车库：建筑高度大于 24m 的汽车库或设在高层建筑内地面层以上楼层的汽车库。

（6）机械式汽车库：采用机械设备进行垂直或水平移动等形式停放汽车的汽车库。

（7）平战结合的汽车库：汽车库平时停车，战时作仓库或人员的掩蔽所。这类汽车库除了应满足战时防护的要求，其他均与一般汽车库的要求一样。

无论何种形式的汽车库，在进行消防系统设计时，均有一定的设计方法和要求。

2. 汽车库的防火分类

汽车库、修车库、停车场的防火分类应根据停车（车位）数量和总建筑面积确定，并应符合表 2-12 的规定。

汽车库、修车库、停车场的防火分类 **表 2-12**

种类	参数	Ⅰ类	Ⅱ类	Ⅲ类	Ⅳ类
汽车库（辆）	停车数量（辆）	＞300	151～300	51～150	≤50
	总建筑面积 S（m^2）	S＞10000	5000＜S≤10000	2000＜S≤5000	S≤2000
修车库（车位）	车位数（个）	＞15	6～15	3～5	≤2
	总建筑面积 S（m^2）	S＞3000	1000＜S≤3000	500＜S≤1000	S≤500
停车场（辆）	停车数量（辆）	＞400	251～400	101～250	≤100

3. 汽车库的耐火等级

汽车库的耐火等级分为三级。

（1）地下、半地下和高层汽车库的耐火等级应为一级；

（2）甲、乙类物品运输车的汽车库、修车库和Ⅰ类汽车库、修车库，应为一级；

（3）Ⅱ、Ⅲ类汽车库、修车库的耐火等级不应低于二级；

（4）Ⅳ类汽车库、修车库的耐火等级不应低于三级。

4. 汽车库总平面布局和平面布置

汽车库、修车库、停车场的选址和总平面设计，应根据城市规划要求，合理确定汽车库、修车库、停车场的位置、防火间距、消防车道和消防水源等。

（1）汽车库可与一般民用建筑贴邻或组合建造，但不应与托儿所、幼儿园，老年人建筑，中小学校的教学楼，病房楼等组合建造。但当汽车库与托儿所、幼儿园，老年人建筑，中小学校的教学楼，病房楼等建筑之间，采用耐火极限不低于 2.0h 的楼板完全分隔，安全出口和疏散楼梯应分别独立设置时，汽车库可设置在上述建筑的地下部分（图 2-32）。

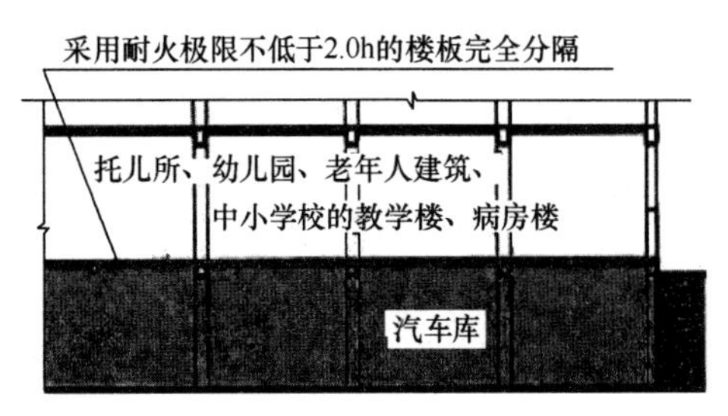

图 2-32 汽车库与托儿所、幼儿园等建筑的布置关系

（2）对于停车数量较多的Ⅰ、Ⅱ类汽车库、停车场，宜设置耐火等级不低于二级的灭火器材间（图 2-33）。灭火器材间的设置对预防和扑救火灾可起到很好的作用。同时，此灭火器材间也是消防员的工作室和对灭火器等消防器材进行定期保养、换药、检修的场所。

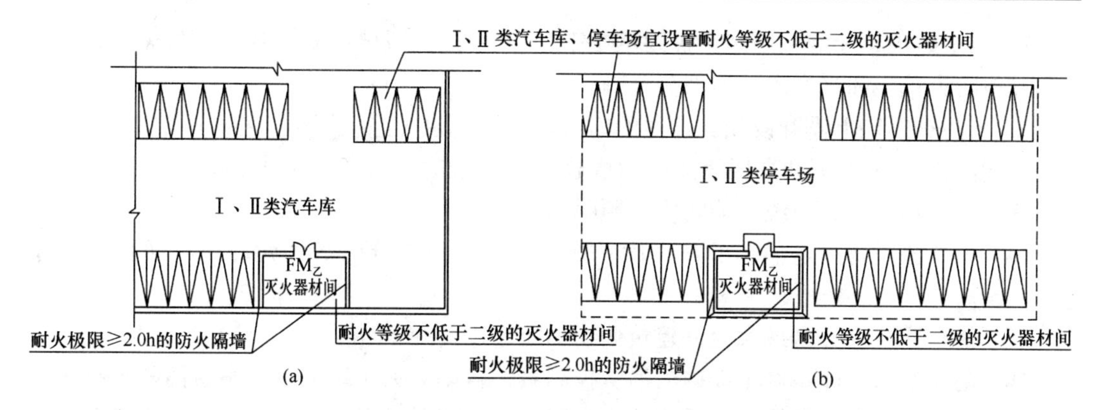

图 2-33　汽车库内灭火器材间的布置示意图

(a) Ⅰ、Ⅱ类汽车库内灭火器材间的布置；(b) Ⅰ、Ⅱ类停车场内灭火器材间的布置

(3) 新建住宅和大型公共建筑配建停车场均应建设一定比例的充电车位。

5. 防火间距

车库之间以及车库与其他建筑物之间的防火间距不应小于表 2-13 的规定。

车库之间以及车库与民用建筑物之间的防火间距（m）　　**表 2-13**

名称 \ 耐火等级	汽车库、修车库与民用建筑		
	一、二级	三级	四级
一、二级汽车库、修车库	10	12	14
三级汽车库、修车库	12	14	16
停车场	6	8	10

注：高层汽车库与其他建筑物，汽车库、修车库与高层建筑的防火间距应按本表的规定值增加 3m。

6. 防火分隔

(1) 汽车库应划分防火分区，防火分区之间应采用符合要求的防火墙、防火卷帘等进行分隔。每个防火分区的最大允许建筑面积应符合表 2-14 的规定。

汽车库防火分区最大允许建筑面积（m^2）　　**表 2-14**

耐火等级	单层汽车库	多层汽车库或半地下车库	地下汽车库或高层汽车库
一、二级	3000	2500	2000
三级	1000	不允许	不允许

(2) 汽车库内设有自动灭火系统时，其防火分区的最大允许建筑面积可按表 2-14 的规定增加 1 倍。

(3) 电动汽车充电停车位布置还应符合下列规定：

1) 布置在一、二级耐火等级的汽车库的首层、二层或三层。当设置在地下或半地下时，宜布置在地下车库的首层，不应布置在地下建筑四层及以下。

2) 设置独立的防火单元，每个单元的最大允许建筑面积应符合表 2-15 的规定。

集中布置的充电设施汽车库防火单元最大允许建筑面积（m^2）　　**表 2-15**

耐火等级	单层汽车库	多层汽车库	地下汽车库或高层汽车库
一、二级	1500	1250	1000

3）每个防火单元应采用耐火极限不小于 2.0h 的防火隔墙或防火卷帘、防火分隔水幕等与其他防火单元和汽车库其他部分分隔。

4）当防火隔墙上需开设相互连通的门时，应采用耐火等级不小于乙级的防火门。

5）当地下、半地下和高层汽车库内配建充电车位时，应设置火灾自动报警系统、排烟设施、自动喷水灭火系统、消防应急照明和疏散指示标志。

（4）甲、乙类物品运输车的汽车库、修车库，其防火分区最大允许建筑面积不应超过 500m²。

（5）修车库防火分区最大允许建筑面积不应超过 2000m²。

（6）附设在汽车库、修车库内的消防控制室、自动灭火系统的设备室、消防水泵房和排烟、通风空气调节机房等，应采用防火隔墙和耐火极限不低于 1.5h 的不燃性楼板相互隔开或与相邻部位分隔（图 2-34）。

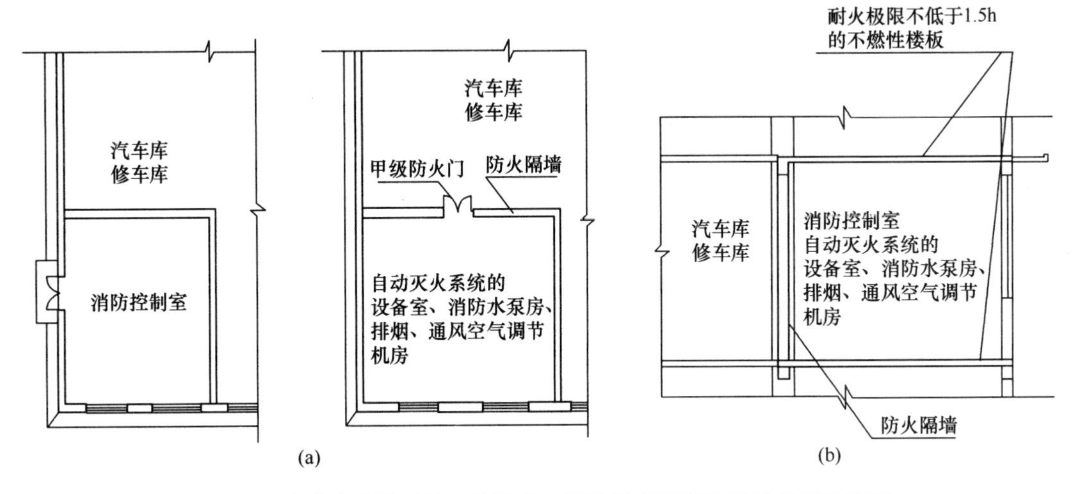

图 2-34 汽车库内设置消防控制室、消防泵房等设备间的布置示意图

（a）平面布置图；（b）剖面图

7. 安全疏散

（1）设在工业与民用建筑内的汽车库，其车辆疏散出口应与其他部位的人员安全出口分开设置（图 2-35）。

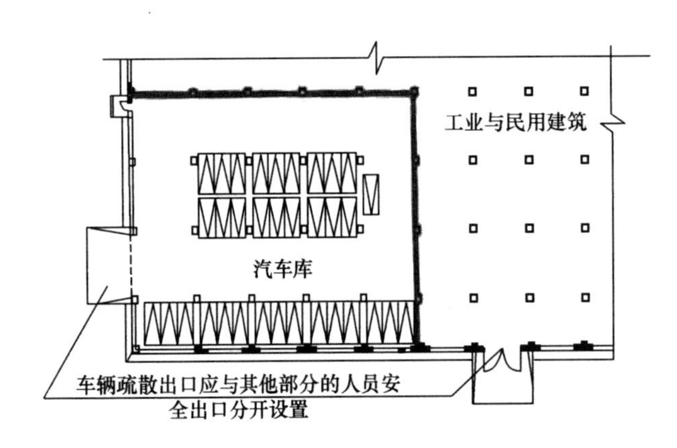

图 2-35 汽车库安全疏散口的设置

（2）汽车库、修车库内每个防火分区的人员安全出口不应少于 2 个，Ⅳ类汽车库和Ⅲ、Ⅳ类的修车库可设置 1 个。

（3）建筑高度大于 32m 的高层汽车库、室内地面与室外出入口地坪的高差大于 10m 的地下汽车库应设置防烟楼梯间，其他汽车库、修车库应采用封闭楼梯间。

（4）楼梯间和前室的门应采用乙级防火门，并应向疏散方向开启。

2.9 建筑防火设计实例

【实例 1】上海金茂大厦

上海金茂大厦是一幢超高层综合性大楼，总建筑面积约 28 万 m^2，88 层的主楼高达 421m。其下半段为办公部分，五十三层以上系五星级酒店。其辅楼有 6 层，内设商业及游乐等多种设施。

1. 总体布局与防火分区

上海金茂大厦坐落在浦东陆家嘴金融贸易区，西临黄浦江，北依绿地，东、南侧有大量各类高楼。大厦基地四周均有道路环绕，基地内还设有绿化及回车场，因此消防扑救条件良好，并和其他高楼都保持有充分的防火间距。

在防火分区方面，塔楼的办公部分每层有 2000m^2 左右，通过中央核心筒四周的环形走道及防火门与周围办公用房分隔（图 2-36），因设有自动喷水灭火设备，所以分区面积符合规范要求。大厦上部酒店平面中心设有一贯穿 30 多层的高大中庭，核心筒墙体在其四周围成回廊，其外侧为客房区（图 2-37）。对内部空间而言，显得宏伟、开阔、壮丽，但在防火上却形成了薄弱环节，一旦发生火灾浓烟将迅速充斥其间。为此，在回廊周围墙体开口处设置甲级防火门，将客房与中庭分隔开，在中庭四周又设有自动喷水灭火设施及自动报警设施，中庭顶部设有机械排烟。这样便能防止烟火在中庭内的肆意蔓延，并能满足消防规范的要求。

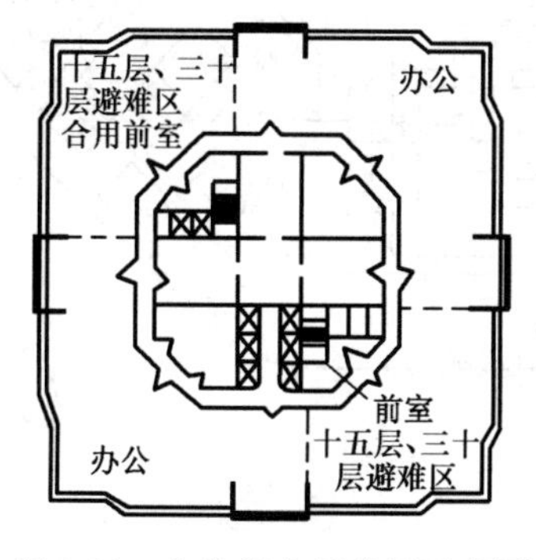

图 2-36 办公部分标准层示意图

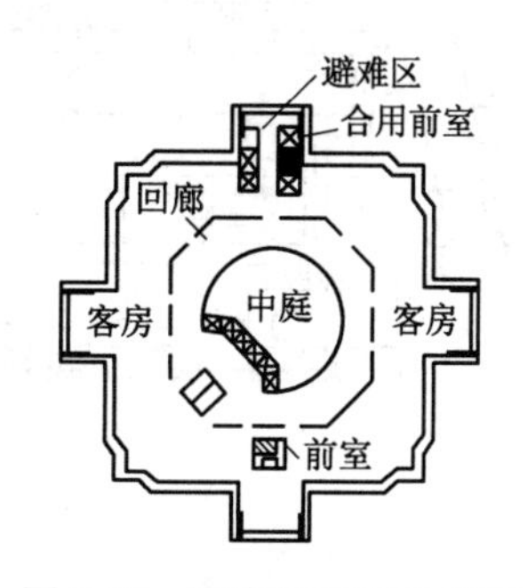

图 2-37 酒店标准层示意图

2. 安全疏散

（1）水平方向的疏散。办公和酒店均各自布置了环形走道和两座防烟楼梯间，其宽度都满足疏散设计要求，且环形走道的设置形成了完善的双向疏散路线。

（2）垂直方向的疏散。办公部分分别在十五层和三十层设有两个避难区，其位置紧靠两座防烟楼梯间而相当于扩大的前室，共设有 4 个避难区，同时有周密的引入措施，向下疏散的人员必须经过避难区后再继续下行，若楼梯内发生堵塞则可在该区中暂时避难（图 2-38）。

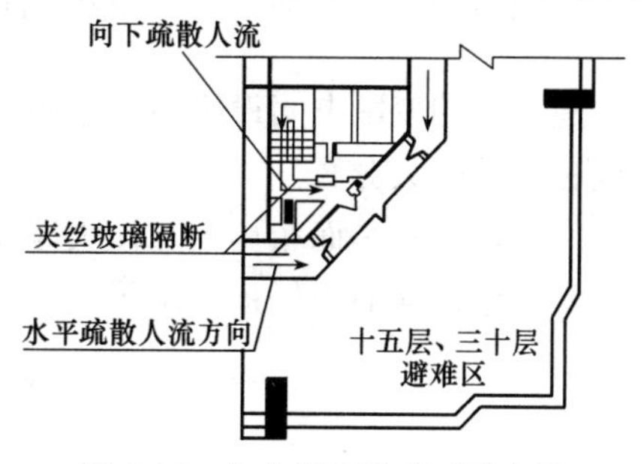

图 2-38 办公部分避难区示意图

3. 耐火构造

该大厦的上部采用了钢结构与钢筋混凝土所组成的混合结构体系。楼板由组合钢板及钢梁组成，采用表面涂耐火材料或抗火材料包裹等方式进行保护。多层辅楼及地下室等部位则采用了钢结构和现浇钢筋混凝土结构。其承重墙、柱的耐火极限均达到 3.0h 以上，梁、板达 2.0h 及 1.5h 以上，其他各部分构件均能满足我国现行防火标准的要求。

【实例 2】某大厦建筑总平面防火设计

该大厦位于浙江温州市，是一典型的商住综合楼。地下室为汽车、自行车和设备用房，二层为商场；裙楼之上是 3 幢住宅楼，其中 A 幢和 C 幢分别为 32 层和 23 层，B 幢为 12 层。

总平面布置上，在保证建筑布局合理的同时，安排了通畅的消防通道。因该建筑沿街面较长（148m），在其中部辟出了一条宽 5.5m、高 4.2m 的过街楼通道。消防登高面宽敞，十分利于消防车扑救工作的展开。A 幢和 B 幢最小间距为 15m，B 幢和 C 幢最小间距为 15.6m，且与周边建筑的消防间距也满足相关要求，如图 2-39 所示。

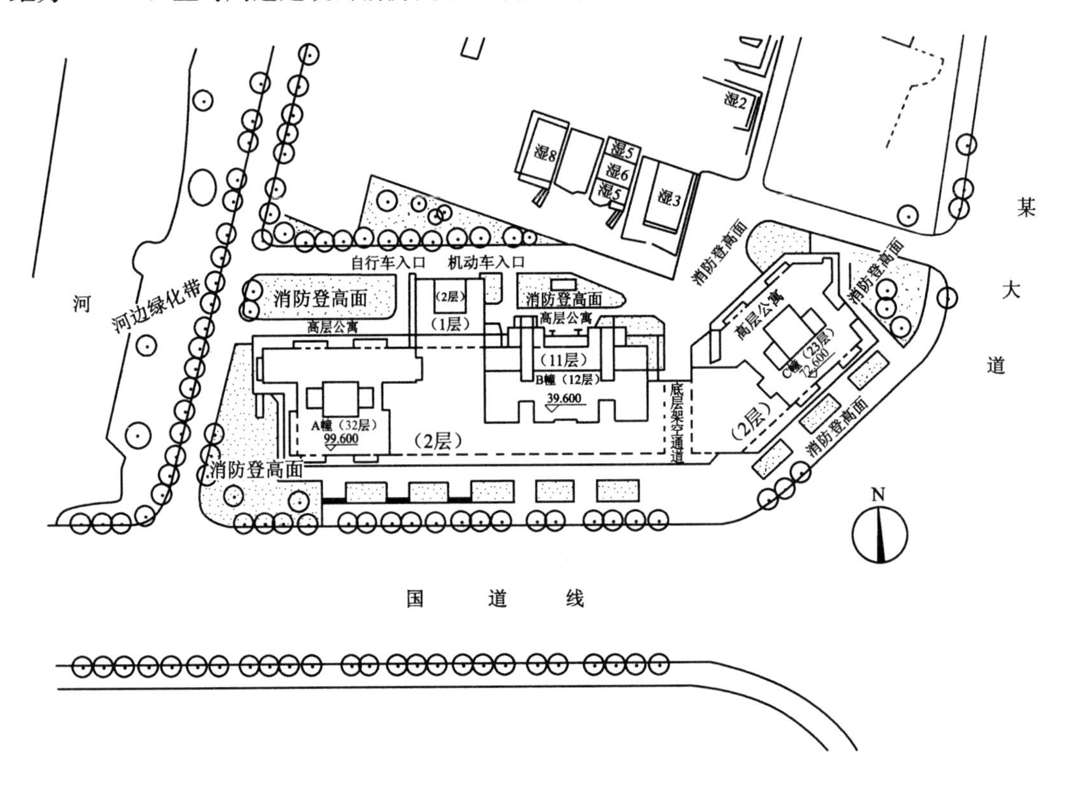

图 2-39 某大厦总平面布置图

建筑物的变配电间设于地下室中，用耐火极限为 3.0h 的防火墙与其他地下空间分隔，形成独立的防火分区。

所以，从总平面布局上，该大厦充分考虑了消防间距、消防车道、消防水源及消火栓布局等方面，从而很好地解决了大厦的防火安全问题。

思考题与习题

1. 民用建筑如何进行分类，如何确定建筑的总高度？

2. 民用建筑的耐火等级共分为几级，其是如何进行分类的?
3. 为何需要进行防火间距的划分? 其主要作用是什么?
4. 防火分区划分的作用是什么? 防火分区划分后，对建筑消防系统的设计有何影响?
5. 四种疏散楼梯的布置有何要求，适用范围有何不同?
6. 消防车道和消防电梯的布置有何特点?
7. 锅炉房、变压器室、柴油发电机房、消防水泵房和消防控制室等设备用房的平面布置有何差异?
8. 汽车库按防火要求可分为哪几类? 分类的标准是什么?

第3章　建筑消防系统

建筑消防系统是建筑消防设施的重要组成部分，对保障人员和建筑消防安全起重要作用。建筑消防系统主要有：消防给水及消火栓系统、自动喷水灭火系统、气体灭火系统、建筑灭火器的配置及其他消防系统。消防给水及消火栓系统以建筑物外墙中心线为界，分为室外消防给水系统和室内消防给水系统；自动喷水灭火系统按喷头的形式可分为闭式自动喷水灭火系统和开式自动喷水灭火系统；气体灭火系统根据灭火介质可分为二氧化碳灭火系统、七氟丙烷灭火系统、IG541混合气体灭火系统等。

同时，随着建筑物功能要求的多样化和复杂化，会展中心、体育场馆等大空间建筑物的兴建，对建筑消防系统提出了新的要求，出现了许多新型、高效的灭火系统，如自动跟踪定位射流灭火系统等。

3.1　消防给水及消火栓系统

3.1.1　室外消防给水系统

3.1.1.1　设置场所

室外消防给水系统设置应根据建筑的用途及其重要性、火灾危险性、火灾特性和环境条件等因素综合确定。

(1) 城镇（包括居住区、商业区、开发区、工业区等）应沿可通行消防车的街道设置市政消火栓系统。

(2) 民用建筑应设置室外消火栓系统。

(3) 用于消防救援和消防车停靠的屋面上，应设置室外消火栓系统。

注：居住区人数不超过500人且建筑层数不超过2层的居住区，可不设置室外消火栓系统。

3.1.1.2　室外消防给水系统组成

室外消防给水系统由消防水源、室外消防给水管网、室外消火栓等组成。

1. 消防水源

通常采用市政给水、天然水源或消防水池作为消防水源。雨水清水池、中水清水池、水景和游泳池可作为备用消防水源。消防水源应符合下列规定：

(1) 水质应满足水灭火设施的功能要求；

(2) 水量应满足水灭火设施在设计持续供水时间内的最大用水量要求；

(3) 供消防车取水的消防水池和用作消防水源的天然水体、水井或人工水池、水塔等，应采取保障消防车安全取水与通行的技术措施，消防车取水的最大吸水高度应满足消防车可靠吸水的要求。

(1) 市政给水

在城市规划和建设区域范围内，市政给水管网是较为可靠、方便的消防水源，应优先采用。当市政给水管网连续供水，且能满足消防水压和消防流量时，在供水管理部门许可时，消防给水系统可采用市政给水管网直接供水。

（2）天然水源

天然水源一般是指海洋、河流、湖泊、水库等自然形成的水体以及水井。当建筑物靠近天然水源时，可利用其作为消防水源。当利用天然水源作为消防水源时，应根据城市规模和项目的重要性、火灾危险性和经济合理性等因素综合考虑设计枯水流量保证率（宜为90％～97％），还应考虑冰冻、水源水质对消防用水的影响，并应设置可靠的取水设施。

（3）消防水池

消防水池是人工建造的供固定或移动消防水泵吸水的贮水设施，其主要功能是贮存室内外消防用水，满足扑救火灾所需的消防用水需求。

（4）备用消防水源

备用消防水源是指灭火时超出设计标准的贮水水源，其除了满足自身功能外，消防应急时可作为备用的水源。在计算消防水池有效容积时，不宜计入在内。

2. 室外消防给水管网

室外消防给水管网是指可与消防给水系统合用的生活、生产用水的室外给水管网。需满足灭火时消防用水量和压力的相关要求。

3. 室外消火栓

室外消火栓是指安装在室外消防给水管网上的取水设施，一般有地下式和地上式两种。

3.1.1.3 室外消防给水系统分类

根据消防水压要求不同，室外消防给水系统可分为高压、临时高压和低压三种类型。当室外消火栓直接用于灭火且室外消防给水设计流量大于30L/s时，应采用高压或临时高压消防给水系统。

1. 室外高压消防给水系统

（1）室外高压消防给水系统是指供水管网能始终满足室外灭火设施所需的工作压力和流量，火灾时无须消防水泵加压，直接从室外消火栓接出水带就可满足水枪出水压力要求的给水系统（图3-1）。

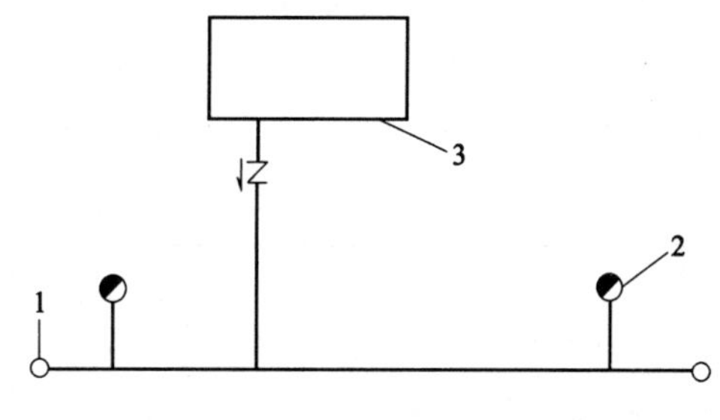

图3-1 室外高压消防给水系统

1—室外环网；2—室外消火栓；3—高位水池

（2）适用条件：

1）地下建筑和低层建筑，当市政供水管网可始终满足室内外消防水量和水压时。

2）城镇设有高位水池，该水池不仅可贮存火灾延续时间内的室内外全部消防用水量，水池的设置位置高程也可满足最不利点消防水压的要求。

3）适用于低层建筑群、建筑小区、村镇建筑、汽车库等对消防水压要求不高的场所，且宜与室内消防给水系统合用。

4）管网压力：应确保生产、生活和消防用水量达到最大，且水枪设置在保护范围内任何建筑物的最高处时，满足充实水柱不小于10m、流量不低于5L/s、喷嘴口径为

19mm 的水枪所需的压力要求。

（3）室外高压消防给水系统最不利点消火栓栓口处的压力可按式（3-1）计算（图 3-2）：

$$H_s = H_p + H_q + h_d \tag{3-1}$$

式中　H_s——室外管网最不利点消火栓栓口最低压力，MPa；

H_p——消火栓地面与最高屋面（最不利点）地形高差所需静水压，MPa；

H_q——充实水柱不小于 10mm，每支水枪的流量不小于 5L/s 时，口径为 19mm 水枪喷嘴所需要的压力，MPa；

h_d——6 条直径为 65mm 的水带的水头损失之和，MPa。

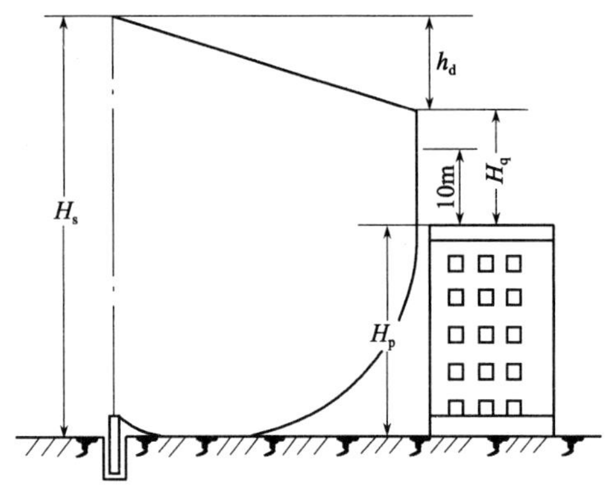

图 3-2　消火栓压力计算示意

2. 室外临时高压消防给水系统

（1）室外临时高压消防给水系统是指给水管网平时不能满足灭火设施所需的系统工作压力和流量，火灾时能自动启动消防水泵以满足灭火设施所需的工作压力和流量的给水系统。

（2）适用条件：该系统一般用于无市政水源，区内水源取自自备井，或市政给水管网的工作压力和水量不能满足室外消防要求的情况。

（3）室外临时高压消防给水系统目前设计上有两种做法：

1）设稳压设施的室外临时高压消防给水系统：由室外消火栓泵、消防水池、稳压泵、室外消防管网等组成（图 3-3）。平时管网的充水和压力由稳压泵维持。稳压泵的启泵压力应保证最不利消火栓口处的静压不小于 0.15MPa。火灾时，由于室外消火栓用水导致管网压力下降，在最不利消火栓口处的静压降至 0.10MPa 之前，由稳压泵上的电节点压力表联动启动室外消火栓泵。

2）设高位消防水箱稳压的室外临时高压消防给水系统：由室外消火栓泵、消防水池、高位消防水箱、室外消防管网等组成（图 3-4）。平时管网的充水和压力由屋顶消防水箱

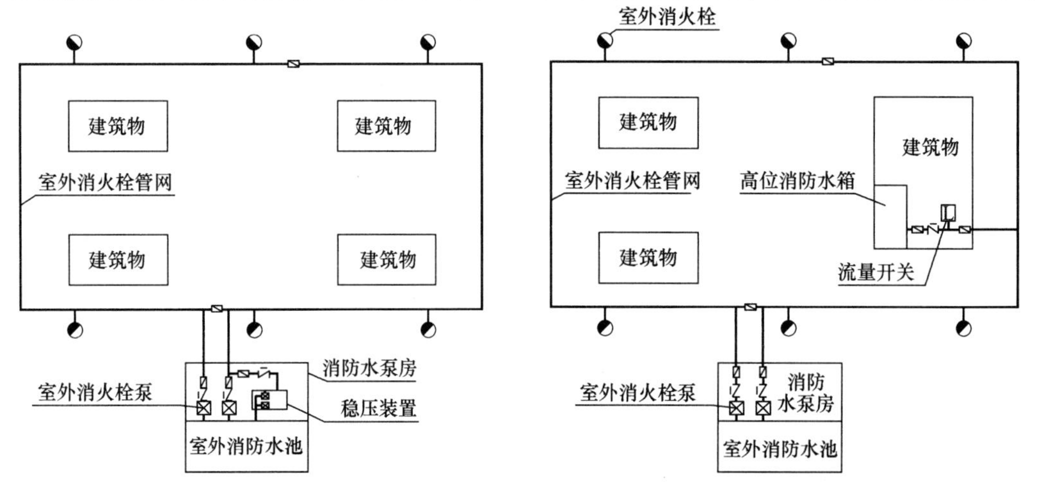

图 3-3　设稳压设施的室外临时高压消防系统示意图　　图 3-4　设高位水箱的室外临时高压消防系统示意图

维持。火灾时室外消防水泵由水箱出口处设置的流量开关和消防泵出口上的压力开关信号直接自动启动。

3. 室外低压消防给水系统

（1）室外低压消防给水系统是指消防给水管网中平时的水压和流量不能满足灭火时的需求，灭火时由消防车或其他移动式消防泵等加压，使管网中的压力和流量满足灭火要求的给水系统。

（2）适用条件：市政管网较完善的城镇，建筑物室外消防给水系统宜采用低压消防给水系统（图 3-5）。

（3）布置形式：与生产生活给水管网合并使用，利用市政管网压力维持室外消防管网的水压。

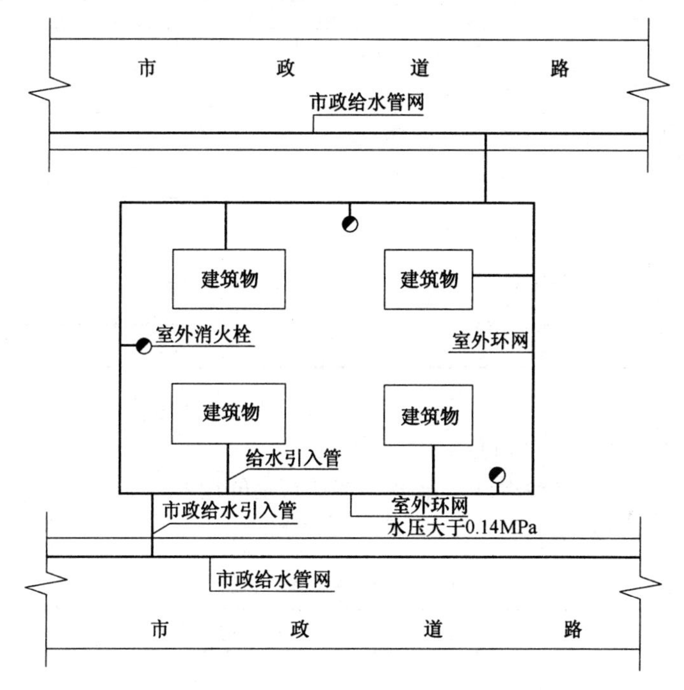

图 3-5 低压消防给水系统（两路供水）示意图

上述三种形式的室外消防给水系统的主要特征如表 3-1 所示。

室外消防给水系统的主要特征 **表 3-1**

特征 \ 系统形式	高压	临时高压	低压
消防水泵增压	无	平时：稳压泵（高位水箱）维持管网系统水压； 火灾时：消防水泵增压	平时：无 火灾时：车载或手抬移动消防水泵增压
启动方式	无	自动启动和手动启动	无
适用场所	地下或低层建筑，且宜与室内消防给水系统合用	无市政管网覆盖区域	有市政管网覆盖的区域
室外管网工作压力	≥0.14MPa	无	≥0.14MPa

3.1.1.4　室外消防用水量

应按照同一时间内的火灾起数和一起火灾设计流量，经计算确定室外消防用水量。

1. 城镇室外消火栓设计流量

城镇室外消防给水设计流量，应根据人数，按照同一时间内的火灾起数和一起火灾灭火设计流量，经计算确定。城镇同一时间内的火灾起数和一起火灾设计流量不应小于表 3-2 的规定。

城镇同一时间内的火灾起数和一起火灾设计流量　　**表 3-2**

<table>
<tr><th>人数 N（万人）</th><th>同一时间内的火灾起数（起）</th><th>一起火灾设计流量（L/s）</th></tr>
<tr><td>N≤1.0</td><td rowspan="2">1</td><td>15</td></tr>
<tr><td>1.0<N≤2.5</td><td>20</td></tr>
<tr><td>2.5<N≤5.0</td><td rowspan="5">2</td><td>30</td></tr>
<tr><td>5.0<N≤10.0</td><td>35</td></tr>
<tr><td>10.0<N≤20.0</td><td>45</td></tr>
<tr><td>20.0<N≤30.0</td><td>60</td></tr>
<tr><td>30.0<N≤40.0</td><td rowspan="2">75</td></tr>
<tr><td>40.0<N≤50.0</td><td rowspan="3">3</td></tr>
<tr><td>50.0<N≤70.0</td><td>90</td></tr>
<tr><td>N>70.0</td><td>100</td></tr>
</table>

注：城市规划设计时采用。

2. 建筑物室外消火栓设计流量

（1）建筑物的室外消火栓设计流量应根据建筑物的用途功能、体积、耐火等级、火灾危险性等因素综合分析确定，且不应小于表 3-3 的规定。

建筑物的室外消火栓设计流量（L/s）　　**表 3-3**

<table>
<tr><th rowspan="2">耐火等级</th><th rowspan="2" colspan="2">建筑物类别</th><th colspan="6">建筑物体积 V（m³）</th></tr>
<tr><th>V≤1500</th><th>1500<V≤3000</th><th>3000<V≤5000</th><th>5000<V≤20000</th><th>20000<V≤50000</th><th>V>50000</th></tr>
<tr><td rowspan="4">一、二级</td><td colspan="2">住宅</td><td colspan="6">15</td></tr>
<tr><td rowspan="2">公共建筑</td><td>单层、多层</td><td colspan="3">15</td><td>25</td><td>30</td><td>40</td></tr>
<tr><td>高层</td><td colspan="3">—</td><td>25</td><td>30</td><td>40</td></tr>
<tr><td colspan="2">地下建筑（包括地铁）、平战结合人防工程</td><td colspan="3">15</td><td>20</td><td>25</td><td>30</td></tr>
<tr><td>三级</td><td colspan="2">单层、多层民用建筑</td><td colspan="2">15</td><td>20</td><td>25</td><td>30</td><td>—</td></tr>
<tr><td>四级</td><td colspan="2">单层、多层民用建筑</td><td colspan="2">15</td><td>20</td><td>25</td><td>—</td><td>—</td></tr>
</table>

（2）建筑物室外消火栓设计流量的计算应注意以下几点：

1）民用建筑同一时间内的火灾起数应按一起确定；

2）住宅（包括带商业服务网点的住宅）的室外消火栓设计流量与体积无关，均为 15L/s；

3）宿舍、公寓等非住宅类居住建筑的室外消火栓设计流量，应按公共建筑确定；

4）建筑体积为建筑总体积，应为所有建筑围合表面内的容积，带有地下室的建筑，其体积应计入总体积，敞开阳台、不封闭的走廊，可不计入建筑体积；

5）成组布置的建筑物应按消火栓设计流量较大的相邻两座建筑物的体积之和确定；

6）国家级文物保护单位的重点砖木和木结构的建筑物，其室外消火栓设计流量应按三级耐火等级民用建筑消火栓设计流量确定；

7）单座建筑的总建筑面积大于 500000m^{2}时，建筑物室外消火栓设计流量应按表 3-3 规定的最大值增加一倍。

3. 汽车库、修车库和停车场的室外消火栓设计流量

汽车库、修车库和停车场的室外消火栓设计流量应根据类别确定，如表 3-4 所示。

汽车库、修车库和停车场的室外消火栓设计流量　　表 3-4

类别	室外消火栓设计流量（L/s）
Ⅰ、Ⅱ类汽车库、修车库、停车场	20
Ⅲ类汽车库、修车库、停车场	15
Ⅳ类汽车库、修车库、停车场	10

4. 商务区、居住区、校园室外消火栓设计流量

（1）宜按照规划区人口确定同一时间的火灾起数；

（2）按照表 3-2 中城镇室外消防用水量和表 3-3 中建筑物室外消火栓设计流量，分别计算区域的室外消防用水量，取大值。

【例 3-1】

试确定下列建筑物的室外消防用水量。

（1）某建筑，一、二层为商业，层高 3.5m，商业建筑面积 2000m^2，三～二十一层为普通住宅，层高 2.8m，每层建筑面积 500m^2。试确定该建筑的室外消防用水量。

（2）某建筑物，地下共 2 层，为车库和设备用房，地下建筑总面积 21 万 m^2，每层层高 3.8m；地上共 14 层，其中一、二层为商业，每层层高 4.0m，三层及以上为普通办公，每层层高 3.5m，地上部分建筑面积为 30 万 m^2，室内首层与室外地坪高差 0.2m。试确定该建筑的室外消防用水量。

（3）某建筑小区有 4 栋建筑，其中甲、乙栋为成组布置的多层办公楼，建筑体积分别为 1.6 万 m^3 和 2.0 万 m^3，丙栋为 2 层的商业建筑，每层层高 3.2m，建筑面积为 0.6 万 m^2，丁栋为 18 层住宅。试确定该建筑小区的室外消火栓设计流量（L/s）。

（4）某小区拟建甲、乙、丙三栋建筑，其中甲栋为办公楼，地下 1 层是为楼上办公服务的车库（停 20 辆车）和设备用房，地下建筑面积 1800m^2，层高 3.6m；地上 4 层，均为普通办公用房，层高均为 3.5m，地上部分总建筑面积 2000m^2。乙和丙两栋楼独立建造，为 6 层的居住建筑，居住总人口 250 人，每层的建筑面积为 500m^2，层高 3.0m。小区设置集中的消防系统，试计算该小区的室外消防用水量。

【解】

（1）该建筑的室外消防用水量为：

1）该建筑为住宅＋商业的组合建筑，属于公共建筑；

2）建筑体积按整体体积计算（住宅＋商业），$V=V_{住宅}+V_{商业}=19\times2.8\times500+3.5\times$

2000＝26600＋7000＝33600m^3，查表 3-3 可知，该建筑室外消火栓设计流量为 30L/s。

3）该建筑属于其他公共建筑，火灾延续时间为 2h，室外消防用水量＝30×2×3.6＝216（m^3）。

（2）该建筑的室外消防用水量为：

1）计算建筑总高度，确定建筑类型。该建筑总高度＝4×2＋12×3.5＋0.2＝50.2m＞50m，属于一类高层公共建筑加地下车库。

2）计算建筑总体积。计算室外消防用水量时，建筑的体积应为建筑总体积（地上部分＋地下部分），地上部分建筑总体积＝50×(30÷14)＝107 万 m^3，地下部分建筑总体积＝3.8×21＝79.8 万 m^3。该建筑总体积为：地上＋地下＝107＋79.8＝186.8 万 m^3。

3）确定室外消火栓设计流量。因为该建筑为公共建筑带地下车库，室外消火栓设计流量应分别按公共建筑（查表 3-3）和车库（查表 3-4）确定后，取最大值。

公共建筑部分：由于该高层建筑为体积大于 50000m^3 的一类公共建筑，其室外消火栓设计流量为 40L/s；地下车库部分：建筑面积大于 1 万 m^2，为Ⅰ类汽车库，地下汽车库的室外消火栓设计流量为 20L/s，两者取最大值，为 40L/s。

又根据“单座建筑的总建筑面积大于 500000m^2 时，建筑物室外消火栓设计流量应按表 3-3 的规定的最大值增加一倍”的规定，该建筑的总建筑面积＝21＋30＝51 万 m^2＞50 万 m^2，所以该建筑的室外消火栓设计流量取 80L/s。

4）计算室外消防用水量。该建筑为高层公共建筑中心的综合楼，其火灾延续时间为 3h，室外消防用水量＝80×3×3.6＝864m^3。

（3）该小区的室外消火栓设计流量为：

1）由于甲、乙两栋楼成组布置，则室外消火栓设计流量按整体体积考虑，即 $V=V_{甲}+V_{乙}$＝1.6＋2.0＝3.6 万 m^3，查表 3-3 可知，室外消火栓设计流量为 30L/s；

2）丙栋为商业建筑，$V_{丙}$＝3.2×0.6＝1.92 万 m^3，其室外消火栓设计流量为 25L/s；

3）丁栋为高层住宅，其室外消火栓设计流量为 15L/s。

取最大值，所以该小区的室外消火栓设计流量为 30L/s。

（4）该小区的室外消防用水量为：

1）该小区应设置室外消火栓系统；

2）该小区应按照表 3-2 中城镇室外消防用水量和表 3-3 中建筑物室外消火栓设计流量，分别计算室外消防用水量，取大值。即：①居住人数 250 人，小区一起火灾灭火设计流量为 15L/s。建筑物包括住宅楼和办公楼。②住宅楼的室外消火栓设计流量为 15L/s。③办公楼为“地上建筑＋地下车库类型的建筑”，室外消火栓设计流量应按照整体体积（地上体积＋地下车库体积之和）确定，并与《汽车库、修车库、停车场设计防火规范》GB 50067—2014（表 3-4）确定的流量比较取最大值。即：办公建筑总体积＝1800×3.6＋2000×3.5＝13480m^3，查表 3-3 可知，办公楼室外消火栓设计流量为 25L/s；车库停 20 辆车，属于Ⅳ类汽车库，查表 3-4，其室外消火栓设计流量为 10L/s。取最大值，得办公建筑室外消火栓设计流量为 25L/s。比较①、②和③，取最大值，得该小区室外消火栓设计流量为 25L/s。

3）火灾延续时间为 2 h，小区的室外消防用水量＝25×2×3.6＝180m^3。

3.1.1.5 室外消防给水管网

1. 室外消防给水管网的设置要求

(1) 采用低压消防给水系统的市政消防给水管网，当设有市政消火栓时，其平时运行工作压力不应小于0.14MPa，火灾时最不利消火栓的出流量不应小于15L/s，且供水压力从地面算起不应小于0.10MPa。

(2) 室外消防给水管网设计时应注意以下几点：

1) 设有市政消火栓的市政给水管网宜为环状管网，但当城镇人口小于2.5万人时，可为枝状管网。

2) 向室外环状消防给水管网供水的输水干管不应少于两条，当其中一条发生故障时，其余的输水干管应仍能满足消防给水设计流量（图3-6）。

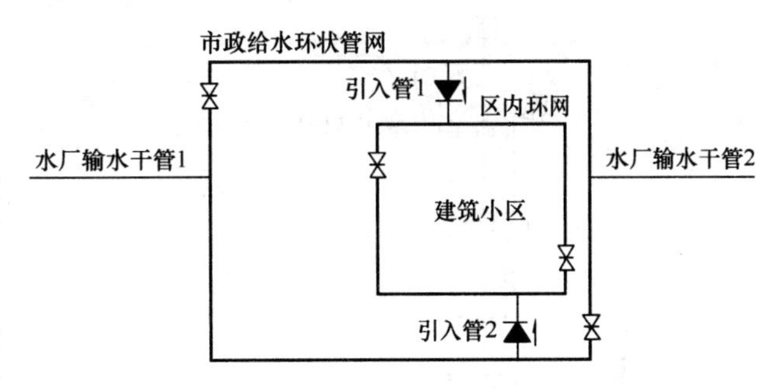

图3-6 向室外环状管网供水的两条输水干管示意图

3) 建筑高度超过54m的住宅，以及室外消火栓设计流量大于20L/s的其他建筑，应采用两路消防供水；建筑高度小于或等于54m的住宅，以及室外消火栓设计流量小于或等于20L/s的其他建筑，可采用一路消防供水。

4) 室外消防给水系统采用两路消防供水时应采用环状管网，采用一路消防供水时可采用枝状管网。

2. 室外消防给水管道管径的确定

室外消防给水管道的管径应根据流量、流速和压力要求经计算确定，但不应小于$DN100$，设计流速不宜大于2.5m/s。

引入管的管径可按式（3-2）计算，按室外消防用水量进行校核。

$$D=\sqrt{\frac{4Q}{\pi(n-1)v}} \tag{3-2}$$

式中 D——引水管管径，m；

Q——生活、生产和消防用水总量，m^3/s；

n——引水管的数目，$n>1$；

v——引水管的水流速度，m/s；一般不宜大于2.5m /s。

3.1.1.6 室外消火栓

室外消火栓可为消防车等消防设备提供消防用水，还可通过水泵接合器为室内消防给水设备提供消防用水。

1. 室外消火栓的形式

室外消火栓有地上式和地下式两种。

室外消火栓在选用时应注意以下几点：

(1) 室外消火栓应采用湿式消火栓系统；

(2) 室外消火栓宜采用地上式，但在严寒、寒冷等冬季结冰地区宜采用干式地上式室外消火栓；当采用地下式室外消火栓时，地下消火栓井的直径不宜小于1.5m。

2. 室外消火栓的规格

（1）室外地上式消火栓应有一个直径为150mm或100mm和两个直径为65mm的栓口（图3-7）。

（2）室外地下式消火栓应有直径为100mm和65mm的栓口各一个，并应有明显的永久性标志（图3-8）。

室外地上式和地下式消火栓安装示意图如图3-9所示。室外消火栓规格和性能如表3-5所示。

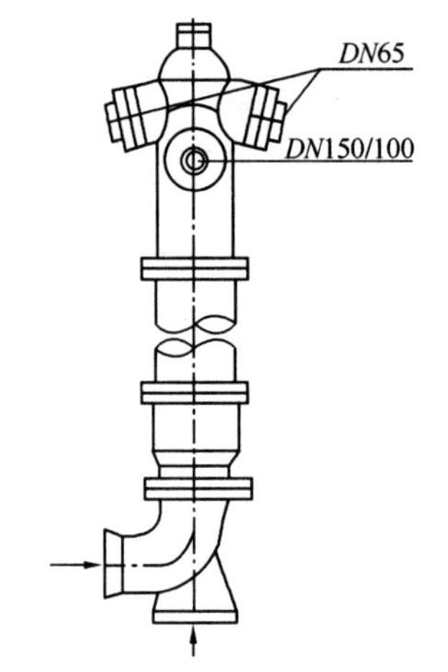

图3-7　室外地上消火栓栓口布置图

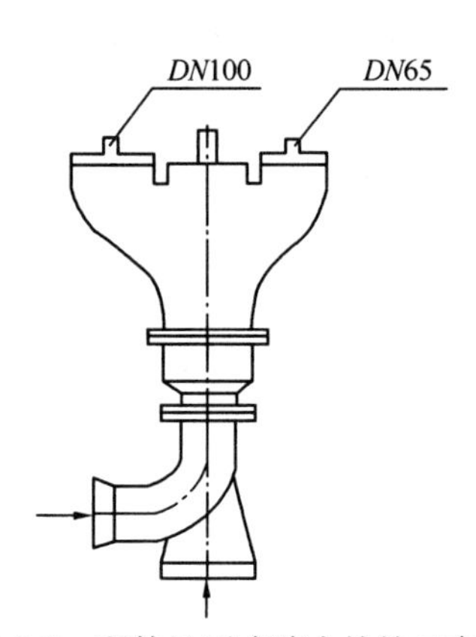

图3-8　室外地下式消火栓栓口布置

部分室外消火栓规格与性能　　**表3-5**

性能 / 类别	型号	公称压力（MPa）	进水口		出水口（栓口）		计算出水量（L/s）
			口径（mm）	数量（个）	口径（mm）	数量（个）	
地上式室外消火栓	SS100/65-1.0	1.0	100	1	65	2	10～15
					100	1	
	SS150/65-1.0	1.0	150	1	65	2	
					150	1	
	SSF100/65-1.0	1.0	100	1	65	2	
					100	1	
	SSF150/65-1.0	1.0	150	1	65	2	
					150	1	
	SS100/65-1.6	1.6	100	1	65	2	
					100	1	
	SS150/65-1.6	1.6	150	1	65	2	
					150	1	
地下式室外消火栓	SA100/65-1.0	1.0	100	1	65	1	
					100	1	
	SA100/65-1.6	1.6	100	1	65	1	
					100	1	

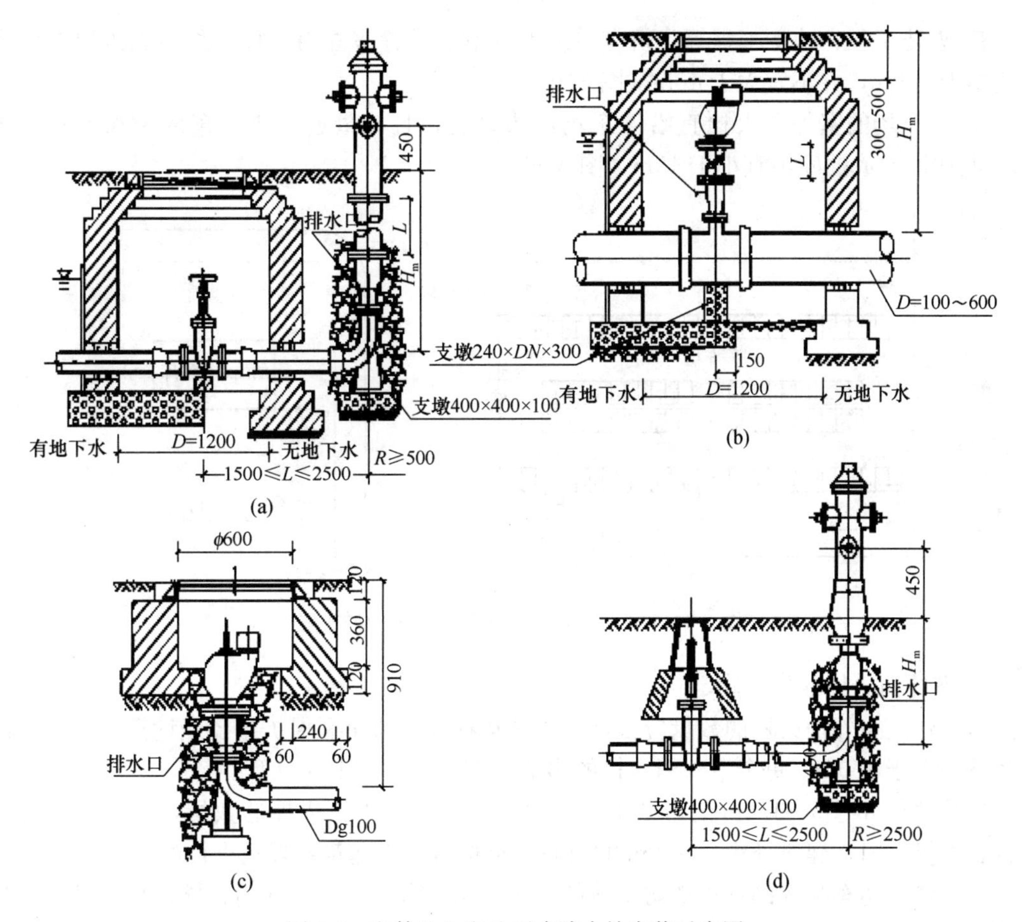

图 3-9 室外地上和地下式消火栓安装示意图

(a) 深型地上式消火栓；(b) 深型地下式消火栓；(c) 浅型地下式消火栓；(d) 浅型地上式消火栓

3. 室外消火栓的布置

(1) 用于市政的室外消火栓宜设置在道路的一侧，并宜靠近十字路口，但当市政道路宽度超过 60m 时，应在道路的两侧交叉错落设置。

(2) 用于市政的室外消火栓的保护半径不应超过 150m，间距不应大于 120m。

(3) 室外消火栓应布置在消防车易于接近的人行道和绿地等地点，且不应妨碍交通，并应符合下列规定：

1) 室外消火栓宜沿建筑周围均匀布置，不宜集中布置在建筑一侧；建筑消防扑救面一侧的室外消火栓数量不宜少于 2 个。

2) 室外消火栓距路边不宜小于 0.5m，并不应大于 2.0m，距建筑外墙或外墙边缘不宜小于 5.0m (图 3-10)。

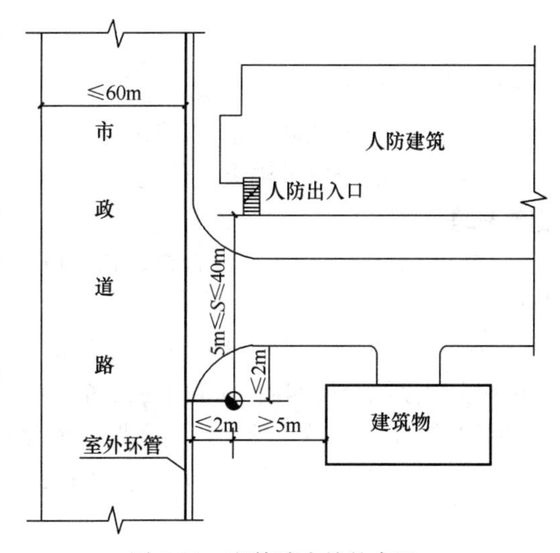

图 3-10 室外消火栓的布置

3）人防工程、地下工程等建筑应在出入口附近设置室外消火栓，且距出入口的距离不宜小于5.0m，并不宜大于40m（图3-10）。

4）停车场的室外消火栓宜沿停车场周边设置，且与最近一排汽车的距离不宜小于7m，距加油站或油库不宜小于15m（图3-11）。

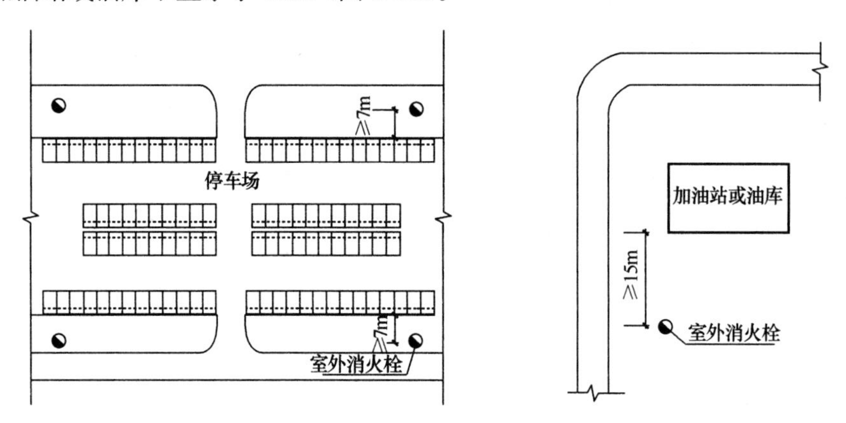

图3-11　停车场和加油站室外消火栓的布置

4. 室外消火栓数量的确定

（1）建筑室外消火栓的数量应根据室外消火栓设计流量和保护半径经计算确定，保护半径不应大于150m，每个室外消火栓的出流量宜按10～15L/s计算。

（2）建筑外缘5～150m的市政消火栓可计入建筑室外消火栓的数量，但当为消防水泵接合器供水时，建筑外缘5～40m的市政消火栓可计入建筑室外消火栓的数量。

（3）供消防车吸水的室外消防水池的每个取水口宜按一个室外消火栓计算，且其保护半径不应大于150m。

（4）消防给水管网应采用阀门分成若干独立段，每段内室外消火栓的数量不宜超过5个。

室外消火栓的数量可按式（3-3）计算：

$$N \geqslant \frac{Q_y}{q_y} \tag{3-3}$$

式中　N——室外消火栓数量，个；

Q_y——室外消防用水量，L/s；

q_y——每个室外消火栓的用水量，10～15L/s。

【例3-2】

有一幢高度为42m的综合楼，长50m，宽30m。其室外应设多少个消火栓？

【解】

该综合楼的体积$V=63000\text{m}^3$，由表3-3可知，该综合楼的室外消火栓设计流量为40L/s。则该综合楼四周40m内应设置的室外消火栓数量为：$N=40/15=2.6\approx 3$个，所以可设置3个室外消火栓，均匀布置在该建筑物周围（且消防扑救面一侧的室外消火栓数量不宜少于2个），满足保护半径不大于150m、间距不大于120m的要求。

3.1.1.7　管材的选择

室外消防管道在安装时有埋地和架空两种方式，管材应根据系统工作压力的大小确定。可按如下方式进行选择。

1. 埋地管道的管材

消防埋地管道管材可按表3-6选用。埋地消防管道的管材连接方式见表3-7。埋地管道的阀门应采用球磨铸铁阀门。

埋地消防管道管材选型表　　　　表3-6

系统工作压力 H_{max}（MPa）	适用管材
$H_{max} \leqslant 1.20$	球墨铸铁管、钢丝网骨架塑料复合管
$1.20 < H_{max} \leqslant 1.60$	钢丝网骨架塑料复合管、加厚钢管、无缝钢管
$H_{max} > 1.60$	无缝钢管

埋地消防管道管材的连接方式　　　　表3-7

管材	连接方式
球墨铸铁管	柔性接口；梯形橡胶圈接口
钢丝网骨架塑料复合管	电熔连接；机械连接
加厚钢管、无缝钢管	卡箍连接；法兰连接

2. 架空管道的管材

架空消防管道的管材可按表3-8选用。架空管道的连接宜采用沟槽连接管件（卡箍）、螺纹、法兰、卡压等方式，不宜采用焊接方式。当管径小于或等于*DN*50时，应采用螺纹和卡压连接；当管径大于*DN*50时，应采用沟槽连接件和法兰连接。室外架空管道宜采用带启闭刻度的暗杆闸阀或耐腐蚀的明杆闸阀，阀门应采用球墨铸铁阀门或不锈钢阀门。

架空消防管道管材选型表　　　　表3-8

系统工作压力 H_{max}（MPa）	适用管材
$H_{max} \leqslant 1.20$	热浸镀锌钢管
$1.20 < H_{max} \leqslant 1.60$	热浸镀锌加厚钢管、热浸镀锌无缝钢管
$H_{max} > 1.60$	热浸镀锌无缝钢管

3. 管道的覆土深度

（1）埋地金属管道的管顶覆土应按地面负荷、埋深荷载和冰冻线对管道的综合影响确定。管道最小管顶覆土不应小于0.7m，但当在机动车道下时管道最小管顶覆土应根据计算确定，并不宜小于0.9m。管道最小管顶覆土应至少在冰冻线以下0.3m。

（2）钢丝网骨架塑料复合管道最小管顶覆土深度，在人行道上不宜小于0.8m，在轻型车道下不应小于1.0m，且应在冰冻线下0.3m。

3.1.1.8 室外消防系统设计实例

【实例】

某住宅小区规划建筑总用地面积9100m^2，有3栋住宅楼，其中一栋为6层住宅楼，建筑高度17.0m；两栋为18层的高层住宅楼，建筑高度54.0m。市政管网常年所能提供的水压为0.24MPa。试计算该小区的室外消防用水量，并对室外消火栓和消防管网进行设计和布置。

【设计计算过程】

（1）室外消防用水量的确定

由于该小区的3栋建筑均为住宅楼，其室外消火栓设计流量为15L/s。

（2）室外消防给水管网的设计

因小区市政管网常年所能提供的水压为0.24MPa，满足室外消防给水管网平时运行工作压力不应小于0.14MPa的要求，所以室外消防给水系统可采用低压消防给水系统。室外给水管网宜布置成环状。由式（3-2）可确定出给水环状管网和引入管的管径 DN= 150mm（按室外消防用水量进行校核）。

（3）室外消火栓数量的确定和布置

由于小区最高一栋住宅楼的建筑高度小于等于54m，所以该小区可采用一路消防供水。从小区西侧的市政给水管上引一根引入管接入室外环状管网中。

由于只有一条引入管，且住宅建筑高度大于50m，所以应设置消防水池，储存室内外的消防用水量。

3栋住宅楼周围室外消火栓的数量可按式（3-3）计算，即共需设置最少1个室外消火栓，同时按照“室外消火栓应沿建筑均匀布置，保护半径不应大于150m，间距不应大于120m，消火栓距路边不应大于2m，距建筑物外墙不宜小于5m”的要求，布置室外消火栓，共布置了4个室外消火栓。

该小区室外消防给水系统采用低压消防给水系统，在市政给水管上引一根 $DN$150 的给水管，在建筑红线内成环状布置，同时在环网上布置4个地上式消火栓（每个消火栓具有1个100，2个 DN65mm 的栓口），系统的消防用水量由市政给水管网和消防水池提供。该小区室外消防系统的布置参见图3-12。

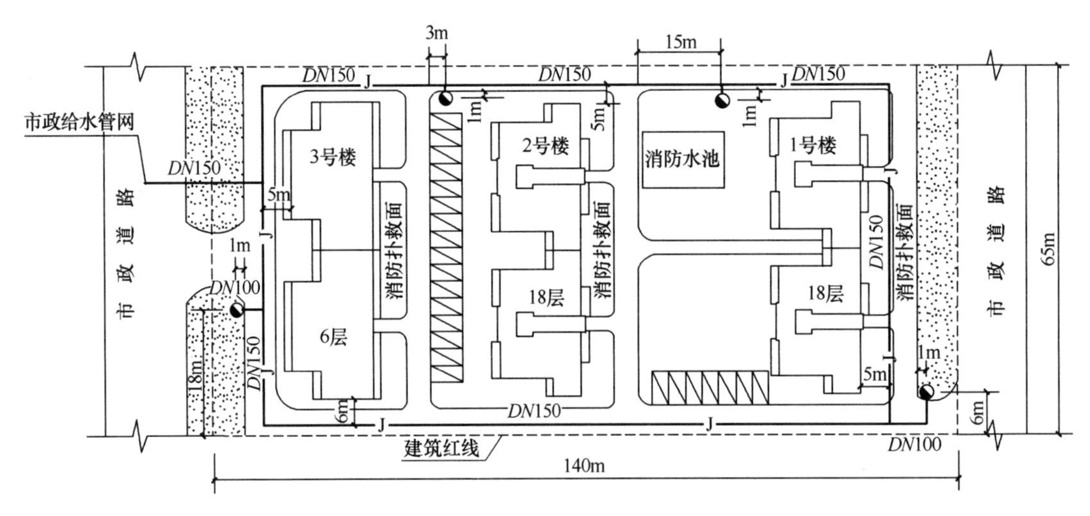

图3-12　居住小区室外消火栓系统布置示意图

3.1.2　室内消火栓系统

3.1.2.1　设置场所

建筑物是否设置室内消火栓系统与建筑类别、规模、重要性等有关。

（1）下列民用建筑应设置室内消火栓系统：

1）高层公共建筑和建筑高度大于 21m 的住宅建筑；

2）体积大于 5000m^{3}的车站、码头、机场的候车（船、机）建筑、展览建筑、商店建筑、旅馆建筑、医疗建筑、老年人照料设施和图书馆建筑等单、多层建筑；

3）特等、甲等剧场，超过 800 个座位的其他等级的剧场和电影院等以及超过 1200 个座位的礼堂、体育馆等单、多层建筑；

4）建筑高度大于 15m 或体积大于 10000m^{3}的办公建筑、教学建筑和其他单、多层民用建筑。

（2）建筑高度不大于 27m 的住宅建筑，设置室内消火栓系统确有困难时，可只设置干式消防竖管和不带消火栓箱的 *DN*65 的室内消火栓。但有条件时，尽量考虑设置湿式室内消火栓给水系统。

（3）国家级文物保护单位的重点砖木或木结构的古建筑，宜设置室内消火栓系统。

（4）人员密集的公共建筑、建筑高度大于 100m 的建筑和建筑面积大于 200m^{2}的商业服务网点内应设置消防软管卷盘或轻便消防水龙。高层住宅建筑的户内宜配置轻便消防水龙。

（5）老年人照料设施内应设置与室内供水系统直接连接的消防软管卷盘，消防软管卷盘的设置间距不应大于 30.0m。

（6）下列民用建筑可不设室内消火栓：

1）建筑高度不大于 21m 的住宅建筑；

2）体积不大于 5000m^{3}且高度不大于 15m 的单层及多层公共建筑。

3.1.2.2 室内消火栓给水系统分类及形式

1. 系统分类

室内消火栓给水系统应采用高压或者临时高压消防给水系统，且应独立设置，不应与生产和生活给水系统合用。当仅设有消防软管卷盘或轻便消防水龙时，可与生产、生活给水系统合用。

（1）高压消防给水系统：又称为常高压消防给水系统，是指管网内经常保持满足水灭火设施所需的工作压力和流量。火灾时，不需启动消防水泵直接加压的系统。

（2）临时高压消防给水系统：是指在准工作状态时，不能满足水灭火设施所需的工作水压和流量，火灾时自动启动消防水泵以满足水灭火设施所需的工作水压和流量的系统。

（3）区域集中消防给水系统：是指建筑群共用消防给水系统。其特点是建筑群共用消防水池、水泵、水泵接合器、消防水箱等消防设施。消防水泵扬程、消防水箱和消防水池的容积根据建筑群中高度最高、用水量最大的建筑确定。这种系统便于集中管理、节省投资。可以采用高压或临时高压消防给水系统，当建筑群采用临时高压消防给水系统时，应符合下列规定：

1）居住小区消防供水的最大保护建筑面积不宜超过 50 万 m^2；

2）公共建筑宜为同一产权或物业管理单位。

2. 系统形式

室内消火栓给水系统的形式应根据建筑特点，按照安全可靠、经济合理的原则，选择合适的给水形式。

对于临时高压消防给水系统，消防水箱的设置高度能够满足灭火设施最不利点处的静水压力时，系统仅设有消防水泵和高位消防水箱；而当高位消防水箱设置高度不满足水灭火设施最不利点处的静水压力时，系统应增设稳压泵。

当临时高压消防给水系统的消火栓栓口处静压大于 1.0MPa，或系统的工作压力大于 2.4MPa 时，应采用分区供水。一般可采用减压阀分区、减压水箱分区、消防水泵并联分区和消防水泵串联分区等几种形式。但当系统的工作压力大于 2.4MPa 时，应采用消防水泵串联或减压水箱分区供水形式。

常见的室内消火栓给水系统基本形式如表 3-9 所示。

常见的室内消火栓给水系统基本形式 **表 3-9**

系统给水形式		图示	说明	适用范围
高压系统	市政直接给水	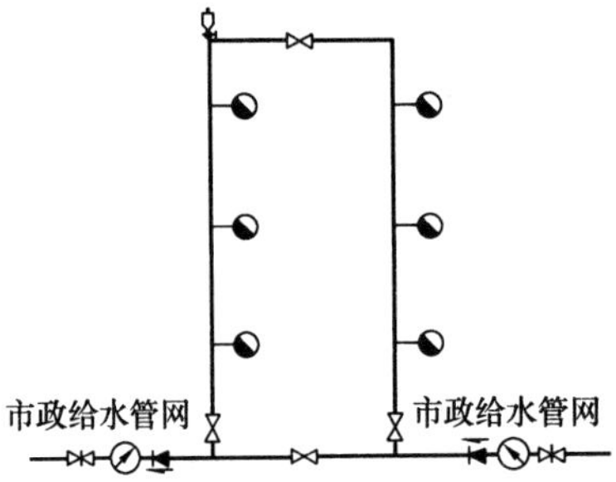 市政给水管网 市政给水管网	不设置消防水池和消防水泵。系统简单，供水可靠，投资少 要点：室内消火栓采用环状管网时，引入管不应少于两条	市政供水压力和能力较强地区的单层和多层建筑
	高位消防水池给水	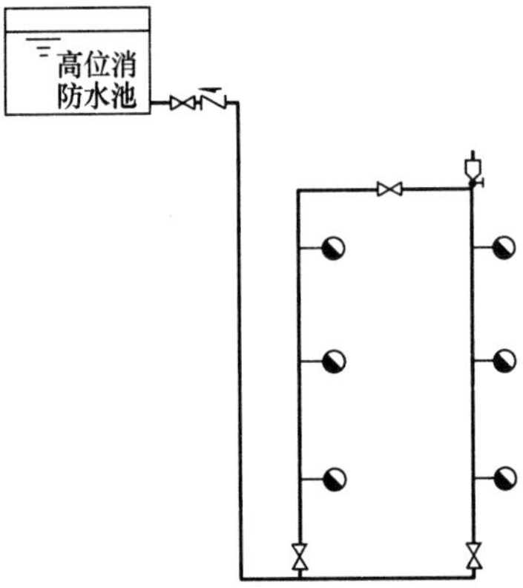 高位消防水池	高位消防水池贮存一次灭火的全部水量，不设置消防水泵。供水可靠，系统简单，投资少，维护简单。要点：高位消防水池的设置高度应能满足最不利点室内消火栓工作压力要求	有可供利用的地形设置高位消防水池，适用于单层、多层建筑
临时高压系统	竖向不分区	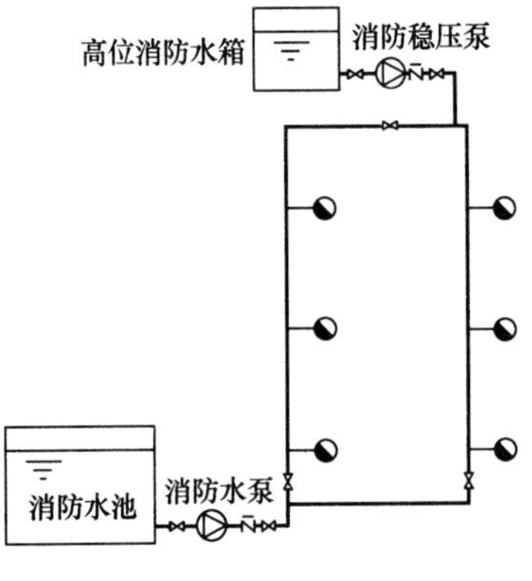 高位消防水箱 消防稳压泵 消防水池 消防水泵	设置一组消防水泵，供水较可靠、系统较简单。 要点：(1) 设置高位消防水箱和消防水泵； (2) 水箱设置高度不满足最不利点处的静水压力时，系统应设置稳压设施； (3) 消火栓栓口处静压小于或等于 1.0MPa	多层、高层建筑

续表

系统给水形式		图示	说明	适用范围
临时高压系统	减压阀分区	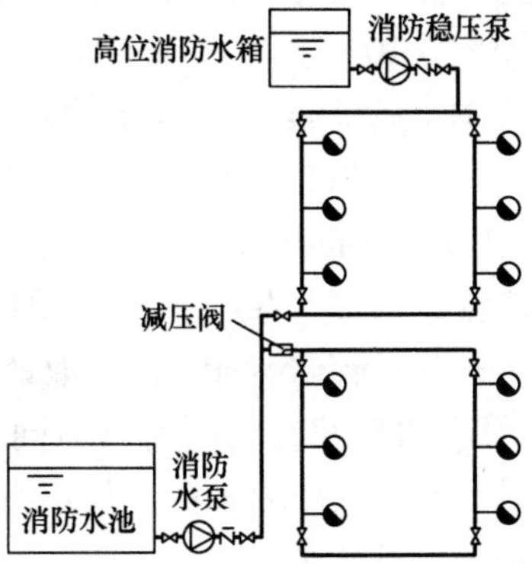 高位消防水箱 消防稳压泵 减压阀 消防水泵 消防水池	供水较可靠、系统较简单。 要点：(1) 当消火栓栓口处静压大于1.0MPa时； (2) 仅设置一组消防水泵和高位消防水箱； (3) 减压阀的设置应满足相关设计要求	高层建筑
	消防水泵并联分区	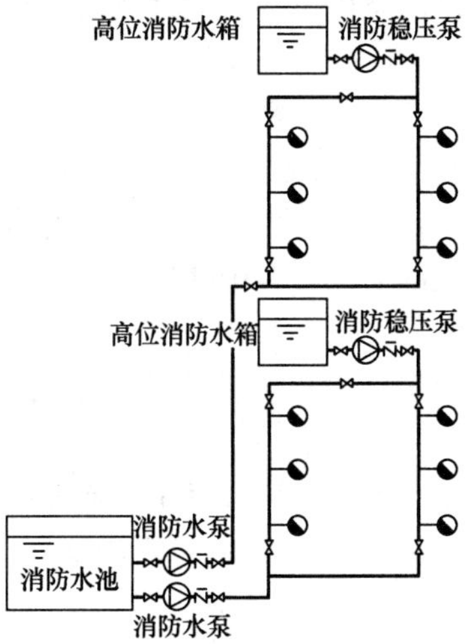 高位消防水箱 消防稳压泵 高位消防水箱 消防稳压泵 消防水泵 消防水池 消防水泵	分区设置消防水泵，供水较可靠。消防水泵集中布置在下部，不占用上部楼层，便于管理维护，但消防水泵型号多，配电功率大，控制较复杂。 要点：(1) 消火栓栓口处静压大于1.0MPa； (2) 每一个分区均应设置一组消防水泵和高位消防水箱	高层建筑
	消防水泵串联分区	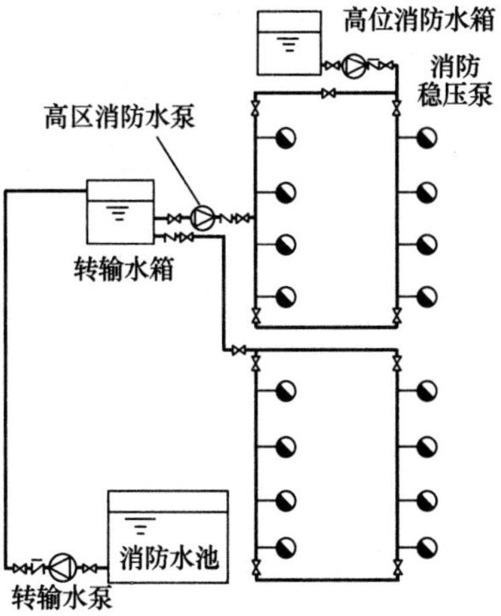 高位消防水箱 消防稳压泵 高区消防水泵 转输水箱 消防水池 转输水泵	在避难层设置传输水箱和消防水泵。占用避难层面积，增加结构荷载。串联供水可靠性比较低，控制复杂。 要点：(1) 系统的工作压力大于2.4MPa； (2) 宜优先采用消防水泵转输水箱串联分区供水方式； (3) 传输水箱的有效容积不应小于60m^3； (4) 转输水箱可作为下面楼层的消防给水系统的高位消防水箱使用，形成重力流向下面的消防给水系统供水	超高层公共建筑

3.1.2.3　室内消火栓用水量

1. 建筑室内消火栓设计流量

（1）民用建筑物室内消火栓设计流量，应根据建筑物的用途功能、体积、高度、耐火极限等因素综合确定。设计流量不应小于表 3-10～表 3-12 的规定。

（2）当一座多层建筑有多种使用功能时，应根据多层建筑的总体积，按表 3-10 中不同使用功能，分别计算室内消火栓设计流量后，取最大值。例如：某综合楼为多层建筑，总体积为 20000m^3，内设有商业、办公、1200 座的电影院等，根据总体积和使用功能分别计算。20000m^{3}的商业室内消火栓设计流量为 25L/s，20000m^{3}的办公室内消火栓设计流量为 15L/s，1200 座的电影院室内消火栓设计流量为 10L/s，取最大值为 25L/s。

（3）当同一建筑内可能会存在多种用途的房间或场所时，为同一功能服务的配套用房，属于同一使用功能。例如，宾馆内设置有为宾馆服务的会议室、餐厅、锅炉房、水泵房、小卖部、库房等配套用房，该建筑仍为宾馆建筑。

（4）宿舍、公寓等非住宅类居住建筑的室内消火栓设计流量，当为多层建筑时，应按表 3-10 中的宿舍、公寓确定；当为高层建筑时，应按表 3-10 中的公共建筑确定。

（5）除商业服务网点外，住宅建筑与其他使用功能的建筑合建时，住宅部分和非住宅部分的室内消火栓用水量，可根据各自的建筑高度（体积）分别按表 3-10 中有关住宅建筑和公共建筑的规定执行，并取最大值确定。其中住宅部分的高度为可供住宅部分的人员疏散的室外设计地面至住宅部分屋面面层的高度；其他使用功能部分的高度，为室外设计地面至其最上一层顶板或屋面面层的高度。

（6）消防软管卷盘、轻便消防水龙及多层住宅楼楼梯间中的干式消防竖管，其消防给水设计流量可不计入室内消防给水设计流量。

（7）建筑物内设置自动喷水灭火系统、水喷雾灭火系统、泡沫灭火系统或固定消防炮灭火系统等一种或两种以上自动水灭火系统全保护时，高层建筑当高度不超过 50m 且室内消火栓设计流量超过 20L/s 时，其室内消火栓设计流量可按表 3-10 中的值减少 5L/s；多层建筑室内消火栓设计流量可减少 50%，但不应小于 10L/s。

民用建筑室内消火栓设计流量　　**表 3-10**

建筑物名称		高度 h（m）、层数、体积 V（m^3）或座位数 n（个）	消火栓设计流量（L/s）	同时使用水枪数（支）	每根竖管最小流量（L/s）
单层及多层	科研楼、试验楼	$V\leqslant 10000$	10	2	10
		$V>10000$	15	3	10
	车站、码头、机场楼和展览建筑等	$5000<V\leqslant 25000$	10	2	10
		$25000<V\leqslant 50000$	15	3	10
		$V>50000$	20	4	15
	剧院、电影院、会堂、礼堂、体育馆等	$800<n\leqslant 1200$	10	2	10
		$1200<n\leqslant 5000$	15	3	10
		$5000<n\leqslant 10000$	20	4	15
		$n>10000$	30	6	15

续表

建筑物名称		高度 h（m）、层数、体积 V（m^3）或座位数 n（个）	消火栓设计流量（L/s）	同时使用水枪数（支）	每根竖管最小流量（L/s）
单层及多层	旅馆	$5000<V\leq 10000$	10	2	10
		$10000<V\leq 25000$	15	3	10
		$V>25000$	20	4	15
	商店、图书馆、档案馆等	$5000<V\leq 10000$	15	3	10
		$10000<V\leq 25000$	25	5	15
		$V>25000$	40	8	15
	病房楼、门诊楼等	$5000<V\leq 25000$	10	2	10
		$V>25000$	15	3	10
	办公楼、教学楼、公寓、宿舍等其他建筑	高度超过15m或 $V>10000$	15	3	10
	住宅	$21<h\leq 27$	5	2	5
高层	住宅	$27<h\leq 54$	10	2	10
		$h>54$	20	4	10
	二类公共建筑	$h\leq 50$	20	4	10
		$h>50$	30	6	15
	一类公共建筑	$h\leq 50$	30	6	15
		$h>50$	40	8	15
国家级文物保护单位的重点砖木结构的古建筑		$V\leq 10000$	20	4	10
		$V>10000$	25	5	15
地下建筑		$V\leq 5000$	10	2	10
		$5000<V\leq 10000$	20	4	15
		$10000<V\leq 25000$	30	6	15
		$V>25000$	40	8	20

人防工程室内消火栓设计流量 **表 3-11**

建筑物名称		高度 h（m）、层数、体积 V（m^3）或座位数 n（个）	消火栓设计流量（L/s）	同时使用水枪数（支）	每根竖管最小流量（L/s）
人防工程	展览厅、影院、剧场、礼堂、健身体育场所等	$V\leq 1000$	5	1	5
		$1000<V\leq 2500$	10	2	10
		$V>2500$	15	3	10
	商场、餐厅、旅馆、医院等	$V\leq 5000$	5	1	5
		$5000<V\leq 10000$	10	2	10
		$10000<V\leq 25000$	15	3	10
		$V>25000$	20	4	10

续表

建筑物名称		高度 h（m）、层数、体积 V（m^3）或座位数 n（个）	消火栓设计流量（L/s）	同时使用水枪数（支）	每根竖管最小流量（L/s）
人防工程	自行车库	$V \leqslant 2500$	5	1	5
		$V > 2500$	10	2	10
	丙、丁、戊类物品库房、图书资料档案库	$V \leqslant 3000$	5	1	5
		$V > 3000$	10	2	10

汽车库、修车库室内消火栓设计流量　　表 3-12

类别	室内消火栓设计流量（L/s）	同时使用水枪数（支）	每根竖管最小流量（L/s）
Ⅰ、Ⅱ、Ⅲ类汽车库 Ⅰ、Ⅱ类修车库	10	2	10
Ⅳ类汽车库 Ⅲ、Ⅳ类修车库	5	1	5

2. 一起火灾灭火用水量的确定

（1）消防给水一起火灾灭火用水量应按需要同时作用的室内外消防给水用水量之和计算，两座或两座及以上建筑合用时，应取其最大者，并应按式（3-4）～式（3-6）计算。

$$V = V_1 + V_2 \tag{3-4}$$

$$V_1 = 3.6\sum_{i=1}^{i=n} q_{1i} t_{1i} \tag{3-5}$$

$$V_2 = 3.6\sum_{i=1}^{i=m} q_{2i} t_{2i} \tag{3-6}$$

式中　V——建筑消防给水一起火灾灭火用水总量，m^3；

V_1——室外消防给水一起火灾灭火用水量，m^3；

V_2——室内消防给水一起火灾灭火用水量，m^3。

q_{1i}——室外第 i 种水灭火系统的设计流量，L/s；

t_{1i}——室外第 i 种水灭火系统的火灾延续时间，h；

n——建筑需要同时作用的室外水灭火系统数量；

q_{2i}——室内第 i 种水灭火系统的设计流量，L/s；

t_{2i}——室内第 i 种水灭火系统的火灾延续时间，h；

m——建筑需要同时作用的室内水灭火系统数量。

（2）当建筑物有多个防火分区时，一起火灾灭火用水量应以各防护区为单位，分别计算消防用水量，取其中的最大值为建筑物的室内消防用水量。如图 3-13 所示，该建筑物一起火灾灭火用水量取 V_A、V_B中的最大值。

（3）一个防护区设多种自动灭火系统，该防护区的自动灭火系统的用水量按非同时作用的自动喷水灭火、水喷雾灭火、自动消防炮灭火等系统中用水量最大的一个系统确定。

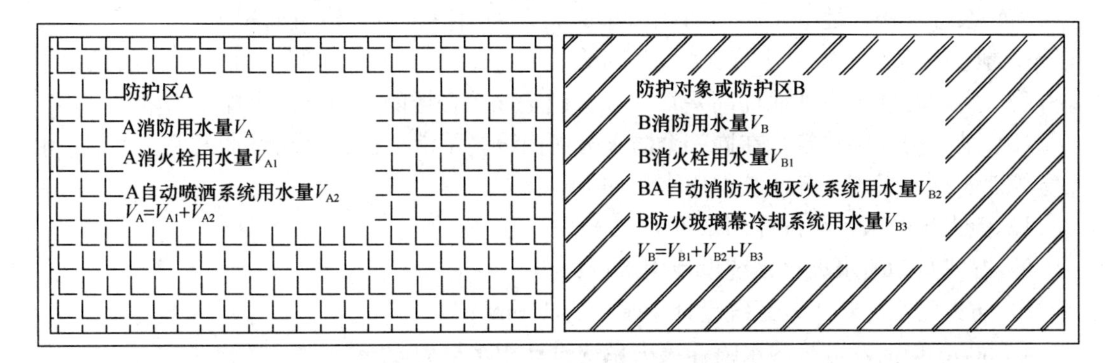

图 3-13 建筑物一起火灾灭火用水量

即：防护区内 $V_2=V_{2室内消火栓}+V_{2自动灭火}+V_{2防护冷却}$；其中，$V_{2自动灭火}=\text{Max}\{V_{2自喷},V_{2喷雾},V_{2水炮}\}$（$V_{2自喷}$——自动喷水灭火系统的用水量，$m^3$；$V_{2喷雾}$——水喷雾灭火系统的用水量，$m^3$；$V_{2水炮}$——自动消防炮灭火系统的用水量，$m^3$）。

3. 火灾延续时间的确定

不同场所消火栓系统火灾延续时间不应小于表 3-13 的规定。

不同场所的火灾延续时间 **表 3-13**

建筑类别		场所与火灾危险性		火灾延续时间（h）
民用建筑	公共建筑	高层建筑中的商业楼、展览楼、综合楼； 建筑高度大于 50m 的财贸金融楼、图书馆、书库、重要的档案楼、科研楼 高级宾馆		3
		其他公共建筑		2
	住宅			2
	地下建筑、地铁车站			2
人防工程			建筑面积小于 3000m²	1
			建筑面积大于或等于 3000m²	2

注：1. 住宅与非住宅组合的建筑（旧称“商住楼”），火灾延续时间按“其他公共建筑”取值；其他多功能组合建筑按综合楼考虑；
2. 自动喷水灭火系统的火灾延续时间详见本书 3.2 节。

【例 3-3】

试确定下列建筑物的消防用水量：

（1）某高度为 74m 的建筑，其首层设有多间面积为 250～450m² 的便民商店和商业性服务用房（室外地面至一层商店顶面面层的高度为 4.0m），总面积 4000m²，二～二十六层为普通住宅，试确定该建筑室内消火栓用水量。

（2）某 9 层商业楼，每层建筑面积 3000m²，层高 5.5m，建筑高度 49.5m，设有室内消火栓系统和自动喷水灭火系统，自动喷水灭火系统的设计水量按 21L/s 计算，确定室内外消火栓用水量。

（3）某综合楼，建筑高度 47.5m，每层的建筑面积为 800m²。其中一～三层为商场，每层建筑高度 4.0m；四～十四层为写字楼，每层建筑高度 3.2m。该建筑设有室内消火栓给水系统、自动喷水灭火系统（其设计流量为 25L/s）；跨商场的中庭设置消防炮灭火系统，其设计流量为 10L/s，试确定该综合楼的室内消防用水量。

（4）某综合楼，地下 1 层，功能为车库和设备用房，地下建筑面积为 2500m²，层高 4.5m；地上共 5 层，每层建筑面积 1200m²，层高 4.0m，一～二层为商店，三层及以上为办公。室内首层与室外地坪高差 0.30m。确定该综合楼的室内外消火栓用水量。

（5）某一类高层建筑，在同一个防火分区内设置了消火栓、自动喷水灭火、水幕、水喷雾等消防给水系统，各系统的用水量如下：

1）消火栓给水系统设计用水量为 430m³；

2）湿式自动喷水灭火系统设计用水量为 30L/s；

3）防火卷帘冷却水幕系统设计用水量为 150m³；

4）80m³ 柴油发电机房水喷雾灭火系统设计用水量为 50m³。

试确定该高层建筑的室内消防用水量。

【解】

（1）由于该建筑首层有面积超过 300m² 的商店和商业性服务用房，因此该建筑为住宅和商业的组合式建筑。该建筑高度大于 50m，属于一类高层公共建筑。所以该建筑的室内消防用水量，可按照住宅建筑和商业建筑分别确定后取大值进行计算。

住宅部分：住宅建筑高度大于 54m，查表 3-10 可知，室内消火栓设计流量为 20L/s。

商业部分：仅为 1 层，属于多层商店建筑，体积为：4.0×4000＝16000m³，查表 3-10 可知，室内消火栓设计流量为 25 L/s。

两者取大值，所以该建筑的室内消火栓设计流量为 25L/s。

该建筑属于一般的公共建筑（不属于高层商业楼），其火灾延续时间取 2h，则：室内消防用水量为：25×3.6×2＝180（m³）。

（2）该商业楼为公共建筑，建筑高度为 49.5m，同时该建筑每层建筑面积为 3000m²（＞1000m²），所以为一类高层公共建筑，其室内消火栓用水量为 30L/s；又因该建筑自喷系统全覆盖，室内消防用水量可减少 5L/s，故该建筑室内消火栓用水量取 25L/s；该建筑的体积＝49.5×3000＝148500m³＞50000m³，室外消火栓用水量为 40L/s。消火栓的火灾延续时间为 3h；自喷系统的火灾延续时间为 1h。故该建筑室内外消防用水量为：V＝(25＋40)×3×3.6＋21×1×3.6＝777.6m³。

（3）该综合楼为二类高层公共建筑，其室内消火栓设计流量为 20L/s，高层综合楼消火栓系统火灾延续时间为 3h；已知自喷系统的设计流量为 25L/s，火灾延续时间为 1h；消防炮灭火系统设计流量为 10L/s，火灾延续时间为 1h。

因此，该综合楼的室内消防用水量 $V_2 = V_{2\text{室内消火栓}} + V_{2\text{自动灭火}} + V_{2\text{防护冷却}}$，即：$V_2$＝20×3×3.6＋Max(25×1×3.6,10×1×3.6)＝216＋90＝306m³。

（4）该综合楼建筑高度为 5×4＋0.30＝20.3m＜24m，为多层公共建筑，地上部分建筑的体积＝20×1200＝24000m³，地下建筑的体积＝2500×4.5＝11250m³，总体积（地上＋地下）＝35250m³。该建筑具有多种使用功能，所以室内消火栓设计流量应分别按不同功能计算后取最大值，且建筑的体积以总体积计算。

1）地上建筑的室内消防用水量：根据表 3-10 可知，35250m³ 商店部分消火栓设计流量为 40L/s，35250m³ 办公部分消火栓设计流量为 15L/s。取两者的最大值为 40L/s。因为该综合楼为多层公建，消火栓系统火灾延续时间应为 2h，可得该建筑地上部分室内消火栓用水量＝40×2×3.6＝288m³。

2）地下建筑的室内消防用水量：根据《汽车库、修车库、停车场设计防火规范》GB 50067—2014，汽车库总面积为 2500m²（>2000m²），属于Ⅲ类汽车库，由表 3-12 可知，Ⅲ类汽车库的室内消防用水量不应小于 10L/s，火灾延续时间按 2h 计算，可得：地下建筑的室内消防用水量＝10×2×3.6＝72m³。

地上和地下取大值，可得：该综合楼室内消防用水量为 288m³。

3）室外消防用水量：该建筑总体积（地上＋地下）＝35250m³。由于该建筑为带地下车库的多层公共建筑，室外消防用水量应按公共建筑和车库分别查规范后取大值（分别查规范时，如涉及体积均以总体积计）。查表 3-3 和表 3-4 可知，35250m³ 公共建筑的室外消防用水量为 30L/s，Ⅲ类汽车库的室外消防用水量为 15L/s，两者取大值，得该建筑室外消防用水量＝30×2×3.6＝216m³。所以该综合楼室内外消火栓用水量＝216＋288＝504m³。

（5）根据“当建筑在一个防护区设置有多种自动灭火系统时，该防护区的自动灭火系统的水量按非同时作用的系统中用水量最大的一个系统确定”“室内消防用水量按需要同时开启的灭火系统用水量之和计算”的规定，该建筑中自喷、水喷雾为非同时作用的自动灭火系统。所以该建筑的室内消防用水量为：

$$V_{总}=V_{消火栓}+\mathrm{Max}(V_{自喷},V_{水喷雾})+V_{水幕}$$

$$V_{总}=430+\mathrm{Max}(30\times 3.6\times 1,50)+150$$

$$V_{总}=430+108+150=688\mathrm{m}^3$$

3.1.2.4 室内消火栓给水系统组成

室内消火栓给水系统一般由水源（消防水池）、消防水泵、高位消防水箱及稳压设备、室内消火栓、消防水泵接合器、室内消火栓给水管网及系统附件等组成。图 3-14 为室内

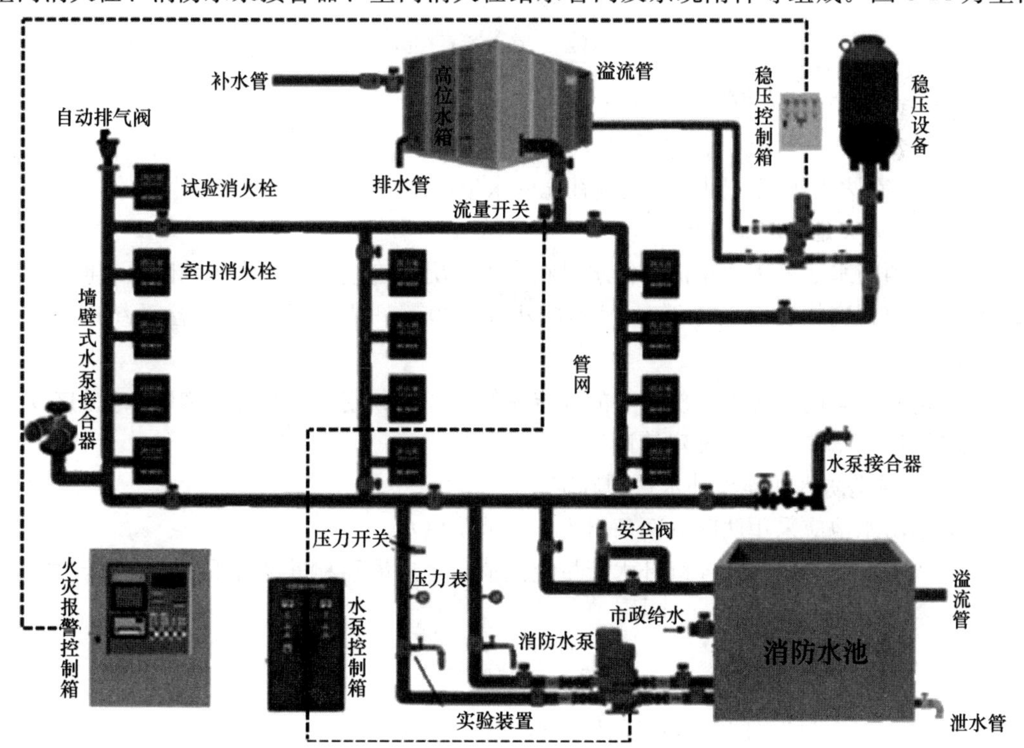

图 3-14 室内临时高压消火栓给水系统组成示意图

临时高压消火栓给水系统组成示意图。该系统平时由高位消防水箱和稳压设备等维持管网内水的压力。当发生火灾时，通过消火栓按钮向消防控制室发出报警信号，由消防水泵出水管上设置的压力开关、高位消防水箱出水管上设置的流量开关直接自动启动消防水泵，由消防泵从消防水池吸水向管网供水，维持消火栓栓口压力。

3.1.2.5　消防水源

消防用水通常采用市政给水、天然水源或消防水池作为消防水源。采用室内临时高压消防给水系统时，由消防水池作为消防水源，且消防水池应与生活水池分开设置。

1. 消防水池的设置

符合下列规定之一时，应设置消防水池：

(1) 当生产、生活用水量达到最大时，市政给水管网或入户引入管不能满足室内外消防给水设计流量；

(2) 当采用一路消防供水或只有一条入户引入管，且室外消火栓设计流量大于20L/s或建筑高度大于50m时；

(3) 市政消防给水设计流量小于建筑室内外消防给水设计流量。

2. 消防水池有效容积的计算

(1) 当室外给水管网能保证室外消防给水设计流量时，消防水池的有效容积应满足在火灾延续时间内室内消防用水量的要求。

(2) 当室外给水管网不能保证室外消防用水量时，消防水池的有效容积应满足火灾延续时间内室内消防用水量与室外消防用水量不足部分之和的要求。

所以，消防水池的有效容积可按式(3-7)计算：

$$V = (Q_x - q_f) \times t \times 3.6 \tag{3-7}$$

式中　V——消防水池有效容积，m^3；

Q_x——室内、外消防用水总量，L/s；

q_f——在火灾延续时间内可连续补充的水量，L/s；

t——火灾延续时间，h。

(3) 当消防水池采用两路消防供水且在火灾情况下连续补水能满足消防要求时，消防水池的有效容积应根据计算确定，但不应小于$100m^3$，当仅设有消火栓系统时不应小于$50m^3$。

(4) 同一时间内只考虑一次火灾的高层建筑群，可共用消防水池，消防水池的有效容积应按消防用水量最大的一栋建筑计算。

3. 火灾时消防水池连续补水量的确定

(1) 消防水池应采用两路(两条引入管)消防供水。

(2) 火灾延续时间内的连续补水流量应按消防水池最不利进水管供水量计算，并按式(3-8)计算：

$$q_f = 1000Av \tag{3-8}$$

式中　q_f——火灾延续时间内可连续补充的水量，L/s；

A——消防水池进水管断面面积，m^2；

v——管道内水的平均流速，m/s。

4. 消防水池补水管管径的确定

(1) 消防水池的补水时间不宜超过 48h；

(2) 当消防水池有效总容积大于 2000m^3 时，补水时间不应超过 96h；

(3) 消防水池的补水管管径应经计算确定，但不应小于 $DN$100；

(4) 补水时间和消防水池进水管管径有关，市政给水管网进行补水，补水管的平均流速不宜大于 1.5m/s。

5. 消防水池的设置要求

(1) 消防水池总有效容积大于 500m^3 时，宜分两格设置。

(2) 消防水池有效容积大于 1000m^3 时，应设置能独立使用的两座。

注："两格"指共用分隔墙；"两座"指各组有独立的维护结构，设置两个墙体，池壁的净距，无管道的侧面，净距不宜小于 0.7m，有管道的侧面，净距不宜小于 1.0m。

(3) 每格（每座）应设置独立的出水管，并应设置满足最低有效水位的连通管，且其管径应满足消防给水设计流量的要求。分两格（两座）设置的消防水池出水管和连通管的做法如图 3-15 所示。

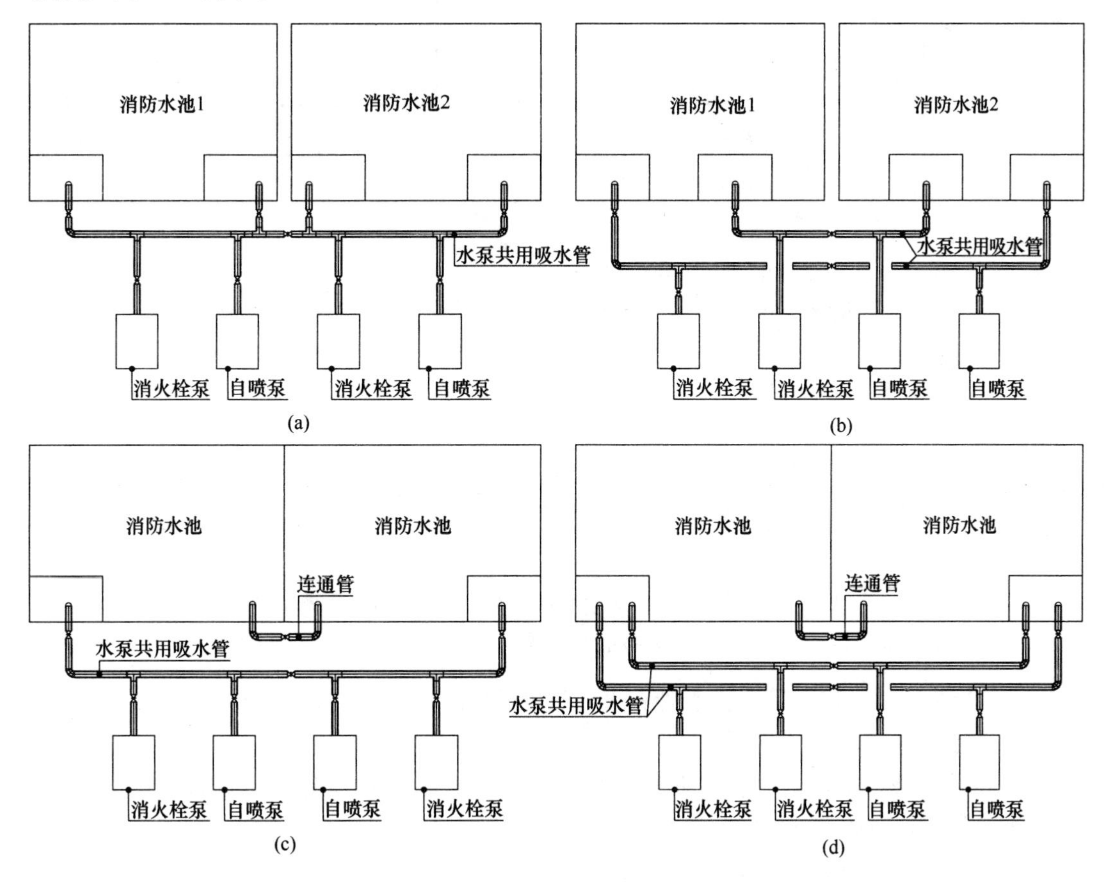

图 3-15 分两格（两座）设置的消防水池出水管和连通管做法示意图

(a) 两座消防水池一根吸水母管；(b) 两座消防水池两根吸水母管；

(c) 两格消防水池一根吸水母管；(d) 两格消防水池两根吸水母管

（4）储存室外消防用水的消防水池或供消防车取水的消防水池，应符合下列技术要求：

1）应设置取水口（井），且吸水高度不应大于6.0m；

2）为保证人员和设备火场使用安全要求，取水口（井）与建筑物（水泵房除外）的距离不宜小于15m；

3）供消防车取水的消防水池，其保护半径不应大于150m。

取水口（井）吸水高度的确定：供消防车取水的消防水池应保证其最低水位与消防车内消防泵吸水管中心线的高度不大于6.0m（取水口处地面高于消防水池最低有效水位不大于5.0m）。消防水池设置取水口的做法如图3-16所示。

（5）消防用水与其他用水共用的水池，应采取确保消防用水量不作他用的技术措施，如图3-17所示。

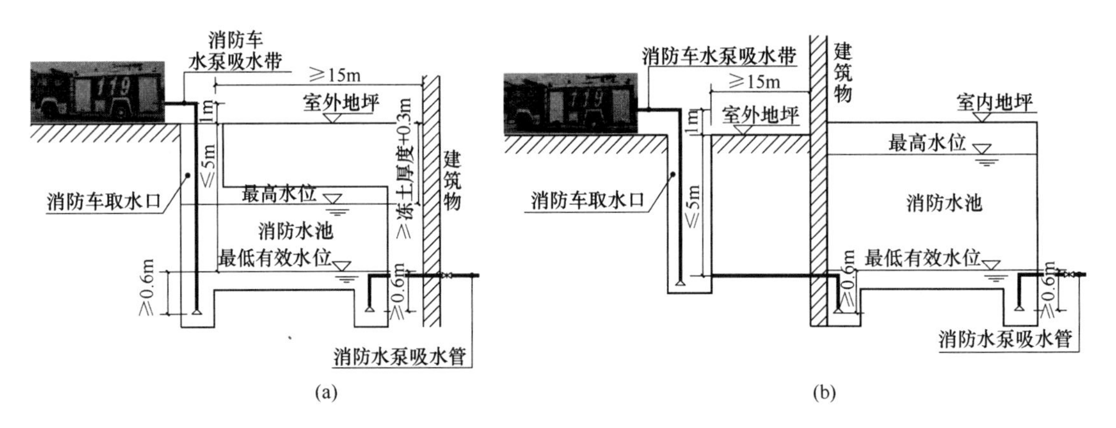

图3-16　消防水池设置取水口的做法示意图

（a）消防水池布置在室外时取水口的做法；（b）消防水池布置在室内时取水口的做法

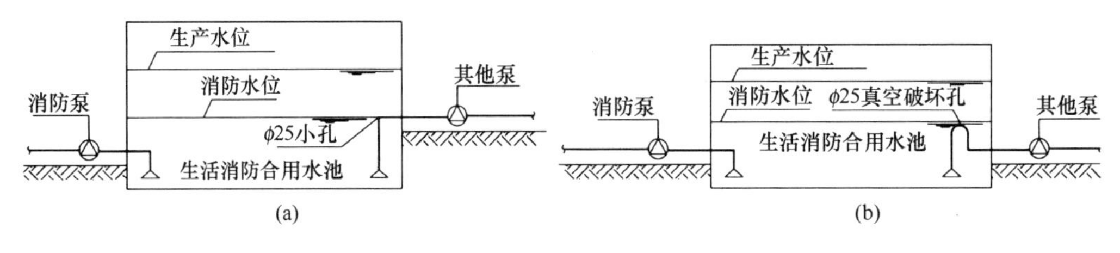

图3-17　生产消防合用水池消防用水量不作他用的措施

（a）小孔；（b）真空破坏孔

（6）消防水池的出水管、排水管和水位的设计要求：

1）消防水池的出水管应保证水池的有效容积能被全部利用。

① 消防水池出水管：即为消防水泵的吸水管，吸水管低于消防水池的淹没水位，就能保证消防水池的有效容积被全部利用。

② 水泵吸水淹没水位：消防水泵吸水口的淹没深度应满足消防水泵在最低水位运行安全的要求，吸水管喇叭口在消防水池最低有效水位下的淹没深度应根据吸水管喇叭口的水流速度和水力条件确定，但不应小于600mm；当采用防止旋流器时，淹没深度不应小于200mm，如图3-18所示。

③ 消防水池的有效水深：消防水池的最高水位至最低有效水位之间的净高（图 3-19）。

2）为保证消防水池贮存的消防水量不被动用，随时掌握水池贮水状况，水池应设置就地水位显示装置，并应在消防控制中心或值班室等设置消防水池水位显示装置，便于远距离的水位管理。显示的水位有：

① 最高报警水位：一般高于最高水位 50mm 左右，也可以等于溢流水位，设置的目的是当进水液位控制阀损坏等造成水位不断上升后，到达最高报警水位时报警，提醒管理人员及时维修，避免水的浪费。

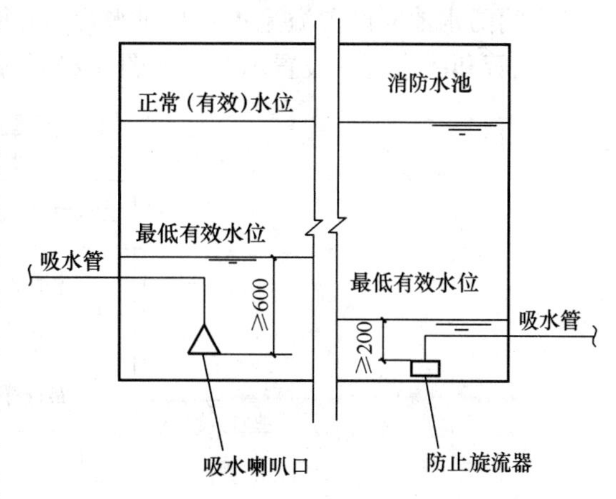

图 3-18 消防水池最低有效水位示意图

② 溢流水位：设置溢流水位的目的是当进水管的浮球阀损坏，水池达到最高报警水位后报警，但由于种种原因，进水阀门无法及时关闭，可通过溢流水位处设置的溢流泄水管泄水，防止不断进入的水使消防水池水位不断上升，超过水池池壁的承压能力，破坏消防水池结构安全。

③ 最高有效水位：保证消防水池有效储水容积的最高水位。

④ 最低报警水位：设计时可采用最低报警水位低于最高水位 50～100mm。设置的目的是当消防水池水位小于最高水位时（如进水管不能正常进水，水池发生泄漏等），水池到达最低报警水位时报警，提醒管理人员及时检修，保证消防水池的有效贮水容积的要求。

⑤ 最低有效水位：贮存有效消防用水的最低水位（此水位一般与消防水泵自灌吸水时的水泵吸水淹没水位相重合）。

消防水池水位示意图如图 3-19 所示。水位计和液位信号装置设置示意图如图 3-20 所示。

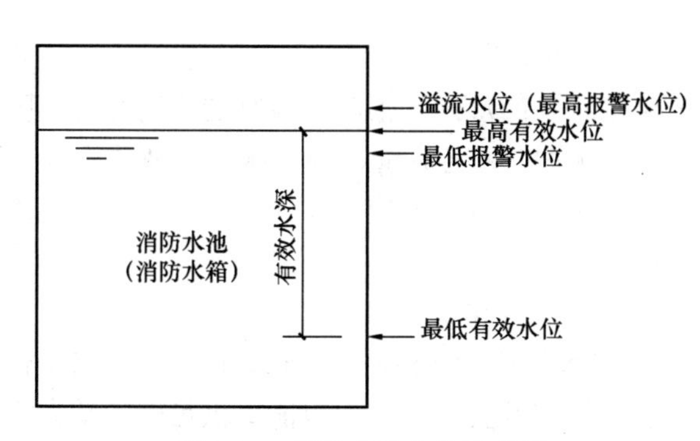

图 3-19 消防水池水位示意图

注：图中标注的最高报警水位、最高有效水位、最低报警水位均需要传至消防控制室（盘）。

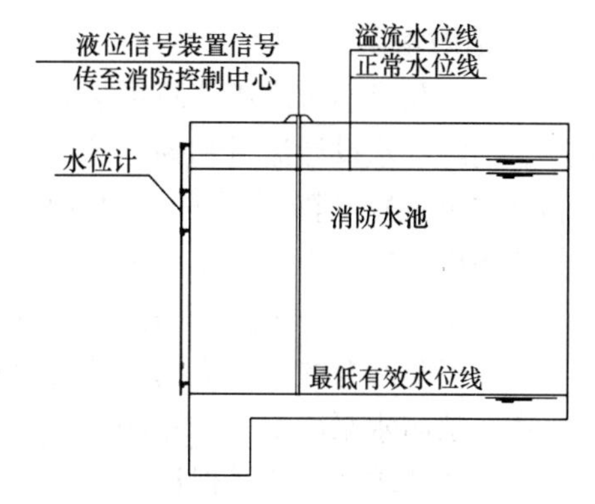

图 3-20 水位计和液位信号装置的设置示意图

3）消防水池应设置溢流水管和泄水管，并应采用间接排水。

溢流管和泄水管的设置示意图如图3-21所示，采用了有空气隔断的排水方式。

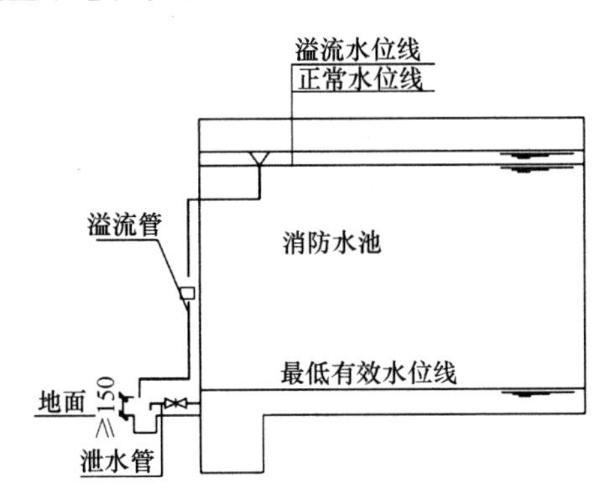

图3-21 消防水池的溢流管和泄水管的设置

4）消防水池应设置通气管。通气管和溢流管应采取防止虫鼠等进入消防水池的技术措施（图3-22）。

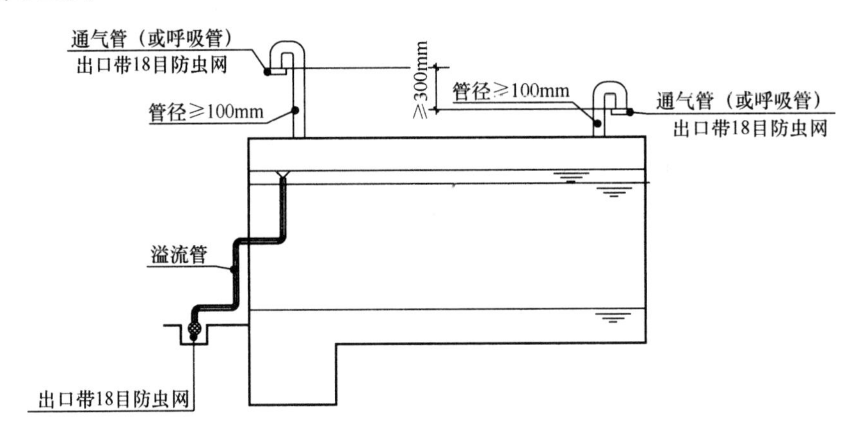

图3-22 消防水池通气管和溢流管防止虫鼠进入的措施

3.1.2.6 消防水泵

1. 消防水泵的选择

消防水泵是临时高压消防系统的“心脏”。消防水泵宜根据可靠性、安装场所、消防水源、消防给水设计流量和扬程等综合因素确定水泵的形式。消防水泵宜选用离心泵（卧式和立式单级）。消防水泵选用的主要控制参数为泵的额定流量、额定压力。消防水泵的流量和扬程不应低于设计值。单台消防水泵的最小额定流量不应小于10L/s，最大额定流量不宜大于320L/s。此外，消防水泵的性能还应满足下列要求：

（1）消防水泵的性能应满足消防给水系统所需流量和压力的要求。

（2）消防水泵所配驱动器的功率应满足所选水泵流量-扬程性能曲线上任何一点运行所需功率的要求，主要是保证消防灭火时流量和扬程改变情况下，也能提供足够的动力资源供水。

（3）消防水泵采用电动机驱动时，电动机应干式安装。不宜采用潜水泵、管中泵作为消防水泵，因为电机湿式安装维修不便，容易发生漏电，降低消防供水的可靠性，

图 3-23为消防水泵干式安装示意图。

(4) 流量扬程性能曲线应为无驼峰、无拐点的光滑曲线。若水泵性能曲线有驼峰，一个扬程会出现两个流量点，水泵运行时，会出现流量时而小和时而大的喘振现象，会对消防供水产生安全影响。

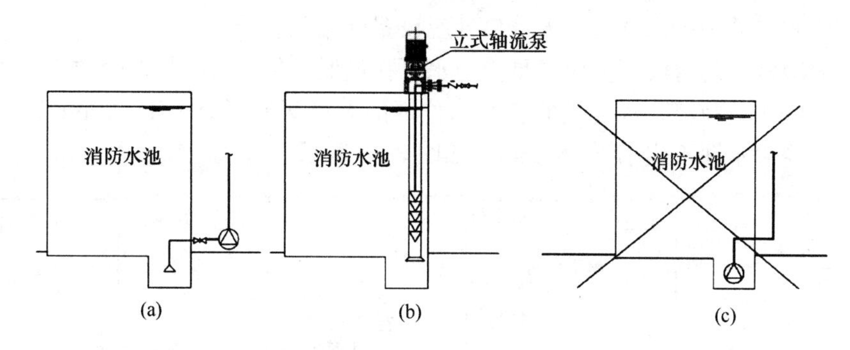

图 3-23 消防水泵干式安装示意图

(a) 干式安装 (正确安装)；(b) 立式轴流泵干式安装 (正确安装)；

(c) 潜水泵供水 (错误安装)

(5) 消防水泵零流量时的压力不应超过设计压力的 140% (要求水泵流量一扬程曲线平缓，避免造成超压)，且不宜小于设计额定压力的 120%。

(6) 当出流量为设计流量的 150%时，其出口压力不应低于设计压力的 65%。

(7) 泵轴的密封方式和材料应满足消防水泵在低流量时运转的要求。

(8) 消防给水同一泵组的消防水泵型号宜一致，且工作泵不宜超过 3 台。

(9) 多台消防水泵并联时，应校核流量叠加对消防水泵出口压力的影响。

因此，在实际工程中，应首先确定项目所需的消防流量 (设计消防流量) 和压力 (设计消防压力)，然后对照消防水泵特性曲线，找出满足消防水泵特性曲线 (图 3-24) 要求的消防水泵。

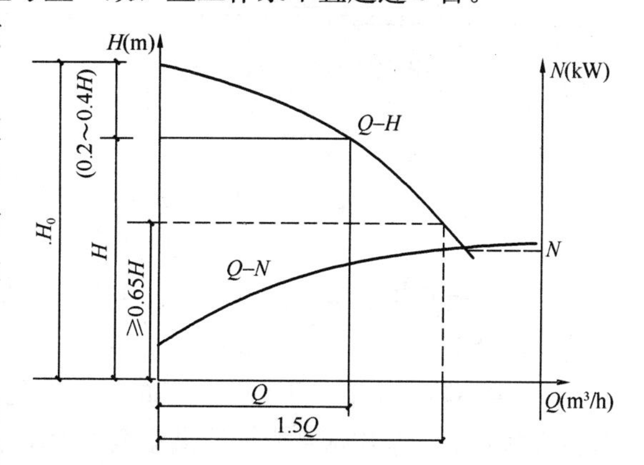

图 3-24 消防水泵特性曲线要求

Q—设计消防流量；H—设计消防流量时的水泵扬程；

H_0—零流量时的水泵扬程；N—功率

2. 备用泵

消防水泵应设置备用泵，其性能应与工作泵一致。因此，消防给水系统消防水泵的配置可采用一用一备或多用一备，且备用泵的流量和压力应和工作泵相同。但下列建筑物可不设备用泵：

(1) 建筑高度小于 54m 的住宅；

(2) 室外消防给水设计流量小于等于 25L/s 的建筑；

(3) 室内消防给水设计流量小于等于 10L/s 的建筑。

3. 吸水方式

(1) 消防水泵应采取自灌式吸水方式，以确保吸水可靠。自灌式吸水是指水泵轴线标高 (离心泵出水管中心线 (放气孔)) 低于消防水池最低有效水位的吸水方式。这种吸水方式可使吸水管内一直充满水，能保证水泵自动、迅速启动。图3-25和图3-26分别为立式和卧式消防水泵吸水示意图。

(2) 消防水泵从市政管网直接抽水时，应在消防水泵出水管上设置有空气隔断的倒流防止器。

(3) 当吸水口处无吸水井时，吸水口处应设置旋流防止器。

消防水泵吸水口的淹没深度应满足消防水泵在最低水位运行时的安全要求。当采用吸水喇叭口时，喇叭口在消防水池最低有效水位下的淹没深度不应小于600mm；当采用防止旋流器时，淹没水深不应小于200mm。如图3-18所示。

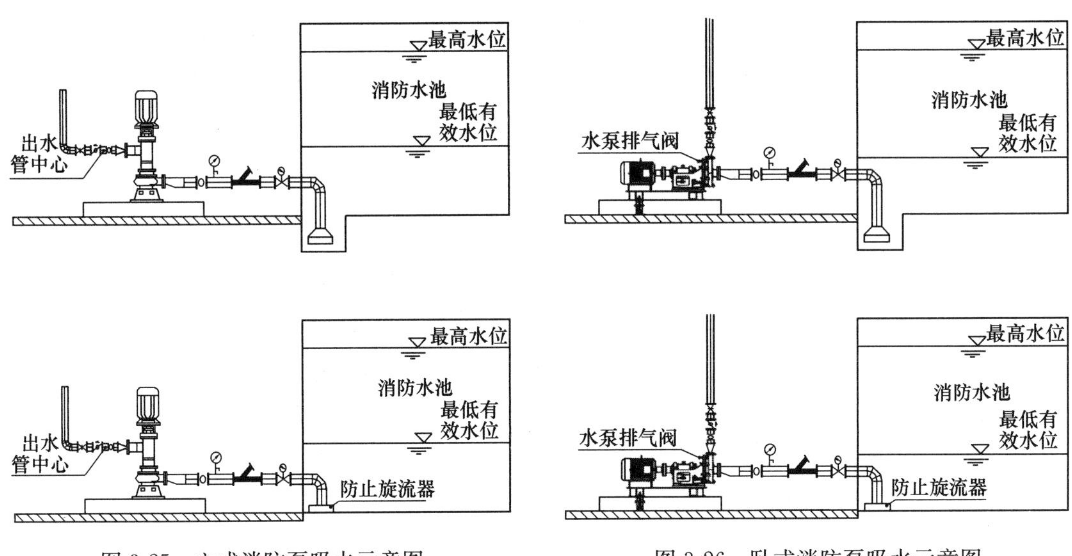

图3-25 立式消防泵吸水示意图

图3-26 卧式消防泵吸水示意图

4. 管道与阀门的布置

(1) 吸水管和出水管的布置

1) 消防水泵可采用单泵单吸方式，也可以采用多台泵共用吸水管的方式。但一组消防水泵，吸水管均不应少于两条，当其中一条损坏或检修时，其余吸水管应仍能通过全部消防给水设计流量。

2) 一组消防水泵应设不少于两条的输水干管与消防给水环状管网连接，当其中一条输水管检修时，其余输水管应仍能供应全部消防给水设计流量。

同组消防水泵吸水管和输水管满足全部消防给水设计流量通过的设计示意图如图3-27所示。

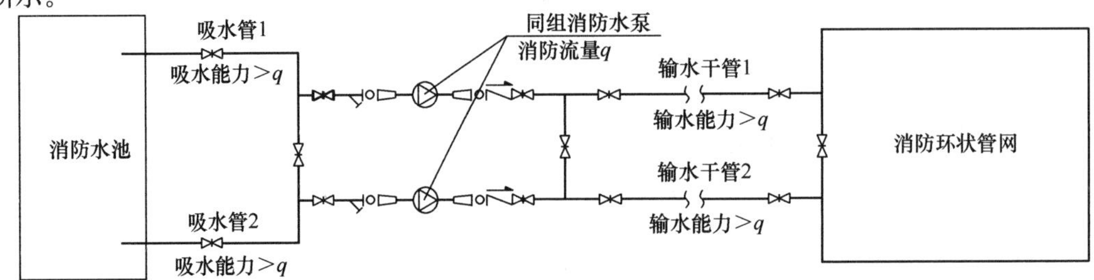

图3-27 同组消防水泵吸水管、输水管设计示意图

3）为避免消防水泵吸水管形成气囊，水泵与吸水管之间应采用偏心异径管，管顶平接方式［3-28（a）］，而采用同心异径管易形成气囊，造成水泵气蚀［图 3-28（b）］。

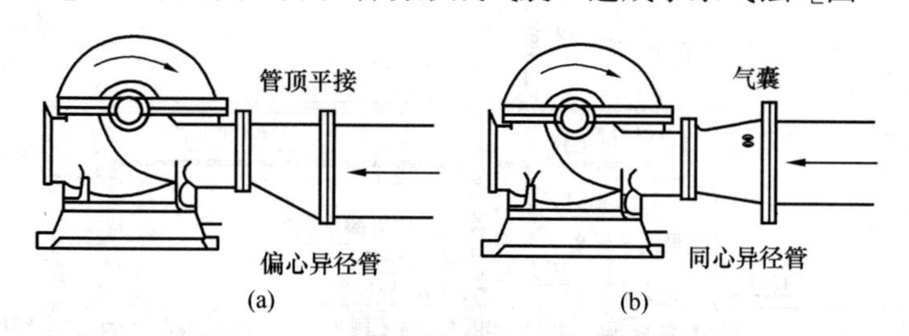

图 3-28　消防水泵吸水管连接示意图

（a）采用偏心异径管管顶平接；（b）采用同心异径管连接易产生气囊

（2）吸水管和出水管阀门的布置

1）吸水管上应设置明杆闸阀或带自锁装置的蝶阀，但当设置暗杆阀门时应设有开启刻度和标志；当管径超过 *DN*300 时，宜设置电动阀门；

2）出水管上应设止回阀、明杆闸阀；当采用蝶阀时，应带有自锁装置；当管径大于 *DN*300 时，宜设置电动阀门。

图 3-29 为消防水泵吸水管和出水管上阀门的设置示意图。

（3）管径的要求

1）吸水管的直径小于 *DN*250 时，其流速宜为 1.0～1.2m/s；直径大于 *DN*250 时，其流速宜为 1.2～1.6m/s；

2）出水管的直径小于 *DN*250 时，其流速宜为 1.5～2.0m/s；直径大于 *DN*250 时，其流速宜为 2.0～2.5m/s；

3）消防水泵的吸水管穿越消防水池时，应采用柔性套管；采用刚性防水套管时应在水泵吸水管上设置柔性接头，且管径不应大于 *DN*150。

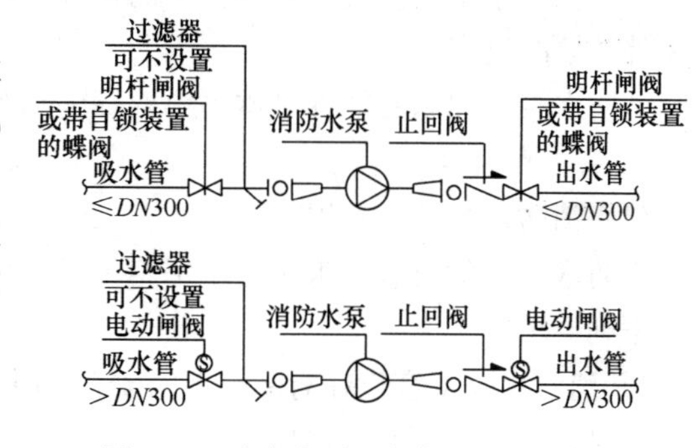

图 3-29　消防水泵吸水管、出水管阀门设置示意图

5. 流量和压力测试装置的布置

（1）一组消防水泵应在消防水泵房内设置流量和压力测试装置；

（2）每台消防水泵出水管上应设置 *DN*65 的试水管，并应采取排水设施；

（3）为防止消防系统的超压问题，在消防供水管上应设安全阀、超压泄压阀等，使回流水流入消防水池。

消防水泵流量和压力测试装置安装示意图如图 3-30 所示。

6. 消防水泵的控制

（1）消防水泵启动分为手动启动、自动启动和机械应急启动三种方式；

（2）消防水泵应能手动启停和自动启动；

（3）消防水泵出水干管上设置的压力开关、高位消防水箱出水管上的流量开关等开关信号可直接自动启动消防水泵；

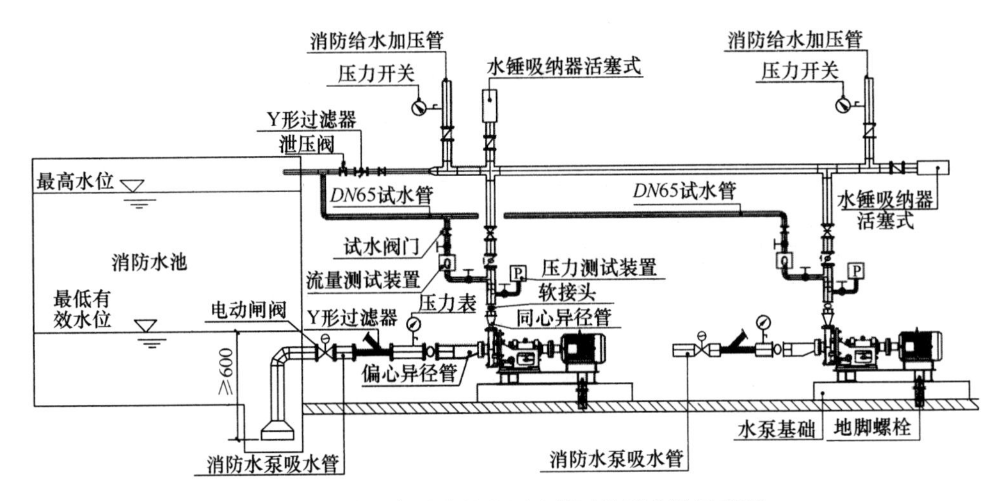

图 3-30　消防水泵流量和压力测试装置安装示意图

（4）消防水泵应确保从接到启泵信号到水泵正常运转的自动启动时间不应大于 2min；

（5）消火栓按钮不作为直接启动消防水泵的开关（由压力开关和流量开关替代），但可作为发出报警信号的开关（报出启动消火栓的位置或火灾点的信息）；

（6）消防水泵不应设置自动停泵的控制功能，停泵应由具有管理权限的工作人员根据火灾扑救情况确定。

消防水泵的控制具体参见本书第 5 章的相关内容。

7. 消防水泵房

（1）消防水泵房的布置

消防水泵房的布置要求参见本书第 2 章中设备用房的平面布置内容，除此之外，还应满足下列要求：

1）消防水泵不宜设在有防振或有安静要求房间的上一层、下一层和毗邻位置，当必须布设时，应采取降噪减振措施（图 3-31）。

2）消防水泵房的设计应根据具体情况设计相应的供暖、通风和排水设施，严寒、寒

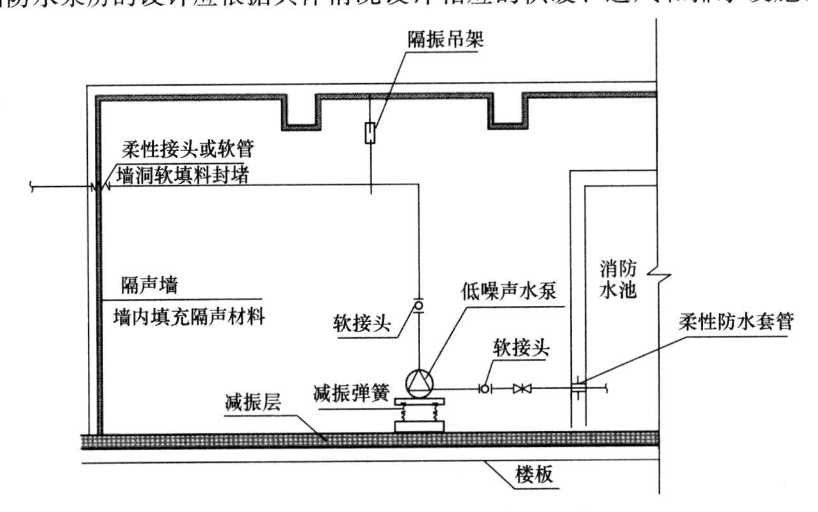

图 3-31　消防水泵房降噪减振措施示意图

冷等冬季结冰地区供暖温度不应低于 10℃，但当无人值守时不应低于 5℃；消防水泵房的通风换气次数宜按 $6h^{-1}$ 设计。

3）消防水泵房应设置排水和不被水淹没的技术措施（图 3-32）。

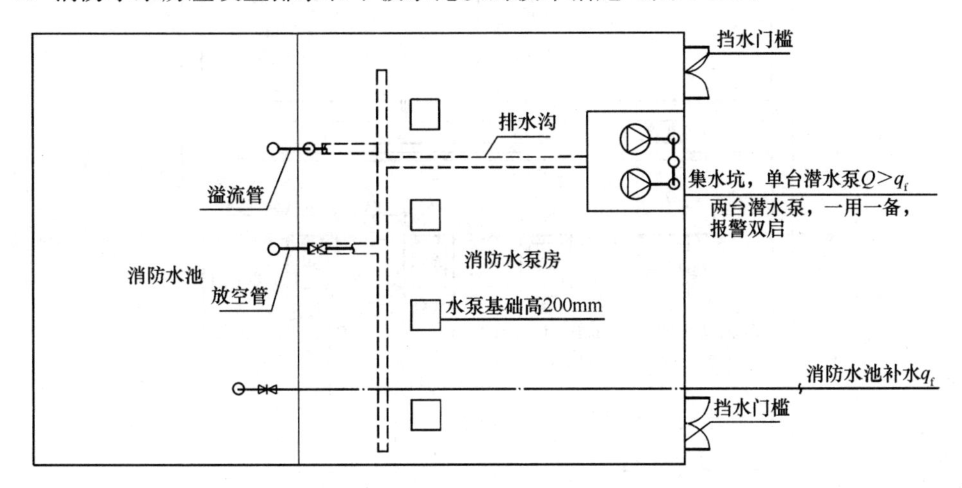

图 3-32　消防水泵房排水技术措施示意图

（2）消防水泵机组的布置

1）消防水泵机组外轮廓面与墙和相邻机组间的间距应符合表 3-14 的要求。

2）泵房主要人行通道宽度不宜小于 1.2m，电气控制柜前通道宽度不宜小于 1.5m。

3）消防水泵房应至少有一个可以搬运最大设备的门。

消防水泵机组外轮廓面与墙和相邻机组间的间距的确定　　表 3-14

电动机额定功率 N（kW）	相邻两个机组及机组至墙壁间的最小净距（m）
$N<22$	≥0.6
$22\leqslant N<55$	≥0.8
$55\leqslant N<255$	≥1.2
$N\geqslant 255$	≥1.5

注：水泵侧面有管道时，外轮廓面计至管道外壁。

4）泵房内管道管外底距地面的距离，当管径≤$DN$150 时，不应小于 0.2m；当管径≥$DN$200 时，不应小于 0.25m。

5）当消防水泵就地检修时，应至少在每个机组一侧设消防水泵机组宽度加 0.5m 的通道，并应保证消防水泵轴和电动机转子在检修时能拆卸。

6）当消防水泵房内设有集中检修场地时，其面积应根据水泵或电动机外形尺寸确定，并应在周围留有宽度不小于 0.7m 的通道。地下式泵房宜利用空间设集中检修场地。

7）水泵机组基础的平面尺寸，有关资料如未确定，无隔振安装应较水泵机组底座四周宽出 100～150mm；有隔振安装应较水泵机组底座四周宽出 150mm。

消防水泵房中机组安装尺寸示意图如图 3-33 所示。

（3）起重场所

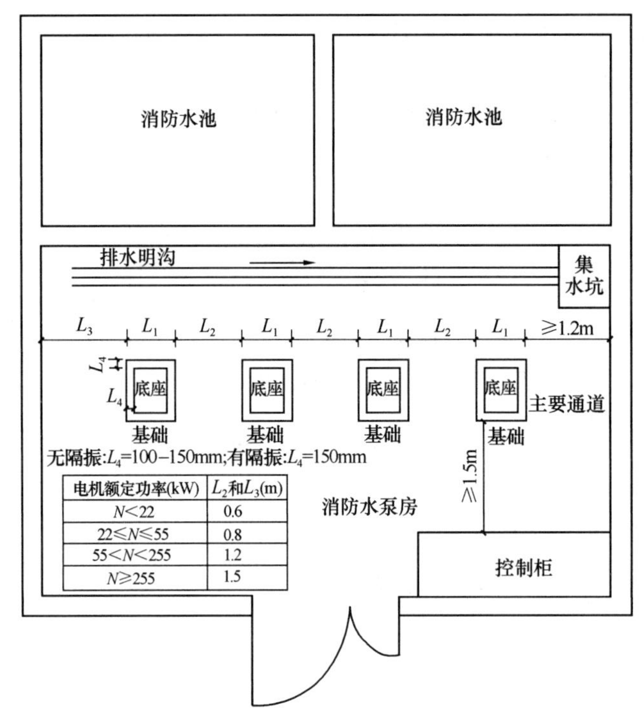

图 3-33　消防水泵房水泵机组安装尺寸示意图

注：L_1—水泵基础宽度。

1）消防水泵的质量小于 0.5t 时，宜设置固定吊钩或移动吊架；

2）消防水泵的质量为 0.5～3t 时，宜设置手动起重设备；

3）消防水泵的质量大于 3t 时，应设置电动起重设备。

（4）消防水泵主要材质的要求

1）水泵外壳宜为球墨铸铁；

2）水泵叶轮宜为青铜或不锈钢。

3.1.2.7　高位消防水箱

高位消防水箱是室内临时高压消防系统的一个组成部分，设置在高处，发生火灾时直接向水灭火设施重力供应初期火灾消防用水量。

1. 设置场所

（1）高层民用建筑、3 层及以上单体总建筑面积大于 10000m^2 的其他公共建筑，当室内采用临时高压消防给水系统时，应设置高位消防水箱；

（2）其他建筑应设置高位消防水箱，但当设置高位消防水箱确有困难，且采用安全可靠的消防给水形式时，可不设高位消防水箱，但应设稳压泵；

（3）当市政供水管网的供水能力在满足生产、生活最大小时用水量后，仍能满足初期火灾所需的消防流量和压力时，市政直接供水可替代高位消防水箱。

2. 有效容积的确定

高位消防水箱的有效容积应满足初期火灾消防用水量的要求。各类建筑物高位消防水箱的有效容积不应小于表 3-15 的规定。

高位消防水箱有效容积的规定　　**表 3-15**

建筑类型	建筑高度 H 或总建筑面积 M	最小有效容积（m^3）
一类高层公共建筑	$H \leqslant 100m$	36
	$100m < H \leqslant 150m$	50
	$H > 150m$	100
二类高层公共建筑、多层公共建筑		18
高层住宅建筑	一类高层住宅（$H > 100m$）	36
	一类高层住宅（$54m < H \leqslant 100m$）	18
	二类高层住宅（$27m < H \leqslant 54m$）	12
多层住宅建筑	$21m < H \leqslant 27m$	6
商店建筑	$M > 30000m^2$	50
	$10000m^2 < M \leqslant 30000m^2$	36

3. 设置高度

（1）高位消防水箱的设置位置应高于其所服务的水灭火设施，且最低有效水位应满足水灭火设施最不利点处的静水压力。

（2）静水压力指高位消防水箱的有效消防水量的最低有效水位至灭火设施最不利点的几何标高差。

（3）当高位消防水箱设置位置的最低有效水位不能满足水灭火设施最不利点处的静水压力时，应设稳压设施。

（4）不同建筑最不利点处的静水压力应按下列规定确定：

1）一类高层公共建筑，不应低于 0.10MPa，但当建筑高度超过 100m 时，不应低于 0.15MPa；

2）高层住宅，二类高层公共建筑、多层公共建筑，不应低于 0.07MPa，多层住宅不宜低于 0.07MPa；

3）自动喷水灭火系统等自动水灭火系统应根据喷头灭火需求压力确定，但最小不应小于 0.10MPa。

某二类高层公共建筑高位消防水箱满足最不利点消火栓静水压力设置要求的做法如图 3-34所示。

4. 设置要求

（1）严寒、寒冷等冬季冰冻地区的消防水箱应设置在消防水箱间内，其他地区宜设置在室内。

（2）水箱在屋顶露天设置时，应采用防冻、隔热等安全措施，且水箱的人孔以及进出水管的阀门等应采取锁具或阀门等保护措施。

（3）高位消防水箱间应通风良好，不应结冰，当必须设置在严寒、寒冷等冬季结冰地区的非供暖房间时，应采取防冻措施，环境温度或水温不应低于 5℃。

（4）高位消防水箱可采用热浸镀锌钢板、钢筋混凝土、不锈钢板等建造。

（5）高位消防水箱的最低有效水位应根据出水管喇叭口和防止旋流器的淹没深度确定，当采用出水管喇叭口时，淹没深度不应小于 600mm；当采用防止旋流器时，应根据

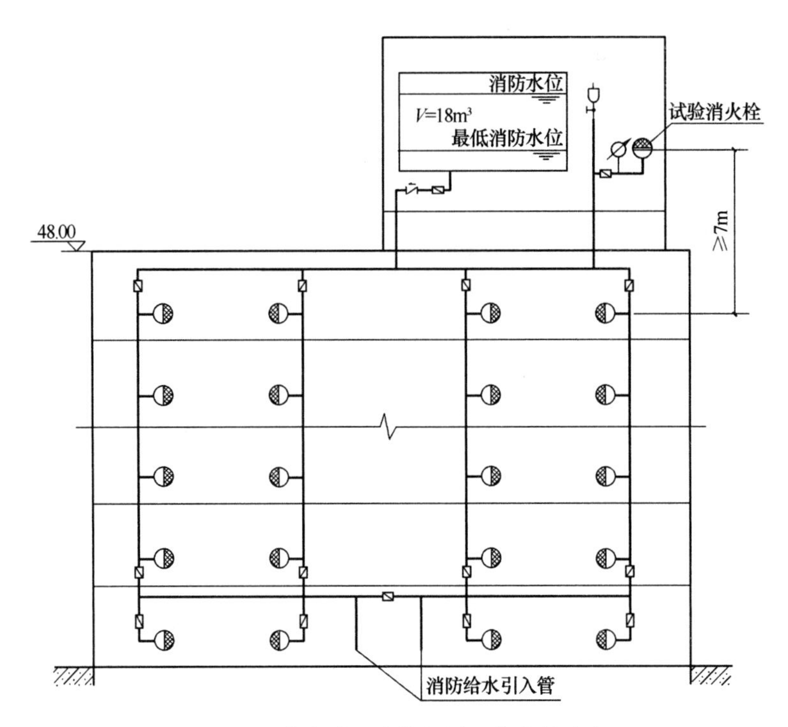

图 3-34　高位消防水箱的设置高度的确定

产品确定，且不应小于 150mm 的保护高度（图 3-35）。

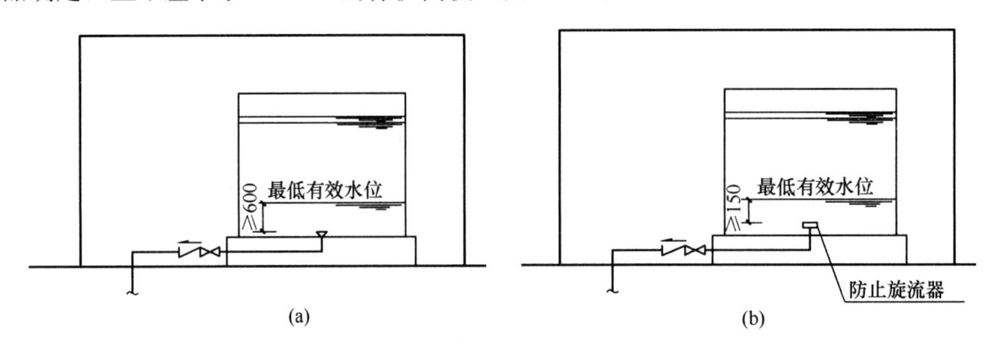

图 3-35　高位消防水箱最低有效水位设置示意图

（a）设置喇叭口的最低有效水位情况；（b）设置防止旋流器时最低有效水位情况

5. 安装要求

高位消防水箱外壁与建筑本体结构墙面或其他池壁之间的净距，应满足施工和装配需求。具体安装要求如表 3-16 所示。

高位消防水箱的安装要求　　表 3-16

序号	安装要求	净距（空）（m）
1	无管道的侧面	≥0.7
2	有管道的侧面	≥1.0
3	管道外壁与建筑墙面之间的通道宽度	≥0.6
4	设人孔的水箱顶面与上部建筑物本体底板	≥0.8

6. 进、出水管和溢流管的设置要求

（1）进水管的管径应满足消防水箱 8h 充满水的要求，但管径不应小于 $DN32$，进水管宜设置液位阀或浮球阀；

（2）进水管应在溢流水位以上接入，进水管口的最低点高出溢流边缘的高度应等于进水管管径，但最小不应小于 100mm，最大不应大于 150mm；

（3）采用生活给水系统补水时，进水管不应采用淹没出流方式；

（4）溢流管的直径不应小于进水管直径的 2 倍，且不应小于 $DN100$，溢流管的喇叭口直径不应小于溢流管直径的 1.5～2.5 倍；

（5）出水管管径应满足消防给水设计流量的出水要求，且不应小于 $DN100$；

（6）出水管应位于高位消防水箱最低水位以下（要求下出水），并应设置防止消防用水进入高位消防水箱的止回阀；

（7）高位消防水箱的进、出水管应设置带有指示启闭装置的阀门。

高位消防水箱有效容积、进出水管、水位等设计示意图如图 3-36 所示。

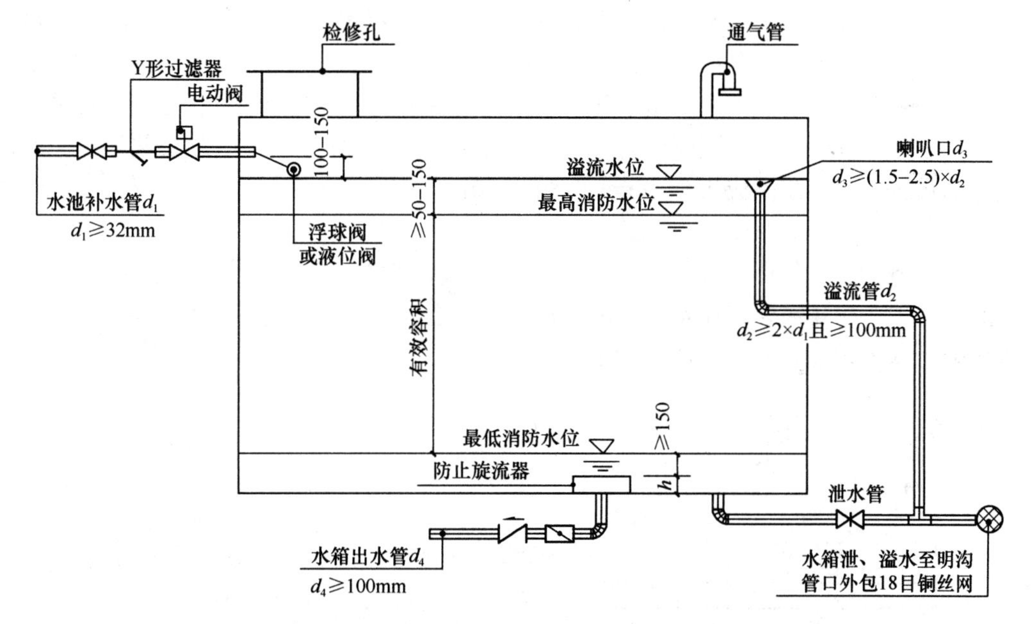

图 3-36 高位消防水箱有效容积、进出水管、水位等的设计示意

高位消防水箱推荐采用的最小进水管管径和最小溢流管管径如表 3-17 所示。

高位消防水箱最小进水管、溢流管管径 **表 3-17**

高位消防水箱有效贮水容积（m^3）	6	12	18	36	50	100
最小进水管管径（mm）	32	40	40	50	50	80
最小溢流管管径（mm）	100	100	100	100	100	200
每小时进水量（m^3/h）	0.75	1.50	2.25	4.50	6.25	12.50

【例 3-4】

试确定下列建筑物设置高位消防水箱的有效容积。

（1）某建筑高度为 50.4m 的住宅建筑，共 18 层，其中一层为商业网点，二～十八层为普通住宅，地下一层为设备用房和车库。

（2）某建筑高度为 48m 的公共建筑，其中一～三层为商业，商业部分的建筑面积为 15000m²，四、五层为办公，六～十二层为旅馆。

（3）某建筑高度为 63m 的组合式建筑，其中一、二层为商业，商业部分建筑面积为 6000m²，三～二十一层为住宅。地下一层为设备用房和车库。

【解】

（1）该建筑属于带商业网点的住宅楼，整体建筑定性为住宅建筑；由于该住宅建筑高度为 50.4m（<54m），为二类高层住宅建筑，所以该住宅建筑需设置的高位消防水箱的有效容积不应小于 12m³，地下车库应设置自动喷水灭火系统，因此高位消防水箱的有效容积不应小于 18m³。

（2）由于该建筑属于多功能组合建筑，高位消防水箱的有效容积应按非商业用途和商业用途比较后取最大值确定。其中办公和旅馆部分按整体建筑定性后确定，商业部分由于其建筑面积大于 10000m²，按商店的建筑面积确定。由于办公和旅馆部分总建筑高度为 48m，属于二类高层公共建筑，需设置的水箱有效容积不应小于 18m³；一～三层的商业部分，由于其建筑面积为 15000m²，需设置的水箱有效容积不应小于 36m³。两者取最大值为 36m³。所以该建筑需设置有效容积不应小于 36m³ 的消防水箱。

（3）该建筑为住宅和商业的组合建筑，整体建筑定性为公共建筑，由于商业部分的建筑面积小于 10000m²，且建筑高度为 63m（>50m），该建筑为一类高层公共建筑。所以该建筑需设置有效容积不应小于 36m³ 的消防水箱。

3.1.2.8　稳压设备

稳压设备的主要作用是维持消防系统的压力，发出罐体压力信号，但不起供水作用。稳压设备一般由稳压泵、气压水罐和电力控制系统组成。稳压泵不属于消防供水水泵，只是使消防给水系统能正常运行的附属设备。

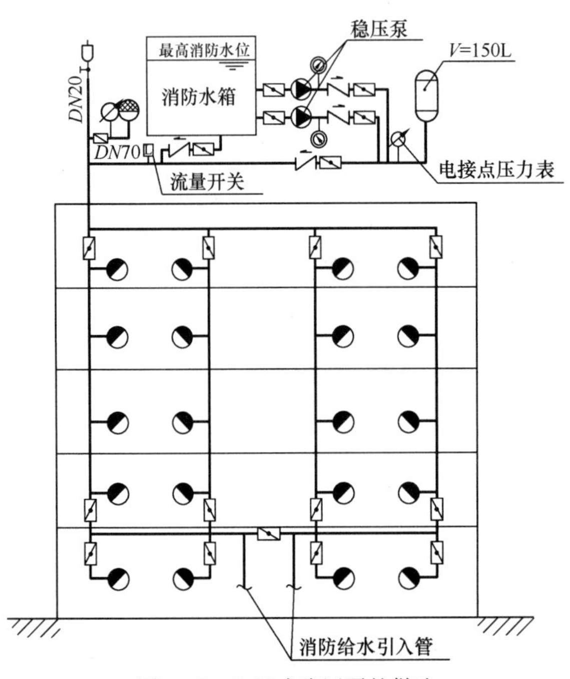

图 3-37　上置式稳压泵的做法

1. 稳压泵

（1）稳压泵的设置要求

1）稳压泵宜采用离心泵，宜为单吸单级或单吸多级离心泵；

2）泵外壳和叶轮等主要部件的材质宜采用不锈钢；

3）稳压泵应设置备用泵。

作为维持准工作状态下临时高压消防系统的压力设备，稳压泵有上置式和下置式两种，其中上置式设在高位水箱间由稳压泵从高位消防水箱中吸水，平时由稳压罐保压，如管网有泄漏则稳压泵启动补压。下置式设在底层从消防水池吸水。

在设置稳压设备时，还应设并联重力出水管与消防管网连接，才能满足消防水量需求（图 3-37）。图 3-38

为立式稳压设备组装示意图。

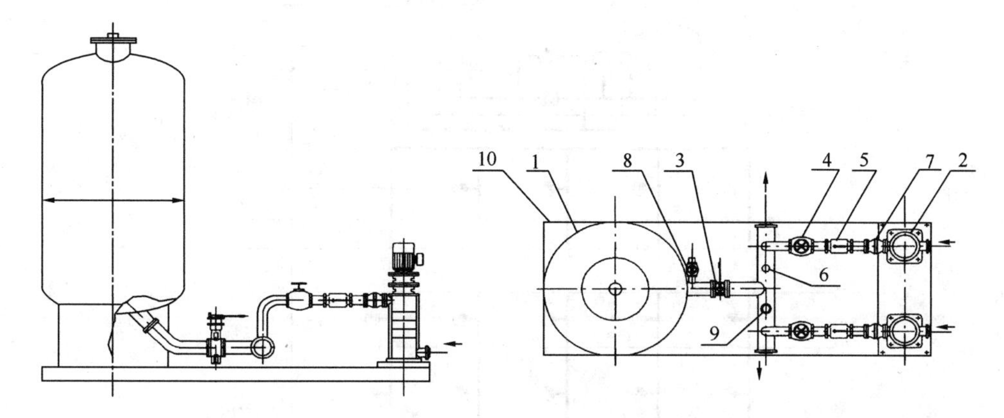

图 3-38　立式稳压设备组装示意图

1—隔膜式气压罐；2—水泵；3—蝶阀；4—截止阀；5—止回阀；6—安全阀；
7—橡胶软接头；8—泄水阀；9—远传压力表；10—底座

（2）稳压泵设计流量的确定

1）稳压泵的设计流量应大于消防给水系统管网的正常泄漏量和系统自动启动流量；

2）稳压泵的设计流量宜按消防给水设计流量的 1%～3%计，且不宜小于 1L/s；

3）消防给水系统所采用报警阀压力开关等自动启动流量应根据产品确定。

所以，室内消火栓系统稳压泵设计流量可取 1L/s。

（3）稳压泵设计压力的要求

1）稳压泵的设计压力应满足自动启动和消防管网充满水的要求；

2）稳压泵的设计压力应保持消防水泵出水干管上压力开关设置点处的压力在准工作状态时大于系统设置自动启泵压力值，且增加值宜为 0.07～0.10MPa；

3）稳压泵的设计压力应保持系统最不利点处水灭火设施在准工作状态时的静水压力应大于 0.15MPa。

由于消防水泵的启动是通过消防水泵出水干管上设置的压力开关、高位消防水箱出水管上的流量开关，或报警阀压力开关等开关信号直接自动启动消防水泵，所以存在一个自动启泵的压力值，低于这个压力值，系统就会自动启动。

准工作状态是指最不利点消防设施的静水压力满足其工作压力要求的状态。所以稳压泵的压力对于消火栓系统应按满足充实水柱的压力要求进行确定（10m 充实水柱压力约为 0.16MPa，13m 充实水柱压力约为 0.22MPa），对于自喷系统，最不利喷头处压力大于或等于 0.05MPa，则必须取 0.15MPa。

（4）稳压泵压力的计算

1）上置式稳压泵压力计算

当稳压泵采用上置式，稳压泵从高位消防水箱吸水（图 3-39）时，稳压泵压力的计算如下：

稳压泵启泵压力（P_1）需满足最不利消火栓栓口的最低压力（0.15MPa），又因为消防水箱最低有效水位距离最不利点消火栓栓口的高差为 H_1，所以：

稳压泵启泵压力：$P_1 \geqslant 15 - H_1$，且$\geqslant H_2 + 7$

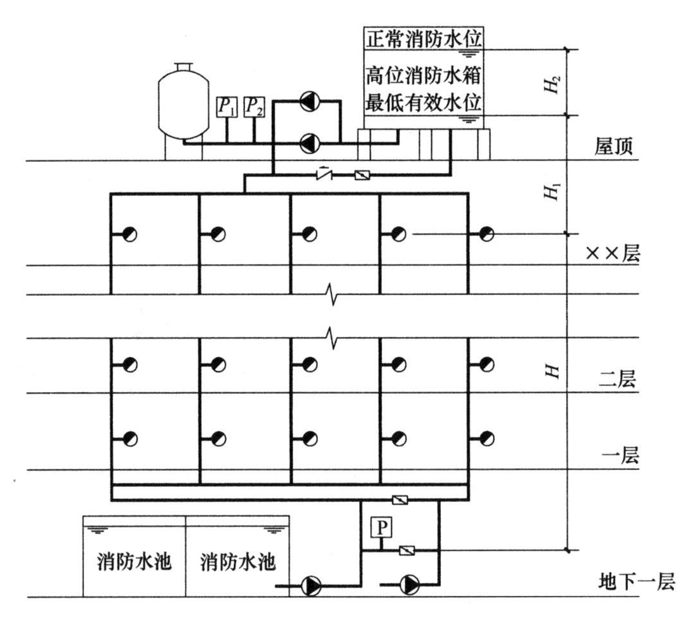

图 3-39　上置式稳压泵设计压力的确定

稳压泵停泵压力：$P_2=P_1/0.8$

消防泵启泵压力：$P=P_1+H+H_1-(7\sim10)$

2）下置式稳压泵压力计算

当消防增压设备采用下置式，稳压泵从消防水池吸水（图 3-40）时，稳压泵压力的计算如下：

稳压泵启泵压力：$P_1\geqslant H+15$，且$\geqslant H_2+10$

稳压泵停泵压力：$P_2=P_1/0.85$

消防泵启泵压力：$P=P_1-(7\sim10)$

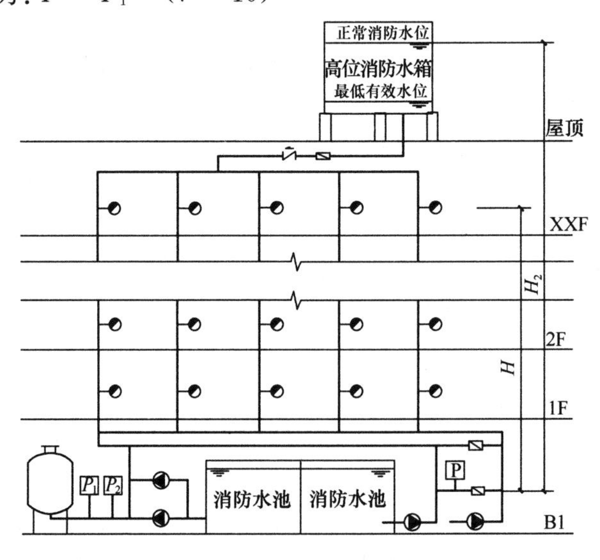

图 3-40　下置式稳压泵设计压力的确定

【例 3-5】

稳压泵安装于高位水箱间的情况如图 3-39 所示，试计算稳压泵的启泵、停泵和消防泵的启泵压力。

【解】

由图 3-41 可知：$H_1=8\text{m}$，$H_2=5\text{m}$，$H=40\text{m}$。

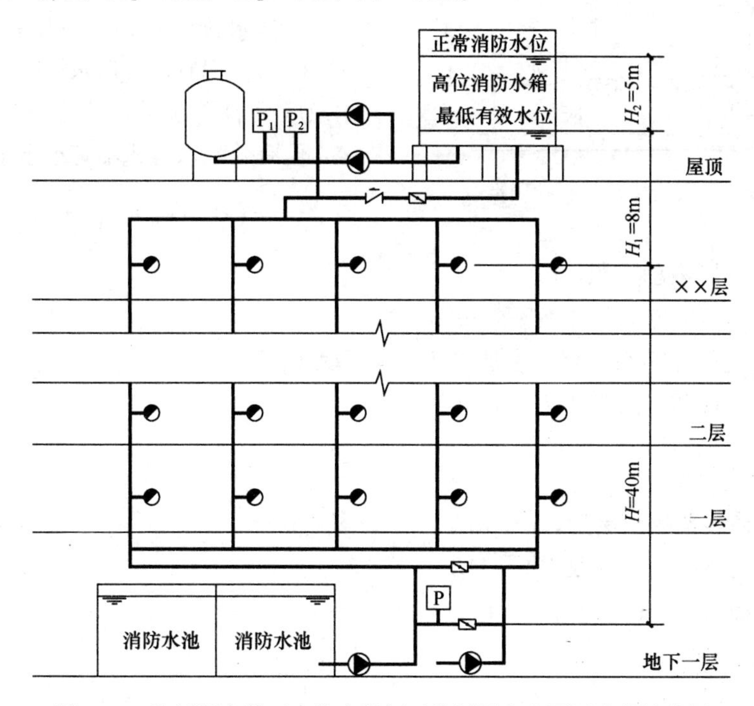

图 3-41 稳压泵安装于高位水箱间时稳压泵和水泵压力的计算图

(1) 稳压泵启泵压力

由于稳压泵启泵压力（P_1）需满足最不利消火栓栓口的最低压力（0.15MPa）要求，加之消防水箱最低有效水位与最不利消火栓栓口的高差 H_1 为 8m，所以：

$P_1\geqslant 15-H_1=15-8=7\text{m}=0.07\text{MPa}\geqslant H_2+7=12$，取 12m；

(2) 消防泵启泵压力

$P=P_1+H+H_1-7=12+40+8-7=53\text{m}=0.53\text{MPa}$

注：若稳压泵启泵压力 P_1 按计算值进行确定，则消防泵启泵压力 $P=P_1+H+H_1-7=7+40+8-7=48\text{m}$，又因为消防泵启泵压力 P 点的设定值应大于高位消防水箱最高水位至 P 点的高差，即：$P\geqslant H_2+H_1+H=53\text{m}=0.53\text{MPa}>0.48\text{MPa}$，说明稳压泵启泵压力无法满足消防泵启泵压力要求。所以需要用 $P=0.53\text{MPa}$ 重新核算和确定 P_1 值。即：

由 $P=P_1+H+H_1-7$，得：$P_1=P-H-H_1+7=53-40-8+7=12\text{m}=0.12\text{MPa}$，再由核算后的 P_1 值，即 $P_1=12\text{m}$ 确定 P 值。

(3) 稳压泵停泵压力

$P_2=P_1/0.8=0.12/0.8=0.15\text{MPa}$。

所以，P_1 设定值为 0.12MPa，P_2 设定值为 0.15MPa，P 设定值为 0.53MPa。

2. 气压水罐

稳压泵在长期不间断运行时频繁启停会产生振动和噪声，影响室内环境质量，也会对泵的安全运行产生一定影响，因此应采取必要的技术措施防止稳压泵频繁启停和噪声传递。

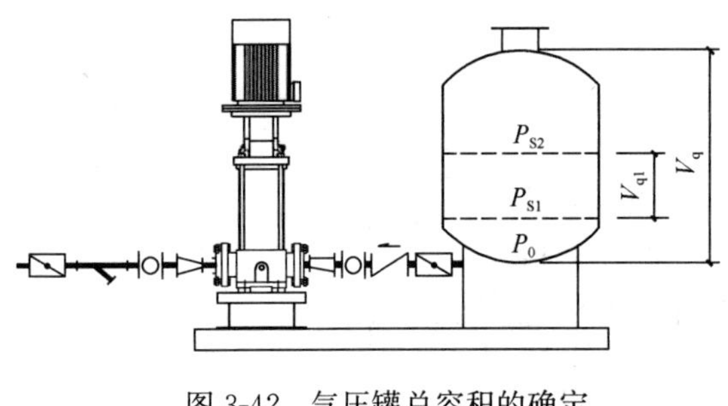

图 3-42　气压罐总容积的确定

所以设置稳压泵的临时高压消防系统在设计时常采用气压水罐的容积来调整稳压泵启停的次数。

气压水罐的容积可根据式（3-9）计算（图 3-42）。同时，气压水罐的调节容积可根据稳压泵启泵次数不大于 15 次/h 计算确定，但有效贮水容积不宜小于 150L。

$$V_q = \frac{\beta V_{q1}}{1-\alpha_b} \tag{3-9}$$

式中　V_q——气压罐总容积，m^3；

V_{q1}——气压罐有效储水容积，m^3；

β——气压罐容积系数，隔膜式气压水罐取 1.05；

α_b——气压罐内工作压力比，宜为 0.65～0.85。

$$V_{q1} = \frac{\alpha_a q_b}{4n_q} \tag{3-10}$$

式中　q_b——稳压泵的出流量，m^3/h；

α_a——安全系数，宜取 1.0～1.3；

n_q——稳压泵 1h 内的启动次数，宜取 6～8 次。

$$\alpha_b = \frac{P_{s1}+0.1}{P_{s2}+0.1} \tag{3-11}$$

式中　P_{s1}——稳压泵启泵压力，MPa；

P_{s2}——稳压泵停泵压力，MPa。

3.1.2.9　消防水泵接合器

消防车、移动式水泵等供水设施从室外消火栓、消防水池或天然水源取水，主要通过消防水泵接合器向室内消防给水管网加压供水，扑灭火灾。

1. 设置要求

下列场所（建筑）的室内消火栓给水系统应设置消防水泵接合器：

1）高层民用建筑；

2）设有消防给水的住宅、超过 5 层的其他多层民用建筑；

3）超过 2 层或建筑面积大于 10000m^2 的地下或半地下建筑（室）、室内消火栓设计流量大于 10L/s 平战结合的人防工程；

4）高层工业建筑和超过 4 层的多层工业建筑；

5）城市交通隧道；

6）自动喷水灭火系统、水喷雾灭火系统、泡沫灭火系统和固定消防炮灭火系统等水灭火系统。

2. 水泵接合器的形式

水泵接合器有地上式、地下式和墙壁式三种安装形式，如图 3-43 所示。

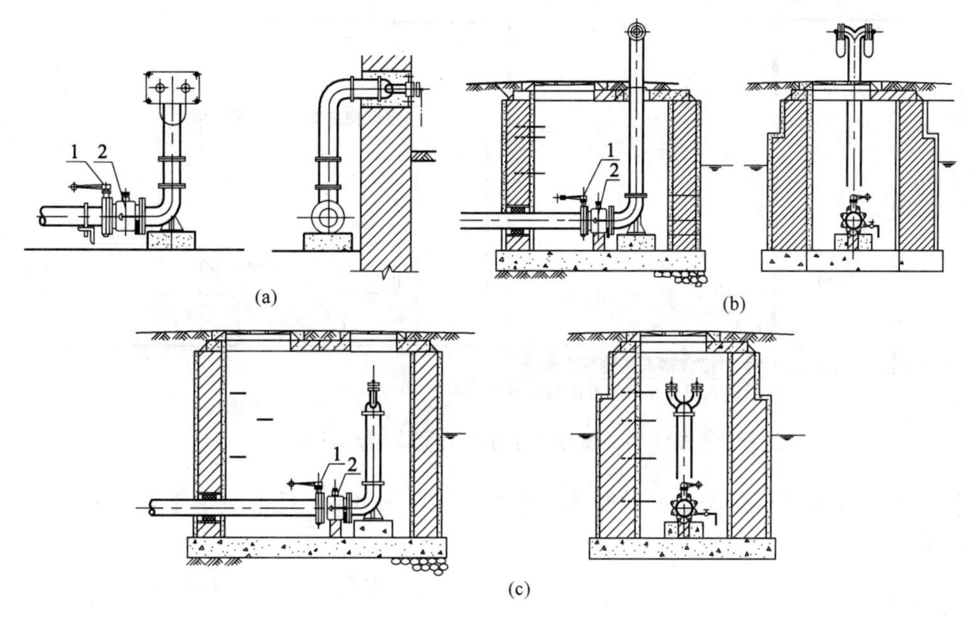

图 3-43 水泵接合器安装形式
(a) 墙壁式水泵接合器；(b) 地上式水泵接合器；(c) 地下式水泵接合器
1—蝶阀；2—止回阀

3. 设置数量

(1) 消防水泵接合器的给水流量宜按每个 10～15L/s 计算。

(2) 设置数量应按系统设计流量经计算确定，但当计算数量超过 3 个时，可根据供水可靠性适当减少。

(3) 水泵接合器数量可按式 (3-12) 计算：

$$n_{\mathrm{j}} = \frac{Q}{q} \tag{3-12}$$

式中 n_{j}——水泵接合器数量，个；

Q——室内消防用水量，L/s；

q——每个水泵接合器的流量，10～15L/s。

4. 设置位置

(1) 临时高压消防给水系统向多栋建筑供水时，消防水泵接合器宜在每栋建筑附近就近设置。

(2) 消防给水为竖向分区供水时，在消防车供水压力范围内的分区，应分别设置水泵接合器；当建筑高度超过消防车供水高度时，消防给水应在设备层等方便操作的地点设置手抬泵或移动泵接力供水的吸水和加压接口。

(3) 水泵接合器应设在室外便于消防车使用的地点，且距室外消火栓或消防水池（取水口或取水井）的距离不宜小于 15m，并不宜大于 40m。

(4) 墙壁消防水泵接合器的安装高度距地面宜为 0.7m；与墙面上的门、窗、孔、洞的净距离不应小于 2.0m，且不应安装在玻璃幕墙下方（图 3-44）；地下消防水泵接合器

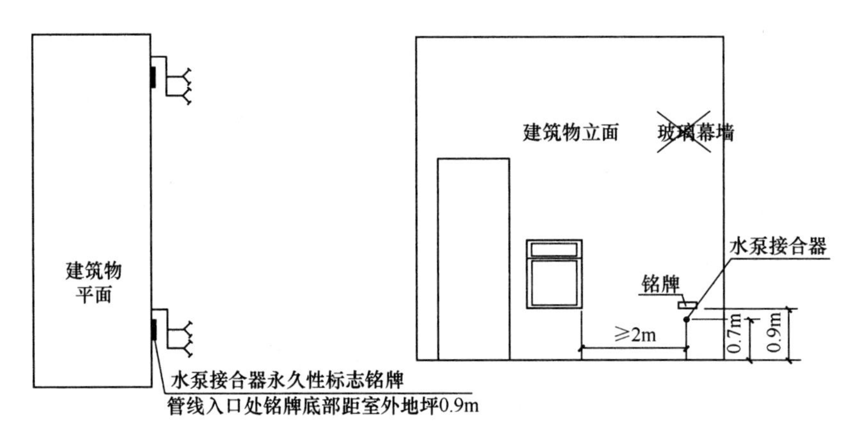

图 3-44 墙壁式水泵接合器安装示意图

的安装，应使进水口与井盖底面的距离（H）不大于0.4m，且不应小于井盖的半径（R）（图3-45）。

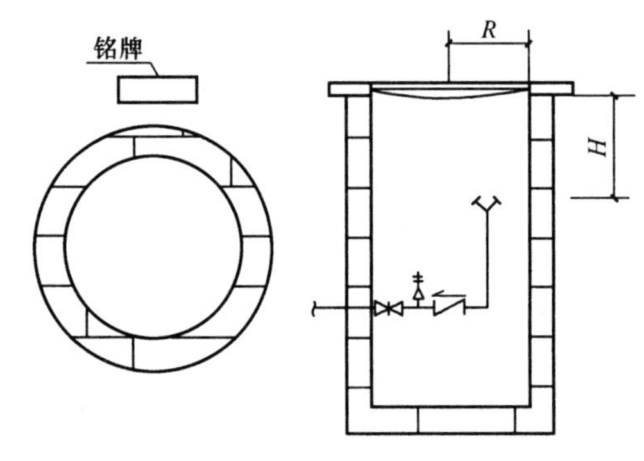

图 3-45 地下式水泵接合器安装示意图

（5）水泵接合器处应设置永久性标志铭牌，并应标明供水系统、供水范围和额定压力。

3.1.2.10 室内消火栓

1. 室内消火栓的类型

室内消火栓系统可分为湿式消火栓系统、干式消火栓系统和干式消防竖管。

（1）湿式消火栓系统：消防管道在准工作状态时充满水的消火栓系统；

（2）干式消火栓系统：消防管道在准工作状态时不充水，仅在火灾时充满水的消火栓；

（3）干式消防竖管：消火栓竖管在准工作状态时不充水，仅在火灾时由消防车向竖管供水。

湿式消火栓系统同干式消火栓系统相比没有充水时间，能够迅速出水，有利于扑灭火灾。干式消火栓系统因管道内充满有压空气，打开消火栓后先要排气，然后才能充水，所以需要控制系统的充水时间（≤5min），避免充水滞后影响系统灭火。

2. 消火栓系统的选择

（1）室内环境温度不低于4℃且不高于70℃的场所，应采用湿式消火栓系统；

（2）室内环境温度低于4℃或高于70℃的场所，宜采用干式消火栓系统；

（3）建筑高度不大于27m的多层住宅建筑，当设置湿式消火栓系统确有困难时，可设置干式消防竖管。

3. 室内消火栓系统的组成

（1）湿式消火栓系统由消火栓箱、装于箱内的消火栓、消防水枪、消防水龙带、消防软管卷盘和消防按钮等组成。

（2）干式消火栓系统除与湿式消火栓系统具有相同的构件外，还包含快速启闭阀、快速排气阀、开启快速启闭阀的消火栓箱按钮、排水阀等必要构件。

为保证系统快速排气和快速充水，干式消火栓系统还需：

1）在系统管道的最高处应设置快速排气阀；

2）在供水干管上宜设干式报警阀、雨淋阀或电磁阀、电动阀等快速启闭装置（当采用电动阀时开启时间不应超过 30s）；

3）当采用雨淋阀、电磁阀和电动阀时，在消火栓箱处应设置直接开启快速启闭装置的手动按钮。干式消火栓系统示意图如图 3-46 所示。

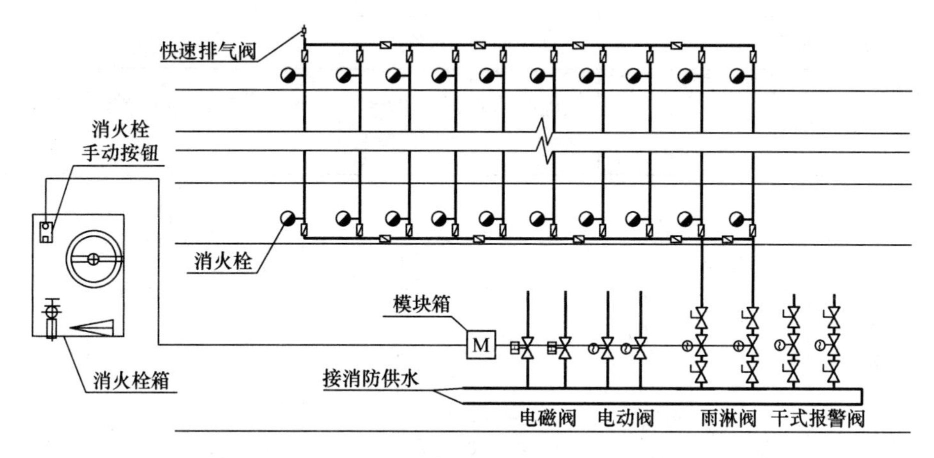

图 3-46　干式消火栓系统示意图

（3）干式消防竖管由竖管、消火栓栓口、消防车供水接口、自动排气阀等组成。

干式消防竖管设置的规定：

1）宜设置在楼梯间休息平台，且仅应配置消火栓栓口；

2）应设置消防车供水接口；

3）消防车供水接口应设置在首层便于消防车接近和安全的地点；

4）竖管顶端应设置自动排气阀。干式消防竖管平面和系统示意图如图 3-47 所示。

4. 湿式消火栓系统组成

（1）消火栓箱

消火栓箱采用的材质有铝合金钢、全钢等。消火栓箱常用规格如表 3-18 所示。单栓

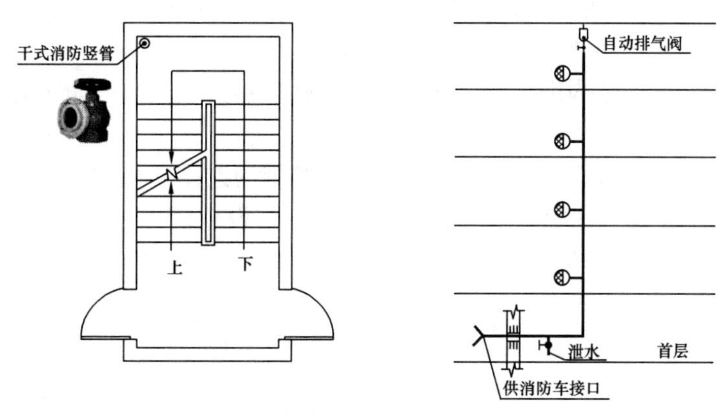

图 3-47　干式消防竖管平面和系统示意图

室内消火栓箱、单栓带消防软管卷盘消火栓箱和组合式消火栓箱的示意图如图 3-48 所示。

消火栓箱常用规格　　表 3-18

类型	规格 $L\times H\times C$（长×宽×厚）(mm)
单栓室内消火栓箱	800×650×240（160/180/200/210）
单栓带消防软管卷盘消火栓箱	1000×700×240（160/180/200）、800×650×240
单栓带轻便消防水龙头消火栓箱	1000×700×240（180）
屋顶试验用消火栓箱	800×650×240
组合式消防柜	1600（1800）×700×240（180）、1900×750×240、2000×750×160（180）、1800×750×180

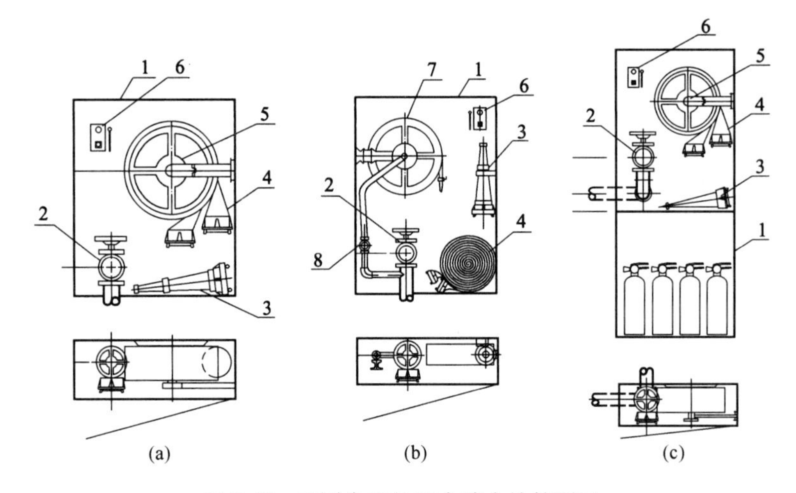

图 3-48　不同类型的室内消火栓箱图示
（a）单栓室内消火栓箱；（b）带消防软管卷盘消火栓箱；（c）组合式消火栓箱
1—消火栓箱；2—消火栓；3—水枪；4—水带；5—水带卷盘；
6—消防按钮；7—消防软管卷盘；8—阀门

（2）消火栓

消火栓的选型应根据使用者、火灾危险性、火灾类型和不同灭火功能等因素综合确定。消火栓的设置应符合下列要求：

1）应采用 *DN*65 的室内消火栓，并可与消防软管卷盘或轻便消防水龙设置在同一箱体内（图 3-49）。

2）室内消火栓栓口的安装高度应便于消防水龙带的连接和使用，其距离地面高度宜为 1.1m，其出水方向应便于消防水带的敷设，并宜与设置消火栓的墙面呈 90°角或向下（图 3-50）。

（3）消防水枪

消防水枪按照喷水方式可分为直流水枪、喷雾水枪和多用途水枪等。其中常用的水枪是直流水枪，其喷嘴直径有 13mm、16mm、19mm 三种规格。室内消火栓系统宜配置当量喷嘴直径为 16mm 或 19mm 的消防水枪，但当消火栓设计流量为 2.5L/s 时，宜配置当

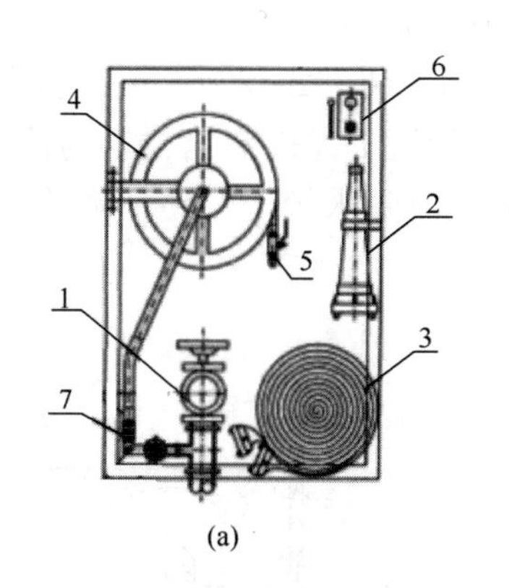

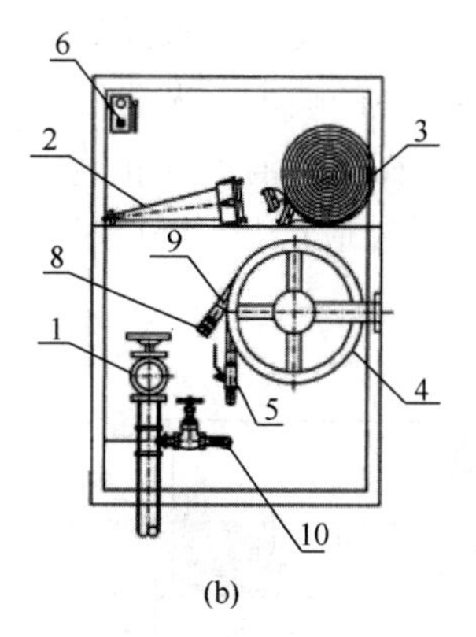

图 3-49 消火栓箱内设置消防软管卷盘或轻便消防水龙示意图

（a）设置消火栓软管卷盘的消火栓箱；（b）设置轻便消防水龙的消火栓箱

1—消火栓；2—水枪；3—水带；4—消防软管卷盘；5—喷雾喷枪；

6—消防按钮；7—阀门；8—快速接口；9—轻便消防水龙；10—快速接头

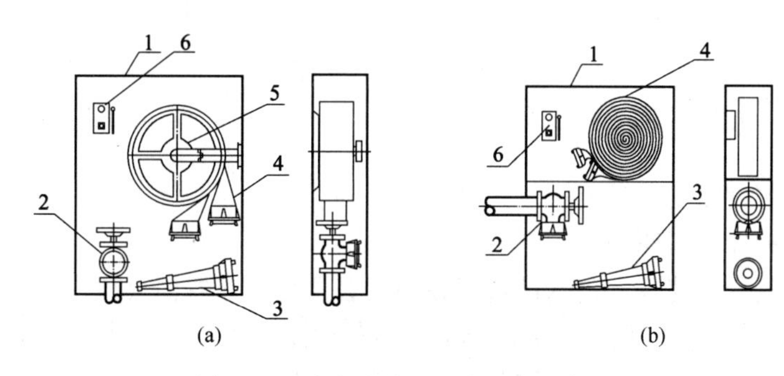

图 3-50 消火栓栓口出水方向示意图

（a）栓口出水方向垂直于墙面；（b）栓口出水方向向下

1—消火栓箱；2—消火栓；3—水枪；4—水带；5—水带卷盘；6—消防按钮

量喷嘴直径为 11mm 或 13mm 的消防水枪。

（4）消防水带

消防水带是用来运送高压水或泡沫等阻燃液体的软管。消防水带的两头都有金属接头，可以接上另一根水带以延长距离或是接上喷嘴以增大液体喷射压力。

室内消火栓系统应配置 *DN*65 有内衬里的消防水带，其长度不宜超过 25m。

同一建筑物内应采用统一规格的消火栓、水枪和水带。

（5）消防软管卷盘

消防软管卷盘是在消防供水管路上使用的，由阀门、输入管路、卷盘、软管和喷枪等部件组成的灭火器具，是在启用室内消火栓之前供建筑物内一般人员在火灾初期灭火自救的设施。消防软管卷盘可以独立安装，但更多的是配套安装在消火栓箱内，作为室内消火栓灭火设施的有效补充。消防软管卷盘应配置内径不小于 ϕ19 的消防软管，其长度宜为 30m；同时应配置当量喷嘴直径为 6mm 的消防水枪。消防软管卷盘示意图如图 3-51 所示。

（6）轻便消防水龙

轻便消防水龙是在自来水或消防供水管路上使用的，由专用消防接口、水带和水枪组成的一种小型轻便的喷水灭火器具。轻便消防水龙的安装方式较为随意，多为独立安装，也可以配套安装在室内消火栓箱内。轻便水龙头应配置 *DN*25 有内衬里的消防水带，长度宜为 30m；同时应配置当量喷嘴直径为 6mm 的消防水枪。轻便消防水龙示意图如图 3-52所示。

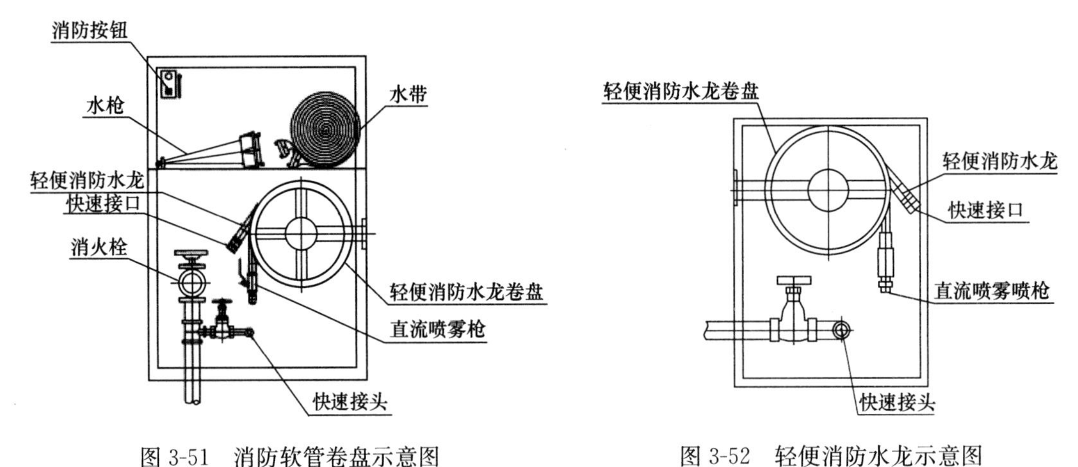

图 3-51　消防软管卷盘示意图　　　图 3-52　轻便消防水龙示意图

5. 室内消火栓的布置

（1）室内消火栓布置原则

设置室内消火栓的建筑，包括设备层在内的各层均应布置消火栓。

但对于层高小于 2.2m 且人员无法站立通行的管道层可不设消火栓，但宜在管道层的入口处附近设置两个消火栓以备消防队员灭火使用（图 3-53）。

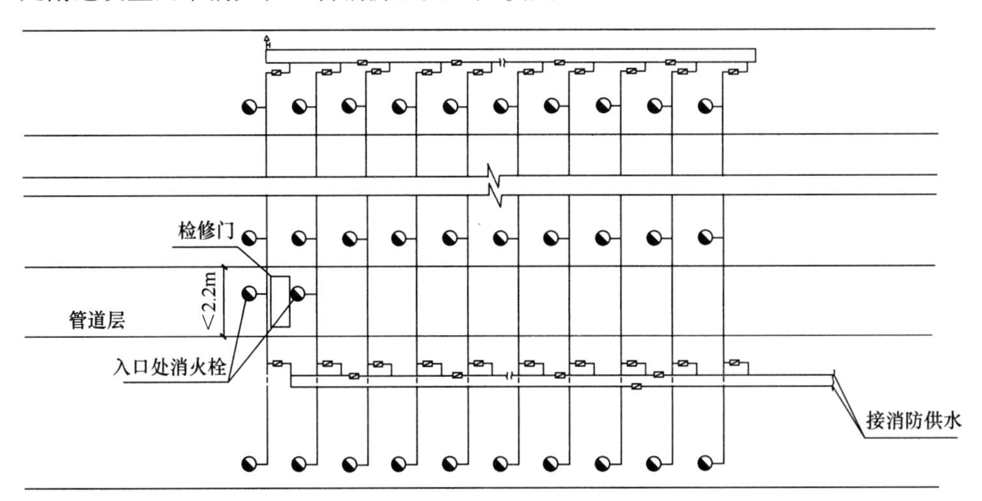

图 3-53　管道层设置消火栓系统示意图

（2）室内消火栓的布置要求

1）消防电梯前室应设置室内消火栓，并应计入消火栓使用数量。

2）室内消火栓应设置在楼梯间及其休息平台和前室、走道等明显易于取用，以及便于火灾扑救的位置，如图 3-54 所示。

楼梯间是人员疏散的重要通道，也是消防人员补救火灾的垂直通道。前室可以阻挡烟气直接进入防烟楼梯间，是消防人员到达着火层进行火灾扑救的安全区。

3）跃层住宅和商业网点的室内消火栓应至少满足一股充实水柱到达室内任何部位，并宜设置在户门附近。

4）设有室内消火栓的建筑，应在屋顶设置带有压力显示装置的试验消火栓，严寒、寒冷等冬季结冰地区可设置在顶层出口处或水箱间内等便于操作和防冻的位置，试验消火栓设于屋顶水箱间的布置示意图如图 3-55 所示。

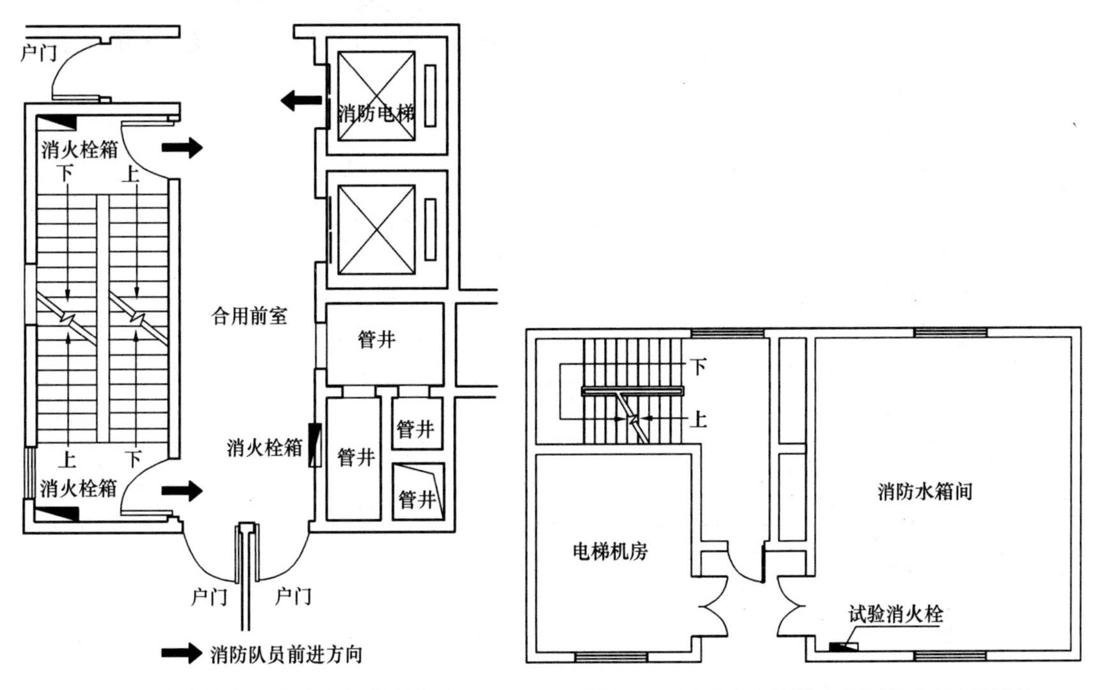

图 3-54　消火栓布置在消防电梯前室和楼梯间的做法示意

图 3-55　试验消火栓设于屋顶的布置示意图

5）同一楼梯间及其附近不同层设置的消火栓，其平面位置宜相同。

6. 水枪充实水柱长度和栓口压力的计算

（1）水枪充实水柱及消火栓栓口压力的要求

1）高层建筑和室内净空高度超过 8m 的民用建筑等场所，消火栓栓口动压不应小于 0.35MPa，且消防水枪充实水柱应按 13m 计算；

2）其他场所，消火栓栓口动压不应小于 0.25MPa，且消防水枪充实水柱应按 10m 计算。

（2）水枪充实水柱长度的计算

水枪的充实水柱长度可按式（3-13）计算（图 3-56）：

$$S_k = \frac{H_1 - H_2}{\sin\alpha} \tag{3-13}$$

式中　S_k——水枪的充实水柱长度，m；

H_1——着火点的高度，m；

H_2——水枪喷嘴距室内地面的高度，m；

α——水枪的上倾角，一般不宜超过 45°。

在灭火现场，水枪的倾角一般不宜超过 45°，最不利情况下，也不能超过 60°。若倾角太大，着火物下落时会伤及灭火人员。

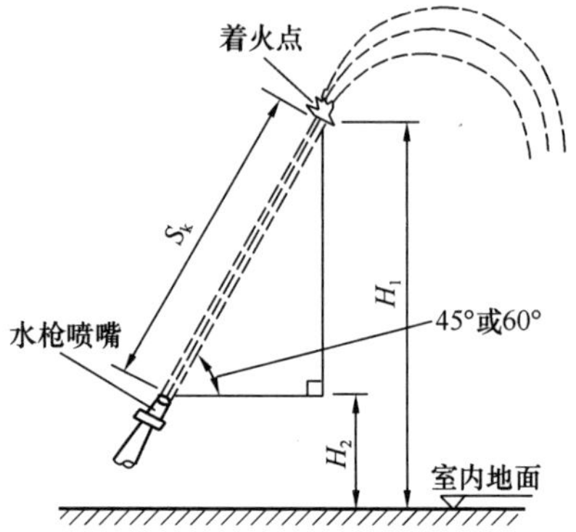

(3) 水枪喷嘴水压的计算

水枪喷嘴水压按式 (3-14) 计算：

$$H_q = \frac{\alpha_f H_m}{1 - \varphi \alpha_f H_m} \tag{3-14}$$

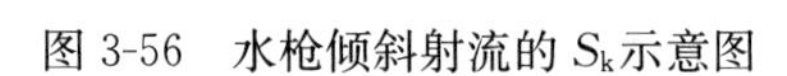

图 3-56　水枪倾斜射流的 S_k 示意图

式中　H_q——水枪喷嘴水压，m；

H_m——充实水柱长度，m；

φ——阻力系数，与水枪喷嘴口径 d_f 有关，见表 3-19；

α_f——实验系数，与充实水柱高度 H_m 有关，见表 3-20。

阻力系数 φ 值的确定　　**表 3-19**

d_f (mm)	13	16	19
φ	0.0165	0.0124	0.0097

实验系数 α_f 值　　**表 3-20**

H_m (m)	6	8	10	12	16
α_f	1.19	1.19	1.20	1.21	1.24

(4) 水枪射流量的计算

水枪射流量按式 (3-15) 计算：

$$q_{xh} = (BH_q)^{\frac{1}{2}} \tag{3-15}$$

式中　q_{xh}——水枪射流量，L/s；

B——不同水枪喷嘴口径的水流特性系数，见表 3-21；

H_q——水枪喷嘴水压，mH_2O。

不同水枪喷嘴口径水流特性系数 B 值　　**表 3-21**

喷嘴直径 (mm)	9	13	16	19	22	25
B 值	0.079	0.346	0.793	1.577	2.834	4.727

(5) 消火栓栓口压力的计算

消火栓栓口处所需压力，按式 (3-16)、式 (3-17) 计算：

$$H_{xh} = h_d + H_q + H_k \tag{3-16}$$

$$h_d = A_d L_d q_{xh}^2 \tag{3-17}$$

式中　H_{xh}——消火栓栓口处所需压力，mH_2O；

h_d——消防水带的水头损失，mH_2O；

H_k——消火栓栓口水头损失，mH_2O，一般为 $2mH_2O$；

H_q——水枪喷嘴水压，mH_2O；

A_d——消防水带的比阻，见表 3-22；

L_d——消防水带的长度，m；

q_{xh}——水枪射流量，L/s。

在进行消火栓栓口计算时，对于高层建筑、室内净空高度超过 8m 的民用建筑等场所，若消火栓栓口压力的计算值小于 0.35MPa，则 H_{xh}的取值≥0.35MPa；

对于其他场所，若计算值小于 0.25MPa，则 H_{xh}的取值≥0.25MPa。

消防水带比阻 A_d **表 3-22**

消防水带口径（mm）	A_d	
	帆布或麻质的消防水带	衬胶的消防水带
50	0.01501	0.00677
65	0.00430	0.00172

（6）充实水柱、栓口压力和流量计算表

根据上述公式，可计算出当消火栓配置公称直径 65mm、长度 25m 衬胶水带时，不同喷嘴口径的充实水柱、栓口压力和流量值，如表 3-23 所示。

长度 25m 衬胶水带的充实水柱、栓口压力和流量计算表 **表 3-23**

充实水柱 H_m（m）	水枪喷嘴口径（mm）					
	13		16		19	
	栓口压力 H_q（mH_2O）	流量 q_{xh}（L/s）	栓口压力 H_q（mH_2O）	流量 q_{xh}（L/s）	栓口压力 H_q（mH_2O）	流量 q_{xh}（L/s）
10	17.1	2.3	16.6	3.3	16.5	4.6
11	19.1	2.4	18.4	3.5	18.2	4.9
12	21.3	2.6	20.3	3.7	20.2	5.2
13	23.6	2.7	22.3	3.9	21.9	5.4
14	26.1	2.9	24.5	4.1	23.9	5.7
15	28.9	3.0	26.8	4.4	26.0	6.0
16	32.0	3.2	29.3	4.6	28.3	6.2
17	25.4	3.4	32.1	4.8	30.8	6.5
18	39.4	3.6	35.2	5.0	33.5	6.8
19	43.9	3.8	38.6	5.3	36.5	7.1
20	49.2	4.0	42.6	5.6	40.0	7.5
21	55.6	4.3	47.1	5.9	43.5	7.8
22			52.3	6.2	47.8	8.2
22.5					50.0	8.4

7. 消火栓栓口减压

对于 *DN*65 的消防水龙带、19 mm 水枪喷嘴，当消火栓栓口压力大于 0.50MPa 时，水枪反作用力将超过 220N，一名消防队员难以掌握进行扑救；当消火栓栓口压力大于 0.70MPa 时，水枪反作用力将超过 350N，两名消防队员也难以掌握进行灭火。因此，消火栓栓口动压力不应大于 0.50MPa，并应符合下列规定：

（1）当消火栓栓口处压力大于 0.50MPa 时，应采取减压措施。

（2）当消火栓栓口处压力大于 0.70MPa 时必须设置减压装置。

(3) 一般可采用减压孔板、减压稳压消火栓等进行减压，建议优先采用减压稳压消火栓。

(4) 经减压后消火栓栓口的出水压力应在 H_{xh}～0.50MPa 之间（H_{xh}为消火栓栓口最小动压值，其值为 0.35MPa 或 0.25MPa)。

各层消火栓栓口剩余压力按式（3-18）计算：

$$H_{xhb} = H_b - H_{xh} - h_z - \Delta h \tag{3-18}$$

式中　H_{xhb}——计算层最不利点消火栓栓口剩余压力，mH_2O；

H_b——消防水泵的设计扬程，m；

H_{xh}——消火栓栓口处所需水压，mH_2O；

h_z——消防水箱最低水位或消防水泵与室外给水管网连接点至计算层消火栓栓口几何高差，m；

Δh——水经水泵到计算层最不利点消火栓之间管道的沿程和局部水头损失，mH_2O。

(5) 减压措施

1) 减压孔板

减压孔板用不锈钢等材料制作。减压孔板只能减掉消火栓给水系统的动压，对于消火栓给水系统的静压不起作用。减压孔板的安装简图如图 3-57 所示。

2) 减压稳压消火栓

减压稳压消火栓的外形与一般消火栓相同，但其集消火栓与减压阀于一身，是一种能自动调节，使栓后压力保持基本稳定。

减压稳压消火栓结构示意图如图 3-58 所示。减压稳压消火栓的栓体内部采用了内活塞套、活塞及弹簧组成的减压装置。活塞的底部受进水水压的作用，上部受弹簧力作用。活塞的侧壁上开有特别设计的泄水孔，且可在活塞套中左右滑动。当旋启手轮，打开消火栓时，若进水端压力 P_1 较大，其作用于活塞底部的水压力大于弹簧的弹性力，活塞在活塞套内向右滑动，此时活塞侧壁上的泄水孔受活塞套遮挡，泄水孔的有效流通面积减少，水流阻力增大，故栓后的压力 P_2 减少；反之，若进水端压力 P_1 较小，弹性张力就会大于活塞底部的水压力，活塞套内向左滑动，泄水孔被活塞套遮挡部分减少，泄水孔的有效流通面积增大，水流阻力减少，故栓后的压力 P_2 增大。减压稳压消火栓既能免除繁琐的减压计算及施工中复杂的现场调试，又可使栓后压力基本保持稳定，使用方便，在设计中建议采用。

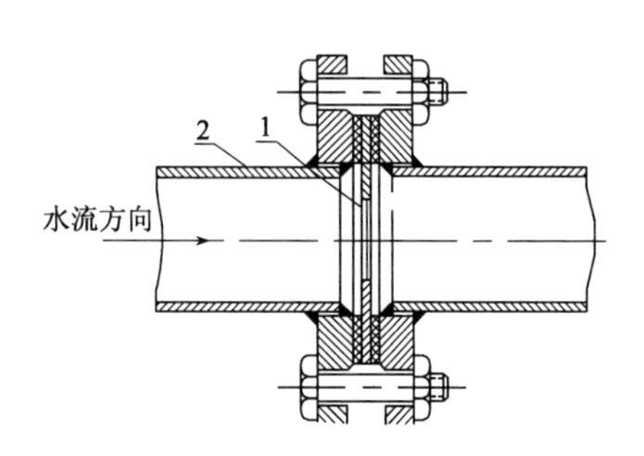

图 3-57　减压孔板安装示意图

1—减压孔板；2—消火栓支管

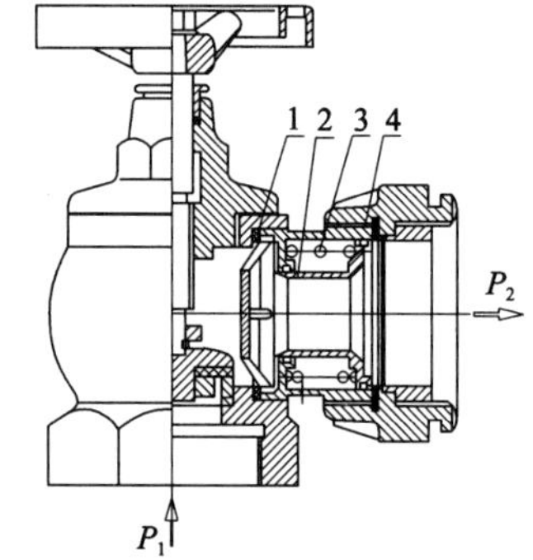

图 3-58　减压稳压消火栓结构图

1—挡板；2—活塞；3—弹簧；4—活塞套

SNZW65-Ⅲ旋转型减压稳压消火栓主要技术参数见表 3-24。

SNZW65-Ⅲ旋转型减压稳压消火栓主要技术参数　　表 3-24

固定接口	*DN* 65 内扣式消防接口
实验压力	2.4MPa
公称压力	1.6MPa
栓前压力 P_1	0.7～1.6MPa
栓后压力 P_2	0.35～0.45MPa
减压稳压类别	Ⅲ
流量	$Q \geqslant 5$L/s

8. 消火栓间距的计算

(1) 室内消火栓布置间距的要求

室内消火栓的布置应满足同一平面有 2 支消防水枪的 2 股充实水柱同时到达任何部位的要求。但建筑高度小于等于 54m 且每单元设置一部疏散楼梯的住宅，人防工程中体积小于等于 1000m³ 的展览厅、影院、剧场、健身体育场所等，以及人防工程中体积小于等于 5000m³ 的商场、餐厅、旅馆、医院等可采用 1 支消防水枪的场所，可采用 1 支消防水枪的 1 股充实水柱到达室内任何部位。

1) 消火栓按 2 支消防水枪的 2 股水柱布置的建筑物，消火栓的布置间距不应大于 30m；

2) 消火栓按 1 支消防水枪的 1 股水柱布置的建筑物，消火栓的布置间距不应大于 50m。

虽然《消防给水及消火栓系统技术规范》GB 50974—2014 给出了 30m、50m 的两个限制，但在具体布置间距时，还应根据建筑物的具体情况由计算确定。

(2) 消火栓间距的计算

1) 当室内只设有一排消火栓，且要求有 1 股水柱达到室内任何部位时（图 3-59），消火栓的间距按式（3-19）计算：

$$S_1 = 2\sqrt{R^2 - b^2} \tag{3-19}$$

式中　S_1——1 股水柱时的消火栓间距，m；

R——消火栓的保护半径，m；

b——消火栓的最大保护宽度，m。

2) 房间宽度较宽，需要布置多排消火栓，且要求有 1 股水柱达到室内任何部位时（图 3-60），消火栓的间距按式（3-20）计算：

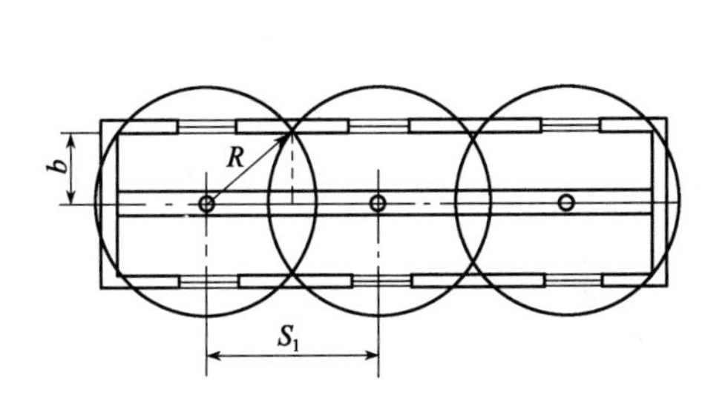

图 3-59　单排布置 1 股水柱时的消火栓布置间距示意图

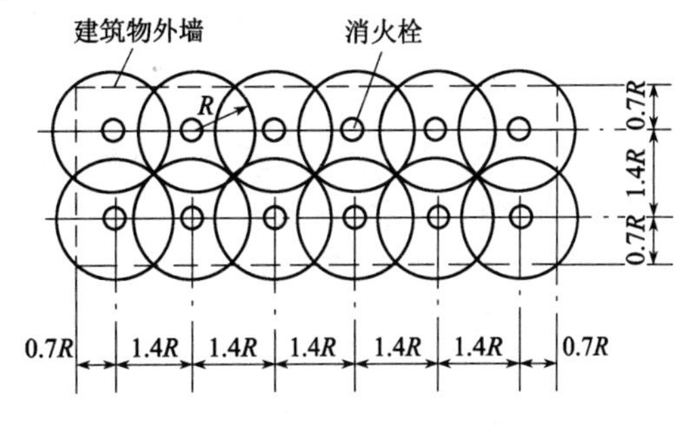

图 3-60　多排消火栓 1 股水柱时的消火栓布置间距示意图

$$S_n = \sqrt{2}R = 1.41R \quad (3\text{-}20)$$

式中 S_n——多排消火栓1股水柱时的消火栓间距，m；

R——消火栓的保护半径，m。

3）当室内只有一排消火栓，且要求有2股水柱达到室内任何部位时（图3-61），消火栓的间距按式（3-21）计算：

$$S_2 = \sqrt{R^2 - b^2} \quad (3\text{-}21)$$

式中 S_2——2股水柱时的消火栓间距，m；

R——消火栓的保护半径，m；

b——消火栓的最大保护宽度，m。

4）当室内需要布置多排消火栓，且要求有2股水柱达到室内任何部位时，消火栓的间距按图3-62进行布置。

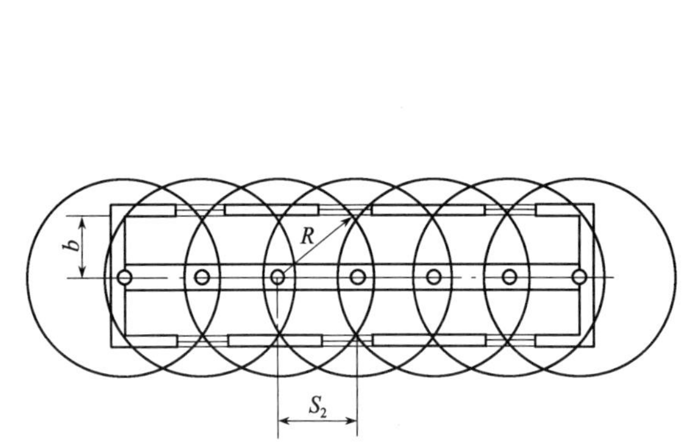

图3-61 单排消火栓2股水柱时的消火栓布置间距示意图

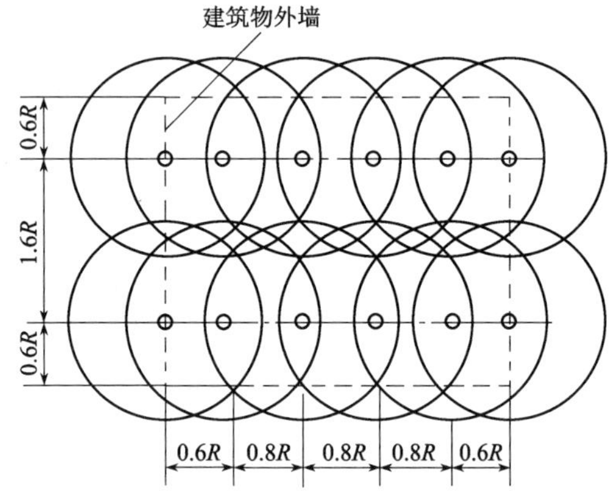

图3-62 多排消火栓2股水柱时的消火栓布置间距示意图

（3）消火栓的保护半径

室内消火栓保护半径可按式（3-22）计算：

$$R = L_d + L_s \quad (3\text{-}22)$$

式中 R——消火栓保护半径，m；

L_d——消防水带铺设长度，按水带长度乘以折减系数0.8～0.9计算，m；

L_s——水枪充实水柱长度在平面上的投影长度，m。

当水枪倾角一般按45°计算，则有：

$$L_s = 0.71S_k \quad (3\text{-}23)$$

式中 S_k——水枪充实水柱长度，m。

不同场所下水枪充实水柱长度在平面上投影长度的计算值如表3-25所示。室内消火栓保护半径的计算值如表3-26所示。

水枪充实水柱长度在平面上投影长度的计算值 表 3-25

场所	消火栓栓口最小动压值（MPa）	消防水枪充实水柱长度计算值 S_k（m）	水枪充实水柱长度在平面上的投影长度 $L_s=0.71S_k$（m）
高层建筑和室内净空高度超过 8m 的民用建筑等场所	0.35	13	9.23
其他场所	0.25	10	7.10

室内消火栓保护半径的计算值 表 3-26

场所	消防水龙带有效长度（m）	水枪充实水柱长度在平面上的投影长度 L_s（m）	室内消火栓的保护半径 R_0（m）
高层建筑和室内净空高度超过 8m 的民用建筑等场所	20.0	9.23	29.23
	22.5		31.73
其他场所	20.0	7.10	27.10
	22.5		29.60

3.1.2.11 室内消防给水管网

1. 室内消防给水系统管网的布置

（1）下列消防给水系统应布置成环状：

1）设有高位消防水箱的临时高压消防给水系统；

2）向两栋或两栋及以上建筑供水时；

3）向两种及以上水灭火系统供水时；

4）向两个及以上报警阀控制的自动喷水灭火系统供水时。

（2）室内消火栓系统管网应布置成环状，但当室外消火栓设计流量不大于 20L/s，且室内消火栓不超过 10 个时，除上述（1）中的情况外，可布置成枝状。

室内消防环状管网有垂直成环和立体成环两种布置方式，可根据建筑体形、消防给水管网和消火栓具体布置情况确定，但必须保证供水干管和每条消防竖管都能双向供水(图 3-63)。

（3）向室内环状管网消防给水管网供水的输水干管（引入管）不应少于两条（做法见图 3-64)，当其中一条发生故障时，其余输水干管应仍能满足消防给水的设计流量。

（4）室内消防给水管网宜与自动喷水等其他水灭火系统的管网分开设置；当合用消防泵时，供水管路沿水流方向应在报警阀前分开设置。这样做主要是为防止消火栓用水影响自动喷水灭火系统的用水，或者消火栓平日漏水引起自动喷水灭火系统发生误报警。为防止两个系统的相互干扰，宜将两个管网系统分开设置。当分开设置确有困难时，也应在报警阀前分开设置，并设置相应的控制阀门，具体做法如图 3-65 所示。

2. 消防管道上阀门设置要求

（1）室内消火栓竖管应保证检修管道时关闭停用的竖管不超过 1 根；

（2）当竖管超过 4 根时，可关闭不相邻的 2 根；

（3）每根竖管与供水干管相接处应设置阀门；

（4）消防给水系统管道的最高点处宜设置自动排气阀；

（5）阀门应保持常开，并应有明显的启闭标志或信号。

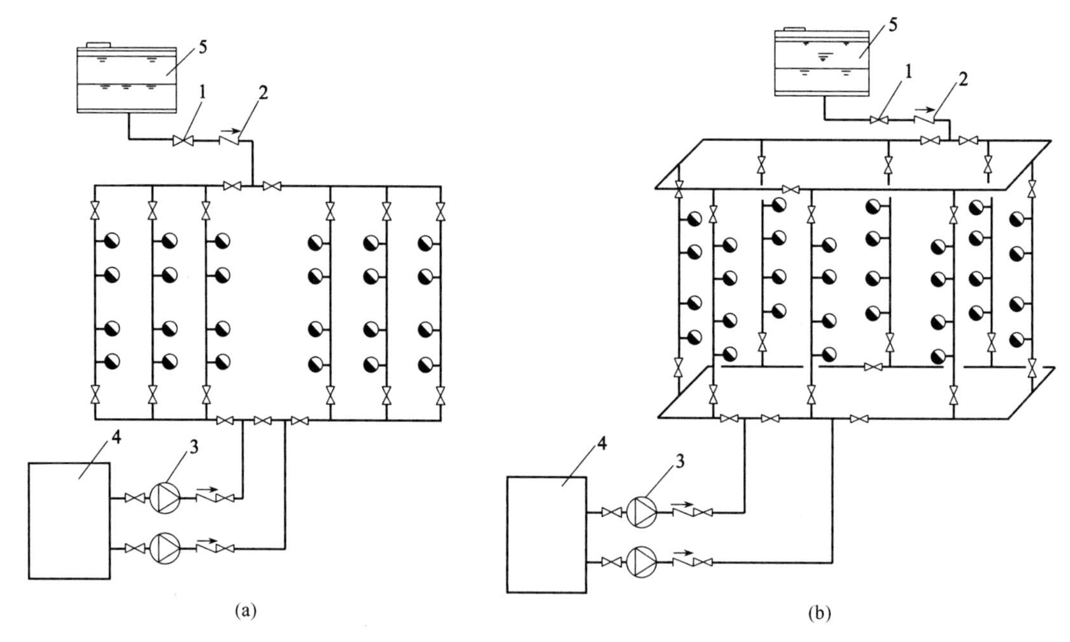

图3-63　室内消防环网布置示意图

(a) 垂直成环布置；(b) 立体成环布置

1—阀门；2—止回阀；3—消防水泵；4—贮水池；5—高位水箱

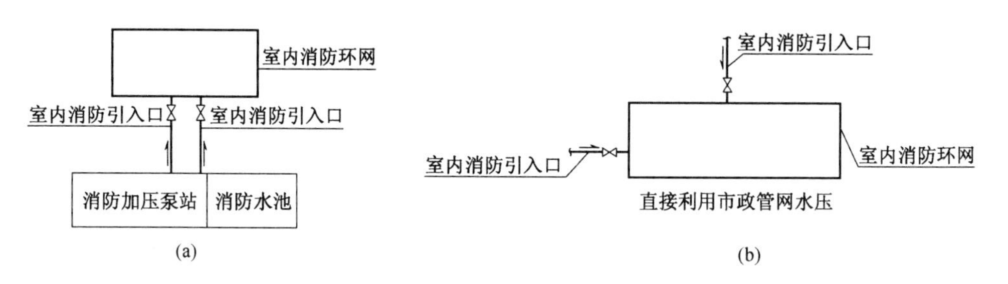

图3-64　室内消防环状管网上引入管做法示意图

(a) 由加压泵向室内环状管网供水的引入管的做法；(b) 由市政管网向室内环状管网供水的引入管的做法

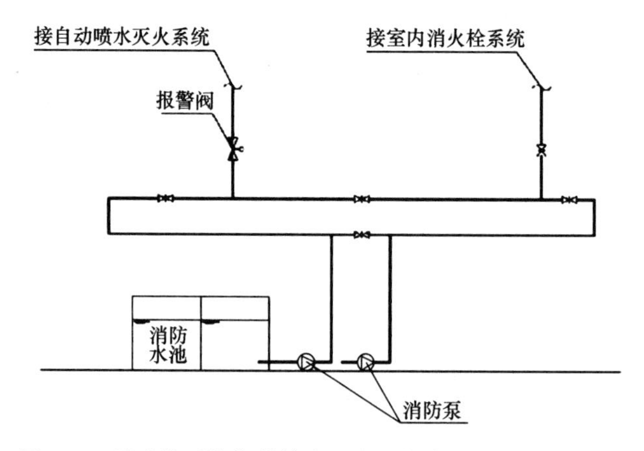

图3-65　消火栓系统与其他水灭火系统合用消防环网的做法

消防管道上阀门的布置如图 3-66 和图 3-67 所示。而图 3-68 的阀门布置方式是不可取的，因为如需维修虚线框中的立管，将会影响到右侧竖管的供水，无法保证消防的安全。

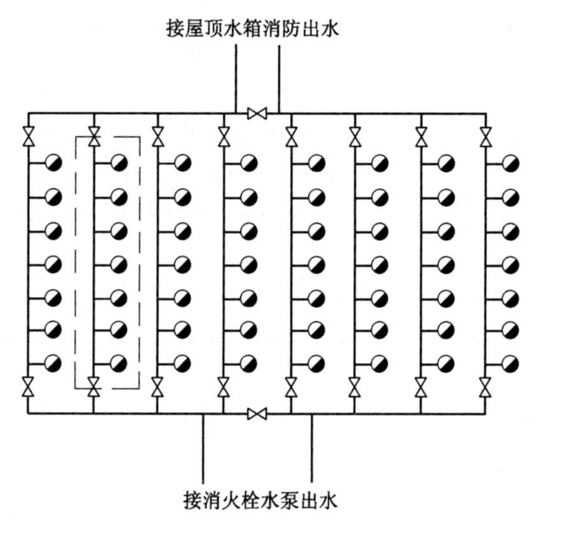

图 3-66 消火栓阀门垂直布置图

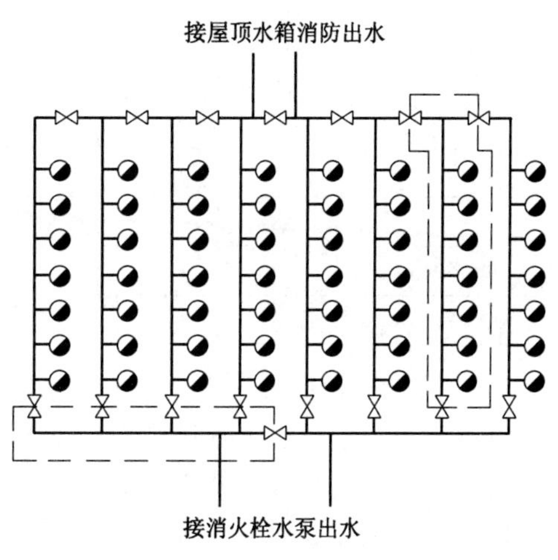

图 3-67 消火栓阀门水平与垂直布置

3. 消防给水管网水力计算

应在确定消防给水系统是否需要进行竖向分区的基础上进行管网的水力计算，并应符合下列规定：

(1) 室内消火栓管网在水力计算时，可简化为枝状管网；

(2) 应根据《消防给水及消火栓系统技术规范》GB 50974—2014 中有关消防管道上阀门设置要求的规定确定可关闭竖管的最大数量；

(3) 剩余一组最不利竖管平摊室内消火栓设计流量，且不应该小于表 3-10 中规定的竖管流量；

(4) 供水横干管的流量应为室内消火栓设计流量。

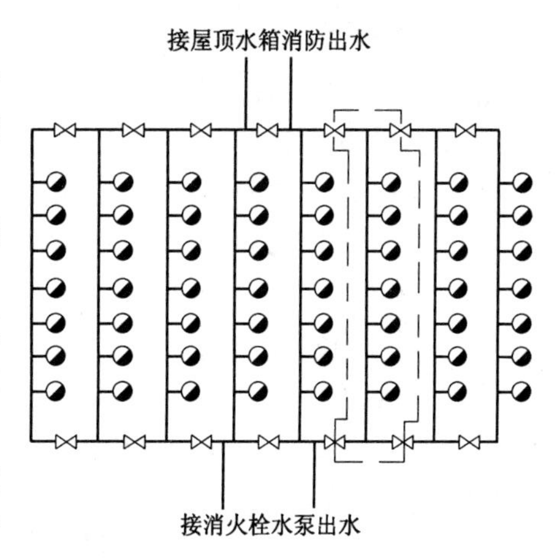

图 3-68 消火栓阀门水平布置的错误做法

消火栓系统最不利点流量的分配情况如表 3-27 所示。

消火栓系统最不利点计算流量分配 表 3-27

多层建筑				高层建筑			
室内消防流量=水枪数×每支流量(L/s)	消防竖管出水枪数（支）			室内消防流量=水枪数×每支流量(L/s)	消防竖管出水枪数（支）		
	最不利竖管	次不利竖管	第三不利竖管		最不利竖管	次不利竖管	第三不利竖管
5=1×5	1			10=2×5	2		

续表

多层建筑				高层建筑			
室内消防流量=水枪数×每支流量（L/s）	消防竖管出水枪数（支）			室内消防流量=水枪数×每支流量（L/s）	消防竖管出水枪数（支）		
	最不利竖管	次不利竖管	第三不利竖管		最不利竖管	次不利竖管	第三不利竖管
10=2×5	2			20=4×5	2	2	
15=3×5	2	1		30=6×5	3	3	
20=4×5	3	1		40=8×5	3	3	2
25=5×5	3	2					
30=6×5	3	3					
40=8×5	3	3	2				

4. 消防管道管径要求

室内消火栓消防管道管径应根据系统设计流量、流速和压力要求经计算确定；室内消防竖管管径应根据竖管最低流量经计算确定，按流量公式 $Q=1/4\pi d^2 v$，选定流速，计算各管段的管径，或查水力计算表确定管径。消防管道内水的流速不宜大于2.5m/s。每根消防竖管的管径不应小于 $DN100$。

5. 最不利管路水头损失的计算

消防管道沿程水头损失的计算方法与给水管道相同，消防管道的局部水头损失宜按式（3-24）计算。当资料不全时，消防给水干管和室内消火栓的局部水头损失可按沿程水头损失的10%～20%计。

$$P_p = iL_p \tag{3-24}$$

式中 P_p——管件和阀门等局部水头损失，MPa；

L_p——管件和阀门的当量长度，m；

i——单位长度管道水头损失，MPa/m。

6. 消防水泵流量和扬程的确定

（1）消防水泵的流量应大于等于室内消火栓用水量。

（2）消防水泵的设计扬程或设计压力可按式（3-25）计算：

$$H_b = k_2 H_h + H_z + H_{xh} \tag{3-25}$$

式中 H_b——消火栓泵的扬程，mH_2O；

H_h——消火栓管道沿程和局部水头损失之和，mH_2O；

k_2——安全系数，可取1.20～1.40；

H_z——消防水池最低水位至最不利消火栓栓口的几何高差，mH_2O。

H_{xh}——最不利消火栓栓口所需压力，mH_2O，依据不同的建筑场所其不小于0.35MPa（$35mH_2O$）或0.25MPa（$25mH_2O$）。

7. 消防管道管材与阀门的选择

（1）室内架空管道应采用热浸镀锌钢管等金属管材。

（2）室内埋地管道宜采用球墨铸铁管、钢丝网骨架塑料复合管和加强防腐的钢管等金属管材。

（3）架空管道的连接宜采用沟槽连接管件（卡箍）、螺纹、法兰、卡压等方式，不宜采用焊接方式。

（4）当管径小于等于 $DN50$ 时，应采用螺纹和卡压连接；当管径大于 $DN50$ 时，应采用沟槽连接件和法兰连接。

（5）室内架空管道的阀门宜采用蝶阀、明杆闸阀或带启闭刻度的暗杆闸阀等。

（6）室内架空管道的阀门应采用球磨铸铁或不锈钢阀门。

埋地管材和阀门的选择同室外消防管道。

8. 系统的竖向分区

（1）当系统无稳压设备，屋顶消防水箱最高水位至最低层消火栓栓口的净高差不超过100m 时（此时消火栓栓口处静压≤1.00MPa），不分区。

（2）当系统设置有稳压装置时，应考虑稳压装置的压力，为稳压泵停泵压力加上水箱最高水位至最低层消火栓栓口的净高差。这类高层建筑物一旦发生火灾，消防队使用一般消防车从室外消火栓或消防水池取水，通过水泵接合器向室内管道送水，仍能加强室内管网的供水能力，协助扑救室内火灾。

（3）当消火栓栓口处静压大于 1.00MPa，系统的工作压力大于 2.40MPa 时，消防车已难于协助灭火，为保证供水安全和火场灭火用水，消防给水系统应采用分区供水。分区可采用并联（消防水泵并行或减压阀减压）和串联（消防水泵串联或减压水箱分区）的方式。但当系统的工作压力大于 2.40MPa 时，应采用消防水泵串联或减压水箱分区供水方式。

9. 减压阀的系统减压

当采用减压阀进行分区供水时，减压阀的设置应满足下列要求：

（1）减压阀应根据消防给水设计流量和压力进行选择，且设计流量应在减压阀流量压力特性曲线的有效段内，并校核在 150%设计流量时，减压阀的出口动压不应小于设计值的 65%。

（2）每一供水分区应设不少于两组减压阀组，每组减压阀组宜设置备用减压阀。

（3）减压阀宜采用比例式减压阀，当压力超过 1.20MPa 时宜采用先导式减压阀。

（4）由于减压阀不仅能减动压而且能减静压，具有止回阀的作用，所以减压阀仅应设置在单向流动的供水管上，不应设置在有双向流动的输水干管上。

（5）减压阀后应设置安全阀，安全阀的开启压力应能满足系统安全，且不应影响系统的供水安全性。

比例式减压阀组安装示意图如图 3-69 所示。

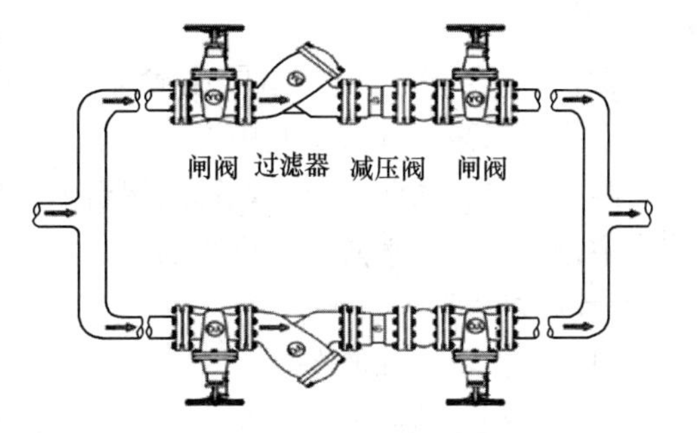

图 3-69 比例式减压阀组安装示意图

【例 3-6】

某一类高层公共建筑，建筑高度为 88m，层高 4m，地上 22 层，地下 1 层。分别按图 3-70 和图 3-71 设置屋顶消防水箱和稳压装置，稳压泵停泵压力为 15m。试确定该建筑消火栓系统是否需要进行分区。

【解】

（1）如采用图3-70所示的设计方式（仅设置了高位消防水箱，无稳压装置的情况），室内消防系统在准工作状态下消火栓栓口静压最大为地下室消火栓，其栓口处的静压＝96.6m（高位消防水箱最高水位）＋（地下室层高4.0m－消火栓距地面高度1.1m）＝99.5m＝0.995MPa＜1.00MPa，故图3-70所示的消火栓系统可以不分区。

（2）如采用图3-71所示的设计方式（设置了高位消防水箱和稳压装置的情况），室内消防系统在准工作状态下消火栓栓口静压最大为地下室消火栓，其栓口处的静压＝15m（稳压泵停泵压力值）＋90.0m（高位消防水箱最高水位）＋（地下室层高4.0m－消火栓距地面高度1.1m）＝107.9m＝1.079MPa＞1.00MPa，故图3-71所示的消火栓系统须进行分区。

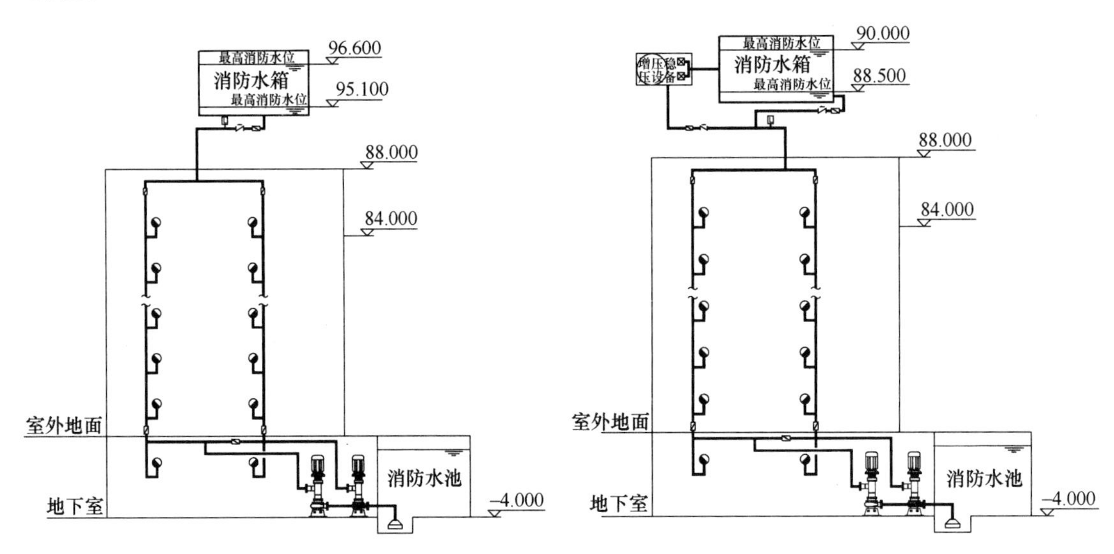

图3-70 仅设屋顶消防水箱的系统示意图

图3-71 设屋顶消防水箱和稳压装置的系统示意图

3.1.2.12 消火栓给水系统设计实例

【实例1】

工程概况：本工程为高层住宅楼，建筑面积约14400m^2，地上18层（层高3.0m），地下1层（层高4.8m），其中地下一层为设备用房，地上一～十八层为普通住宅，每层6户，两梯三户，共两个单元，每层建筑面积约为750 m^2，屋面面层高度为58.60m。试对该住宅楼进行室内消防给水系统的设计。

【设计计算过程】

（1）室内消火栓的布置

因该工程建筑高度大于54m，为一类高层住宅建筑。结合该建筑平面布置情况，按照同层有两支水枪的充实水柱同时到达任何部位的原则及室内消火栓的设置要求，即：①室内消火栓应设置在楼梯间及其休息平台和前室、走道等明显易于取用，以及便于火灾扑救的位置；②消防电梯间前室内应设置消火栓，并应计入消火栓使用数量。

室内消火栓间距，应保证每一个防火分区同层有两支水枪的充实水柱同时到达任何部位，且高层建筑中室内消火栓的间距不应大于30.0m。消防水枪充实水柱应按13m计算。

所以，该建筑的消火栓充实水柱长度取 S_k＝13m，L_d＝25×0.8＝20m，则消火栓保护半径 R＝20＋13×0.71＝29.23m。

该建筑最大宽度为 21.9m，消火栓最大保护宽度 b＝10.95m。室内消火栓间距：

$$S_1 = \sqrt{R^2 - b^2} = \sqrt{29.23^2 - 10.95^2} \approx 27.10\text{m}$$

因该建筑一～十八层为普通住宅，分成两个单元，每一单元的长度为 20.6m，宽度为 21.9m，即在每一单元内布置两个消火栓就可满足消火栓间距（27.10m）的要求。

所以该工程每层平面一个单元内设 2 个消火栓，全楼共设 4 个消火栓，采用竖向成环布置。

室内消火栓型号的选择：该工程选用的消火栓直径为 $DN$65，水枪喷嘴直径为19mm，$DN$65 的衬胶消防水带（长度 L＝25m）。

该工程消火栓的平面布置图如图 3-72 所示，消火栓系统计算简图如图 3-73 所示。

（2）消防水池和屋顶水箱的设置与计算

1）消防水池的设置与计算

由于该工程只有一条入户引入管，且建筑高度大于 50m，需设消防水池，且消防水池的有效容积应满足火灾延续时间内室内外的消防用水量。

该建筑室内消火栓用水量为 20L/s，室外消火栓用水量为 15L/s，火灾延续时间为 2h。

消防水池的有效容积若在消防时不考虑市政管网补充的水量，则消防水池的有效容积为：$V = Q \cdot t \cdot 3.6 = (20 + 15) \times 2 \times 3.6 = 252\text{m}^3$

2）高位消防水箱的设置与计算

因市政给水管网水压不能满足该工程室内最不利点消火栓的水压要求，所以采用临时高压消防给水系统，并在屋顶设消防水箱。

高位消防水箱的容积：因该建筑为一类高层住宅建筑，故水箱的有效容积取 18m^3。

消防水箱的外形尺寸为：4000×3000×2500(H)。

高位消防水箱的设置最低消防水位高度为：58.60＋0.5(支座高度)＋0.25m(无效水位)＝59.35m

最不利点消火栓设置高度：51.0＋1.1＝52.1m。

高位水箱的最低有效水位满足消火栓最不利点处的静水压力(不应低于 0.07MPa)的要求。即：最低有效水位(59.35m)－最不利点消火栓设置高度(52.1m)＞7m，故该建筑不需设置消火栓增压设备。

（3）消火栓及管网的计算

1）系统分区情况

室内消防系统在准工作状态下消火栓栓口静压最大为底层消火栓，其栓口处的静压＝60.85m(高位消防水箱最高水位)＋4.8m(地下室层高)－1.1m(消火栓距地面高度)＝64.55m＝0.6455MPa＜1.00MPa，故该工程的消火栓系统竖向不分区。

2）最不利消火栓栓口的压力计算

① 最不利管段的确定

设图 3-73 中的⑤点为消防用水入口，立管 XHL-1 为最不利管段，立管 XHL-1 的第十八层①号消火栓为最不利点；立管 XHL-2 为次不利管段。

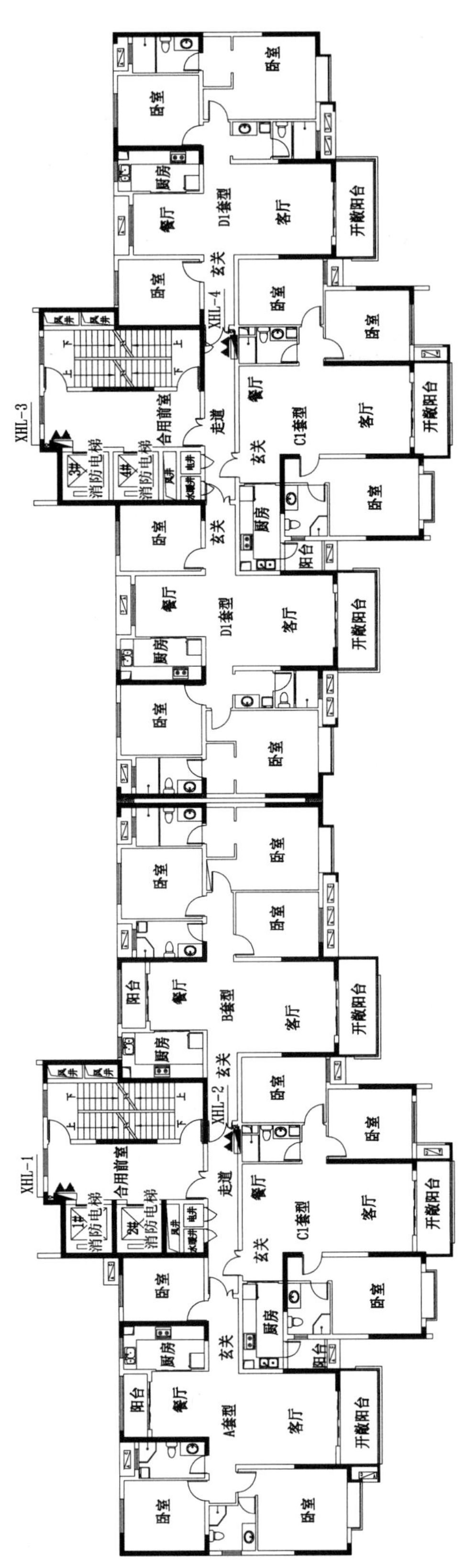

图 3-72　住宅楼标准层消火栓系统平面布置图

② 消防给水管网管径的确定

室内消防给水管道采用热浸镀锌钢管。查表3-10，该建筑立管上出水枪数为2支，每根立管最小流量为10L/s，故消防立管管径确定为$DN100$，符合规范中$v<2.5$m/s和竖管的管径不应小于100mm的要求；因水平环状管网的消防流量为室内消防用水量（20L/s），可确定出水平环状干管的管径为$DN150$，也符合规范中$v<2.5$m/s的要求。

③ 水枪喷嘴水压和出流量

该建筑为一类高层住宅建筑，消火栓栓口动压不应小于0.35MPa，且水枪的充实水柱不应小于13mH_2O（130kPa），计算水枪喷嘴水压和出流量。

分别查表3-19和表3-20，可得：$\varphi=0.0097$，$\alpha_f\approx1.215$；水枪喷嘴直径为19mm，查表3-21可得：水枪水流特性系数$B=1.577$。

水枪喷嘴水压为：

$$H_q=\frac{\alpha_f H_m}{1-\varphi\alpha_f H_m}=\frac{1.215\times13}{1-0.0097\times1.215\times13}\approx18.50\text{m}H_2O$$

水枪喷嘴的出流量：

$$q_{xh}=\sqrt{BH_q}=\sqrt{1.577\times18.50}\approx5.4\text{L/s}>5\text{L/s}$$

④ 消火栓栓口压力

水龙带选用65mm衬胶的消防水带，阻力系数$A=0.00172$，水带长$L_d=25$m，则水龙带的水头损失：

$$h_d=A_Z L_d q_{xh}^2=0.00172\times25\times5.4^2=1.25\text{m}H_2O$$

$$H_{xh}=h_d+H_q+H_k=(1.25+18.50+2.0)=21.75\text{m}H_2O=0.2175\text{MPa}$$

其中，H_k是消火栓栓口水头损失，按2.0mH_2O(0.02MPa)计算。

3）最不利消防给水管网水头损失计算

在图3-73中，消防用水从⑤点入口开始，到十八层①号消火栓为最不利消防管道。

由上文④可知，十八层消火栓口压力$H_{xh1}=21.75$mH_2O，流量为5.4L/s。

对于十七层的消火栓而言，其栓口压力应为：$H_{xh2}=H_{xh1}+$(层高)+(十七～十八层消防立管的水头损失)，局部水头损失按沿程水头损失的10%计。$DN100$热浸镀锌钢管，当$q=5.4$L/s时，查表得水力坡降$i=0.00864$，则有：

$$H_{xh2}=(21.75+3.0+0.00864\times3.0\times1.1)\approx24.78\text{m}H_2O$$

因 $$H_{xh2}=H_{q2}+h_d+2.0=\frac{q_{xh2}^2}{B}+AL_d q_{xh2}^2+2.0=q_{xh2}^2\left(\frac{1}{B}+AL_d\right)+2.0$$

故 $$q_{xh2}=\sqrt{\frac{H_{xh2}-2}{\frac{1}{B}+AL_d}}=\sqrt{\frac{24.78-2}{\frac{1}{1.577}+0.00172\times25}}\approx5.8\text{L/s}$$

根据消防流量分配原则，XHL-1消防立管十七层以下消火栓流量不再计算，则XHL-1消防立管的总流量为：

$$q_{xh1}+q_{xh2}=5.4+5.8=11.2\text{L/s}$$

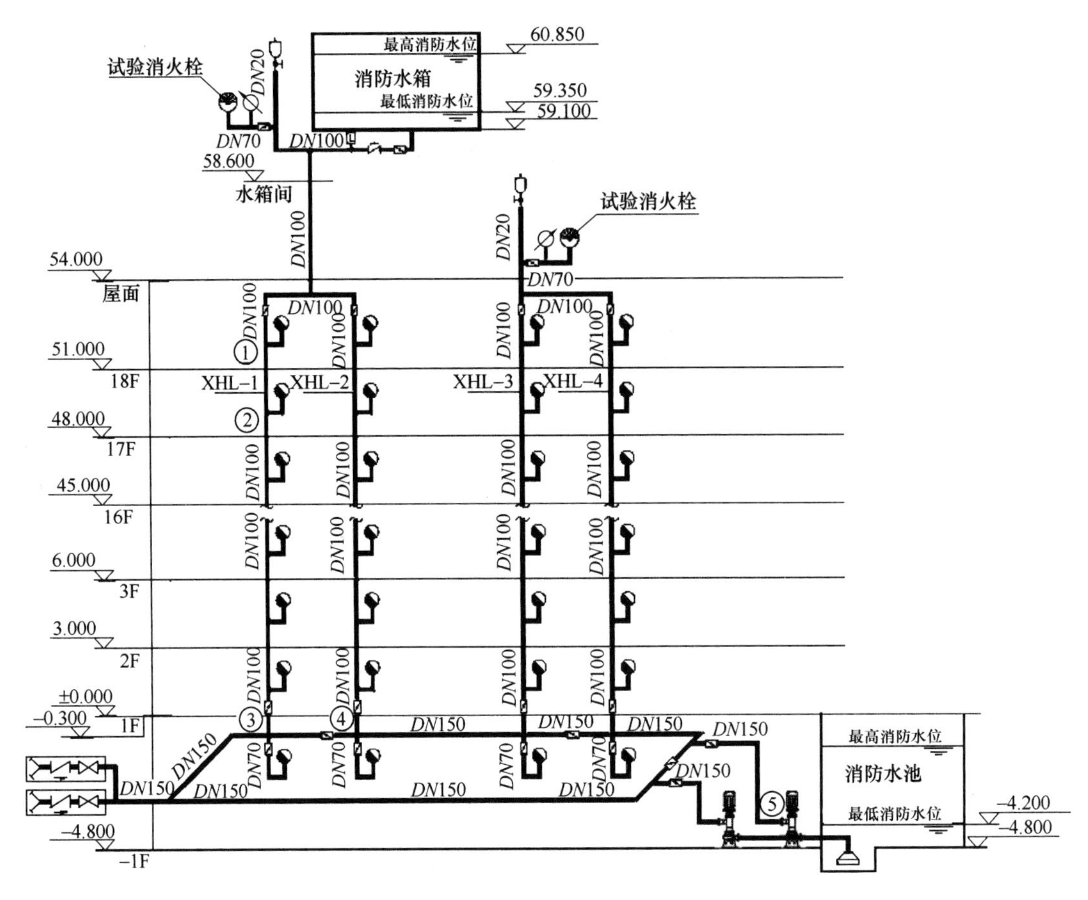

图 3-73　住宅楼消火栓系统计算简图

立管管径采用 $DN100$，流速 $v=\frac{-b\pm\sqrt{b^2-4ac}}{2a}=1.3\text{m/s}$，查表得水力坡降$i=0.0338$。

从理论上讲，消防立管 XHL-2 消火栓流量应比 XHL-1 立管流量稍大，但相差较小，为简化计算，常采用与 XHL-1 立管相同的流量，则同时使用 4 支水枪的消防总流量为：

$$Q_{xh}=2\times 11.2=22.4\text{L/s}>20\text{L/s}$$

根据表 3-10 的规定，建筑高度大于 54m 的建筑室内消火栓用水量不应小于 20L/s，因此室内消火栓用水量按 20L/s 设计，横干管管径采用 $DN150$，流速 $v=1.06\text{m/s}<2.5\text{m/s}$，满足规范要求。

消火栓给水管道水头损失计算结果如表 3-28 所示。

消火栓给水管道水头损失计算表　　　　表 3-28

管段	流量 q (L/s)	管长 (m)	管径 (mm)	流速 (m/s)	单阻 i (10^3MPa/m)	水头损失 (m)
①～②	5.4	3	100	0.58	0.00864	0.0285
②～③	5.4+5.8=11.2	49.1	100	1.30	0.0338	1.8255

续表

管段	流量 q (L/s)	管长 (m)	管径 (mm)	流速 (m/s)	单阻 i (10^3MPa/m)	水头损失 (m)
③～④	11.2	8.0	150	0.60	0.00479	0.0422
④～⑤	20	36	150	1.06	0.0138	0.5465
						$\sum h=2.44$

注：消防管道的局部水头损失按管道沿程水头损失的10%计。

4）消防水泵的计算与选择

对于高层建筑、室内净空高度超过8m的民用建筑等场所，若消火栓栓口压力的计算值小于0.35 MPa，最不利点消火栓栓口压力按0.35MPa设计。

该工程消火栓栓口计算压力值=0.2175MPa<0.35MPa，则H_{xh}取0.35MPa。

消火栓系统所需压力（消防水泵所需扬程）为：

$$H_b \geqslant H_{xh}+H_h+H_z \geqslant 35+2.44+51.0+1.1-(-4.2) \geqslant 93.74m \approx 94m$$

消防水泵选型：根据$Q \geqslant 20L/s$，$H_b \geqslant 94m$。选用2台XBD0.95/20G-FWG型多级消防泵，一用一备。水泵性能参数为：$Q=20L/s$，$H=95MPa$，$N=45kW$，$n=2900r/min$。

5）各层消火栓栓口动水压力的计算

十八层消火栓栓口动水压力为（$i=18$）：

$$\begin{aligned} H_{xhi} &= H_{xhb}+H_{xh} = H_b - H_z - \Delta h \\ &=95-(51.0+1.1+4.2)-2.44 \\ &=36.26m \approx 0.36MPa < 0.5MPa \end{aligned}$$

十七层消火栓栓口动水压力为：

$$H_{17} = 95-(48.0+1.1+4.2)-2.41 \approx 0.39MPa$$

同理，十六层消火栓栓口动水压力为：

$$H_{16} = 95-(45.0+1.1+4.2)-2.30 \approx 0.42MPa$$

同理，十五层消火栓栓口动水压力为：

$$H_{15} = 95-(42.0+1.1+4.2)-2.19 \approx 0.46MPa$$

同理，十四层消火栓栓口动水压力为：

$$H_{14} = 95-(39.0+1.1+4.2)-2.08 \approx 0.49MPa$$

同理，十三层消火栓栓口动水压力为：

$$H_{13} = 95-(36.0+1.1+4.2)-1.97 \approx 0.52MPa > 0.5MPa$$

故应在十三层～地下一层之间采用减压稳压消火栓。

（4）水泵接合器数量计算

一个水泵接合器的出水量$q_j=10\sim15L/s$，该工程室内消火栓水量$Q=20L/s$。水泵接合器数量：

$$n_j = \frac{Q_n}{q_j} = \frac{20}{15} \approx 2$$

消火栓水泵接合器选用 2 个。

【实例 2】

工程概况：某综合楼，地上 16 层（层高 3.6m），地下 1 层（层高 4.8m），为设备用房；一～四层为商业，五～十六层为办公，每层建筑面积约为 675m^2。自动喷水灭火系统的用水量为 30L/s，灭火时间为 1h。试设计综合楼的室内消防给水系统。

【设计计算过程】

（1）室内消火栓的布置

该综合楼建筑高度大于 50m，为一类高层公共建筑，室内消火栓用水量为 40L/s；建筑总体积约为 42120m^3，室外消防用水量为 30L/s。结合该综合楼平面布置情况，按照同层有两支水枪的充实水柱同时到达任何部位的原则及室内消火栓的设置要求，布置室内消火栓。

（2）消火栓保护半径

消火栓配备水带直径为 65mm 的衬胶水带，阻力系数 $A=0.00172$，长度为 25m。水带展开时的弯曲折减系数取 0.8，根据“高层建筑和室内净空高度超过 8m 的民用建筑等场所，消火栓栓口动压不应小于 0.35MPa，且消防水枪充实水柱应按 13m 计算”的要求，消火栓保护半径为：

$$R = L_d + L_s = 0.8 \times 25 + 0.71 \times 13 = 29.23\text{m}$$

该建筑最大宽度为 37.1m，消火栓最大保护宽度 $b=18.55$m。室内消火栓间距为：

$$S_1 \leqslant \sqrt{R^2 - b^2} = \sqrt{29.23^2 - 18.55^2} \approx 22.60\text{m}$$

该工程办公部分消火栓平面布置详见图 3-74，在消防电梯前室和走道共布置了 4 个消火栓。

（3）水枪喷嘴水压和出流量

根据该建筑消火栓栓口动压不应小于 0.35MPa，消防水枪充实水柱应按 13m 计算的要求，计算水枪喷嘴水压和出流量。

分别查表 3-19 和表 3-20，可得：$\varphi=0.0097$，$\alpha_f \approx 1.215$；水枪喷嘴直径为 19mm，查表 3-21，可得：水枪水流特性系数 $B=1.577$。

水枪喷嘴水压：

$$H_q = \frac{\alpha_f H_m}{1 - \varphi \alpha_f H_m} = \frac{1.215 \times 13}{1 - 0.0097 \times 1.215 \times 13} \approx 18.50\text{mH}_2\text{O}$$

水枪喷嘴出流量：

$$q_{xh} = \sqrt{BH_q} = \sqrt{1.577 \times 18.50} \approx 5.4\text{L/s} > 5\text{L/s}$$

（4）消火栓栓口压力

水带选用 65mm 衬胶水带，阻力系数 $A=0.00172$，则水带的水头损失：

$$h_d = A_Z L_d q_{xh}^2 = 0.00172 \times 25 \times 5.4^2 = 1.25\text{mH}_2\text{O}$$

$$H_{xh} = H_q + h_d + H_k = 18.50 + 1.25 + 2.0 \approx 21.75\text{mH}_2\text{O} = 0.2175\text{MPa}$$

其中，H_k 是消火栓栓口水头损失，按 2.0mH_2O(0.02MPa) 计算。

(5) 消防管网水力计算

绘制管道系统图，确定最不利点，并进行编号。由于该建筑室内消火栓用水量为 40L/s，由表 3-27 可知，该建筑发生火灾时需 8 支水枪同时工作（其中最不利竖管、次不利竖管、第三不利竖管的出水枪数分别为 3 支、3 支和 2 支）。如图 3-75 所示，立管Ⅰ上的十六、十五、十四层消火栓距消防水泵最远，处于最不利位置。按照最不利消防竖管和消火栓的流量要求，Ⅰ为最不利消防竖管，出水枪数为 3 支，编号 a、b、c，Ⅱ为次不利点消防竖管，出水枪数为 3 支，编号 d、e、f；Ⅲ为第三不利竖管，出水枪数为 2 支，编号 g、h。

由上文（4）可知，十六层消火栓口压力 $H_{xh1} = 21.75mH_2O$，流量为 5.4L/s。

对于十五层的消火栓而言，其栓口压力应为：$H_{xh2} = H_{xh1} +$(层高)+(十五～十六层消防立管的水头损失)，局部水头损失按沿程水头损失的 10%计。$DN$100 镀锌钢管，当 q=5.4L/s时，查表得水力坡降 i=0.00864，则有：

$$H_{xh2} = 21.75 + 3.6 + 0.00864 \times 3.6 \times 1.1 \approx 25.38mH_2O$$

因 $$H_{xh2} = H_{q2} + h_d + 2.0 = \frac{q_{xh2}}{B} + AL_d q_{xh}^2 + 2.0 = q_{xh2}^2\left(\frac{1}{B} + AL_d\right) + 2.0$$

故 $$q_{xh2} = \sqrt{\frac{H_{xh2} - 2}{\frac{1}{B} + AL_d}} = \sqrt{\frac{25.38 - 2}{\frac{1}{1.577} + 0.00172 \times 25}} \approx 5.8L/s$$

同理，十四层的消火栓栓口压力：$H_{xh3} = H_{xh2} +$(层高)+(十四～十五层消防立管的水头损失)，局部水头损失按沿程水头损失的 10%计。$DN$100 镀锌钢管，当 q=11.2L/s，查表得水力坡降 i=0.0338，则有：

$$H_{xh3} = 25.38 + 3.6 + 0.0338 \times 3.6 \times 1.1 \approx 29.11mH_2O$$

$$q_{xh3} = \sqrt{\frac{H_{xh3} - 2}{\frac{1}{B} + AL_d}} = \sqrt{\frac{29.11 - 2}{\frac{1}{1.577} + 0.00172 \times 25}} \approx 6.3L/s$$

根据消防流量分配原则，Ⅰ消防立管十三层以下消火栓流量不再计算，则Ⅰ消防立管的总流量为：

$$q_{xh1} + q_{xh2} + q_{xh3} = 5.4 + 5.8 + 6.3 = 17.5L/s$$

立管管径采用 $DN$100，流速 v=2.02m/s，查表得水力坡降 i=0.0819。

从理论上讲，Ⅱ号立管 d、e、f 消火栓流量应比Ⅰ号立管流量稍大，但相差较小，为简化计算，常采用与Ⅰ号立管相同的流量，即认为 $q_{xhd} + q_{xhe} + q_{xhf} = q_{xh1} + q_{xh2} + q_{xh3}$。同理，Ⅲ号立管上的 g、h 消火栓流量近似同Ⅰ号立管上 1、2 消火栓流量。则同时使用 8 支水枪的消防总流量为：

$$Q_{xh} = 2 \times 17.5 + 5.4 + 5.8 = 46.2L/s > 40L/s$$

由于一类高层公共建筑室内消火栓用水量不应小于 40L/s，因此室内消火栓用水量按 40L/s 设计，横干管管径采用 $DN$150，流速 v=2.36m/s<2.5m/s，满足规范要求。

管道水力计算结果见表 3-29。

管道水力计算表　　表3-29

管段	流量 q (L/s)	管径 (mm)	流速 (m/s)	单阻 i ($\times10^{-3}$MPa/m)	管长 (m)	水头损失 (m)
①～②	5.4	100	0.62	0.00864	3.6	0.0342
②～③	5.4+5.8=11.2	100	1.30	0.0338	3.6	0.1338
③～④	5.4+5.80+6.2=17.5	100	2.02	0.0819	50.9	4.5856
④～⑤	17.5	150	0.93	0.0108	18.2	0.2162
⑤～⑥	2×17.5=35.0	150	2.06	0.0551	18.6	1.1273
⑥～⑦	40	150	2.36	0.0719	15.0	1.1864
⑦～⑧	40	150	2.36	0.0719	3.5	0.2767
⑧～⑨	40	150	2.36	0.0719	2.0	0.1582
$\sum h=7.72$						

注：消防管道的局部水头损失按管道沿程水头损失的10%计。

（6）消防水泵的计算与选择

对于高层建筑、室内净空高度超过8m的民用建筑等场所，若消火栓栓口压力的计算值小于0.35MPa，因此最不利点消火栓栓口压力按0.35MPa设计。

消火栓系统所需压力（消防水泵所需扬程）为：

$H_b \geqslant H_{xh} + H_h + H_z \geqslant 35 + 7.72 + 54.0 + 1.1 - (-4.2) \geqslant 102.02m \approx 102m$

消火栓供水泵选型：根据$Q \geqslant 40L/s$，$H_b \geqslant 102m$，选用2台XBD10.5/40G-FWG型多级消防泵，一用一备。水泵性能参数：$Q=40L/s$，$H=105MPa$，$N=90kW$，$n=2900r/min$。

（7）各层消火栓栓口动水压力的计算

十六层消火栓栓口动水压力（$i=16$）：

$$\begin{aligned} H_{xhi} &= H_{xhb} + H_{xh} = H_b - h_z - \Delta h \\ &= 105 - (54.0 + 1.1 + 4.2) - 7.72 \\ &= 37.98m \approx 0.38MPa < 0.5MPa \end{aligned}$$

十五层消火栓栓口动水压力：

$$H_{15} = 105 - (50.4 + 1.1 + 4.2) - 7.69 \approx 0.42MPa$$

同理，十四层消火栓栓口动水压力：

$$H_{14} = 105 - (46.8 + 1.1 + 4.2) - 7.55 \approx 0.45MPa$$

同理，十三层消火栓栓口动水压力：

$$H_{13} = 105 - (43.2 + 1.1 + 4.2) - 7.22 \approx 0.49MPa$$

同理，十二层消火栓栓口动水压力：

$$H_{12}=105-(39.6+1.1+4.2)-6.89\approx 0.53\text{MPa}>0.50\text{MPa}$$

故应在十二层～地下一层之间采用减压稳压消火栓。

（8）消防水箱及增压稳压设备的计算

高位消防水箱的容积：因本建筑为一类高层公共建筑，故水箱的有效容积取 36m^3。消防水箱的外形尺寸为：5000×4000×2500（H），有效水位为 1800mm。水箱间地面标高 57.60m，水箱支座高度 500mm，因此水箱底标高为 58.10m，最低有效水位为 58.35m。

最不利消火栓处标高为 54.0+1.1=55.10（m），两者差为 3.25m。消防水箱设置高度不能满足最不利消火栓静水压力 0.10MPa 的要求，故在水箱间设置增压泵和气压罐，以满足最不利点消火栓的出水压力。增压系统按开启 2 只水枪设计。

1）增压泵启动压力 $P_{s1}=15-3.25=11.75\text{m}\approx 0.12\text{MPa}$，且 $\geqslant H_2+7=1.8+7=8.8\text{m}=0.088\text{MPa}$

2）增压泵停泵压力 $P_{s2}=P_{s1}/0.8=0.15\text{MPa}$

按《固定消防给水设备　第 3 部分：消防增压稳压给水设备》GB 27898.3—2011 的要求，气压水罐充气压力不小于 0.15MPa，P_0 取 0.16MPa，稳压泵启泵压力 $P_{s1}=P_0\times\beta=0.16\times 1.1=0.18\text{MPa}$；$P_{s2}=P_{s1}/0.8=0.22\text{MPa}$，稳压泵扬程取 $(P_{s1}+P_{s2})/2=20\text{m}$。依据计算容积与压力（表压），查《消防给水稳压设备选用与安装》17S205，选择增压稳压设备 ZW(L)-Ⅰ-1.0-20-ADL；配立式隔膜气压罐，型号 SQL800×0.6，调节容积 150L；配套水泵 ADL3-5，Q=1.0L/s，H=20m，N=0.37kW。

（9）消防水池

消防储水量按满足火灾延续时间内的室内外消防用水量计算，该建筑为一类高层综合楼，消火栓用水量按 3h 计算。

所以，消防水池有效容积

$$V_{\text{f}}=(Q_{\text{室内消火栓}}+Q_{\text{室外消火栓}})\times 3\times\frac{3600}{1000}+Q_{\text{自喷}}\times 1\times\frac{3600}{1000}$$

$$=\left[(40+30)\times 3\times\frac{3600}{1000}\right]+\left(30\times 1\times\frac{3600}{1000}\right)=864\text{m}^3$$

由于在火灾延续时间内市政管网可保证连续进水，水池进水管设为两条，管径为 100mm，计算补水量时按一条工作，管内流速取 1.0m/s，其补水量为：

$$V=1.0\times 3.14\times 0.1^2/4\times 3\times 3600=84.8\text{m}^3$$

则消防水池有效容积为：864−84.8=779.2m^3≈780m^3。消防水池分两格，每格有效容积为 390m^3

（10）水泵接合器数量计算

一个水泵接合器的出水量 q_{j}=10～15L/s，该工程室内消火栓水量 Q_{n}=40L/s。

水泵接合器数量：

$$n_{\text{j}}=\frac{Q_{\text{n}}}{q_{\text{j}}}=\frac{40}{15}\approx 3$$

消火栓水泵接合器选用 3 个。

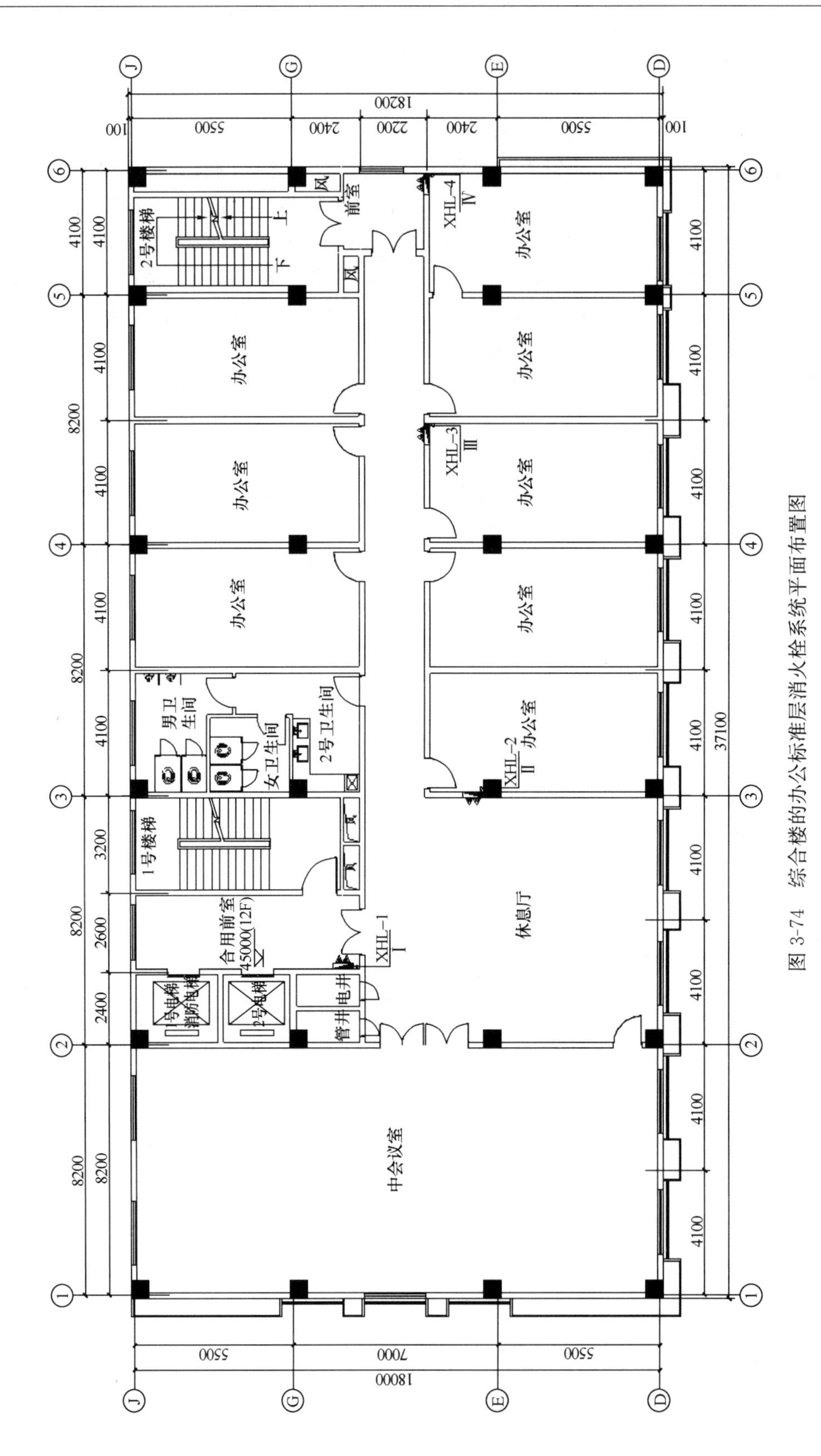

图 3-74　综合楼的办公标准层消火栓系统平面布置图

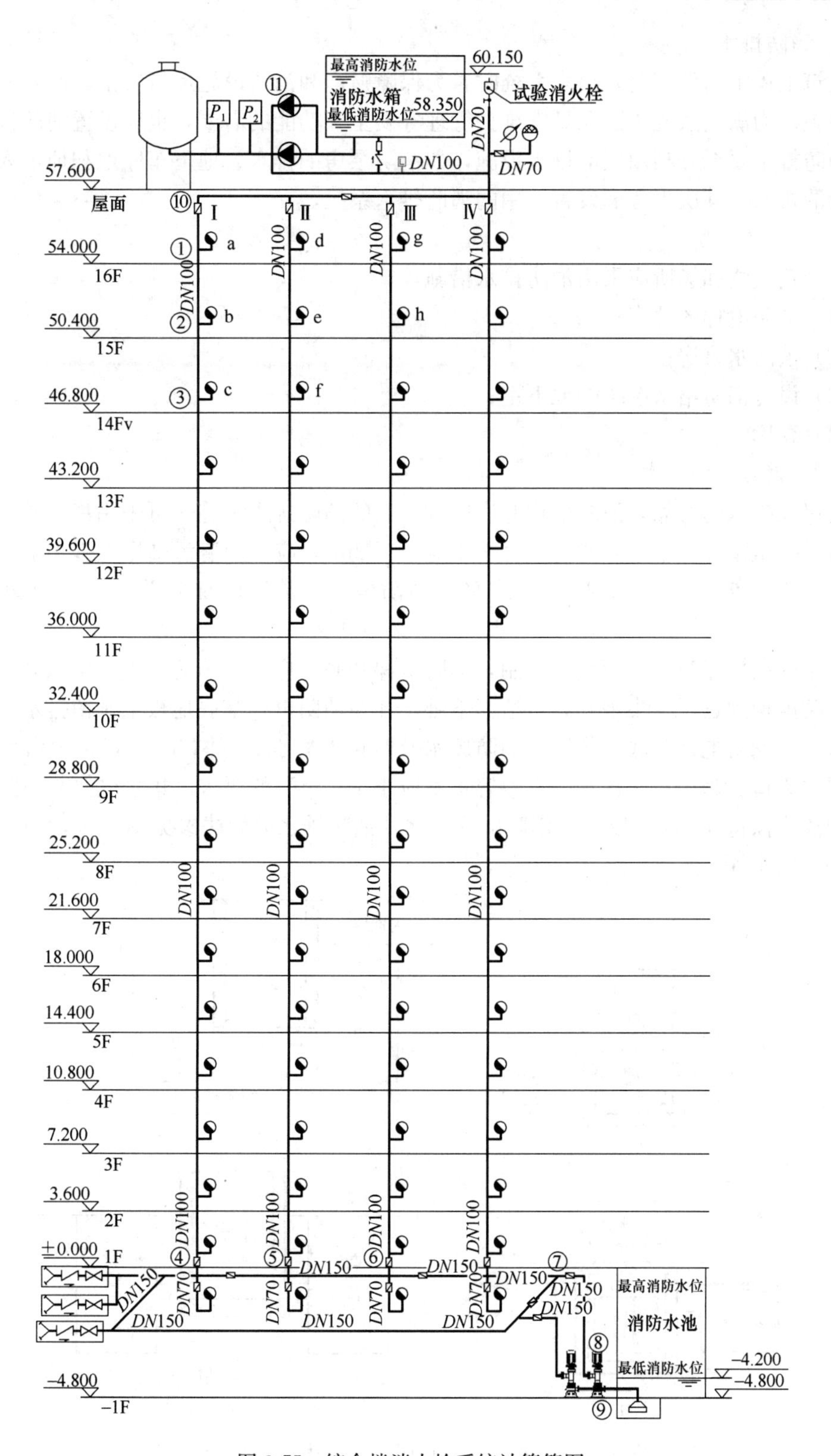

图 3-75 综合楼消火栓系统计算简图

3.1.3　消防排水

建筑工程中当设有消防给水系统时，为保障财产和消防设施运行安全，需要采用消防排水措施；为满足系统调试和日常维护管理等安全和功能的需要，也应设置消防排水。

消防排水要充分利用生活排水设施，如消防泵房的排水、地下车库地和地下人防工程等场所的排水，其次再考虑设置专用的消防排水系统。

3.1.3.1　设置场所

下列建筑物和场所应采用消防排水措施：

（1）消防电梯的井底；

（2）消防水泵房；

（3）设有消防给水系统的地下室；

（4）仓库。

3.1.3.2　消防电梯排水

为保证排水的可靠，消防电梯井底应设独立的消防排水设施。可采用集水井，通过排水泵将水排至室外。集水井的有效容量不应小于 $2m^3$，应采用潜污泵作为排水泵，排水泵的排水量不应小于 10L/s，排水泵应采用消防电源。消防电梯间前室门口宜设置挡水设施。

由于受高层建筑基础深度的限制，消防电梯井底不应作为消防排水的集水井，可贴邻或在消防电梯附近设置集水井，再适当下卧，并在消防电梯基底地板上预留排水口或预埋排水管，将消防电梯基底下集留的消防废水及时排入集水井（图 3-76），再由潜污泵排入室外雨水管道。为满足“排水井有效容量不应小于 $2m^3$”的要求，集水坑底与消防电梯基板的距离应保持在 0.8m 以上。消防电梯集水井消防排水的做法参见图 3-77，图中 h 为集水井的有效水深。

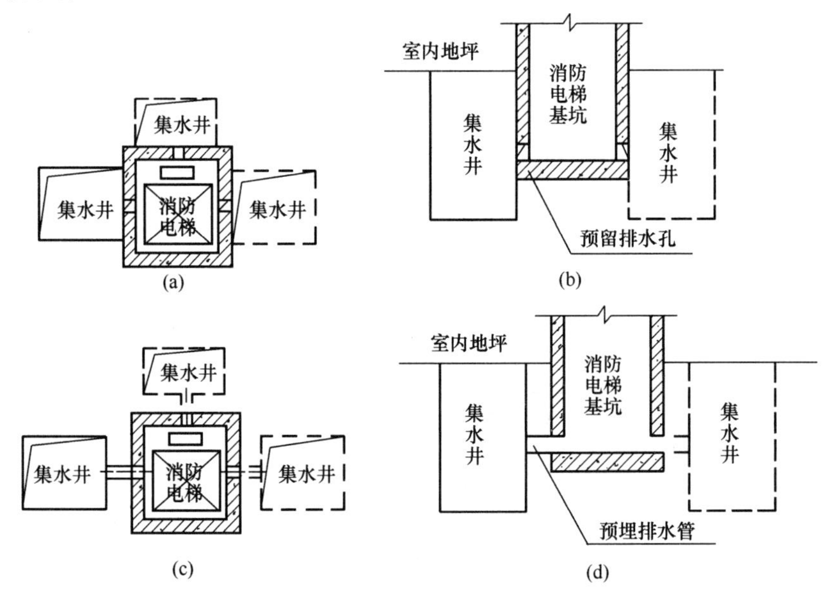

图 3-76　集水井贴邻消防电梯或在附近布置示意图

（a）集水井贴邻消防电梯布置的平面图；（b）集水井贴邻消防电梯布置做法的剖面图；（c）集水井布置在消防电梯附近的平面图；（d）集水井布置在消防电梯附近的剖面图

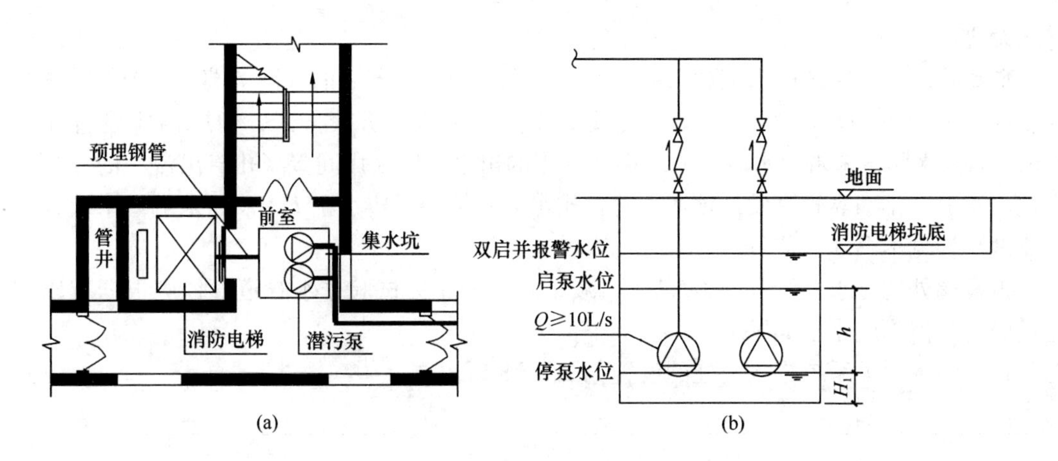

图 3-77 消防电梯集水井消防排水的做法

（a）平面图；（b）系统图

消防电梯集水井应与消防电梯设于同一个防火分区内。集水井内应配置备用泵，备用泵的设计流量不小于最大一台工作泵的设计流量。

3.1.3.3 消防水泵房的排水

消防水泵房的消防排水主要产生在消防系统的测试、日常维护管理及管道的渗漏和消防水池的溢水和泄空等环节。产生的消防排水可通过在消防水泵房内设置集水沟和集水坑，通过排水泵将消防排水排入室外雨水管道（图 3-32）。

1. 消防水泵房消防排水产生情况

（1）消防水泵出水管上装设有试验和检查用的放水阀门，系统测试和检查时产生排水；

（2）设于地下室的消防水池的溢水管和泄空管产生排水；

（3）消防泵阀门的渗漏；

（4）设于消防水泵房中的湿式自动喷水系统的报警阀组和系统测试装置产生排水。

2. 消防水泵房的排水要求

（1）地上式消防水泵房排水管道的排水能力应不小于最大一台消防给水泵的供水流量；

（2）地下式消防水泵房应设消防排水泵，其能力应确保消防给水泵检测试验时排水的需要，但排水泵流量不应小于 10L/ s ，集水坑容积不应小于 2m^3 。

3. 消防排水泵的设置

（1）消防排水泵的流量宜按排水量的 1.2 倍选型。扬程按提升高度、管路系统的水头损失经计算确定，并应附加 2～3m 的流出水头。

（2）消防排水泵宜单独设置排水管排至室外，并应设置备用泵。

（3）当 2 台或 2 台以上排水泵共用一条出水管时，应在每台水泵出水管上装设阀门和止回阀，单台水泵排水有可能产生倒灌时，亦设置阀门和止回阀。

（4）消防排水泵的启停应由消防排水集水坑内的水位自动控制。

3.1.3.4 自动喷水灭火系统的排水

在自动喷水灭火系统中，需要在末端试水装置处、报警阀处、减压阀处等设置专用的排水设置。

自动喷水灭火系统的末端试水装置一般设在水流指示器后的管网末端，每个报警阀组控制的最不利点洒水喷头处应设末端试水装置，在其他防火分区、楼层均应设直径为25mm的试水阀。末端试水装置或末端试水阀的出水，应采用间接（孔口出流）的方式排入排水管道，排水立管宜设伸顶通气管，排水立管管径不应小于 $DN75$。末端试水装置的具体做法参见本书3.2节。

报警阀处的排水立管宜为 $DN100$，减压阀处的压力试验排水管道直径应根据减压阀流量确定，但不应小于 $DN100$。

自动喷水灭火系统排水设施的设置如图3-78所示。

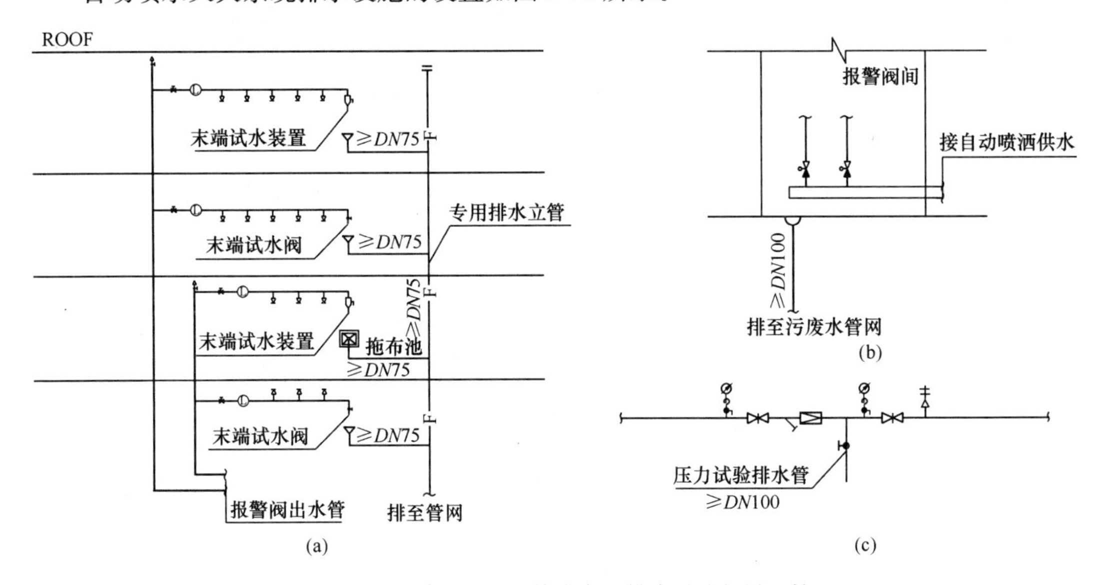

图3-78 自动喷水灭火系统中主要排水设施的设置情况

（a）末端试水装置和末端试水阀的排水设施；（b）报警阀组处的排水；（c）减压阀处的排水

3.1.3.5 其他场所的消防排水

汽车库、修车库的消防排水应充分利用生活排水设施，如与地面冲洗废水相结合。地下汽车库应设集水池，用排水泵提升后排出室外。

人防工程消防排水宜与生活排水设施合并设置，通过消防排水管道排入生活污水集水池，再由生活污水泵排至市政下水道。兼作消防排水的生活污水泵，总排水量应满足消防排水量的要求。

当消防排水中含有少量可燃液体时，排水管道应设置水封，并宜间接排入室外污水管道。

3.2 自动喷水灭火系统

3.2.1 系统特点

自动喷水灭火系统是一种在发生火灾时，能自动打开喷头喷水灭火，同时发出火警信号的固定灭火系统。这种灭火系统是当今世界上公认的最为有效的自救灭火设施，是应用最广泛、用量最大的自动灭火系统。

自动喷水灭火系统由洒水喷头、报警阀组、水流报警装置（水流指示器或压力开关）等组件，以及管道、供水等设施组成。自动喷水灭火系统有以下特点：

（1）火灾初期自动喷水灭火，着火小，用水量小；

（2）系统灵敏度和灭火成功率较高，损失小，无人员伤亡；

（3）目的性强，直接面对着火点，灭火迅速，不会蔓延；

（4）造价高。

从灭火的效果来看，凡发生火灾时可以用水灭火的场所，均可以采用自动喷水灭火系统，所以其适用于各类民用和工业建筑，但不适用于存在较多下列物品的场所：

（1）遇水发生爆炸或加速燃烧的物品；

（2）遇水发生剧烈化学反应或产生有毒有害物质的物品；

（3）洒水将导致喷溅或沸溢的液体。

3.2.2 火灾危险等级

自动喷水灭火系统设置场所的火灾危险等级应划分为：

（1）轻危险级；

（2）中危险级（Ⅰ级、Ⅱ级）；

（3）严重危险级（Ⅰ级、Ⅱ级）；

（4）仓库危险级（Ⅰ级、Ⅱ级、Ⅲ级）。

设置场所的火灾危险等级，应根据其用途、容纳物品的火灾荷载及室内空间条件等因素，在分析火灾特点和热气流驱动洒水喷头开放及喷头到位的难易程度后确定。当建筑物内各场所的火灾危险性及灭火难度存在较大差异时，宜按各场所的实际情况确定系统选型与火灾危险等级。自动喷水灭火系统火灾危险等级的划分与举例见表 3-30。

自动喷水灭火系统火灾危险等级的划分与举例　　表 3-30

火灾危险等级		设置场所举例	设置场所的特点
轻危险级		住宅建筑、幼儿园、老年人建筑、建筑高度为 24m 及以下的旅馆、办公楼；仅在走道设置闭式系统的建筑	可燃物品较少、可燃性低、火灾发热量低、外部增援和疏散人员较容易
中危险级	Ⅰ级	1. 高层民用建筑：旅馆、办公楼、综合楼、邮政楼、金融电信楼、指挥调度楼、广播电视楼（塔）等； 2. 公共建筑（含单多高层）：①医院、疗养院；图书馆（书库除外）、档案馆、展览馆（厅）；②影剧院、音乐厅和礼堂（舞台除外）及其他娱乐场所；③火车站和飞机场及码头的建筑；④总建筑面积小于 5000m^2 的商场；⑤总建筑面积小于 1000m^2 的地下商场等； 3. 文化遗产建筑：木结构古建筑、国家文物保护单位等； 4. 工业建筑：食品、家用电器、玻璃制品等工厂的备料与生产车间等；冷藏库、钢屋架等建筑构件	内部可燃物数量中等、可燃性中等、火灾初期不会引起剧烈燃烧的场所（大部分民用建筑和工业厂房划归中危险级，大规模商场列入中危险级Ⅱ级）

续表

火灾危险等级		设置场所举例	设置场所的特点
中危险级	Ⅱ级	1. 民用建筑：①书库、舞台（葡萄架除外）；②汽车停车场（库）；③总建筑面积 5000m² 及以上的商场；④总建筑面积 1000m² 及以上的地下商场；⑤净空高度不超过 8m、物品高度不超过 3.5m 的超级市场等； 2. 工业建筑：棉毛麻丝及化纤的纺织、织物及制品、皮革及制品、木材木器及胶合板、谷物加工、烟草及制品、饮用酒（啤酒除外）、造纸及纸制品、制药等工厂的备料与生产车间等	内部可燃物数量中等、可燃性中等、火灾初期不会引起剧烈燃烧的场所（大部分民用建筑和工业厂房划归中危险级，大规模商场列入中危险级Ⅱ级）
严重危险级	Ⅰ级	印刷厂、酒精制品、可燃液体制品等工厂的备料与车间，净空高度不超过 8m、物品高度超过 3.5m 的超级市场等	火灾危险性大、可燃物品数量多、火灾时容易引起燃烧并可能迅速蔓延的场所
	Ⅱ级	易燃液体喷雾操作区域、固体易燃物品、可燃的气溶胶制品、溶剂清洗、喷涂油漆、沥青制品等工厂的备料及生产车间；摄影棚、舞台葡萄架下部等	
仓库危险级	Ⅰ级	食品、烟酒、木箱、纸箱包装的不燃、难燃物品等	
	Ⅱ级	木材、纸、皮革、谷物及制品；棉毛麻丝化纤及制品、家用电器、电缆、B 组塑料与橡胶及其制品、钢塑混合材料制品、各种塑料瓶盒包装的不燃、难燃物品、各类物品混杂储存的仓库等	
	Ⅲ级	A 组塑料与橡胶及其制品、沥青制品等	

注：表中的 A、B 组塑料橡胶的举例见《自动喷水灭火系统设计规范》GB 50084—2017 附录 B。

3.2.3 自动喷水灭火系统的选型

自动喷水灭火系统按喷头的形式可分为闭式系统和开式系统。采用闭式喷头的为闭式自动喷水灭火系统，失火时热气流溶化喷头的温感释放器而进行洒水灭火。采用开式喷头的为开式自动喷水灭火系统，当发生火灾时，由联控装置启动系统，在失火区域的所有喷头同时洒水灭火，或隔断火源。

自动喷水灭火系统的选型应根据设置场所的建筑特征、环境条件和火灾特点等确定。其按功能可分为控灭火、防火分隔和防护冷却三种形式。按喷头形式分为闭式或开式系统，其中闭式系统可分为湿式、干式和预作用系统；开式系统可分为雨淋和水幕系统；水幕系统又有防火分隔和防护冷却两种功能。自动喷水灭火系统常用的系统类型如表 3-31 所示。

自动喷水灭火系统常用的系统类型　　表 3-31

系统功能	系统类型		喷头类型	报警阀类型
控灭火	闭式	湿式系统	闭式洒水喷头	湿式报警阀
		干式系统	闭式洒水喷头	干式报警阀
		预作用系统（单连锁）	闭式洒水喷头	预作用报警阀
		预作用系统（双连锁）	闭式洒水喷头	预作用报警阀
		重复启闭预作用系统	闭式洒水喷头	重复启闭预作用报警阀
	开式	雨淋系统	开式洒水喷头	雨淋阀
防火分隔	开式	防火分隔水幕系统	开式洒水喷头或水幕喷头（宜为开式洒水喷头）	雨淋阀
防护冷却	开式	防护冷却水幕系统	水幕喷头	雨淋阀
	闭式	防护冷却系统	宜为边墙型洒水喷头	湿式报警阀

3.2.4 闭式自动喷水灭火系统

3.2.4.1 设置场所

民用建筑设置自动喷水灭火系统的场所如表 3-32 所示。

民用建筑设置自动喷水灭火系统的场所　　表 3-32

灭火系统	设置场所	备注
自动喷水灭火系统	一类高层公共建筑（除游泳池、溜冰场外）及其地下、半地下室； 二类高层公共建筑及其地下、半地下室的公共活动用房、走道、办公室和旅馆的客房、可燃物品库房、自动扶梯底部； 高层民用建筑内的歌舞娱乐放映游艺场所； 建筑高度大于 100m 的住宅建筑	高层民用建筑或场所（参见《建筑设计防火规范（2018 年版）》GB 50016—2014 第 8.3.3 条）
	特等、甲等剧场，超过 1500 个座位的其他等级的剧场，超过 2000 个座位的会堂或礼堂，超过 3000 个座位的体育馆，超过 5000 人的体育场的室内人员休息室与器材间等； 任一层建筑面积大于 $1500m^2$ 或总建筑面积大于 $3000m^2$ 的展览、商店、餐饮和旅馆建筑以及医院中同样建筑规模的病房楼、门诊楼和手术部； 藏书量超过 50 万册的图书馆； 大中型幼儿园、老年人照料设施； 总建筑面积大于 500 m^2 的地下或半地下商店； 设置在地下或半地下或地上四层及以上楼层的歌舞娱乐放映游艺场所（除游泳场所外），设置在首层、二层和三层且任一层建筑面积大于 300 m^2 的地上歌舞娱乐放映游艺场所（除游泳场所外）	单多层民用建筑或场所（参见《建筑设计防火规范（2018 年版）》GB 50016—2014 第 8.3.4 条）
	Ⅰ、Ⅱ、Ⅲ类地上汽车库； 停车数大于 10 辆的地下、半地下汽车库； 机械式汽车库； 采用汽车专用升降机作为汽车疏散出口的汽车库； Ⅰ类修车库	汽车库、汽车库、修车库、停车场需设置自喷系统的场所

3.2.4.2 系统设置场所与工作原理

1. 系统设置场所

闭式自动喷水灭火系统中湿式系统、干式系统和预作用系统的适用场所如表 3-33 所示。

闭式自动喷水灭火系统的适用场所　　　　**表 3-33**

系统类型		适用情况（所列条件为并列关系，满足其一即可）
湿式系统		环境温度不低于 4℃，且不高于 70℃的场所［处于准工作状态时允许充水（误喷）的场所］
干式系统		环境温度低于 4℃或高于 70℃的场所
预作用系统	预作用系统（单连锁）	处于准工作状态时严禁误喷的场所； 用于替代干式系统的场所
	预作用系统（双连锁）	处于准工作状态时严禁充水的场所； 用于替代干式系统的场所
	重复启闭预作用系统	灭火后必须及时停止喷水的场所

注：重复启闭预作用系统是能在扑灭火灾后自动关阀、复燃时再次开阀喷水的预作用系统。

2. 系统组成与工作原理

（1）湿式系统

1）湿式系统是指准工作状态时管道内充满用于启动系统的有压水的闭式自动喷水灭火系统。

2）湿式系统由闭式喷头、管道系统、水流指示器、湿式报警阀组、报警控制器和供水设备等组成（图 3-79）。

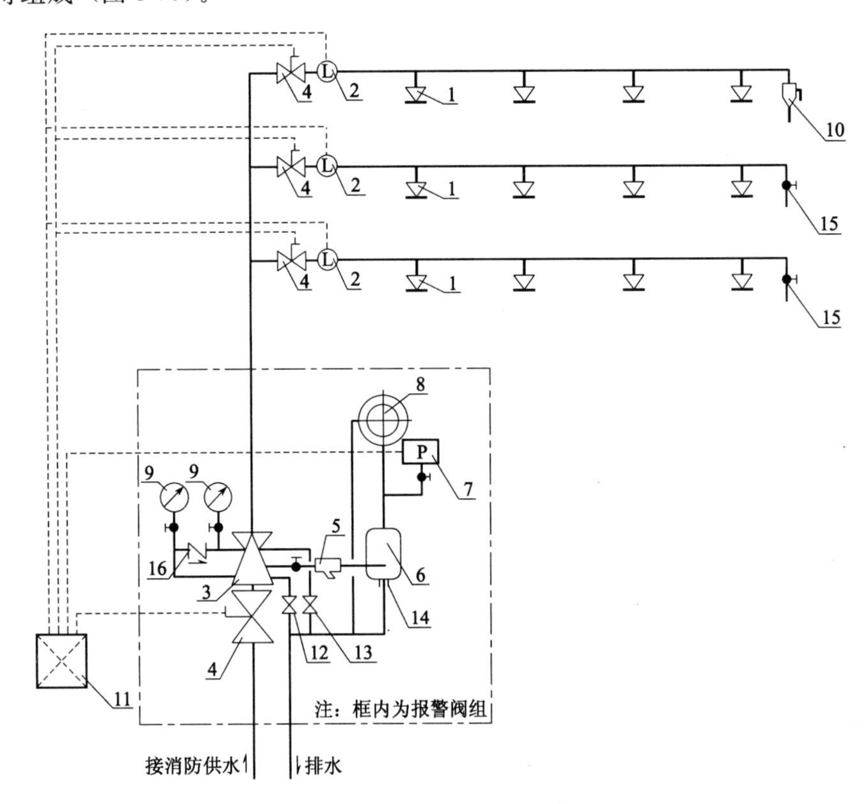

图 3-79　湿式系统组成示意图

1—闭式喷头；2—水流指示器；3—湿式报警阀；4—信号阀；5—过滤器；6—延迟器；7—压力开关；8—水力警铃；9—压力表；10—末端试水装置；11—火灾报警控制器；12—泄水阀；13—试验阀；14—节流器；15—试水阀；16—止回阀

3）湿式系统工作原理如图3-80所示。该系统平时由消防水箱和稳压设施维持管道内水的压力。发生火灾时，闭式喷头的闭锁装置熔化脱落，水即自动喷出，同时发出报警信号，水流指示器报告起火区域，消防水箱出水管上的流量开关、消防水泵出水管上的压力开关或报警阀组的压力开关输出启动消防水泵信号，完成系统的启动。系统启动后，由消防水泵向开放的喷头供水，开放的喷头将供水按不低于设计规定的喷水强度均匀喷洒，实施灭火。

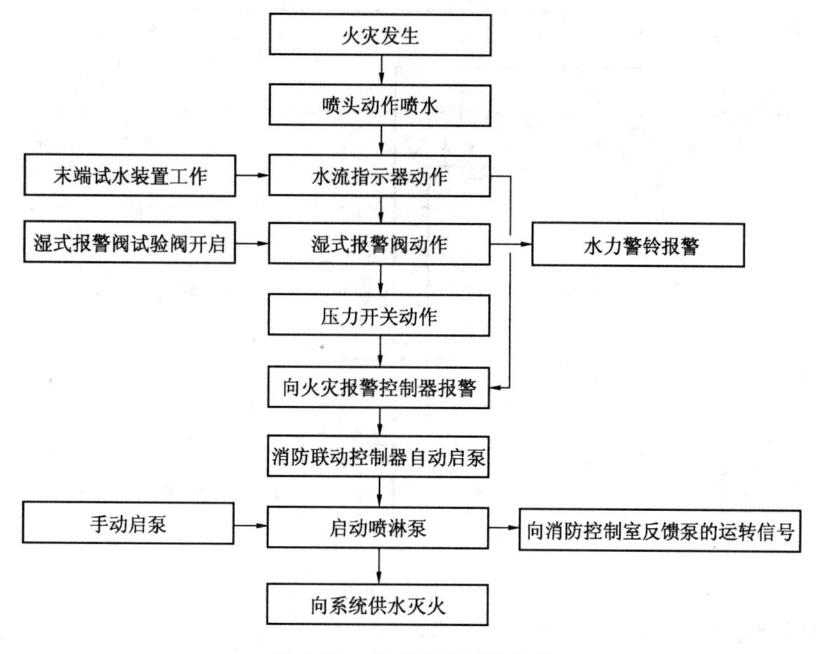

图3-80 湿式系统工作原理

（2）干式系统

1）干式系统是指准工作状态时管道内充满用于启动系统的有压气体的闭式自动喷水灭火系统。

2）干式系统由闭式洒水喷头、管道、充气设备、干式报警阀、报警装置和供水设施等组成（图3-81）。

3）干式系统工作原理如图3-82所示。干式系统与湿式系统的不同之处在于干式系统在准工作状态时，干式报警阀前（水源侧）的管道内充以压力水，干式报警阀后（系统侧）的管道内充以有压气体，报警阀处于关闭状态。平时用充气设备维持报警阀内气压大于水压，将水隔断在报警阀前。当发生火灾时，闭式喷头受热动作，喷头开启，管道中的有压气体从喷头喷出，干式报警阀系统侧压力下降，造成干式报警阀水源侧压力大于系统侧压力，干式报警阀被自动打开，压力水进入供水管道，将剩余压缩空气从系统立管顶端或横干管最高处的排气阀或已打开的喷头处喷出，然后喷水灭火。在干式报警阀被打开的同时，通向水力警铃和压力开关的通道也被打开，水流冲击水力警铃和压力开关，压力开关直接自动启动系统消防水泵供水。

4）干式系统与湿式系统的区别在于干式系统采用干式报警阀组，准工作状态时配水管道内充以压缩空气等有压气体。为保持气压，需要配套设置补气设施。由于闭式喷头开

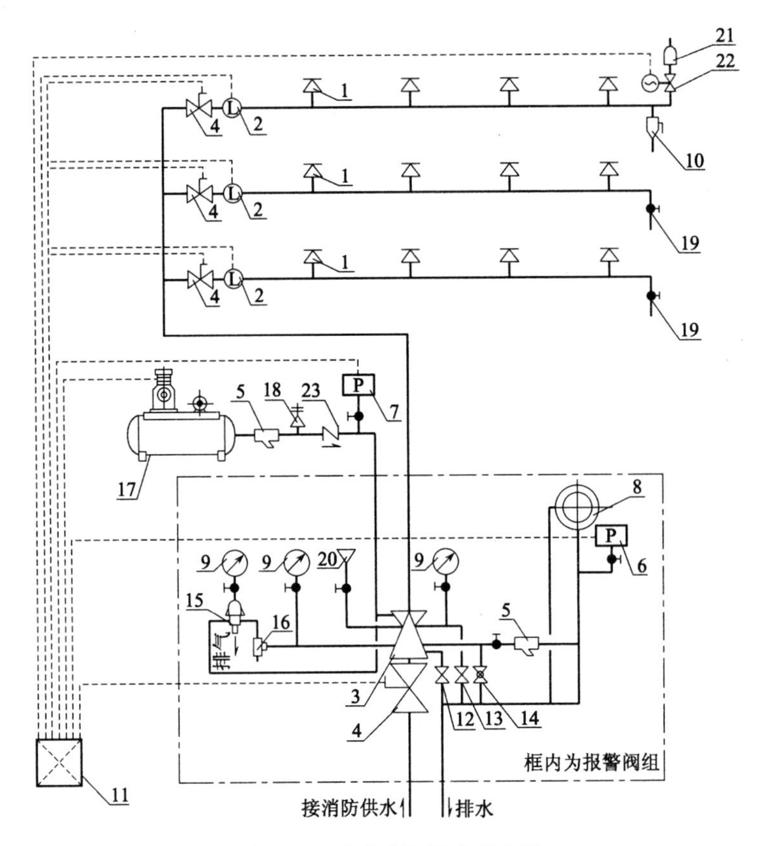

图 3-81　干式系统组成示意图

1—闭式喷头；2—水流指示器；3—干式报警阀；4—信号阀；5—过滤器；6—压力开关（1）；7—压力开关（2）；8—水力警铃；9—压力表；10—末端试水装置；11—火灾报警控制器；12—泄水阀；13—试验阀；14—球阀；15—加速器；16—抗洪装置；17—空压机；18—安全阀；19—试水阀；20—注水口；21—快速排气阀；22—电动阀；23—止回阀

放后，配水管道有一个排气充水过程，所以干式系统开始喷水的时间将因排气充水过程而产生滞后，因此削弱了系统的灭火能力，这一点是干式系统的固有缺陷。

（3）预作用系统

1）预作用系统是指准工作状态时配水管道内不充水，由火灾自动报警系统自动开启雨淋报警阀后，转为湿式系统的闭式自动喷水灭火系统。

2）预作用系统由火灾探测系统、闭式喷头、水流指示器、预作用报警阀组，以及管道和供水设施等组成（图 3-83）。

3）预作用系统的工作原理如图 3-84 所示。当发生火灾时，由感烟火灾探测器报警，同时发出信息开启报警信号，报警信号延迟 30s，证实无误后，自动启动预作用报警阀后，向喷水管网中自动充水，转为湿式系统。温度再升高，喷头的闭锁装置脱落，喷头即自动喷水灭火。平时补气维持管道内气压，是为了发现管网和喷头是否漏气，以便及时检修，避免系统误充水时漏水，造成水渍污染。

4）预作用系统既兼有湿式、干式系统的优点，又避免了湿式、干式系统的缺点，在不允许出现误喷或管道漏水的重要场所，可替代湿式系统使用；在低温或高温场所中替代

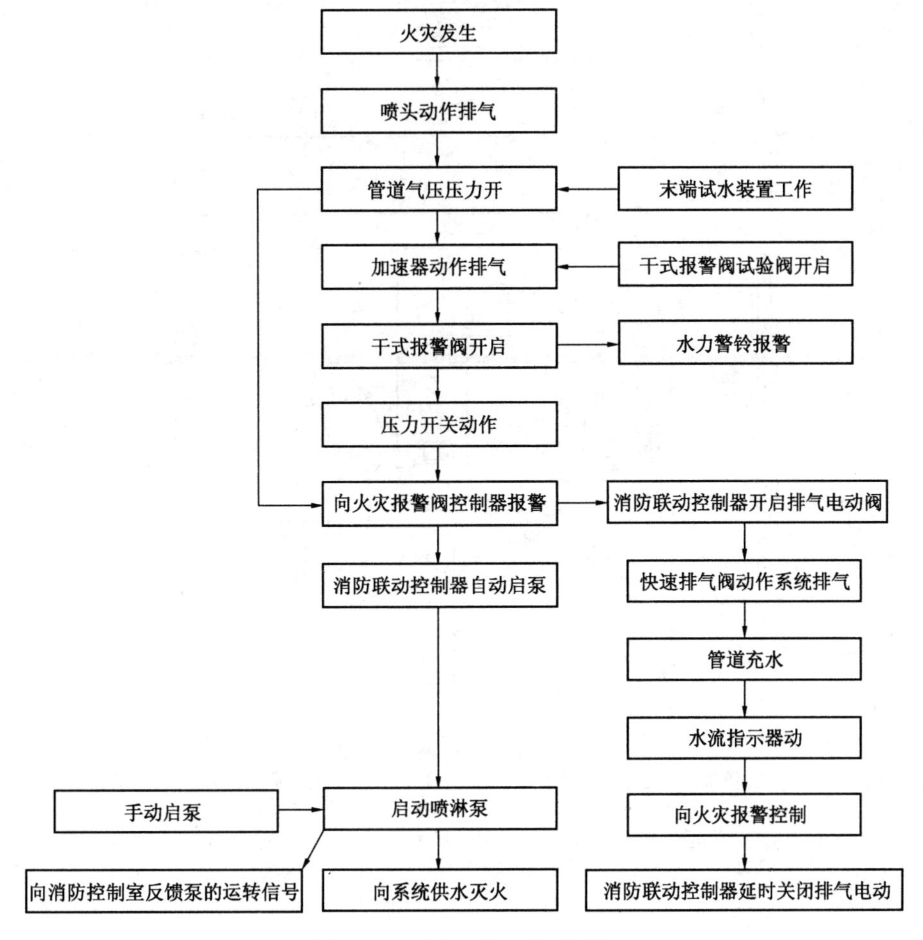

图 3-82 干式系统工作原理图

干式系统，可避免喷头开启后延迟喷水的缺点。

(4) 湿式、干式和预作用系统的比较

湿式、干式和预作用系统的比较如表 3-34 所示。

湿式、干式和预作用系统的比较 **表 3-34**

项目	湿式系统	干式系统	预作用系统
主要组成	湿式报警阀组 延迟器	干式报警阀组 充气设备	预作用装置 充气设备 快速排气阀
喷头	闭式	闭式	闭式
配水管道充装的物质	压力水	有压气体	有压气体
启动方式	闭式喷头	闭式喷头	火灾报警系统和充气管路上的压力开关
适用范围	4～70℃	≤4℃，>70℃	严禁误报，严禁管路充水，替代干式系统
喷水时间	喷头开启即刻喷水	喷头开启喷水时间延迟	喷头开启即刻喷水

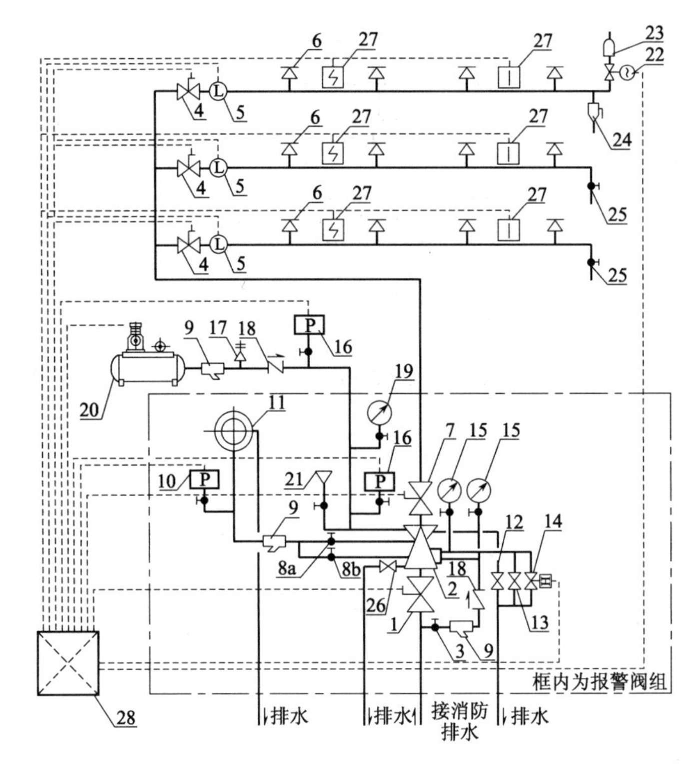

图 3-83　预作用系统组成示意图

1—信号阀；2—预作用报警阀；3—控制腔供水阀；4—信号阀；5—水流指示器；6—闭式喷头；7—试验信号阀；8a—水力警铃控制阀；8b—水力警铃测试阀；9—过滤器；10—压力开关；11—水力警铃；12—试验放水阀；13—手动开启阀；14—电磁阀；15—压力表；16—压力开关；17—安全阀；18—止回阀；19—压力表；20—空压机；21—注水口；22—电动阀；23—自动排气阀；24—末端试水装置；25—试水阀；26—泄水阀；27—火灾探测器；28—火灾报警控制装置

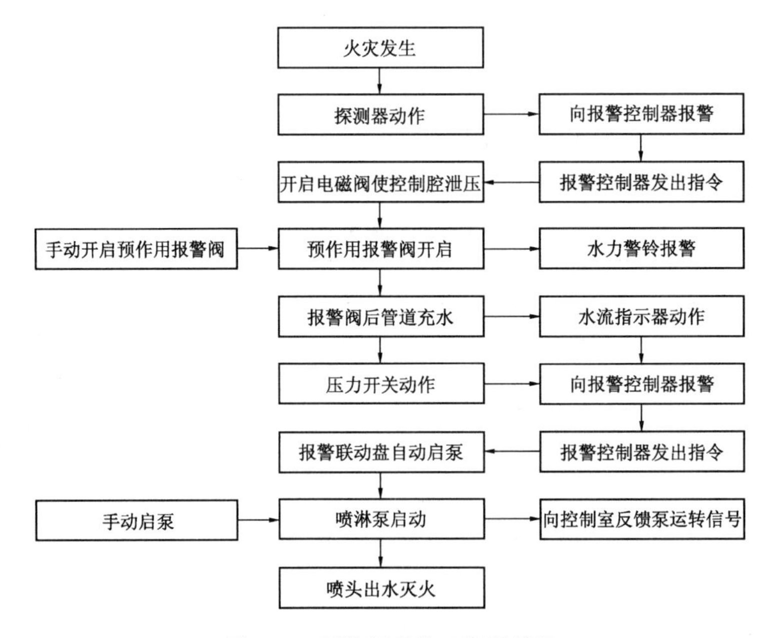

图 3-84　预作用系统工作原理图

三种预作用系统的比较如表 3-35 所示。

三种预作用系统的比较 **表 3-35**

系统形式	预作用系统（单连锁）	预作用系统（双连锁）	重复启闭预作用系统
启动方式	由火灾自动报警系统一组信号联动启动	由火灾自动报警系统和充气管道设置的压力开关联锁控制系统启动	在扑灭火灾后自动关阀、复燃时再次开阀喷水
适用场所	在准工作状态下严禁误喷的场所	在准工作状态下严禁管道充水的场所	灭火后必须及时停止喷水的场所
系统侧管网	准工作状态下，系统侧管网充压； 非准工作状态下，系统侧管网不充压	准工作状态下，系统侧管网充压充满压缩气体	准工作状态下，系统侧管网充压充满压缩气体
充水时间	系统侧配水管道充水时间，不宜大于 2min	系统侧配水管道充水时间，不宜大于 1min	系统侧配水管道充水时间，不宜大于 2min
设置场所	车库	大型冷冻库区、博物馆、计算机房等	计算机房、电缆间，配电间、电缆隧道、棉花仓库、烟草仓库等

3.2.4.3 系统的主要组件及选型

1. 闭式喷头分类

(1) 按热敏元件分：玻璃球喷头、易熔金属元件喷头（图 3-85）。

作用方式：玻璃球喷头，当达到公称作用温度时，玻璃球内液体受热膨胀，玻璃球爆裂，喷头作用喷水。玻璃球泡内的工作液体通常用的是酒精和乙醚。易熔合金喷头，是在热的作用下，使易熔金属元件熔化脱落而开启喷水。

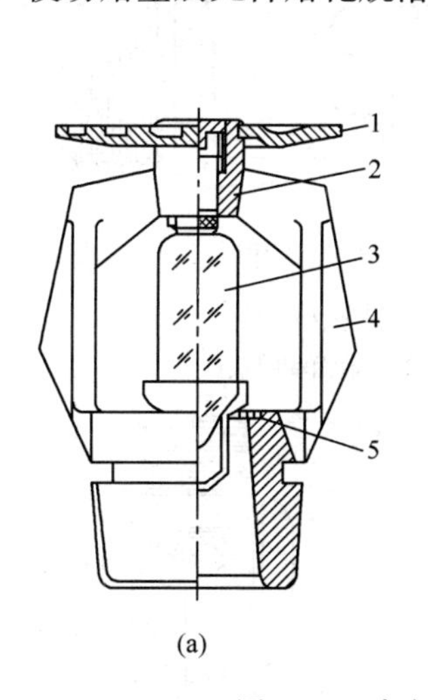

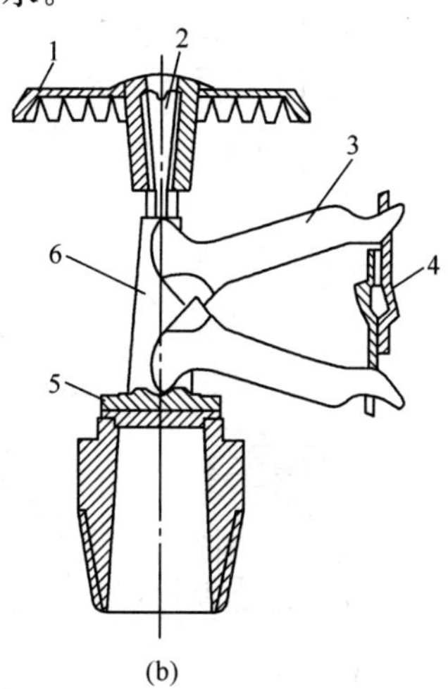

图 3-85 玻璃球和易熔金属元件喷头构造

(a) 玻璃球喷头；

1—溅水盘；2—调整螺丝；3—玻璃球；4—轭臂架；5—轭臂座

(b) 易熔金属元件喷头

1—溅水盘；2—调整螺丝；3—悬臂支撑；4—感温元件；5—密封垫；6—轭臂

（2）按产品安装方式分：普通型喷头、下垂型喷头、直立型喷头、边墙型喷头、吊顶隐蔽型喷头（图 3-86）。

（3）按响应时间分：标准响应喷头和快速响应喷头。

（4）按保护范围分：标准覆盖面积喷头和扩大覆盖面积喷头（图 3-87）。

（5）按适用场所分：家用喷头、早期抑制快速响应喷头和特殊应用喷头（图 3-88）。

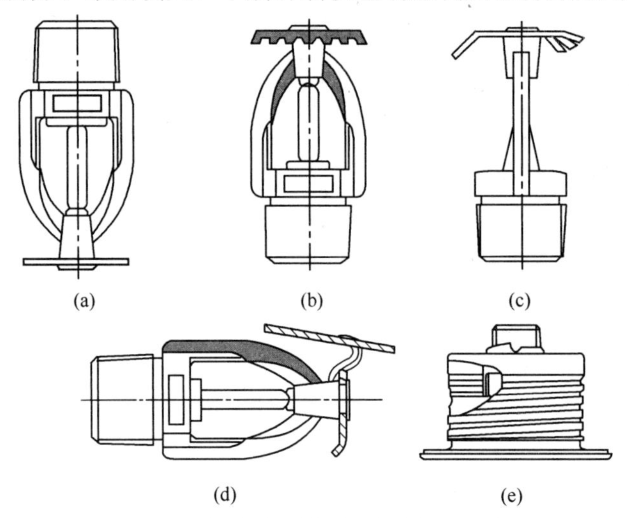

图 3-86　闭式喷头类型（按安装方式分）

（a）下垂型喷头；（b）直立型喷头；（c）直立式边墙型喷头；（d）水平式边墙型喷头；（e）吊顶隐蔽型喷头

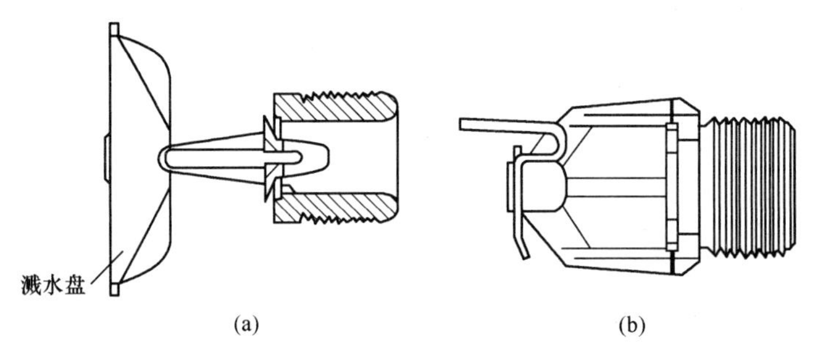

图 3-87　闭式喷头类型（按保护范围分）

（a）标准覆盖面积喷头；（b）扩大覆盖面积喷头

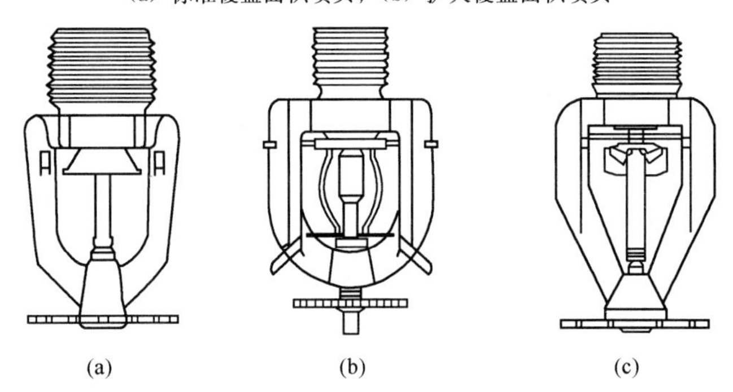

图 3-88　闭式喷头类型（按适用场所分）

（a）家用喷头；（b）特殊应用喷头；（c）早期抑制快速响应喷头

2. 报警阀组

报警阀组的主要作用是接通或关断报警水流，喷头动作后报警水流将驱动水力警铃和压力开关报警；防止水倒流。

闭式系统根据报警阀的构造和功能可分为：湿式报警阀组、干式报警阀组和预作用报警阀组等。

(1) 报警阀组的组成和工作原理

1) 湿式报警阀组

湿式报警阀组（充水式报警阀组）适于在湿式自动喷水灭火系统立管上安装，主要由湿式报警阀、水力警铃、压力开关、延迟器、控制和检修阀、检验装置等组成。湿式报警阀组的安装示意图如图 3-89 所示。

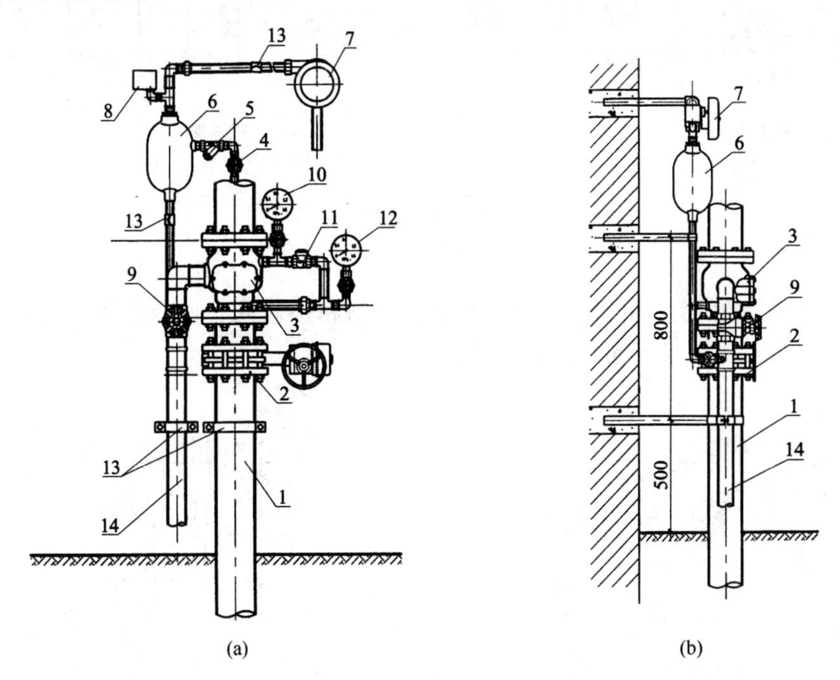

图 3-89 湿式报警阀组安装图

(a) 正视图；(b) 侧视图

1—消防给水管；2—信号蝶阀；3—湿式报警阀；4—球阀；5—过滤器；6—延时器；7—水力警铃；8—压力开关；9—球阀；10—出水口压力表；11—止回阀；12—进水口压力表；13—管卡；14—排水管

湿式报警阀的工作原理如图 3-90 所示。报警阀为单向阀，平时阀芯前后水压相等，由于阀芯的自重和阀芯前后所受水的总压力不同，阀芯处于关闭状态。发生火灾时，闭式喷头喷水，报警阀上面的水压下降，阀下水压大于阀上水压，阀板开启，向洒水管网及洒水喷头供水，同时水沿着报警阀的环形槽进入延迟器，水充满延时器后再流向压力开关和水力警铃，由水力警铃、压力开关发出报警信号并启动消防水泵。若水流较小，不足以补充从节流孔排出的水，就不会引起误报。

2) 干式报警阀组

干式报警阀组（充气式报警阀组）适于在干式自动喷水灭火系统立管上安装。主要由

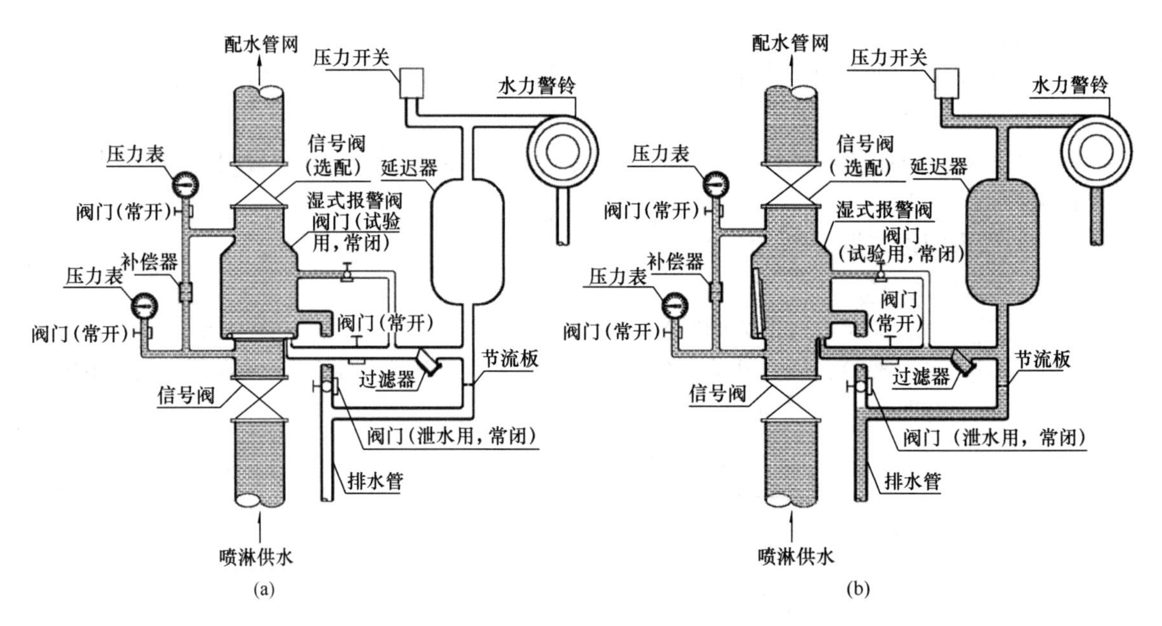

图3-90　湿式报警阀的工作原理

(a) 准工作状态；(b) 工作状态

干式报警阀、水力警铃、压力开关、延迟器、控制和检修阀、检验装置、充气装置等组成。干式报警阀组的安装示意如图3-91所示。

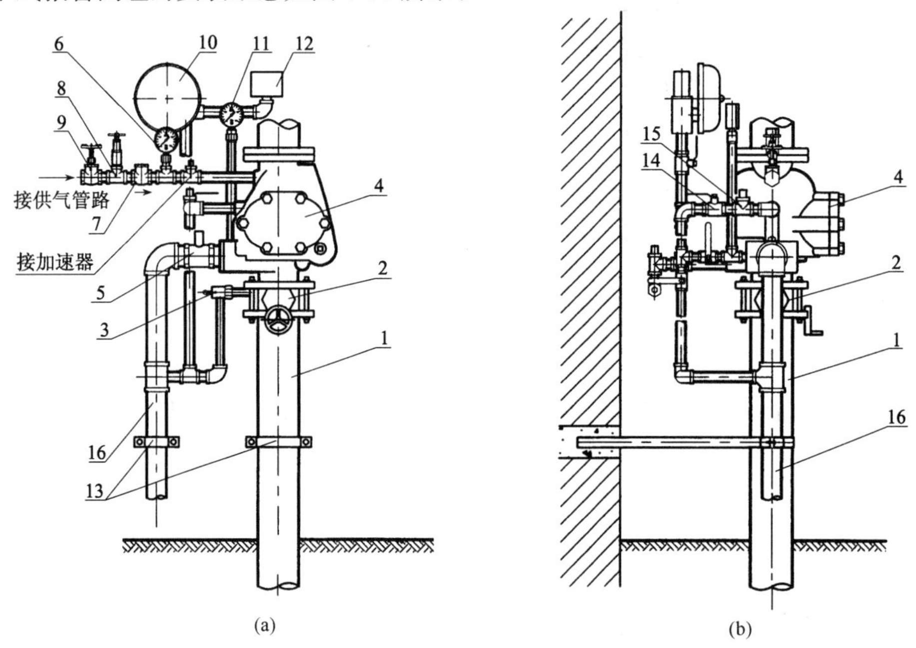

图3-91　干式报警阀组安装图

(a) 正视图；(b) 侧视图

1—消防给水管；2—信号蝶阀；3—自动滴水阀；4—干式报警阀；5—主排水阀；6—气压表；7—气路止回阀；8—安全阀；9—供气截止阀；10—水力警铃；11—水压表；12—压力开关；13—管卡；14—冷凝水排水阀；15—注水口管堵；16—排水管

干式报警阀的工作原理：阀体内装有一个差动双盘阀板，阀板下圆盘关闭水，阻止水从干管进入喷水管网，阀板上圆盘承受空气压力，保持干式阀处于关闭状态。由于气压作用面积大于水压作用面积（一般约为 5∶1 以上），为了使阀保持关闭状态，闭式喷洒管网内空气压力应大于水压的 1/5 以上，并应使空气压力保持恒定。当闭式喷头开启时，空气管网内的压力下降，作用在差动阀板的圆盘上的压力降低，阀板被推起，水通过报警阀进入喷水管网由喷头喷出，同时水通过报警阀座位上的环形槽进入信号设施进行报警。

3）预作用报警阀组

预作用报警阀组由雨淋阀和湿式报警阀上下串联组成。雨淋阀位于供水侧，湿式报警阀位于系统侧，通过补水漏斗向阀瓣上方加水至阀体接管口后，关闭各球阀，通过空气压缩机维持管网中的空气压力。湿式报警阀的阀瓣靠重力和管网中的气压关闭阀瓣，阀瓣上方的存水起密封阀瓣的作用，使上方有压气体不向下泄漏。雨淋阀阀瓣和湿式报警阀阀瓣之间的腔体内为自由空气，渗漏进来的水从滴水阀自由排出。当启动装置动作时，雨淋阀控制腔压力下降，雨淋阀阀瓣打开，下部水压大于上部气压，使水冲开湿式报警阀，进入消防给水管网，成为湿式系统，预作用报警阀组安装图如图 3-92 所示。

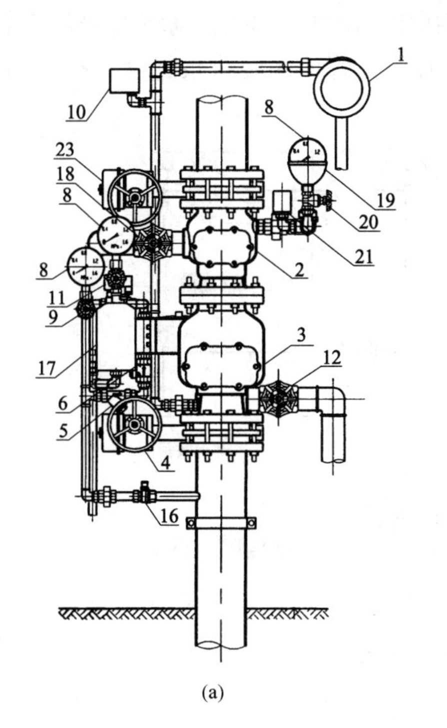

(a)

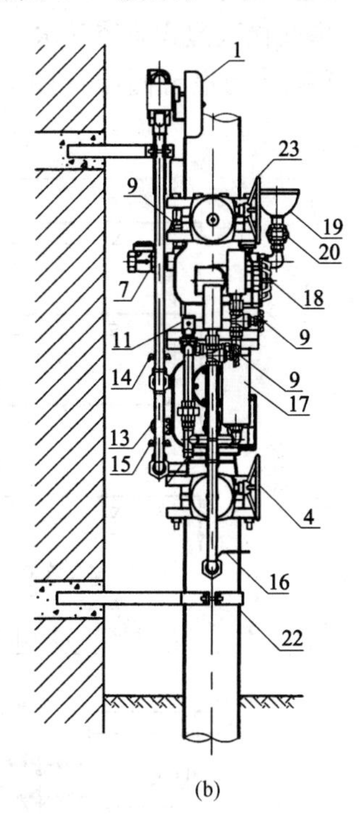

(b)

图 3-92　预作用报警阀组安装图

（a）正视图；（b）侧视图

1—水力警铃；2—湿式报警阀；3—雨淋报警阀；4—信号阀；5—过滤器；6—止回阀；7—止回阀；8—压力表；9—表前阀；10—压力开关；11—电磁阀；12—泄水阀；13—自动滴水阀；14—水力警铃控制阀；15—水力警铃测试阀；16—控制腔供水阀；17—紧急启动手动阀；18—阀瓣功能调试阀；19—注水漏斗；20—充水控制阀；21—低气压报警压力开关；22—固定支架；23—试验信号阀

（2）报警阀组主要部分的作用

1）湿式报警阀：防水倒流并在一定流量下报警的止回阀。

2）干式报警阀：防水气倒流并在一定流量下报警的止回阀。

3）水力警铃：靠水力驱动的机械警铃。报警阀阀瓣打开后，水流通过报警连接管冲击水轮，带动铃锤敲击铃盖发出报警声音。

4）压力开关（压力继电器）：一般垂直安装在延时器与水力警铃之间的信号管道上。检测管网内的水压，给出电接点信号，发出火警信号并自动启泵。

5）延时器：安装在报警阀与水力警铃之间的罐式容器，用以防止水源发生水锤时引起水力警铃的误动作。

6）气压维持装置：包括空气压缩机和气压控制装置。空气压缩机可输出压缩空气经供气管供入干式阀或预作用阀的空气管接口，充满配水管网系统，维持系统压力。供气管路上的压力开关自动启停空气压缩机，保持气体的压力。供气管上的止回阀阻止水进入空气压缩机，安全阀用于防止气压超压。

（3）报警阀组的设置原则

1）自动喷水灭火系统应设报警阀组；保护室内钢屋架等建筑构件的闭式系统，应设独立的报警阀组。

2）串联接入湿式系统配水干管的干式、预作用、雨淋等其他自动喷水灭火系统，应分别设置独立的报警阀组（图3-93），其控制的喷头数计入湿式报警阀组控制的喷头总数。

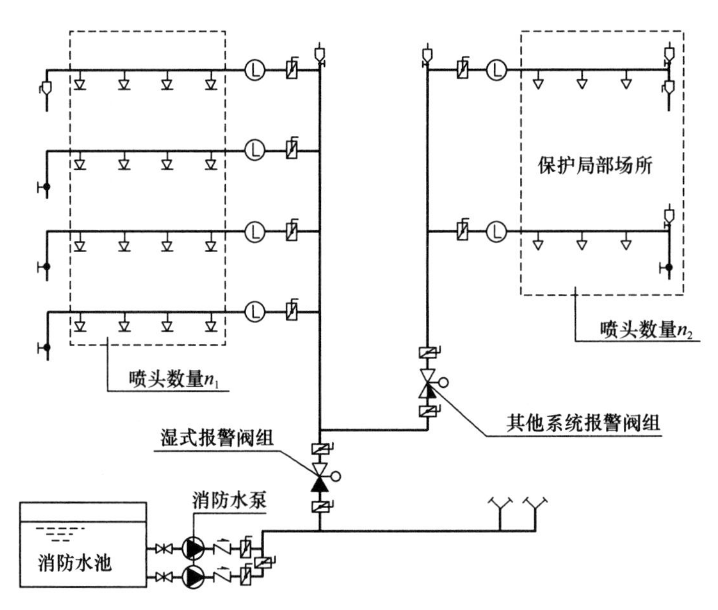

图3-93 报警阀串联示意图

注：$n_2 < n_1$；$n_1 + n_2 \leqslant 800$

3）一个报警阀组控制的喷头数应符合下列规定：

① 湿式系统、预作用系统不宜超过800个，干式系统不宜超过500个。

② 当配水支管同时安装保护吊顶下方和上方空间的喷头时，应只将数量较多一侧的喷头计入报警阀组控制的喷头总数。

4）每个报警阀组供水的最高与最低位置喷头，其高程差不宜大于50m。

5）报警阀组宜设在安全及易于操作的地点，如消防泵房或报警阀室内。安装报警阀的部位地面应设有排水设施，排水管管径不宜小于 $DN100$。

6）报警阀间距不宜小于 1.2m，侧面距墙不宜小于 0.5m，报警阀正面宜有 1.2m 的距离。报警阀距室内地面高度宜为 1.2m。

7）连接报警阀进出口的控制阀应采用信号阀；当不采用信号阀时，控制阀应设锁定阀位的锁具。

（4）水力警铃的设置

1）水力警铃应设在有人值班的地点附近或公共通道的外墙上，应靠近报警阀；

2）水力警铃的工作压力不应小于 0.05MPa；

3）与报警阀连接的管道应采用热镀锌钢管，当热镀锌钢管的公称直径为 $DN20$ 时，总长度不应大于 20m。

报警阀室布置示意图如图 3-94 所示。

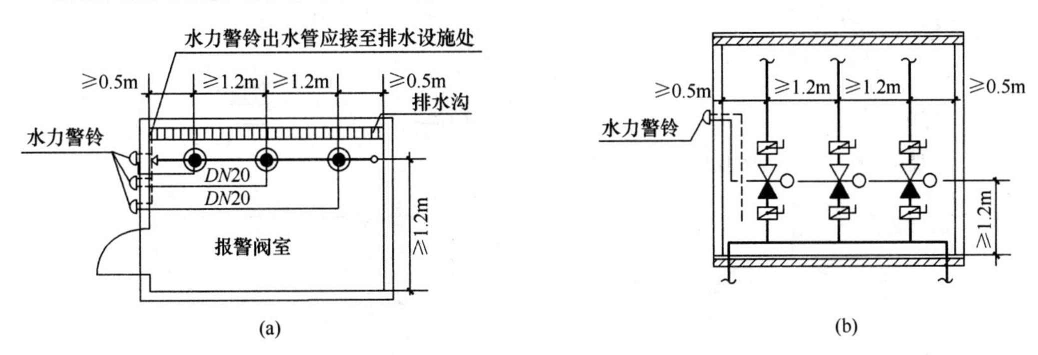

图 3-94 报警阀室布置示意图

（a）平面图；（b）剖面图

3. 水流指示器

（1）水流指示器的作用

水流指示器是用于自动喷水灭火系统中将水流信号转换成电信号的一种报警装置（图 3-95）。当有水流过装有水流指示器的管道时，流动的水流冲击水流指示器中的桨片发生偏移，接通电接点，输出电信号，并能指出喷水喷头的大致位置。水流指示器的安装示意图如图 3-96 所示。其安装在楼层每层或每个防火分区的配水干管上，用于监测管道内的水流状况。

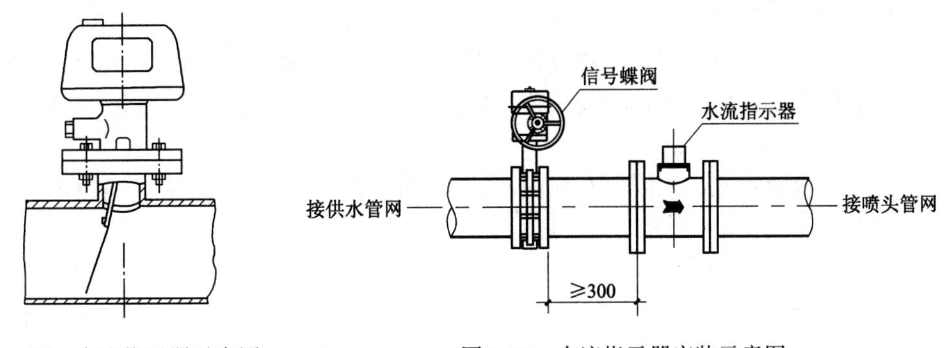

图 3-95 水流指示器示意图

图 3-96 水流指示器安装示意图

（2）设置要求

闭式系统（湿式、干式、预作用式）一般都应设置水流指示器，设置要求为：

1）每个防火分区、每个楼层均应设水流指示器。但当一个湿式报警阀组仅控制一个防火分区或一个楼层的喷头时，由于报警阀组的水力警铃和压力开关已能发挥报告火灾部位的作用，故这种情况可以不设水流指示器。

2）仓库内顶板下喷头与货架内喷头应分别设置水流指示器。

3）当水流指示器入口前设置控制阀时，应采用信号阀。

4. 末端试水装置

（1）末端试水装置的作用

末端试水装置的主要作用是检测系统的可靠性，测试系统是否能在开放一只喷头的最不利条件下可靠报警并正常启动。湿式、干式和预作用系统均应设置末端试水装置。其一般由试水阀、压力表和试水接头组成。图3-97为末端试水装置安装示意图，图3-98为末端试水流程示意图。

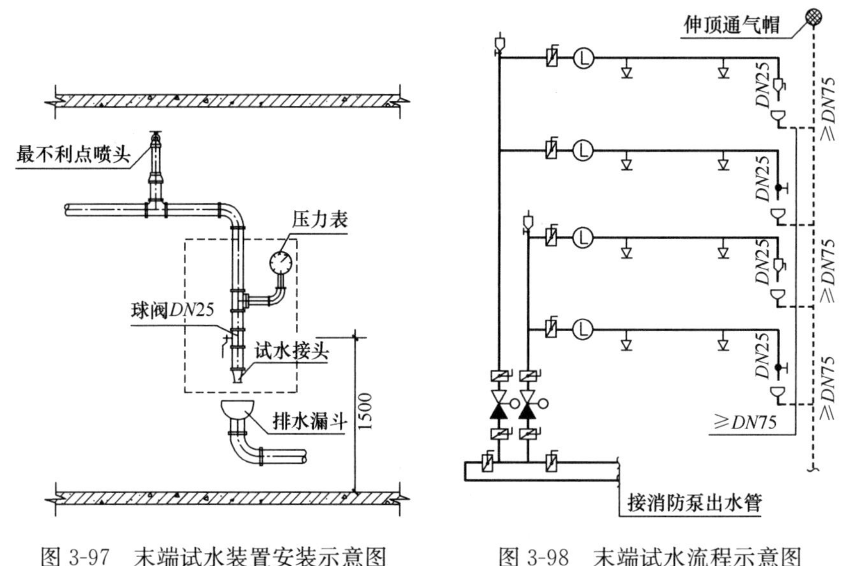

图3-97　末端试水装置安装示意图　　图3-98　末端试水流程示意图

（2）设置要求

1）每个报警阀组控制的最不利点洒水喷头处应设末端试水装置，其他防火分区、楼层均应设直径为25mm的试水阀。

2）试水接头出水口的流量系数应等同于同楼层或防火分区内的最小流量系数喷头。

3）末端试水装置的出水，应采取孔口出流的方式排入排水管道，排水立管宜伸顶通气，且管径不应小于75mm。

4）末端试水装置和试水阀应有标识，距地面的高度宜为1.5m，并应采取不被他用的措施。

5. 火灾探测器

火灾探测器的作用是接受火灾信号，通过电气自动控制装置进行报警或启动消防设备，包括感烟式火灾探测器、感温式火灾探测器、火焰探测器、可燃气体探测器等几种类型（详见本书第5章相关内容）。

3.2.4.4 系统的设计

1. 设计基本参数

闭式自动喷水灭火系统的设计，应保证被保护建筑物的最不利点喷头有足够的喷水强度。

（1）民用建筑和厂房采用湿式系统时，设计基本参数不应低于表3-36的规定。

民用建筑和厂房采用湿式系统的设计参数　　表3-36

<table>
<tr><th colspan="2">火灾危险等级</th><th>净空高度 h
（m）</th><th>喷水强度
[L/(min·m²)]</th><th>作用面积
（m²）</th></tr>
<tr><td colspan="2">轻危险级</td><td rowspan="5">$h\leq8$</td><td>4</td><td rowspan="3">160</td></tr>
<tr><td rowspan="2">中危险级</td><td>Ⅰ级</td><td>6</td></tr>
<tr><td>Ⅱ级</td><td>8</td></tr>
<tr><td rowspan="2">严重危险级</td><td>Ⅰ级</td><td>12</td><td rowspan="2">260</td></tr>
<tr><td>Ⅱ级</td><td>16</td></tr>
</table>

注：1. 系统最不利点处喷头的工作压力不应低于0.05MPa；
2. 火灾延续喷水时间均为1h，局部应用系统持续喷水时间不应低于0.5h。

（2）民用建筑和厂房高大空间场所采用湿式系统的设计基本参数不应低于表3-37的规定。

民用建筑和厂房高大空间场所采用湿式系统的设计基本参数　　表3-37

<table>
<tr><th colspan="2">适用场所</th><th>净空高度
h（m）</th><th>喷水强度
[L/(min·m²)]</th><th>作用面积
（m²）</th><th>喷头间距
S（m）</th></tr>
<tr><td rowspan="4">民用建筑</td><td rowspan="2">中庭、体育馆、航站楼等</td><td>$8<h\leq12$</td><td>12</td><td rowspan="6">160</td><td rowspan="6">$1.8<S\leq3.0$</td></tr>
<tr><td>$12<h\leq18$</td><td>15</td></tr>
<tr><td rowspan="2">影剧院、音乐厅、会展中心等</td><td>$8<h\leq12$</td><td>15</td></tr>
<tr><td>$12<h\leq18$</td><td>20</td></tr>
<tr><td rowspan="2">厂房</td><td>制衣制鞋、玩具、木器、电子生产车间</td><td rowspan="2">$12<h\leq18$</td><td>15</td></tr>
<tr><td>棉纺厂、麻纺厂、泡沫塑料生产车间等</td><td>20</td></tr>
</table>

注：1. 火灾持续喷水时间均为1h；
2. 最大净空高度超过8m的超级市场的设计基本参数应按仓库及类似场所执行；
3. 当民用建筑高大空间场所的最大净空高度为 $12m<h\leq18m$ 时，应采用非仓库型特殊应用喷头。

（3）干式系统的喷水强度应按表3-36的规定值确定，系统作用面积应按对应值的1.3倍确定。

（4）预作用系统的喷水强度应按表3-36的规定值确定。当系统采用预作用系统（单连锁）时，系统作用面积应按表3-36的规定值确定；当系统采用预作用系统（双连锁）时，系统作用面积应按表3-36规定值的1.3倍确定。

（5）仅在走道设置洒水喷头的闭式系统，其作用面积应按最大疏散距离所对应的走道面积确定。

（6）装设网格、栅板类通透性吊顶的场所，净空高度 $h\leq8m$ 时，系统喷水强度应按湿式系统参数（表3-36的规定值）的1.3倍确定。

2. 喷头的选用与布置

（1）喷头的选用

设置闭式自动喷水灭火系统的场所，喷头类型和场所的最大净空高度应符合表3-38的规定。仅用于保护室内钢屋架等建筑构件的洒水喷头和设置货架内置洒水喷头的场所，可不受此表规定的限制。

民用建筑洒水喷头类型和场所净空高度的规定　　表3-38

<table>
<tr><th colspan="3" rowspan="2">设置场所</th><th colspan="4">喷头类型</th><th rowspan="2">场所净空高度 h（m）</th></tr>
<tr><th>保护面积</th><th>响应时间性能</th><th>安装形式</th><th>流量系数 K</th></tr>
<tr><td rowspan="11">普通场所</td><td colspan="2" rowspan="4">轻危险等级</td><td rowspan="2">标准覆盖面积</td><td rowspan="2">快速、特殊、标准响应</td><td>直立、下垂、吊顶型</td><td rowspan="8">$K\geqslant80$</td><td rowspan="11">$h\leqslant8$</td></tr>
<tr><td>边墙型</td></tr>
<tr><td rowspan="2">扩大覆盖面积</td><td rowspan="2">快速响应</td><td>直立、下垂、吊顶型</td></tr>
<tr><td>边墙型</td></tr>
<tr><td rowspan="4">中危险等级</td><td rowspan="2">Ⅰ级</td><td>标准覆盖面积</td><td>快速、特殊、标准响应</td><td>直立、下垂、吊顶型</td></tr>
<tr><td>扩大覆盖面积</td><td>快速响应</td><td>边墙型</td></tr>
<tr><td rowspan="2">Ⅱ级</td><td>标准覆盖面积</td><td>快速、特殊、标准响应</td><td>直立、下垂、吊顶型</td></tr>
<tr><td>扩大覆盖面积</td><td>快速响应</td><td>直立、下垂、吊顶型</td></tr>
<tr><td rowspan="3">严重危险等级</td><td rowspan="2">Ⅰ级</td><td>标准覆盖面积</td><td>快速、特殊、标准响应</td><td>直立、下垂、吊顶型</td><td rowspan="2">宜 $K>80$</td></tr>
<tr><td>扩大覆盖面积</td><td>快速响应</td><td>直立、下垂、吊顶型</td></tr>
<tr><td>Ⅱ级</td><td colspan="4">应为雨淋系统，宜采用 $K>80$ 的开式喷头</td></tr>
<tr><td rowspan="6">高大空间场所</td><td colspan="2" rowspan="3">中庭、体育馆、航站楼等</td><td colspan="4">标准覆盖面积 $K\geqslant115$ 的快速响应喷头</td><td rowspan="2">$8<h\leqslant12$</td></tr>
<tr><td colspan="4">非仓库型特殊应用喷头</td></tr>
<tr><td colspan="4">非仓库型特殊应用喷头</td><td>$12<h\leqslant18$</td></tr>
<tr><td colspan="2" rowspan="3">影剧院、音乐厅、会展中心等</td><td colspan="4">标准覆盖面积 $K\geqslant115$ 的快速响应喷头</td><td rowspan="2">$8<h\leqslant12$</td></tr>
<tr><td colspan="4">非仓库型特殊应用喷头</td></tr>
<tr><td colspan="4">非仓库型特殊应用喷头</td><td>$12<h\leqslant18$</td></tr>
</table>

（2）闭式喷头的选型原则

1）湿式系统洒水喷头的选型：

① 不做吊顶的场所，当配水支管布置在梁下时，应采用直立型洒水喷头；

② 吊顶下布置的洒水喷头，应采用下垂型洒水喷头或吊顶型洒水喷头；

③ 顶板为水平面的轻危险级、中危险级Ⅰ级的住宅建筑、宿舍、旅馆建筑客房、医疗建筑病房和办公室，可采用边墙型洒水喷头；

④ 易受碰撞的部位，应采用带保护罩的洒水喷头或吊顶型洒水喷头；

⑤ 顶板为水平面，且无梁、通风管等障碍物影响的场所，可采用扩大覆盖面积洒水喷头；

⑥ 住宅建筑和宿舍、公寓等非住宅类居住建筑宜采用家用喷头；

⑦ 不宜选用隐蔽型洒水喷头；确需采用时，应仅适用于轻危险级和中危险级Ⅰ级场所。

2）下列场所宜采用快速响应洒水喷头（系统应为湿式系统）：

① 公共娱乐场所、中庭环廊；

② 医院、疗养院的病房及治疗区域，老年、少儿、残疾人的集体活动场所；

③ 超出消防水泵接合器供水高度的楼层；

④ 地下商业场所及仓储用房。

3）干式和预作用喷头选型：

应采用直立型洒水喷头或干式下垂型洒水喷头。

4）同一隔间内应采用相同热敏性能的洒水喷头。

（3）喷头的布置

1）一般规定

① 喷头应布置在顶板或吊顶下易于接触到火灾热气流并有利于均匀布水的位置。当喷头附近有障碍物时，可增设补偿喷水强度的喷头。

② 直立型、下垂型标准覆盖面积洒水喷头的布置，包括同一根配水支管上喷头的间距及相邻配水支管的间距，应根据设置场所的火灾危险等级、洒水喷头类型和工作压力确定，并不应大于表3-39的规定，且不宜小于1.8m。

直立型、下垂型标准覆盖面积洒水喷头的布置　　表3-39

火灾危险等级	正方形布置的边长（m）	矩形或平行四边形布置的长边边长（m）	1只喷头的最大保护面积（m²）	喷头与端墙的距离（m）	
				最大	最小
轻危险级	4.4	4.5	20.0	2.2	0.1
中危险级Ⅰ级	3.6	4.0	12.5	1.8	
中危险级Ⅱ级	3.4	3.6	11.5	1.7	
严重危险级、仓库危险级	3.0	3.6	9.0	1.5	

注：1. 设置单排喷头的闭式系统，其洒水喷头间距应按走道地面不留漏喷空白点确定。

2. 严重危险级或仓库危险级场所，宜采用流量系数$K>80$的喷头。

③ 边墙型标准覆盖面积洒水喷头的最大保护跨度与间距不应大于表3-40的规定。

边墙型标准覆盖面积洒水喷头的最大保护跨度与间距　　表3-40

火灾危险等级	配水支管上喷头的最大间距（m）	单排喷头的最大保护跨度（m）	两排相对喷头的最大保护跨度（m）
轻危险级	3.6	3.6	7.2
中危险级Ⅰ级	3.0	3.0	6.0

注：1. 两排相对洒水喷头应交错布置。

2. 室内跨度大于两排相对喷头的最大保护跨度时，应在两排相对喷头中间增设一排喷头。

④ 直立型、下垂型扩大覆盖面积洒水喷头应采用正方形布置，其布置间距不应大于

表 3-41 的规定，且不应小于 2.4m。

直立型、下垂型扩大覆盖面积洒水喷头的布置间距　　表 3-41

火灾危险等级	正方形布置的边长（m）	1只喷头的最大保护面积（m^2）	喷头与端墙的距离（m）	
			最大	最小
轻危险级	5.4	29.0	2.7	0.1
中危险级Ⅰ级	4.8	23.0	2.4	
中危险级Ⅱ级	4.2	17.5	2.1	
严重危险级	3.6	13.0	1.8	

⑤ 除吊顶型洒水喷头及吊顶下设置的洒水喷头外，直立型、下垂型标准覆盖面积洒水喷头和扩大覆盖面积洒水喷头溅水盘与顶板的距离不应小于 75 mm、不应大于 150mm。

⑥ 除吊顶型洒水喷头及吊顶下设置的洒水喷头外，直立型、下垂型早期抑制快速响应喷头、特殊应用喷头和家用喷头溅水盘与顶板的距离应符合 3-42 的规定。

喷头溅水盘与顶板的距离　　表 3-42

喷头类型		喷头溅水盘与顶板的距离 S_L（mm）
早期抑制快速响应喷头	直立型	$100 < S_L \leq 150$
	垂直型	$150 < S_L \leq 360$
特殊应用喷头		$150 < S_L \leq 200$
家用喷头		$25 < S_L \leq 100$

⑦ 图书馆、档案馆、商场、仓库中的通道上方宜设有喷头。喷头与被保护对象的水平距离不应小于 0.3m；喷头溅水盘与保护对象的最小垂直距离不应小于表 3-43 的规定。

喷头溅水盘与保护对象的最小垂直距离　　表 3-43

喷头类型	最小垂直距离（mm）
标准覆盖面积洒水喷头、扩大覆盖面积洒水喷头	450
特殊应用喷头、早期抑制快速响应喷头	900

⑧ 净空高度大于 800mm 的闷顶和技术夹层内应设置洒水喷头。当同时满足下列情况时，可不设置洒水喷头：

a. 闷顶内敷设的配电线路采用不燃材料套管封闭式金属槽保护；

b. 风管保温材料等采用不燃、难燃材料制作；

c. 无其他可燃物。

⑨ 当局部场所设置自动喷水灭火系统时，局部场所与相邻不设自动喷水灭火系统场所连通的走道或连通门窗的外侧，应设洒水喷头。

⑩ 边墙型洒水喷头溅水盘与顶板和背墙的距离（图 3-99）应符合表 3-44 的规定。

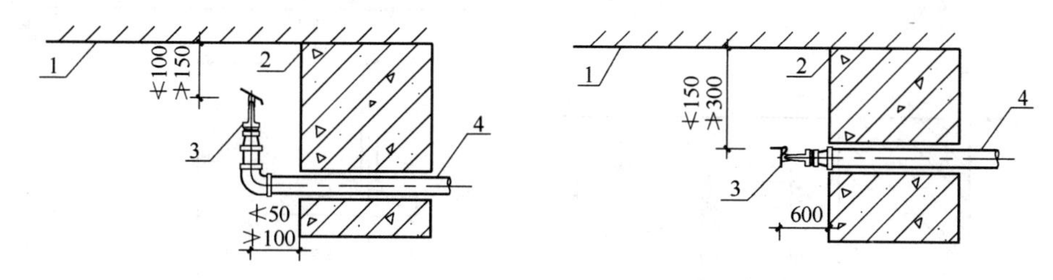

图 3-99 边墙型喷头溅水盘与顶板和背墙的距离

1—顶板；2—背墙；3—喷头；4—管道

边墙型洒水喷头溅水盘与顶板和背墙的距离 **表 3-44**

喷头类型		喷头溅水盘与顶板的距离 S_L（mm）	喷头溅水盘与背墙的距离 S_W（mm）
边墙型标准覆盖面积洒水喷头	直立式	$100<S_L\leqslant150$	$50<S_W\leqslant100$
	水平式	$150<S_L\leqslant300$	—
边墙型扩大覆盖面积洒水喷头	直立式	$100<S_L\leqslant150$	$100<S_W\leqslant150$
	水平式	$150<S_L\leqslant300$	—
边墙型家用喷头		$100<S_L\leqslant150$	—

2）喷头与障碍物的距离

布置喷头时，会遇到梁、通风道、管道、排水管、桥架等障碍物，喷头须与障碍物之间保持一定距离。

① 直立型、下垂型喷头与梁、通风管道的距离（图 3-100）应符合表 3-45 的规定。

喷头与梁、通风管道的距离 **表 3-45**

喷头与梁、通风管道的水平距离 a（mm）	喷头溅水盘与梁、通风管道的底面的垂直距离 b（mm）		
	标准覆盖面积洒水喷头	扩大覆盖面积洒水喷头、家用喷头	早期抑制快速响应喷头、特殊应用喷头
$a<300$	0	0	0
$300<a\leqslant600$	$b\leqslant60$	0	$b\leqslant40$
$600<a\leqslant900$	$b\leqslant140$	$b\leqslant30$	$b\leqslant140$
$900<a\leqslant1200$	$b\leqslant240$	$b\leqslant80$	$b\leqslant250$
$1200<a\leqslant1500$	$b\leqslant350$	$b\leqslant130$	$b\leqslant380$
$1500<a\leqslant1800$	$b\leqslant450$	$b\leqslant180$	$b\leqslant550$
$1800<a\leqslant2100$	$b\leqslant600$	$b\leqslant230$	$b\leqslant780$
$a\geqslant2100$	$b\leqslant880$	$b\leqslant350$	$b\leqslant780$

② 标准覆盖面积洒水喷头、扩大覆盖面积洒水喷头和家用喷头与不到顶隔墙的水平距离和垂直距离（图 3-101）应符合表 3-46 的规定。

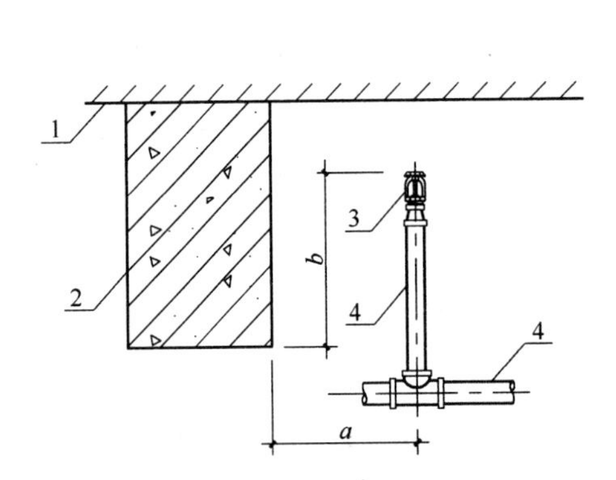

图 3-100　喷头与梁、通风管道的关系

1—顶板；2—梁（或通风管道）；

3—直立型喷头；4—管道

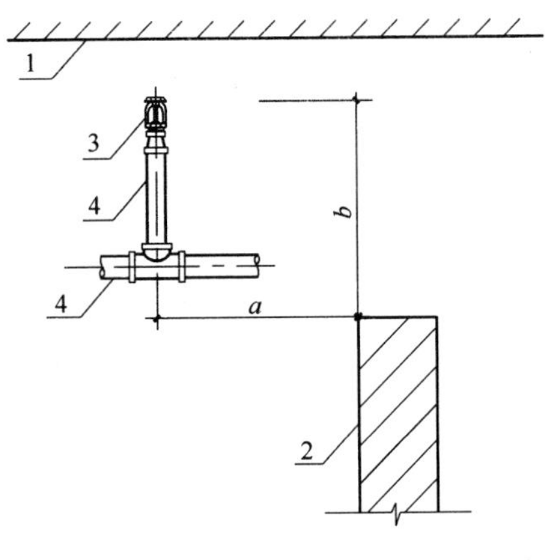

图 3-101　喷头与不到顶隔墙的关系

1—顶板；2—不到顶隔墙；

3—直立型喷头；4—管道

喷头与不到顶隔墙的水平距离和垂直距离　　**表 3-46**

喷头与不到顶隔墙的水平距离 a（mm）	喷头溅水盘与不到顶隔墙的垂直距离 b（mm）
$a<150$	$b\geqslant80$
$150\leqslant a<300$	$b\geqslant150$
$300\leqslant a<450$	$b\geqslant240$
$450\leqslant a<600$	$b\geqslant310$
$600\leqslant a<750$	$b\geqslant390$
$a\geqslant750$	$b\geqslant450$

③ 特殊应用喷头的溅水盘以下 0.9m 范围内，其他类型喷头的溅水盘以下 0.45m，当有屋架等间断障碍物或管道时，喷头与邻近障碍物的最小水平距离宜符合表 3-47 的规定（图 3-102）。

喷头与邻近障碍物的最小水平距离　　**表 3-47**

喷头类型	喷头与邻近障碍物的最小水平距离 a（mm）	
标准覆盖面积洒水喷头	c、e 或 $d\leqslant200$	$3c$ 或 $3e$（c 与 e 取最大值）或 $3d$
特殊应用喷头	c、e 或 $d>200$	600
扩大覆盖面积洒水喷头	c、e 或 $d\leqslant225$	$4c$ 或 $4e$（c 与 e 取最大值）或 $4d$
家用喷头	c、e 或 $d>225$	900

④ 当梁、通风管道、成排布置的管道、桥架等障碍物的宽度大于 1.2m 时，应在障碍物下方增设喷头，如图 3-103 所示；采用早期抑制快速响应喷头和特殊应用喷头的场所，当障碍物的宽度大于 0.6m 时，应在障碍物下方增设喷头。

⑤ 直立型、下垂型喷头与靠墙障碍物的距离（图 3-104）应符合下列规定：

a. 当障碍物横截面边长 $e<750$mm 时，喷头与障碍物的距离应按式（3-26）确定

$$a\geqslant(e-200)+b \tag{3-26}$$

式中　a——喷头与障碍物的水平距离，mm；

b——喷头溅水盘与障碍物底部的垂直距离，mm；

e——障碍物横截面边长，mm，$e<750$mm。

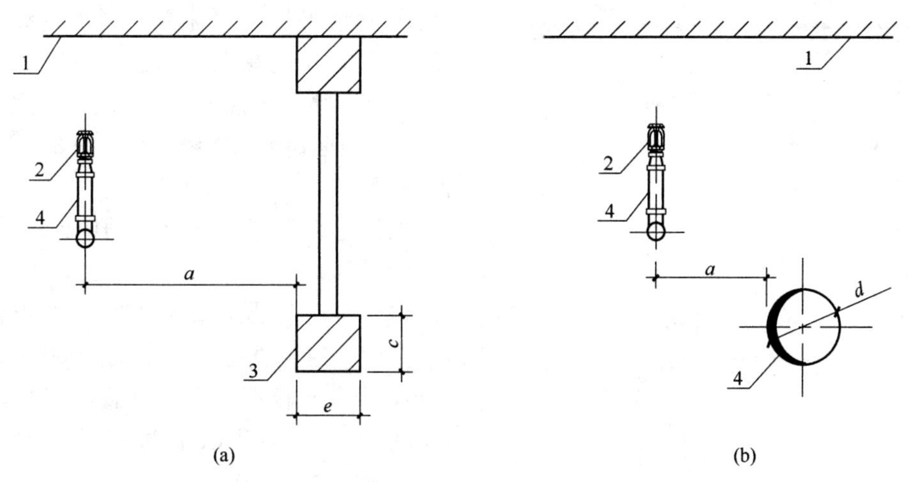

图 3-102 喷头与邻近障碍物的关系

（a）喷头与间断障碍物；（b）喷头与管道

1—顶板；2—直立型喷头；3—屋架、管道等间断障碍物；4—管道

b. 当 $e \geqslant 750$mm 时或 a 的计算值大于表 3-39 中喷头与端墙距离的规定时，应在靠墙障碍物下增设喷头（图 3-105）。

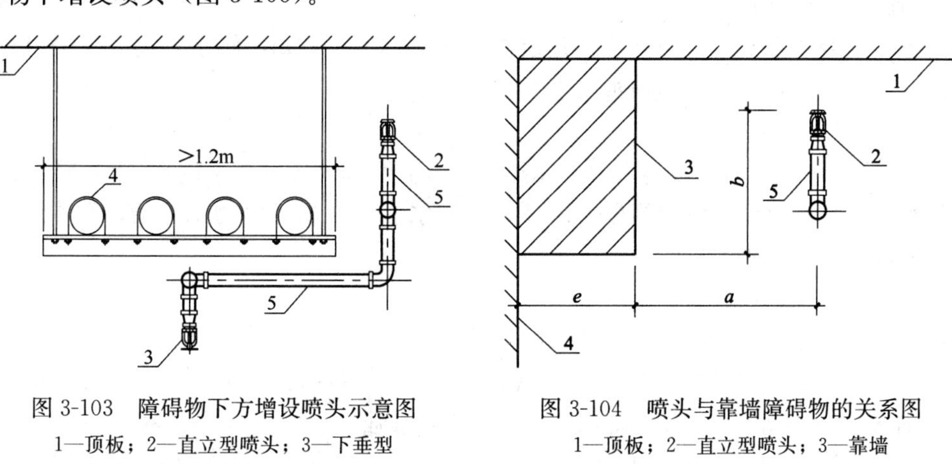

图 3-103 障碍物下方增设喷头示意图

1—顶板；2—直立型喷头；3—下垂型喷头；4—排管；5—管道

图 3-104 喷头与靠墙障碍物的关系图

1—顶板；2—直立型喷头；3—靠墙障碍物；4—墙面；5—管道

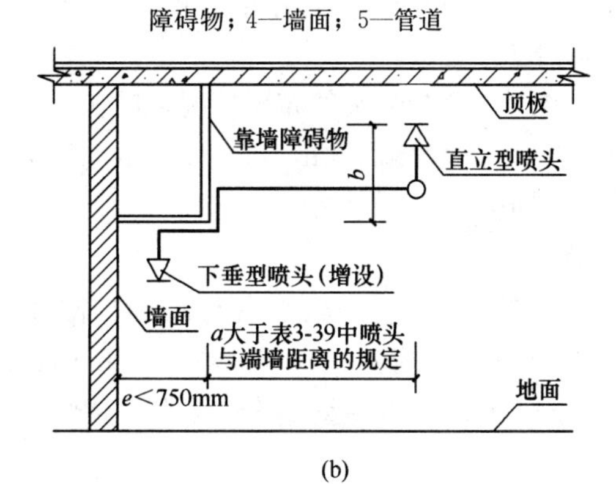

图 3-105 靠墙障碍物下增设喷头的示意图

（a）障碍物宽度大于等于 750mm；（b）障碍物宽度小于 750mm

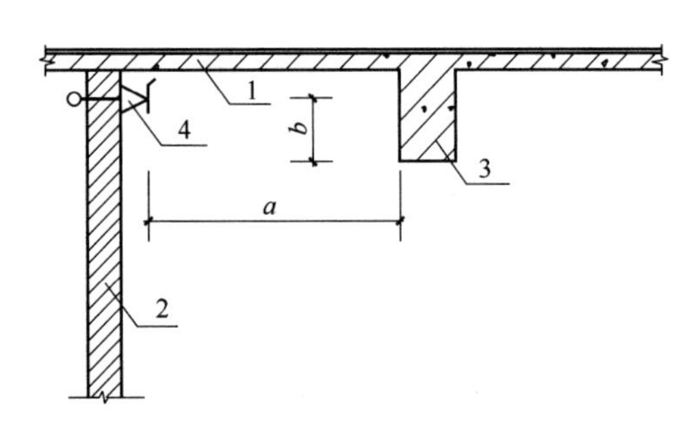

图 3-106　边墙型洒水喷头与正前方障碍物的距离

1—顶板；2—背墙；3—梁（或通风道）；4—边墙型喷头

⑥ 边墙型标准覆盖面积洒水喷头正前方 1.2m 范围内，边墙型扩大覆盖面积洒水喷头和边墙型家用喷头正前方 2.4m 范围内顶板或吊顶下不应有阻碍喷水的障碍物（图 3-106）。

【例 3-7】

根据建筑类型，确定自动喷水灭火系统的设计参数。

（1）一栋 12 层的商业与住宅的组合式建筑，其中一层为商业，面积为 1000m^2，层高 4.5m，设置格栅型吊顶，设置湿式自动喷水灭火系统；二层及以上为普通住宅，层高 3.0m，每层面积 600m^2。

（2）某采用网格通透性吊顶，净空高度 7m，物品堆放高度 4m 的自选商场，设湿式自动喷水灭火系统。

【解】

（1）确定组合式建筑湿式自喷系统的设计参数

1）确定建筑类型

由于该组合建筑，一层为商业，建筑总高度 37.5m＞24m，属于二类高层公共建筑。需要在商业部分设置湿式自动喷水灭火系统。

2）确定设计参数

危险等级：由于该建筑商业部分的总建筑面积小于 5000m^2，按中危险级Ⅰ级进行设计。

喷水强度：底层商场设置格栅型吊顶，其喷水强度为规定值的 1.3 倍，喷水强度为：$6\times1.3=7.8L/(min\cdot m^2)$；

作用面积：160m^2。

（2）确定自选商场的湿式自喷系统的设计参数

由于该自选商场的净空高度为 7m（不超过 8m），物品堆放高度大于 3.5m，所以该自选商场的火灾危险等级为严重危险级Ⅰ级。其喷水强度为 $12L/(min\cdot m^2)$，作用面积为 260m^2。

【例 3-8】

图 3-107 为喷头的布置情况，喷头溅水盘距离顶板为 100mm，隔墙高 3m，层高 3.5m。确定直立型喷头与不到顶隔墙的最大距离 a。

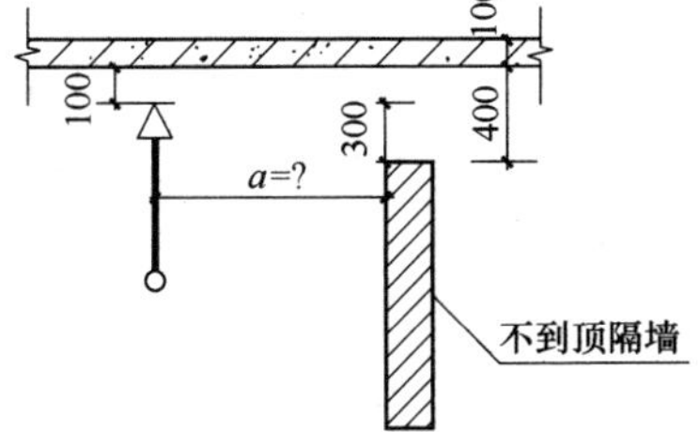

图 3-107　喷头的布置情况

【解】

由图可知，喷头溅水盘与不到顶隔墙的垂直距离 $b=300$mm，根据表 3-46，当 $b\geqslant240$mm 时，300mm$\leqslant a<$450mm。所以，直立型喷头与不到顶隔墙的最大距离 a 为 450mm。

【例 3-9】

某地下车库需布置自喷系统，已知主梁的宽×高＝300mm×700mm，楼板厚 180mm，忽略次梁对喷头的影响。喷头溅水盘距离顶板 150mm，试确定喷头到梁的最小水平距离。

【解】

该地下车库选用的是标准覆盖面积洒水喷头，由题意可知，喷头溅水盘与梁的底面的垂直距离 b=700－180－150=370（mm）。根据表 3-45，选取 b≤450mm，对应的喷头与梁的水平距离为 1500mm＜a≤1800mm，取 a=1.5m。

3. 自动喷水灭火系统管道设计

（1）供水管道的布置

1）当自动喷水灭火系统中设有 2 个及以上报警阀组时，报警阀组前的供水管网应布置成环状（图 3-108）。环状供水管道上设置的控制阀应采用信号阀；当不采用信号阀时，应设锁定阀位的锁具。

2）自动喷水灭火系统管网上应设置水泵接合器，其数量应根据该系统的设计流量计算确定，但不宜少于 2 个，每个水泵接合器的流量宜按 10～15L/s 计算。

（2）配水管网的布置

自动喷水灭火系统的配水管道由配水干管、配水管、配水支管等组成（图 3-109）。其中配水干管指报警阀后向配水管供水的管道；配水管指向配水支管供水的管道；配水支管指直接或通过短立管向洒水喷头供水的管道；短立管指连接洒水喷头与配水支管的立管。

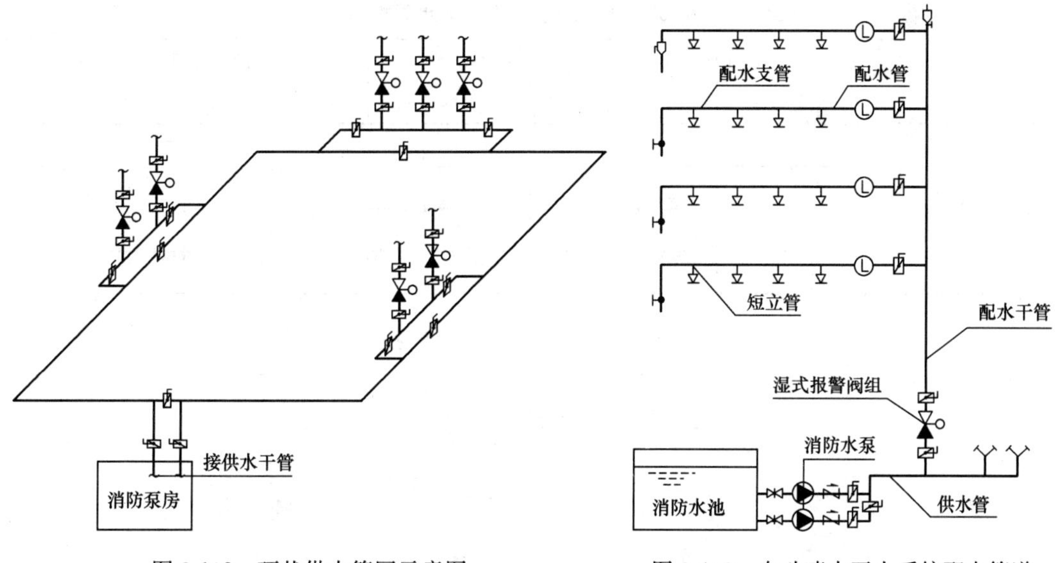

图 3-108　环状供水管网示意图

图 3-109　自动喷水灭火系统配水管道的名称示意图

注：1. 配水干管工作压力不应大于1.2MPa；
2. 配水管入口压力不宜大于 0.4MPa（轻危险级、中危险级场所）

配水管网一般采用枝状管网布置，管网的布置应尽量对称、合理，以减小管径、节约投资和方便计算。通常根据建筑平面的具体情况布置成侧边式和中央式（图 3-110）。

为了控制配水支管的长度，避免水头损失过大，一般情况下，配水管两侧每根配水支管控制的标准流量洒水喷头数为：

1）轻危险级、中危险级场所不应超过 8 只（在吊顶上下设置喷头的配水支管，上下侧均不应超过 8 只）。

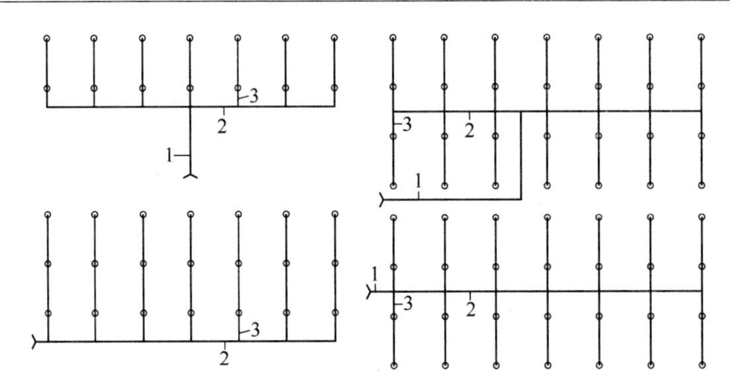

图 3-110　配水管道布置形式示意图

1、2—配水管；3—配水支管

2）严重危险级和仓库危险级场所不应超过 6 只。

3）轻危险级、中危险级场所中配水支管、配水管控制的标准喷头数，不应超过表 3-48 的规定。

图 3-111 为配水支管上控制喷头数的示意图。

轻危险级、中危险级场所中配水支管、配水管控制的标准喷头数　　　表 3-48

公称管径（mm）	控制的标准喷头数（只）		公称管径（mm）	控制的标准喷头数（只）	
	轻危险级	中危险级		轻危险级	中危险级
25	1	1	65	18	12
32	3	3	80	48	32
40	5	4	100	—	64
50	10	8			

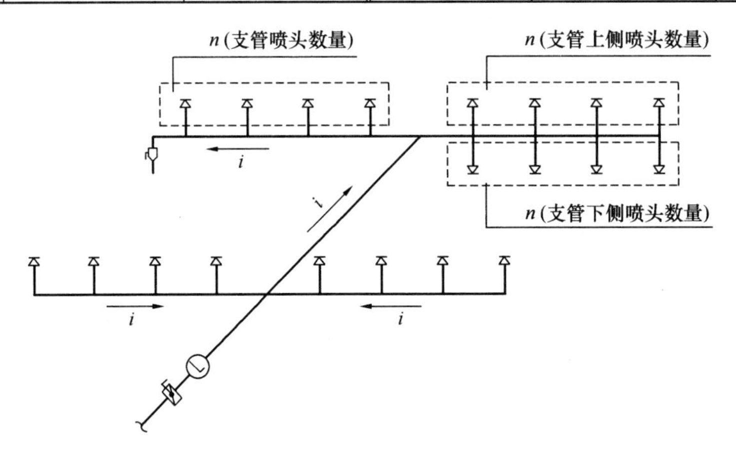

图 3-111　配水支管上控制喷头数的示意图

注：$n \leqslant 8$（轻危险级、中危险级）；$n \leqslant 6$（严重危险级、仓库危险级）；
$i \geqslant 2‰$（湿式系统）；$i \geqslant 4‰$（预作用系统、干式系统）。

（3）供水分区

1）自动喷水灭火系统一个独立竖向供水分区应保证报警阀出口后的配水管道设计工作压力不应大于 1.2MPa，当不满足时应进行竖向分区供水。

2）系统工作压力不应大于 2.4MPa，当不满足时应采用转输供水方式。

3）分区供水方式有并联分区和串联分区。图 3-112 为采用减压阀进行分区的并联分区示意图。

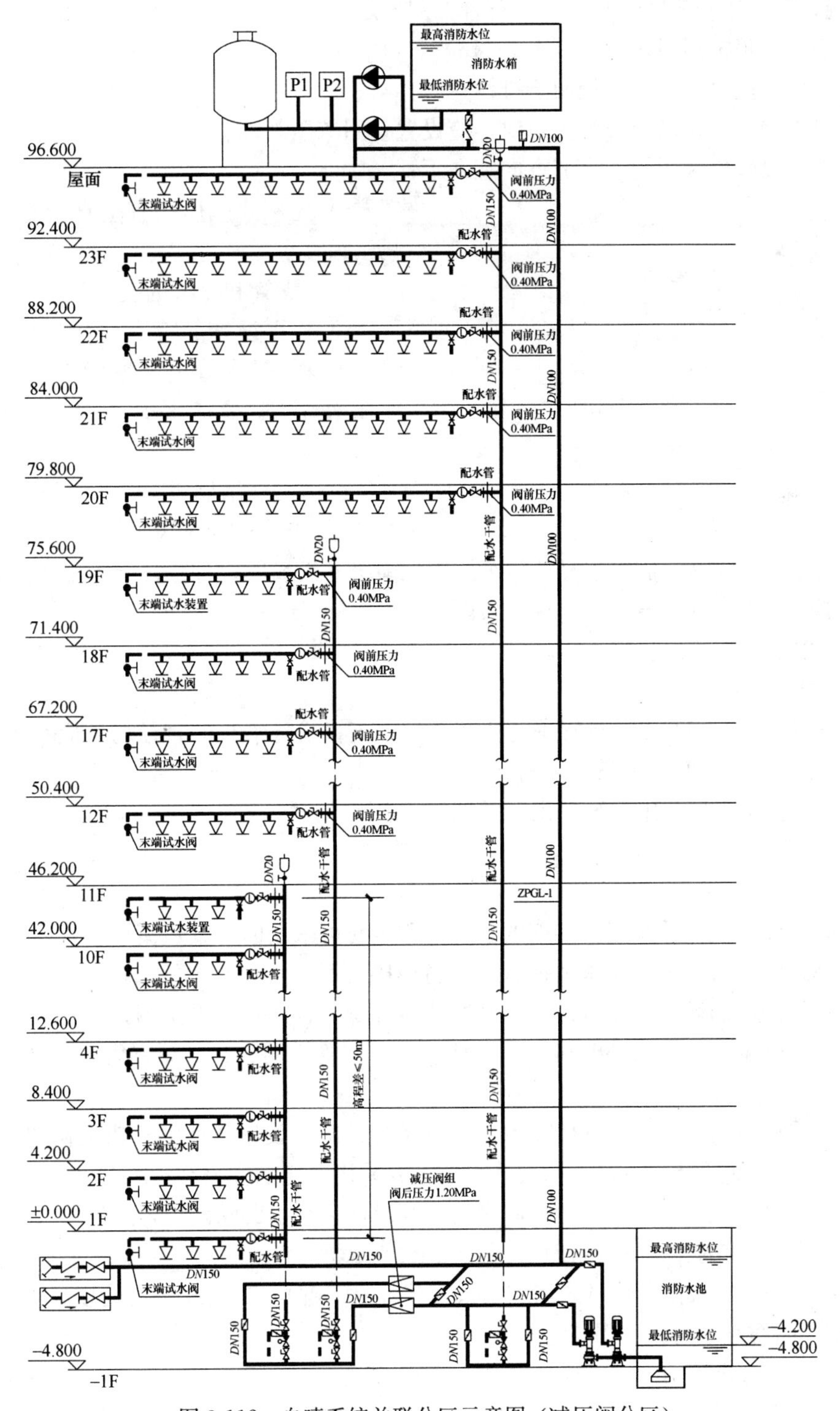

图 3-112　自喷系统并联分区示意图（减压阀分区）

（4）系统减压

轻危险级、中危险级场所各配水管入口压力不宜大于0.4MPa。可采用的减压措施有减压孔板或节流管等。

系统设置减压阀分区供水时，应符合下列规定：

1）应设在报警阀组入口前（图3-113）；

2）入口前应设过滤器，且便于排污；

3）当连接2个及以上报警阀组时，应设置备用减压阀；

4）垂直设置的减压阀，水流方向宜向下；

5）比例式减压阀宜垂直设置，可调式减压阀宜水平设置。

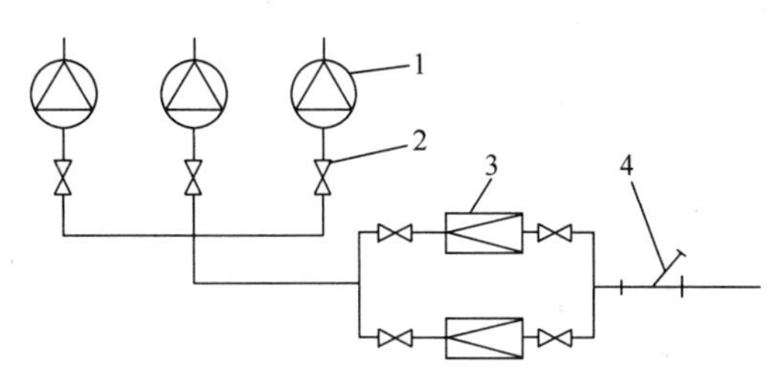

图3-113　减压阀安装示意图

1—报警阀；2—闸阀；3—减压阀；4—过滤器

（5）支管和喷头的设置要求

1）水平设置的管道宜有坡度，并应坡向泄水阀。充水管道的坡度不宜小于2‰，准工作状态不充水管道的坡度不宜小于4‰。

2）喷头与配水管道采用消防洒水软管连接时，应符合下列规定：

① 消防洒水软管仅适用于轻危险级或中危险级Ⅰ级场所，且系统应为湿式系统；

② 消防洒水软管应隐蔽安装在吊顶内；

③ 消防洒水软管的长度不应超过1.8m。

（6）管径的要求

1）管道的直径应经水力计算确定。每根配水支管或配水管的直径均不应小于25mm；接末端试水装置的连接管，管径不应小于25mm。

2）干式系统、预作用系统的供气管道，采用钢管时，管径不宜小于15mm；采用铜管时，管径不宜小于10mm。

（7）管材的要求

1）自动喷水灭火系统报警阀前的管道，明装时可采用内外壁热镀锌钢管或焊接钢管；

2）埋地时应采用球墨给水铸铁管或防腐焊接钢管；

3）报警阀后的埋地管道应采用内外壁热镀锌钢管、铜管、不锈钢管等；

4）配水管道可采用内外壁热镀锌钢管、涂覆钢管、铜管、不锈钢管和氯化聚氯乙烯（PVC-C）管；

5）当采用氯化聚氯乙烯（PVC-C）管材及管件时，设置场所的火灾危险等级应为轻危险级或中危险级Ⅰ级，系统应为湿式系统，并采用快速响应喷头；

6）当报警阀入口前管道采用不防腐的钢管时，应在报警阀前设置过滤器。

（8）配水管道的连接方式应符合下列要求：

1）镀锌钢管、涂覆钢管可采用沟槽式连接件（卡箍）、螺纹或法兰连接。当报警阀前采用内壁不防腐钢管时，可焊接连接。

2）不锈钢管可采用沟槽式连接件（卡箍）、法兰、卡压等连接方式，不宜采用焊接。

3）氯化聚氯乙烯（PVC-C）管材、管件可采用粘接连接，氯化聚氯乙烯（PVC-C）

管材、管件与其他材质管材、管件之间可采用螺纹、法兰或沟槽式连接件（卡箍）连接。

4. 消防给水设计

(1) 消防水池

设置自动喷水灭火系统的建筑物，下列情况下应设消防水池：

1) 给水管道和天然水源不能满足消防用水量时；

2) 给水管道为枝状或只有一条进水管道时（二类居住建筑除外）。

(2) 高位消防水箱

1) 采用临时高压给水系统的自动喷水灭火系统，应设高位消防水箱。自动喷水灭火系统可与消火栓系统合用高位消防水箱。

2) 当高位消防水箱的设置高度不能满足系统最不利点处喷头的工作压力时，系统应设置增压稳压设施。

3) 采用临时高压给水系统的自动喷水灭火系统，当按国家标准《消防给水及消火栓系统技术规范》GB 50974—2014 的规定可不设置高位消防水箱时，系统应设气压供水设备。气压供水设备的有效水容积，应按系统最不利处 4 只喷头在最低工作力下的 5min 用水量确定。干式系统、预作用系统设置的气压供水设备，应同时满足配水管道的充水要求。

4) 高位消防水箱的出水管应符合下列规定：

① 应设止回阀，并应与报警阀入口前管道连接；

② 出水管管径应经计算确定，且不应小于 100mm；

③ 高位消防水箱出口应设置流量开关，并宜设置在水箱间内；

④ 设有稳压泵的系统，流量开关应设在稳压泵出水管与水箱出水管汇流后的总管上。

图 3-114 为自动喷水灭火系统高位消防水箱设置的示意图。

(3) 消防水泵

1) 采用临时高压给水系统的自动喷水灭火系统，宜设置独立的消防水泵，并应按一用一备或二用一备，以及最大一台消防水泵的工作性能设置备用泵。当与消火栓系统合用消防水泵时，系统管道应在报警阀前分开。

2) 按二级负荷供电的建筑，宜采用柴油机泵作备用泵。

3) 系统的消防水泵、稳压泵，应采用自灌式吸水方式。

4) 每组消防水泵的吸水管不应少于 2 根。

5) 报警阀入口前设置环状管道的系统，每组消防水泵的出水管不应少于 2 根（图 3-108）。

6) 消防水泵的吸水管应设控制阀，出水管应设控制阀、止回阀、压

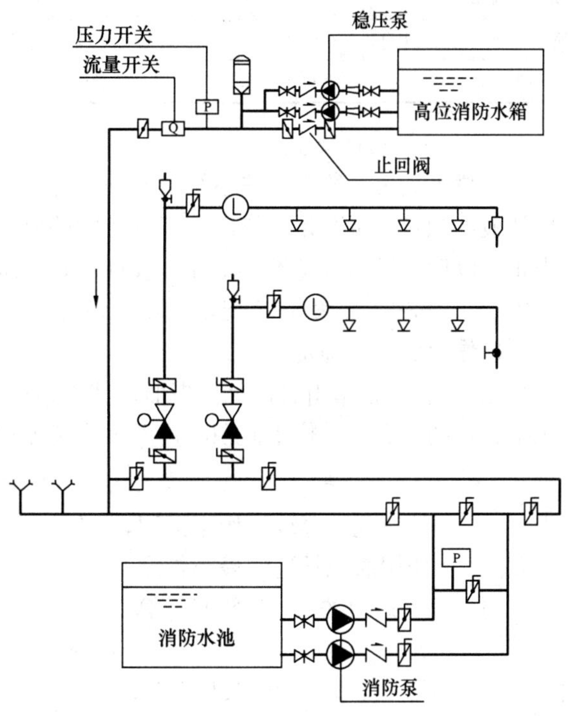

图 3-114 自动喷水灭火系统高位消防水箱设置示意图

力表，出水管上还应设置流量和压力检测装置或预留可供连接流量和压力检测装置的接口。必要时，应采取控制消防水泵出口压力的措施。

（4）稳压设施

1）自动喷水灭火系统中没有设置高位消防水箱或所设置的高位消防水箱不能满足最不利点喷头水压要求时，系统要设置稳压泵加气压罐的稳压设施。

2）稳压泵流量为1L/s，气压罐有效容积为150L。

（5）水泵接合器

自喷系统应设消防水泵接合器，其数量应按系统的设计流量确定，但不应少于2个，每个水泵接合器的流量宜按10～15L/s计算。

3.2.4.5 水力计算

水力计算的目的在于确定系统所需流量、管网所需供水压力，正确选择消防水泵。

1. 喷头出流量

喷头出流量按式（3-27）计算：

$$q = K\sqrt{10P} \tag{3-27}$$

式中 q——喷头出流量，L/min；

P——喷头处水压，MPa。

K——喷头流量特性系数。

玻璃球喷头（喷头直径为15mm，$K=80$时）在各种水压下的出水量见表3-49。

玻璃球喷头在各种水压下的出流量（*DN*15，*K*=80） **表3-49**

喷头工作压力（MPa）	0.04	0.05	0.06	0.07	0.08	0.09	0.10	0.11	0.12	0.13
喷头出流量（L/min）	50.60	56.57	61.97	66.93	71.55	75.89	80.00	83.90	87.64	91.21
喷头工作压力（MPa）	0.14	0.15	0.16	0.17	0.18	0.19	0.20	0.21	0.22	0.23
喷头出流量（L/min）	94.66	97.98	101.1	104.3	107.3	110.3	113.1	115.9	118.6	121.3

2. 设计流量的计算

自动喷水灭火系统流量按系统最不利点处作用面积和喷水强度计算。在作用面积选定后，从最不利点喷头开始，依次计算各管段的流量和水头损失，直至作用面积最末一个喷头为止，以后管段的流量不再增加，仅计算管道水头损失，以保证作用面积内的平均喷水强度不小于表3-36和表3-37规定的喷水强度。

（1）作用面积的确定

1）最不利点处作用面积宜为矩形，其长边应平行于配水支管，其长度不宜小于作用面积平方根的1.2倍。作用面积长边的最小长度按式（3-28）计算：

$$L_{min} = 1.2\sqrt{A} \tag{3-28}$$

式中 A——相应危险等级的作用面积，m^2；

L_{min}——作用面积长边的最小长度，m。

作用面积的短边按式（3-29）计算：

$$B \geqslant A/L \tag{3-29}$$

式中 B——作用面积短边的长度，m；

L——作用面积长边的实际长度，m。

2）对仅在走道内布置单排喷头的闭式系统，其作用面积应按最大疏散距离所对应的走道面积计算。

（2）喷头数的确定

作用面积内的喷头数应根据喷头的平面布置、喷头的保护面积 A_S 和设计作用面积 A' 确定，按式（3-30）计算：

$$N = A'/A_S \tag{3-30}$$

式中 N——作用面积内的喷头数，个；

A'——设计作用面积，m^2；

A_S——一个喷头的保护面积，m^2/个。

根据式（3-28）和式（3-29）计算出作用面积的长和宽，再根据喷头保护面积的长度确定设计作用面积，作用面积应是喷头保护面积的整数，且应大于表 3-36 规定的作用面积。

【例 3-10】

某高层办公楼按中危险级Ⅰ级设计自动喷水灭火系统，计算系统最不利点作用面积和喷头数。

【解】

按矩形设计作用面积。

因该办公楼按中危险级Ⅰ级设计，根据表 3-36 的规定，系统作用面积为 $160m^2$，喷水强度 $D=6\ L/(min \cdot m^2)$。喷头工作压力若为 $P=0.1MPa$，可得喷头出流量 $q=80L/min$。

矩形长边长度应大于 $1.2\sqrt{160}=15.18m$。

根据表 3-39，中危险级Ⅰ级一个喷头的最大保护面积为 $12.5m^2$，若按 $3.6m\times3.6m$ 间距设置喷头。支管上计算喷头为 15.18/3.6=4.2 个，取 5 个，因此矩形长边实际长度取 $3.6\times5=18m$，短边长度应大于 160/18=8.9m，计算支管为 8.9/3.6=2.9 个，取 3 个，矩形短边实际取 $3.6\times3=10.8m$。

设计最不利点作用面积为 $18\times10.8-7.2\times3.6=168.5m^2>160m^2$。

设计作用面积内共有 $168.5/12.5\approx13$ 个喷头。

【例 3-11】

一栋 5 层旅馆设有空气调节系统，层高 3m，楼梯间分别设于两端头，中间走道宽 $B=2.4m$，长度 $L=42m$，仅在走廊设置闭式自动喷水灭火系统。若喷头工作压力 $P=0.1MPa$，计算作用面积内的喷头数和走道内应布置的喷头总数。

【解】

（1）确定设计参数

该旅馆建筑高度 15m＜24m，属于轻危险级。喷水强度 $D=4L/(min \cdot m^2)$，喷头工作压力 $P=0.1MPa$。

根据仅在走道内布置单排喷头的闭式自喷系统，其作用面积应按最大疏散距离所对应的走道面积计算（图 3-115）。因楼

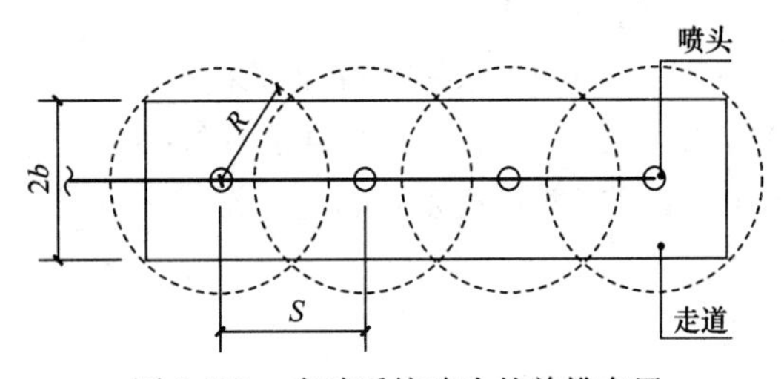

图 3-115 自喷系统喷头的单排布置

梯间分别设于建筑物的两端头，最大疏散距离为走道长度 42m 的一半，所以作用面积为：$A=21\times2.4=50.4\text{m}^2$

（2）确定喷头间距

每个喷头的流量：采用普通标准喷头，$K=80$，由式（3-27）得：

$$q=K\sqrt{10P}=80\times\sqrt{10\times0.1}=80\text{L/min}$$

1 只喷头的最大保护面积（表 3-39）：$A_S=80/4=20\text{m}^2$，故 $R=\sqrt{A_S/\pi}=\sqrt{20/3.14}=2.52\text{m}$

则喷头间距：$S=2\sqrt{R^2-b^2}=2\times\sqrt{2.52^2-1.2^2}=4.43\text{m}$。

作用面积内喷头数：$n=21/4.43=4.74$ 个，取 5 个。

走道内布置的喷头数：$m=2\times n=2\times5=10$ 个。

作用面积内的喷头数为 5 只，走道内应布置的喷头数为 10 只。

（3）系统设计流量的规定

自动喷水灭火系统的设计流量计算，宜符合下列规定：

1）系统设计流量的计算，应保证任意作用面积内的平均喷水强度不低于表 3-36、表 3-37的规定值。最不利点处作用面积内任意 4 只喷头围合范围内的平均喷水强度，轻危险级、中危险级不应低于表 3-36 规定值的 85%；严重危险级不应低于表 3-36 的规定值。

2）建筑内设有不同类型的系统或有不同危险等级的场所时，系统的设计流量，应按其设计流量的最大值确定。

3）当建筑物内同时设有自动喷水灭火系统和水幕系统时，系统的设计流量，应按同时启用的自动喷水灭火系统和水幕系统的用水量计算，并取二者之和的最大值。

3. 消防用水量的计算

自喷系统消防用水量可按式（3-31）确定：

$$V_{12}=3.6\times\sum q_i\times t \tag{3-31}$$

式中　V_{12}——自喷系统消防用水量，m^3；

q_i——最不利点处作用面积内各喷头节点的流量，L/min；

t——自动喷水灭火系统火灾延续时间，按 1h 计。

4. 管道水力计算

（1）喷头压力的规定

闭式自动喷水灭火系统，最不利点处喷头的工作水头一般为 0.1MPa，最小不应小于 0.05MPa。

（2）管道流速

闭式自动喷水系统的流速宜采用经济流速，一般不大于 5m/s，特殊情况下不应超过 10m/s。为了计算简便，可根据预选管径，查表 3-50 得流速系数 K_0，并以流速系数直接乘以流量，校核流速是否超过允许值，见式（3-32）：

$$v=K_0Q \tag{3-32}$$

式中　v——管道内的流速，m/s；

K_0——流速系数，m/L，见表 3-50；

Q——管道流量，L/s。

若校核管段流速大于规定值，说明初选管径偏小，应重新选择管径。

流速系数 K_0 值 **表 3-50**

管径(mm)	15	20	25	32	40	50	70	80	100	125	150	200	250
钢管 K_0 值（m/L）	5.85	3.105	1.883	1.05	0.80	0.47	0.283	0.204	0.115	0.075	0.053	—	—
铸铁管 K_0 值（m/L）	—	—	—	—	—	—	—	—	0.1273	0.0814	0.0566	0.0318	0.021

（3）管道的沿程水头损失

管道单位长度的沿程水头损失可按式（3-33）计算：

$$i = 6.05\left(\frac{q_g^{1.85}}{C_h^{1.85} d_j^{4.87}}\right) \times 10^7 \tag{3-33}$$

式中 i——管道单位长度的水头损失，kPa/m；

d_j——管道计算内径，mm；

q_g——管道设计流量，L/min；

C_h——海澄—威廉系数，见表 3-51。

不同类型管道的海澄—威廉系数 C_h 值 **表 3-51**

管道类型	C_h值
镀锌钢管	120
铜管、不锈钢管	140
涂覆钢管、氯化聚氯乙烯（PVC-C）管	150

（4）管道的局部水头损失

管道的局部水头损失，宜采用当量长度计算。

报警阀的局部水头损失应按照产品样本或检测数据确定。当无上述数据时，湿式报警阀取 $4mH_2O$，干式报警阀取 $2mH_2O$，预作用装置取 $8mH_2O$，雨淋阀取 $7mH_2O$、水流指示器取 $2mH_2O$。

（5）水泵扬程或系统入口供水压力的计算

水泵扬程或系统入口的供水压力应按式（3-34）计算：

$$H_b = (1.20 \sim 1.40)\sum P_p + P_0 + Z + h_c \tag{3-34}$$

式中 H_b——水泵扬程或系统入口的供水压力，mH_2O；

$\sum P_p$——管道沿程和局部水头损失的累计值，MPa；

P_0——最不利点处喷头的工作压力，mH_2O；

Z——最不利处喷头与消防水池的最低水位或系统入口管水平中心线之间的高程差，当系统入口管或消防水池最低水位高于最不利点处喷头时，Z 应取负值，mH_2O；

h_c——从市政管网直接抽水时，城市管网的最低水压，MPa；当从消防水池吸水时，$h_c=0$。

5．系统设计流量的计算方法

（1）作用面积法

用于估算自动喷水灭火系统设计流量。一般仅适用于危险等级较低的建筑（如轻危险等级或中危险等级建筑），具体计算步骤如下：

1）根据建筑物类型和危险等级，确定喷水强度、作用面积、喷头工作压力等参数。

2）在最不利点喷头处划定矩形的作用面积，依据“作用面积的长边平行于配水支管，其长度不宜小于作用面积平方根的1.2倍”的原则，确定发生火灾后最多开启的喷头数。

3）根据最不利喷头的工作压力，按式（3-35）计算最不利喷头出流量。

$$Q_{i-(i+1)}=q_0\times i \tag{3-35}$$

式中 $Q_{i-(i+1)}$——$i-(i+1)$管段设计流量，L/s；

q_0——最不利喷头出流量，L/s；

i——$i-(i+1)$管段负担的作用面积内的喷头数；当i大于作用面积内的喷头总数时，管段的流量不再增加。

计算时假定作用面积内每只喷头的出流量相等，均以最不利点喷头喷水量取值。

4）校核喷水强度。任意作用面积内的平均喷水强度不低于表3-36的规定值。最不利点处作用面积内任意4只喷头保护范围内的平均喷水强度不应低于表3-36规定值的85%。

5）按管段连接喷头数，由表3-48确定各管段的管径。

6）计算管路的水头损失。

7）确定水泵扬程或系统入口处的供水压力。

（2）特性系数法

用特性系数法计算时，从最不利点处喷头起计算，计算严密细致。适用于火灾危险等级较高的场所以及开式系统（雨淋和水幕）的流量计算。其计算步骤如下：

1）系统的设计流量，应按最不利点处作用面积内喷头同时喷水的总流量确定，按式（3-36）计算（注意在计算喷水量时，仅包括作用面积内的喷头）：

$$Q=\frac{1}{60}\sum_{i=1}^{n}q_i \tag{3-36}$$

式中 Q——系统设计流量，L/s；

q_i——最不利点处作用面积内各喷头节点的流量，L/min；

n——最不利点处作用面积内的喷头数，个。

2）从系统的最不利喷头开始，沿程计算各喷头的压力、喷水量和管段累计流量、水头损失，直到某管段累计流量达到设计流量为止。主要步骤包括：

① 按建筑物的危险等级选定喷头，在平面图中布置自喷系统的喷头，确定最不利点和计算管路；

② 在最不利点处划定矩形的作用面积（同作用面积法）；

③ 确定最不利点工作压力；

④ 进行系统的水力计算；

⑤ 确定配水支管、配水管的管径；

⑥ 对系统设计流量和设计流速进行校核；

⑦ 计算管路的水头损失，确定水泵扬程或系统入口处的供水压力。

【例 3-12】

某建筑物室内自动喷水灭火系统最不利点处划定的矩形作用面积如图 3-116 所示，按特性系数法计算系统的设计流量和水头损失。

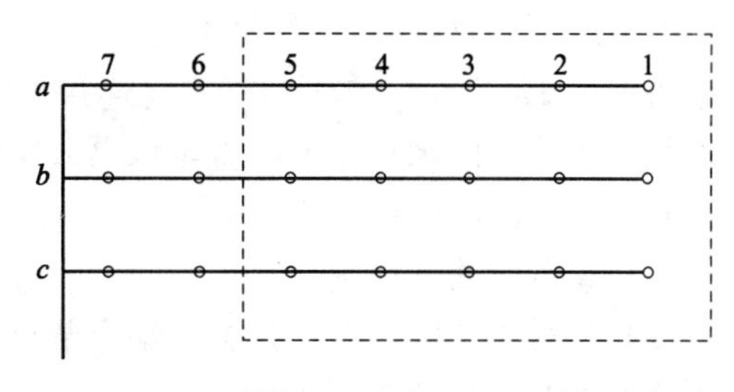

图 3-116　自动喷水灭火系统平面布置示意图

【解】

计算步骤如下：

（1）第一根支管（最不利支管 a）的水力计算（图 3-116）：

1）最不利喷头 1 的水力计算：

确定第一个喷头口的工作压力 P_1，根据式 $q=K\sqrt{10P}$，计算最不利喷头的出流量 q_1；

第一管段（管段 1～2）的流量：$Q_{1\sim2}=q_1$，第一管段的水头损失：

$$H_{1\sim2}=A_Z\times L_{1\sim2}\times Q_{1\sim2}^2 \tag{3-37}$$

式中　$H_{1\sim2}$——第一管段的水头损失，MPa；

A_Z——管道比阻，$MPa\cdot s^2/(m\cdot L^2)$，镀锌钢管比阻见表 3-52；

$Q_{1\sim2}$——第一管段的流量，L/s；

$L_{1\sim2}$——管段 1～2 的计算长度。

镀锌钢管的比阻　　**表 3-52**

公称直径（mm）	25	32	40	50	65	80	100	125	150
A_Z $[\times10^{-7}MPa\cdot s^2/(m\cdot L^2)]$	43670	9388	4454	1108	289.4	116.9	26.75	8.625	3.395

2）第二个喷头的水力计算：

计算第二个喷头口的工作压力 P_2：$P_2=P_1+H_{1\sim2}$；

计算第二个喷头的出：流量 q_2：　$q_2=K\sqrt{10P_2}$；

第二管段（管段 2～3）的流量 $Q_{2\sim3}$：$Q_{2\sim3}=Q_{1\sim2}+q_2$；

第二管段的水头损失：$H_{2\sim3}=A_Z\times L_{2\sim3}\times Q_{2\sim3}^2$。

3）在作用面积内循环计算 2）的部分内容（喷头口工作压力 P、喷头出水量 q、管段流量 Q、管段水头损失 H），出了作用面积后，管段流量 Q 不再增加，只计算管段的水头损失 H，一直到第一根支管与配水管连接处 a，求出该连接处管内压力 P_a 和第一根支管的流量 Q_a。

（2）其他管段的水力计算

1）第一段配水管（管段 a～b）的流量 $Q_{a\sim b}$ 与第一根支管的流量 Q_a 相同。

2）计算第一段配水管（管段 a～b）的水头损失：$H_{a\sim b}=A_Z\times L_{a\sim b}\times Q_{a\sim b}^2$

3）计算第二根支管与配水管连接处管内压力：$P_b=P_a+H_{a\sim b}$

4）计算第二根支管的流量 Q_b（按管系特性原理计算）：

$$Q_b=Q_a\sqrt{\frac{P_b}{P_a}}$$

5）计算第二段配水管（管段 b～c）的流量：$Q_{b\sim c}=Q_a+Q_b$

6）计算第二段配水管（管段 b～c）的水头损失：$H_{b \sim c} = A_Z \times L_{b \sim c} \times Q_{b \sim c}^2$

7）计算第三根支管与配水管连接处管内压力：$P_c = P_b + H_{b \sim c}$

8）在作用面积内循序计算上述4项：支管流量 Q_j、配水管流量 $Q_{j \sim (j+1)}$、配水管管段水头损失 $H_{j \sim (j+1)}$、支管与配水管连接处 $P_{(j+1)}$，出了作用面积后，配水管流量不再增加，只计算管段的水头损失，直至水泵或室外管网，求出计算管路的总水头损失 $\sum h$。

3.2.4.6　设计计算步骤

（1）绘制管路透视图。

（2）从最不利区（点）开始，编定节点号码（开放喷水的喷头处、管径变更处、管道分支连接处节点）。

（3）按作用面积法进行水力计算，管系流量从最不利点开始，逐段增加到系统规定的设计秒流量为止，计算该流量下管系的水头损失。

（4）校核各管段的流速，超过规定值时予以调整。

（5）总计管系所需流量及水头，对供水设备进行计算。

3.2.4.7　设计计算实例分析

【实例1】

某综合楼建筑面积14000m²，建筑高度18m，地上5层，地下2层（层高4m）。其中地下一～地下二层为水泵房、贮水池（箱）、热交换间、制冷机房、变配电间等；地上一～二层为商场；三～五层为办公，水箱设置高度为19.2m。要求对本工程进行自动喷水灭火系统的设计和计算（试分别按作用面积法和特性系数法对系统的设计流量和水头损失进行计算）。

【设计计算过程】

（1）确定设计参数

该综合楼按中危险级Ⅰ级进行设计，基本设计参数为：设计喷水强度为6.0L/(min·m²)，作用面积为160m²，火灾延续时间为1h。

（2）喷头的布置

根据建筑的结构和性质，考虑柱网和梁的遮挡等因素，本设计按3.3m×3.3m间距矩形布置喷头，使保护范围内无空白点。采用闭式直立型普通玻璃球喷头，

（3）作用面积的划分

最不利点为五层的办公区域，按矩形设计作用面积。矩形长度应大于 $1.2\sqrt{160} = 15.2$m。支管上计算喷头为15.2/3.3=4.6个，取5个，矩形长边实际长度为3.3×5=16.5m，短边长度应大于160/16.5=9.7m，计算支管为9.7/3.3=2.9个，取3个，矩形短边实际长度为3.3×3=9.9m。

设计作用面积为16.5×9.9=163.35m²>160m²。每个喷头的保护面积 A=3.3×3.3=10.89m²。

设计作用面积内共有163.35/10.89≈15个喷头。

（4）水力计算

分别按作用面积法和特性系统法进行水力计算。

该综合楼自动喷水灭火系统最不利作用面积内喷头的水力计算简图如图3-117所示。

1）作用面积法

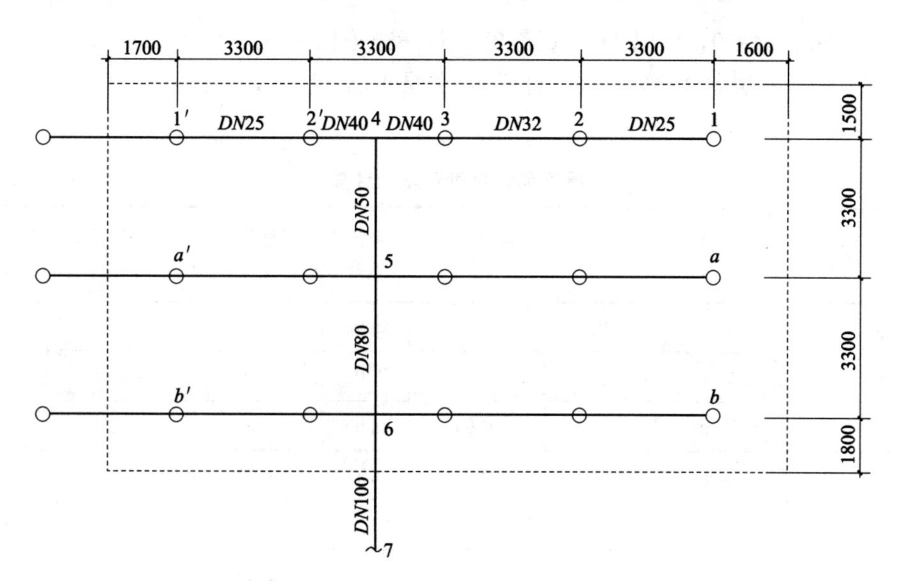

图 3-117　自动喷水灭火系统最不利作用面积喷头水力计算简图

① 作用面积内每个喷头的出流量 $q=K\sqrt{10P}$。采用标准喷头，当喷头的公称直径为15mm 时，$K=80$，喷头工作压力为 $P=0.1$MPa，得作用面积内每个喷头的出流量为1.33L/s。

② 管段流量：$Q=nq$。

③ 管道流速：$v=K_0Q$。

④ 管道压力损失：为方便计算，忽略管道局部损失，仅计算沿程损失，管道单位长度的沿程阻力损失按式（3-33）计算。计算结果如表 3-53 所示。

⑤ 校核：

a. 设计流量校核：作用面积内喷头的计算流量为：$Q_S=15\times1.33=19.95$L/s，理论流量为：$Q_L=(160\times6)/60=16$L/s，$Q_S/Q_L=1.22$，满足 $Q_S=(1.15\sim1.30)Q_L$ 的要求。

b. 设计流速校核：表 3-53 中设计流速均满足 $v\leqslant5$ m/s 的要求。

c. 设计喷水强度校核：系统设计流量 $Q_S=19.95$L/s=1197L/min，系统作用面积为160m^2，所以系统平均喷水强度为：1197/160=7.48L/(min·m^2)>6L/(min·m^2)，满足中危险Ⅰ级的建筑物防火要求。

最不利点处作用面积内任意 4 只喷头保护范围内的平均喷水强度：4 只喷头的保护面积为 10.89×4=43.56m^2，4 只喷头的平均喷水强度为 4×1.33×60/43.56=7.33L/(min·m^2)>6L/(min·m^2)，满足中危险级建筑不应低于表 3-36 规定值的 85%要求。

⑥ 选择自喷水泵

a. 自喷水泵设计流量：$Q_S=19.95$L/s。

b. 自喷水泵扬程：$H_b=(1.20\sim1.40)\sum P_p+P_0+Z+h_c$，$\sum P_p$ 为管道沿程和局部水头损失的累计值，局部水头损失按沿程水头损失的 20%计算，湿式报警阀的水头损失值取 4m，水流指示器取 2m，$(1.2\sim1.4)\sum P_P=(1.2\sim1.4)\times(5.61\times1.2+4+2)=15.28\sim17.82mH_2$O，$P_0=10mH_2$O，最不利喷头与消防水池最低水位高程差：$Z=16.5-$

$(-8)=24.50m$。$h_c=0$，所以 $H_b=(15.28\sim17.82)+10+24.50=49.78\sim52.32\ mH_2O$

按照作用面积法经计算可得：自动喷水泵的流量为 19.95L/s，扬程为 49.78～52.32m。

最不利计算管路水力计算　　　　**表 3-53**

管段	喷头数（只）	设计流量（L/s）	管径（mm）	管段长度（m）	流速系数	设计流速（m/s）	水力坡降 i（kPa/m）	水头损失（mH_2O）
1～2	1	1.33	25	3.3	1.883	2.50	3.673	1.21
2～3	2	2.66	32	3.3	1.05	2.79	3.209	1.06
3～4	3	3.99	40	1.65	0.80	3.19	3.425	0.57
4～5	5	6.65	50	3.3	0.47	3.12	2.455	0.81
5～6	10	13.3	80	3.3	0.204	2.71	1.120	0.37
6～7	15	19.95	100	20	0.115	2.29	0.612	1.22
7～水泵	15	19.95	150	40	0.053	1.06	0.092	0.37
							$\sum P_p$	5.61

2）特性系数法

设计参数、喷头的布置、作用面积的划分同前。该综合楼自动喷水灭火系统最不利作用面积内喷头的水力计算简图如图 3-117 所示。

① 水力计算

a. 系统的设计流量 Q_S：管道最不利作用面积水力计算过程参见表 3-54。由表 3-54 可知，经过计算最不利作用面积内系统的设计流量 $Q_S=23.1L/s$。

b. 喷水强度的校核：$23.1\times60/163.35=8.5L/(min\cdot m^2)>6L/(min\cdot m^2)$，即作用面积内的喷水强度大于规范确定的数值。

最不利作用面积内任意 4 只喷头围合的范围内的平均喷水强度的最小值，任意 4 只喷头组合成的数值，4 只喷头的流量和为：$1.33+1.33+1.49+1.49=5.64$，4 只喷头的保护面积为 $10.89\times4=43.56m^2$，4 只喷头的平均喷水强度为 $5.64\times60/43.56=7.76L/(min\cdot m^2)>6L/(min\cdot m^2)$，即满足最不利点处 4 个喷头的平均喷水强度不小于规范规定数值的 85%的规定。

② 自动喷水泵选型计算

自动喷水泵流量：$Q_b\geqslant Q_Z=23.1L/s$。

自动喷水泵扬程：$H=(1.20\sim1.40)\sum P_p+P_0+Z+h_c$。

其中，$\sum P_p$ 为管道沿程和局部水头损失的累计值，湿式报警阀的水头损失值取 4m，水流指示器取 2m，$h_c=0$。

由表 3-54 可知，自动喷水管道的沿程水头损失为 16.8m，管件局部水头损失按沿程水头损失的 20%计算。

$\sum P_p=16.8\times120\%+4+2=26.2m$

最不利喷头与消防水池最低水位高程差：$Z=16.5-(-8)=24.50m$。

最不利点处喷头的工作压力：$P_0=10mH_2O$。

所以，$H=(1.20\sim1.40)26.2+10+24.5=65.9\sim71.2m$。

按照特性系数法计算可得：自动喷水泵的流量为 23.1L/s，扬程为 65.9～71.2m。

选用 2 台 XBD7.3/25G-FWG 型消防泵，其性能如下：$Q=0\sim25L/s$，$H=73m$，$N=37kW$，$n=2900r/min$。

（5）自动喷水灭火系统稳压装置的设计

屋顶消防水箱的设置高度为 19.2m，不满足最不利点喷头所需的压力（$P=0.10MPa$），需在水箱间内设稳压装置。

稳压泵流量为 1L/s。

稳压泵启泵设计压力 $P_1=15-H_1$，消防水箱最低有效水位与最不利喷头的高差为 3.0m，$P_1=15-3.0=12=0.12MPa$，且$\geqslant H_2+7=1.8+7=8.8m=0.088MPa$，其中水箱有效水深为 1800mm。

消防泵启泵压力 $P=P_1+H+H_1-7=12+24.5+3.0-7=32.5m=0.325MPa$；又因为消防泵启泵压力 P 点的设定值应大于高位消防水箱最高水位至 P 点的高差。即：$P\geqslant H_2+H_1+H=4+3+24.5=31.5m=0.315MPa<0.325MPa$，说明稳压泵启泵压力满足消防泵启泵压力要求。

稳压泵停泵压力：$P_2=P_1/0.8=0.12/0.8=0.15MPa$。

所以，稳压泵启泵设计压力 P_1 为 0.12MPa，稳压泵停泵压力 P_2 为 0.15MPa。

根据《固定消防给水设备第 3 部分：消防增压稳压给水设备》GB 27898.3—2011，要求气压水罐充气压力不小于 0.15MPa，P_0 取 0.16MPa，稳压泵启泵压力 $P_{s1}=P_0\times\beta=0.16\times1.1=0.18MPa$；$P_{s2}=P_{s1}/0.8=0.22MPa$，稳压泵扬程取 $(P_{s1}+P_{s2})/2=20m$。依据计算容积与压力（表压），查 17S205，选择增压稳压设备 ZW(L)-I-1.0-20-ADL，配立式隔膜气压罐，型号为 SQL800×0.6，调节容积为 150L，配套水泵 ADL3-5，$Q=1.0L/s$，$H=20m$，$N=0.37kW$。

（6）报警阀服务的喷头数数量估算

每个喷头服务面积为 $10.89m^2$，每层建筑面积约 $2000m^2$，则每层喷头数为：$n=2000/10.89=184$ 个。

该工程共设 2 个报警阀组，地下二～地上一层和二～五层各设一组报警阀，每组报警阀服务的喷头数分别为：地下二～地上一层：3×184＝552 个；二～五层：4×160＝640 个。

（7）水泵接合器数量计算

水泵接合器数量 $n_j=Q_Z/q_j=23.10/10\sim15=1.54\sim2.31$ 个。

设计水泵接合器数为 2 个。

（8）说明

该实例分别采用作用面积法和特性系数法进行了自动喷水灭火系统的水力计算。两种方法计算的自动喷水灭火系统的设计流量分别为 19.95 L/s 和 23.10L/s，管道沿程水头损失分别为 5.61 mH_2O 和 16.80mH_2O。该建筑的危险等级为中危险级Ⅰ级，如果危险等级提高，两种计算方法的差距将进一步增大。所以对于中危险级及以上的建筑采用特性系数法进行水力计算，系统的安全性更高。

自动喷水管道沿程和局部压力损失水力计算表

表 3-54

节点	管段	节点水压 P（mH_2O）	流量（L/s）		管径 (mm)	水力坡降 i (kPa/m)	流速 v (m/s)	管长 L（m）	管段水头损失 (mH_2O)	计算式
			节点 q	管段 Q						
1		10	1.33							$q_1=80\times\sqrt{10\times0.1}/60=1.33$
	1～2			1.33	25	3.673	2.5	3.3	1.21	$Q_{1\sim2}=1.33$（此段不考虑局部水头损失）
2		11.21	1.49							$P_2=10+1.21=11.21$
	2～3			2.82	32	3.576	3.12	3.3	1.18	$Q_{2\sim3}=1.33+1.49=2.82$
3		12.39	1.66							$P_3=11.21+1.18=12.39$
	3～4			4.48	40	4.243	2.65	1.65	0.70	$Q_{3\sim4}=2.82+1.66=4.48$
4		13.09								$P_4=12.39+0.70=13.09$
1′		10	1.33							
	1′～2′			1.33	25	3.673	2.5	3.3	1.21	$Q_{1'\sim2'}=1.33$
2′		11.21	1.49							$P_2=10+1.21=11.21$
	2′～4			2.82	40	1.802		1.65	0.3	$Q_{2'\sim4}=1.33+1.49=2.82$
4		11.51								$P_4=11.21+0.30=11.51$
2′～4 管段流量修正后为 $Q_{2'\sim4}=2.82\sqrt{13.09/11.51}=3.01$L/s										
	4～5			7.49	50	3.060		3.3	1.01	$Q_{4\sim5}=4.48+3.01=7.49$
5		14.10								$P_3=13.09+1.01=14.10$
	侧支管	a～5 同 1～4，但压力不同，流量修正后 $Q_{a\sim5}=4.48\sqrt{14.10/13.09}=4.65$L/s								
	侧支管	a′～5 同 1′～4，但压力不同，流量修正后 $Q_{a'\sim5}=2.82\sqrt{14.10/11.51}=3.12$L/s								
	5～6			15.26	80	1.444		3.3	0.48	$Q_{5\sim6}=7.49+4.65+3.12=15.26$
6		21.06								$P_3=14.10+0.48=14.58$
	侧支管	b～6 同 1～4，但压力不同，流量修正后 $Q_{b\sim6}=4.48\sqrt{14.58/13.09}=4.65$L/s								
	侧支管	b′～6 同 1′～4，但压力不同，流量修正后 $Q_{b'\sim6}=2.82\sqrt{14.58/11.51}=3.17$L/s								
	6～7			23.08	100	0.801		20	1.60	$Q_{6\sim7}=15.26+4.65+3.17=23.08$
7	报警阀处压力									$P_{报}=14.58+1.60=16.18$
报警阀～水泵管道				23.08	150	0.156		40	0.62	总水头损失：16.18+0.62=16.80

【示例 2】

某建筑的自动喷水灭火系统的管网透视图如图 3-118 所示，假设系统的计算流量为 30L/s，试进行自动喷水灭火系统支状管道水力计算（按加压供水情况）。

【设计计算过程】

图 3-118 中最不利作用面积为①～⑩的配水支管包围的面积，共计 23 个喷头。列表计算结果如表 3-55 所示。计算结果表明，在立管与埋地管交点 14 点处需 $H=0.383$MPa（未计局部水头损失及报警阀水头损失）。但在进行流速校核后，需将管段⑨～⑩管径进行放大，修改计算。

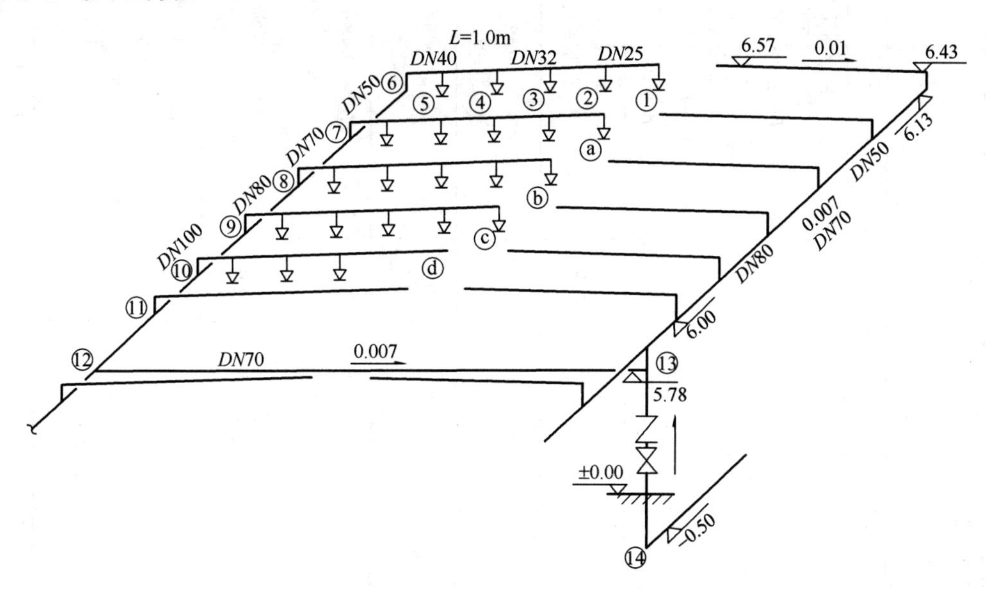

图 3-118　自动喷水灭火系统枝状管道透视图

注：图中管段长度除所注外，皆为 3m

自动喷水灭火系统总水头损失：$H_b=(1.2\sim1.4)\sum P_P+P_0+Z+h_c=1.2\times(4+16.32)+10+6.93=41.3\text{mH}_2\text{O}$。

其中 $h_c=0$，局部水头损失为 $4\text{mH}_2\text{O}$，$P_0=10\text{mH}_2\text{O}$，$Z=6.93\text{mH}_2\text{O}$。

供水加压设备的计算从略。

3.2.5　开式自动喷水灭火系统

开式自动喷水灭火系统包括雨淋系统和水幕系统。

3.2.5.1　雨淋系统

1. 系统特点

雨淋系统是指发生火灾时，由火灾探测器、闭式洒水喷头作为探测元件，通过火灾自动报警系统或传动管控制，自动开启雨淋报警阀组和启动消防水泵后，向开式喷头供水的自动喷水灭火系统。开式喷头同时喷水，可在瞬间喷出大量的水覆盖着火区，达到灭火的目的。

其特点是系统出水量大，灭火控制面积大，灭火及时，遏制和扑救火灾的效果较闭式系统好，但其水渍损失大于闭式系统。通常用于燃烧猛烈、蔓延迅速的某些严重危险级场所。

自动喷水管道沿程和局部压力损失水力计算表 表 3-55

节点	管段	特性系数 B，B_g	节点水压 P (10^{-2}MPa)	流量（L/min）		管径 DN (mm)	水力坡降 i (10^{-2}MPa/m)	管道长度 L (m)	水头损失 H (10^{-2}MPa)	流速 v (m/s)	标高差 h_b (m)	计算式
				节点 q	管段 Q							
1	2	3	4	5	6	7	8	9	10	11	12	13
①		80	10	80								$q_1 = K\sqrt{10\times H_1} = 80\sqrt{10\times 0.1} = 80$
	①～②				80	25	0.3673	3	1.1019	2.51	0.03	$h_{1-2} = L\times I = L\times 6.05\times\left(\frac{80^{1.85}}{120^{1.85}\times 26^{4.87}}\right)\times 10^7 = 1.1019$ $v_{1-2} = q_{1-2}\div A = 21.17\times 80\div 26^2 = 2.51$
②		80	11.13	84.40								$H_2 = H_1 + h_{1-2} + h_{b1-2} = 10 + 1.1019 + 0.03 = 11.13$ $q_2 = K\sqrt{10\times H_2} = 80\sqrt{10\times 0.1113} = 84.40$
	②～③				164.40	32	0.3414	3	1.0242	2.90	0.03	$q_{2-3} = q_{1-2} + q_2 = 80 + 84.4 = 164.40$； $h_{2-3} = 0.3414\times 3 = 1.0242$
③		80	12.18	88.29								$H_3 = 11.13 + 1.0242 + 0.03 = 12.18$； $q_3 = 80\sqrt{10\times 0.1218} = 88.29$
	③～④				252.69	32	0.7562	3	2.2686	4.46	0.03	$q_{3-4} = 164.40 + 88.29 = 252.69$； $h_{3-4} = 0.7562\times 3 = 2.2686$
④		80	14.48	96.27								$H_4 = 12.18 + 2.2686 + 0.03 = 14.48$； $q_4 = 80\sqrt{10\times 0.1448} = 96.27$
	④～⑤				348.96	40	0.6877	3	2.0631	4.63	0.03	$Q_{4-5} = 252.69 + 96.27 = 348.96$； $h_{4-5} = 0.6877\times 3 = 2.0631$
⑤		80	16.57	102.98								$H_5 = 14.48 + 2.0631 + 0.03 = 16.57$； $q_5 = 80\sqrt{10\times 0.1657} = 102.98$
	⑤～⑥				451.94	50	0.3093	1	0.3093	3.55	0.32	$q_{5-6} = 102.98 + 348.96 = 451.94$； $h_{5-6} = 0.3093\times 1 = 0.3093$
⑥		344.6	17.20	102.98								$H_6 = 15.57 + 0.3092 + 0.03 = 17.20$ $B_{1-6} = q_6/\sqrt{H_6} = 451.94/\sqrt{1.72} = 344.6$

续表

节点	管段	特性系数 B，B_g	节点水压 P (10^{-2}MPa)	流量（L/min）		管径 DN (mm)	水力坡降 i (10^{-2}MPa/m)	管道长度 L (m)	水头损失 H (10^{-2}MPa)	流速 v (m/s)	标高差 h_b (m)	计算式
				节点 q	管段 Q							
	⑥～⑦				451.94	50	0.3093	3	0.9279	3.55	0.02	⑥ 点无出流 $h_{6-7}=0.3093\times3=0.9279$
⑦			18.15	916.19								$H_7=17.2+0.9279+0.02=18.15$ $q_7=Q_{6-7}+Q_{a-7}=451.94+464.25=916.19$
	侧支管 a～⑦	344.6			464.25	50				3.65		因 $B_{g1-6}=B_{ga-7}$； 故 $Q_{a-7}=K\sqrt{10\times H_7}=344.6\sqrt{1.815}=464.25$
	⑦～⑧				916.19	65	0.3327	3	0.9981	4.33	0.02	$q_{7-8}=q_7=916.19$； $h_{7-8}=0.3327\times3=0.9981$
⑧			19.17	1393.31								$H_8=18.15+0.9981+0.02=19.17$ $q_8=q_{7-8}+q_{b-8}=916.19+477.12=1393.31$
	侧支管 b～⑧	344.6			477.12	50				3.75		$q_{b-8}=K\sqrt{10\times H_8}=344.6\sqrt{1.917}=477.12$
	⑧～⑨				1393.31	80	0.3140	3	0.9420	4.68	0.02	$q_{8-9}=q_8=1393.31$； $h_{8-9}=0.3140\times3=0.9420$
⑨			20.13	1882.23								$H_9=19.17+0.9420+0.02=20.13$ $q_9=q_{8-9}+q_{c-9}=1393.31+488.92=1882.23$
	侧支管 c～⑨	344.6			488.92							$q_{c-9}=344.6\sqrt{2.013}=488.92$
	⑨～⑩				1882.23	80	0.1433	3	0.4299	6.32		$q_{9-10}=q_{10}=1882.23$，流速 v=6.32m/s，超过经济流速，修正管径为 $DN$100，重新计算沿程压力损失
修正	⑨～⑩				1882.23	100	0.1413	3	0.4299	3.62		
⑩												计算到⑨ 以后，Q_{9-10} 即为作用面积内所有喷头流量之和为 31L/s，即为系统计算流量，满足要求
	⑩～14						0.1413	41.29	5.83		6.43	
14									Σ16.32		Σ6.93	$H_{14}=1.2\times(4+16.32)+10+6.93=41.3$

2. 工作原理

雨淋系统有电动启动和传动管启动两种方式。图3-119为雨淋系统工作原理图。

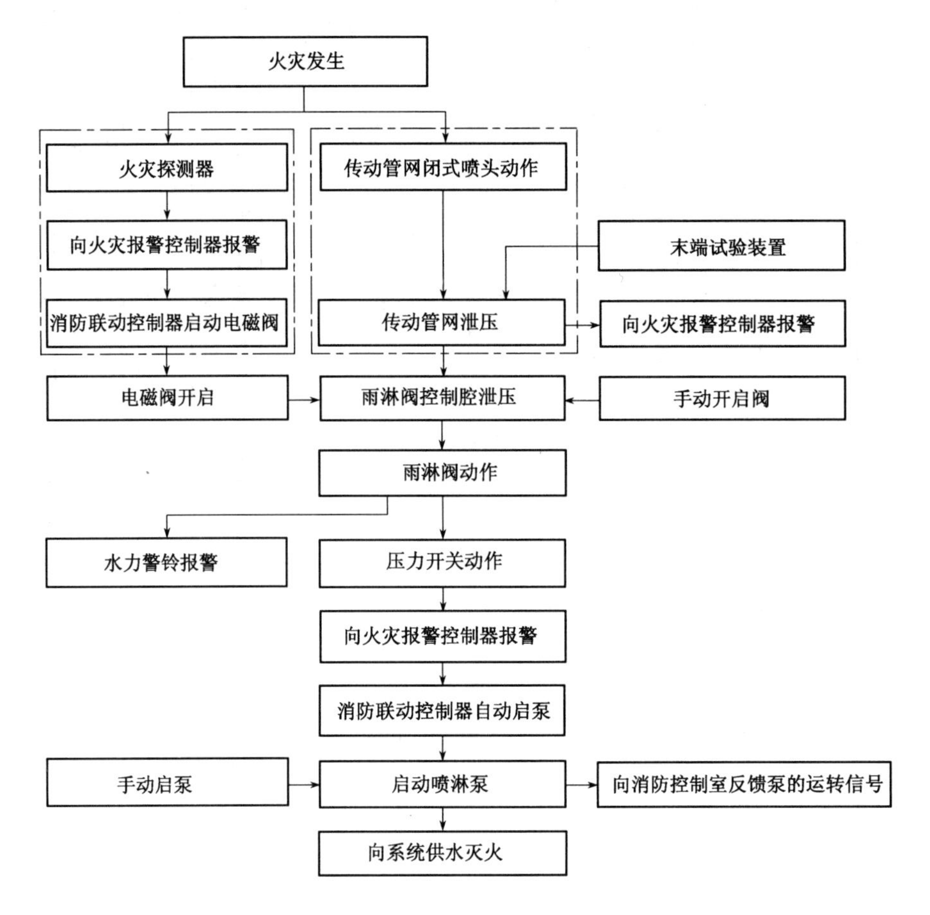

图3-119 雨淋系统工作原理图

图3-120为传动管启动雨淋系统示意图，图中雨淋阀入口侧与进水管相通，出水侧接喷水灭火管路，平时传动管中充满了与进水管中相同压力的水，此时，雨淋阀在传动管网的水压作用下紧紧关闭，灭火管网为空管。发生火灾时，传动管网闭式喷头动作，传动管网泄压，自动释放掉传动管网中有压水，使传动管网中的水压骤然降低，雨淋阀在进水管的水压作用下被打开，压力水立即充满灭火管网，所有喷头喷水，实现对保护区的整体灭火或控火。图3-121为电动启动雨淋系统示意图，当火灾探测器探测到火灾信号后，向火灾报警控制器报警，通过消防联动器启动电磁阀，雨淋阀被开启，向系统供水灭火。

3. 设置场所

(1) 按照《建筑设计防火规范》GB 50016—2014（2018年版）的要求，民用建筑设置雨淋系统的场所如表3-56所示。

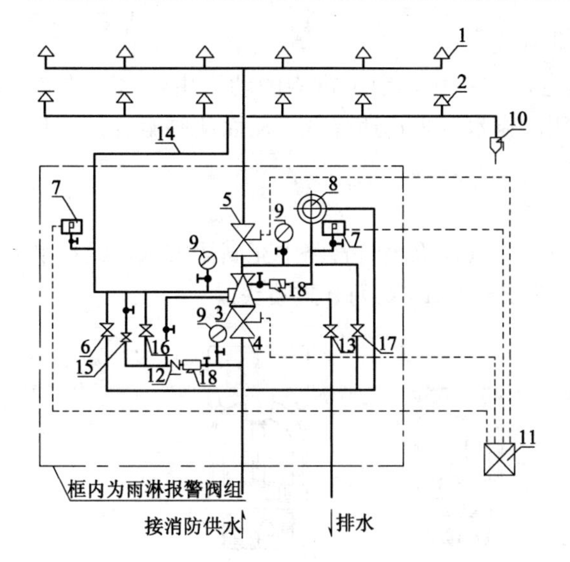

图 3-120 传动管启动雨淋系统示意图

1—开式喷头；2—闭式喷头；3—雨淋报警阀组；4—信号阀；5—试验信号阀；6—手动开关；7—压力开关；8—水力警铃；9—压力表；10—末端试水装置；11—火灾报警控制器；12—止回阀；13—泄水阀；14—传动管网；15—小孔闸阀；16—截至阀；17—试验放水阀；18—过滤器

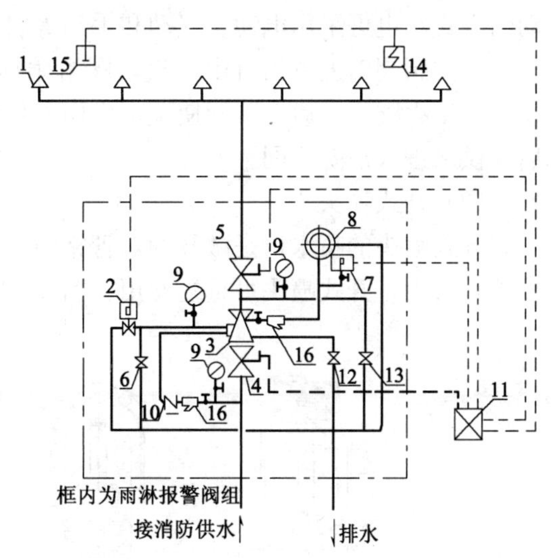

图 3-121 电动启动雨淋系统示意图

1—开式喷头；2—电磁阀；3—雨淋报警阀组；4—信号阀；5—试验信号阀；6—手动开关；7—压力开关；8—水力警铃；9—压力表；10—止回阀；11—火灾报警控制器；12—泄水阀；13—试验放水阀；14—烟感火灾探测器；15—温感火灾探测器；16—过滤器

民用建筑雨淋系统设置场所 **表 3-56**

建筑类别	设置场所
剧场、会堂、礼堂	特等、甲等剧场，超过 1500 个座位的其他等级的剧场和超过 2000 个座位的会堂或礼堂的舞台葡萄架下部
演播室、电影摄影棚	建筑面积不小于 $400m^2$ 的演播室，建筑面积不小于 $500m^2$ 的电影摄影棚

（2）按照《自动喷水灭火系统设计规范》GB 50084—2017 的要求，具有下列条件之一的场所，应采用雨淋系统：

1）火灾的水平蔓延速度快、闭式洒水喷头的开放不能及时使喷水有效覆盖着火区域的场所；

2）设置场所的净空高度超过表 3-38 的规定，且必须迅速扑救初期火灾的场所；

3）火灾危险等级为严重危险级Ⅱ级的场所。

4. 系统主要组件

雨淋系统主要由雨淋报警阀组、开式洒水喷头和管道等组成。

（1）雨淋阀

雨淋阀是通过控制消防给水管路达到自动供水的一种控制阀，其不仅应用在雨淋系统，在闭式系统中的预作用系统、开式系统中的水幕系统中也有应用。常用的是隔膜式雨淋阀（图 3-122），其开启一般采用压差驱

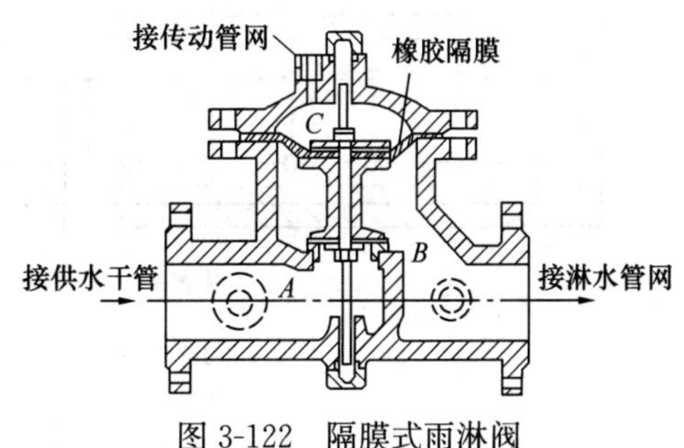

图 3-122 隔膜式雨淋阀

动的方式，也可采用电动、气动和手动等启动方式。

雨淋阀阀瓣上方为自由空气，阀瓣用锁定机构扣住，锁定机构的动力由供水压力提供。发生火灾后，启动装置使锁定机构上作用的供水压力迅速降低，从而使阀瓣脱扣、开启，供水进入消防管网。

（2）开式喷头

开式喷头的喷水口是敞开的，管路中为自由空气。灭火时管路中充满压力水，经喷水口喷水灭火，开式喷头可重复使用。图3-123为ZSTK-15系列开式喷头。

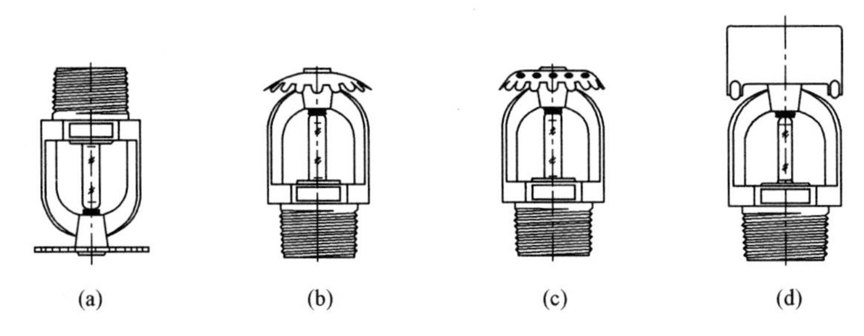

图3-123 ZSTK-15系列开式喷头

(a) 下垂型喷头；(b) 直立型喷头；(c) 普通型喷头；(d) 边墙型喷头

5. 喷头与管网的设置

（1）喷头的平面布置

开式系统中最不利点喷头的供水压力应经计算确定，但不应小于0.05MPa。同时喷头的布置应保证将一定强度的消防水均匀地喷洒到整个被保护的面积上。

开式喷头一般布置成正方形，如图3-124所示。应根据每个喷头的保护面积和区域喷水强度（表3-58），计算确定喷头的布置间距。

（2）干管、支管的平面布置

为保证系统淋水的均匀性，每根配水支管上所布置的开式喷头数量不宜超过6个，每根配水干管的单侧所负担的配水支管数量也不应多于6根。

（3）喷头与配水支管的立面布置

1）一般配水支管及喷头都安装在屋顶或楼板凸出部分（如梁）的下方。当喷头直接安装在梁的下方时，喷头的溅水板顶与梁底或其他结构凸出物之间的距离一般不应小于0.08m（图3-125）。

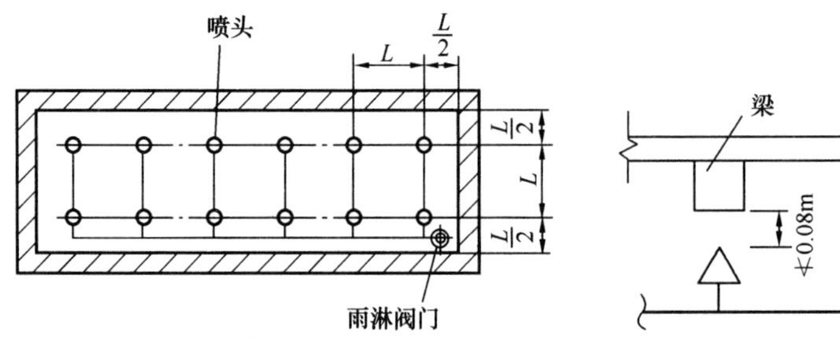

图3-124 开式喷头的平面布置　　图3-125 开式喷头的立面布置

2）当喷头管下面有较大平台、风管、设备时，应在平台、风管、设备下增设喷头。

3.2.5.2 水幕系统

1. 系统特点

水幕系统不具备直接灭火的能力，而是用于挡烟阻火和冷却分隔物（如防火卷帘门）的自动喷水灭火系统。主要是利用密集喷洒所形成的水墙或水帘，或配合防火卷帘等分隔物，阻断烟气和火势的蔓延。一般安装在舞台口、防火卷帘以及需要设水幕保护的门、窗、洞、檐口等处。

2. 系统类型

水幕系统按照其用途不同分为两种：

（1）防火分隔水幕：由开式洒水喷头或水幕喷头、雨淋报警阀组或感温雨淋报警阀等组成，发生火灾时可密集喷洒形成水墙或水帘。

（2）防护冷却水幕：由水幕喷头、雨淋报警阀组或感温雨淋报警阀等组成，发生火灾时用于冷却防火卷帘、防火玻璃墙等防火分隔设施。

3. 系统组成

水幕系统由开式洒水喷头或水幕喷头、雨淋报警阀组或感温雨淋报警阀、水流报警装置（水流指示器或压力开关）以及配水管道等组成。

水幕系统的控制方法与雨淋系统相同。亦可采用电磁阀、手动控制阀启动水幕系统。

4. 设置场所

民用建筑设置水幕系统的场所和部位如表 3-57 所示。

防护冷却水幕应直接将水喷向被保护对象，不宜用于开口尺寸超过 15m（宽）×8m（高）的开口（舞台口除外）。

民用建筑设置水幕系统的场所 **表 3-57**

水幕类别	设置场所（部位）
防火分隔水幕	特等、甲等剧场，超过 1500 个座位的其他等级的剧场，超过 2000 个座位的会堂或礼堂和高层民用建筑内超过 800 个座位的剧场或礼堂的舞台口及上述场所内与舞台相连的侧台、后台的洞口； 应设置防火墙等防火分隔物而无法设置的局部开口部位
防护冷却水幕	需要防护冷却的防火卷帘或防火幕的上部

5. 系统主要组件

（1）水幕喷头类型

水幕喷头：水幕喷头喷出的水形成均匀的水帘状，起阻火、隔火作用，以防止火势蔓延扩大。水幕喷头常见的类型有下垂型、水平型、水平型双缝水幕喷头等（图 3-126）。

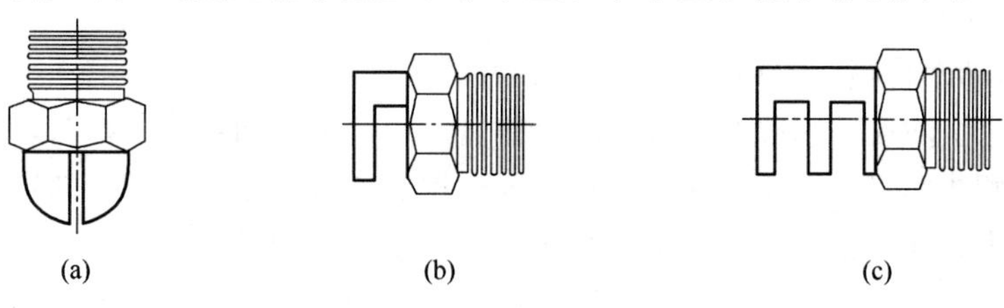

图 3-126 水幕喷头结构形式

（a）下垂型水幕喷头；（b）水平型水幕喷头；（c）水平型双缝水幕喷头

（2）喷头的选型

1）防火分隔水幕应采用开式洒水喷头或水幕喷头。

2）防护冷却水幕应采用水幕喷头。

（3）喷头的布置

1）喷头布置的一般原则

① 当水幕作为防护冷却使用时，喷头宜成单排布置，并喷向被保护对象；

② 舞台口和面积大于 $3m^2$ 的洞口部位宜布置双排水幕喷头；

③ 每组水幕系统安装的喷头数不宜超过72个；

④ 同一配水支管上应布置相同口径的水幕喷头。

2）防火分隔水幕喷头的布置

防火分隔水幕的喷头布置应保证水幕的宽度不小于6m。采用水幕喷头时，喷头不应少于3排；采用开式洒水喷头时，喷头不应少于2排，如图3-127和图3-128所示。图中喷头间距S应根据水力条件计算确定，喷头最小工作压力为0.1MPa。喷水强度不小于2L/(s·m)。防火分隔水幕宜采用开式洒水喷头。同一组水幕中，喷头规格应一致。

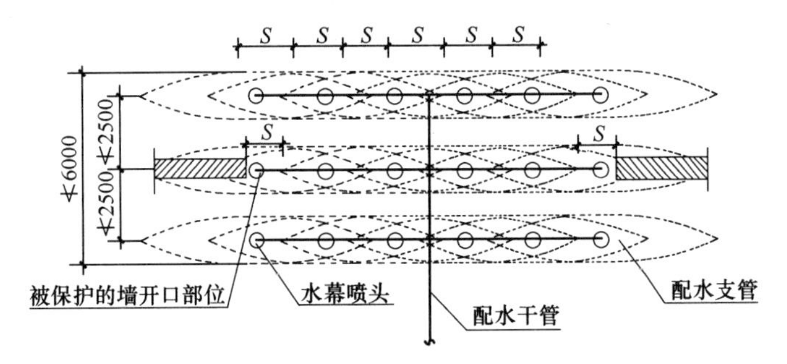

图3-127 防火分隔水幕采用水幕喷头布置示意图

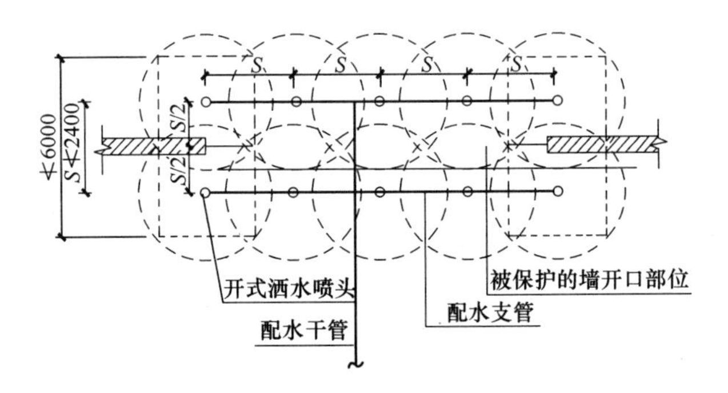

图3-128 防火分隔水幕采用开式喷头布置示意图

3）防护冷却水幕喷头的布置

当防火卷帘、防火玻璃墙等防火分隔设施需采用防护冷却系统保护时，喷头应根据可燃物的情况一侧或两侧布置；外墙可只在需要保护的一侧布置。防护冷却水幕喷头宜布置成单排，且喷水方向应指向保护对象。当防护冷却水幕保护对象有两侧受火面时，应在其两侧设置水幕。图3-129和图3-130分别为防护冷却水幕喷头单侧和双侧布置示意图，喷头的间距S，应根据水力条件计算确定。

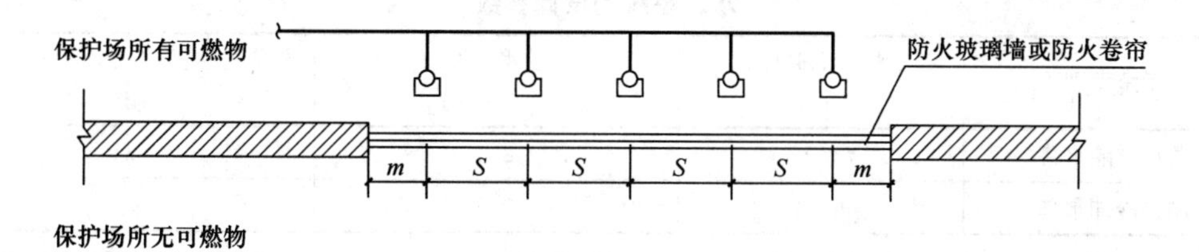

图 3-129 防护冷却水幕喷头单侧布置示意图

注：图中 1.8m≤S≤2.4m；0.1m≤m≤1.2m。

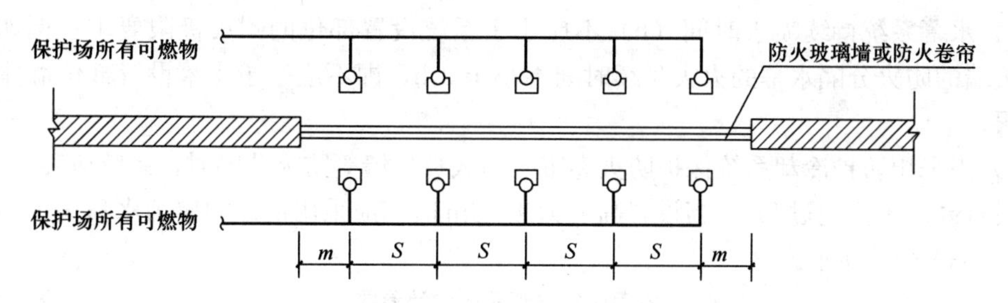

图 3-130 防护冷却水幕喷头两侧布置示意图

注：图中 1.8m≤S≤2.4m；0.1m≤m≤1.2m。

3.2.5.3 开式系统的设计与计算

1. 开式系统设计参数

(1) 雨淋系统

雨淋系统用于民用建筑及厂房建筑时，应根据火灾危险级别确定设计参数，如表 3-58所示。

民用建筑和厂房雨淋系统设计参数 **表 3-58**

火灾危险等级		喷水强度 [L/(min·m²)]	作用面积 (m²)
中危险级	Ⅰ级	6	160
	Ⅱ级	8	
严重危险级	Ⅰ级	12	260
	Ⅱ级	16	

1) 应按照一组中所有开式喷头或水幕喷头同时作用进行计算。

2) 雨淋系统的喷水强度和作用面积应按表 3-58 的规定值确定，且每个雨淋报警阀控制的喷水面积不宜大于表 3-58 中的作用面积。

3) 雨淋系统的设计流量应按雨淋报警阀控制的洒水喷头的流量之和确定。

4) 多个雨淋报警阀并联的雨淋系统，系统设计流量应按同时启用雨淋报警阀的流量之和的最大值确定，以此作为消防水箱、消防水泵等的设计依据。

5) 雨淋系统的持续喷水时间应按火灾延续时间不小于 1h 确定。

(2) 水幕系统

水幕系统设计参数如表 3-59 所示。

水幕系统的设计参数 **表 3-59**

系统类别	喷水点高度（m）	喷水强度［L/(s·m)］	喷头工作压力（MPa）
防火分隔水幕	$h \leqslant 12$	2.0	0.1
防护冷却水幕	$h \leqslant 4$	0.5	0.1

注：1. 防护冷却水幕的喷水点高度每增加 1m，喷水强度应增加 0.1L/(s·m)，但超过 9 m 时喷水强度仍采用 1.0L/(s·m)。
2. 水幕系统的设计流量，应按雨淋报警阀控制的洒水喷头的流量之和确定。

1）水幕系统持续喷水时间（h）不应小于系统设置部位的耐火极限要求。例如，替代防火墙的防火分隔水幕的火灾延续时间不小于 3 h，即不应小于水幕设置部位墙体的耐火极限。

2）当采用防护冷却系统保护防火卷帘、防火玻璃墙等防火分隔时，系统应独立设置。喷头设置高度不应超过 8m，当设置高度为 4～8m 时，应采用快速响应洒水喷头。系统设计参数如表 3-60 所示。

水幕防护冷却系统设计参数 **表 3-60**

喷水点高度（m）	喷水强度［L/(s·m)］	计算长度（m）		持续喷水时间（h）
		保护场所设置自动喷水灭火系统	保护场所不设置自动喷水灭火系统	
$h \leqslant 4$	$\geqslant 0.5$	不应小于自动喷水灭火系统作用面积的长边长度	不应小于被保护防水分隔设施最长一处的实际长度	不应小于系统设置部位的耐火极限要求
$4 < h \leqslant 5$	$\geqslant 0.6$			
$5 < h \leqslant 6$	$\geqslant 0.7$			
$6 < h \leqslant 7$	$\geqslant 0.8$			
$7 < h \leqslant 8$	$\geqslant 0.9$			

2. 开式喷头出流量计算

（1）各种不同直径的开式喷头，在不同压力下具有不同的出流量，可按式（3-38）进行计算：

$$Q = \mu \times F\sqrt{2gH} \tag{3-38}$$

式中 Q——喷头出流量，m^3/s；

μ——喷头流量系数，取 0.7；

F——喷口截面积，m^2；

g——重力加速度，9.81m/s^2；

H——喷口处水压，mH_2O。

将不同直径喷头的截面积代入式（3-38），可得表 3-61 所列的公式。最不利点喷头的水压一般不应小于 0.05MPa（5mH_2O）。

不同直径开式喷头的计算公式 **表 3-61**

喷头直径（mm）	计算公式（L/s）
12.7	$Q = 0.392\sqrt{H}$
10	$Q = 0.243\sqrt{H}$

（2）水幕系统消防用水量与水幕长度、水幕喷水强度和火灾持续时间有关，按式（3-39）计算：

$$V_{13} = 3.6 \times L \times q_0 \times t \tag{3-39}$$

式中 V_{13}——水幕系统消防用水量，m^3；

q_0——水幕喷水强度，L/(s·m)，见表 3-59；

t——持续喷水时间，h，按系统设置部位的耐火极限要求确定；

L——水幕长度，m。

（3）水幕喷头出流量计算

水幕喷头出流量按式（3-40）进行计算：

$$q = \sqrt{BH} \tag{3-40}$$

式中 q——喷头出流量，L/s；

H——喷头处水压，mH_2O；

B——喷头特征系数（见表 3-62），可由式（3-41）求出：

$$\sqrt{B} = \mu \frac{\pi}{4} d^2 \sqrt{2g} \times \frac{1}{1000} \tag{3-41}$$

式中 μ——喷头流量系数；

d——喷头出口直径，mm；

g——重力加速度，9.81m/s^2。

最不利点喷头的水压一般不应小于 $5mH_2O$。

水幕喷头的特征系数 **表 3-62**

喷头直径（mm）	μ	B [$L^2/(s^2 \cdot m)$]	$\sqrt{B}$ [$L/(s \cdot m^{1/2})$]
6	0.95	0.0142	0.119
8	0.95	0.0440	0.210
10	0.95	0.1082	0.329
12.7	0.95	0.2860	0.535
16	0.95	0.7170	0.847
19	0.95	1.4180	1.190

（4）传动管网管径的确定：传动管网不用进行水力计算，充水的传动管网一律采用 *DN*25 的管道；当利用闭式喷头作传动控制时，如果传动管网是充气的，则可采用 *DN* 15 的管道。

（5）淋水管直径估算

根据开式喷头数量可初步确定淋水管直径，如表 3-63 所示。

3. 淋水管网水力计算

1）计算管段单位长度的沿程水头损失按式（3-33）计算。

2）管道的局部水头损失宜采用当量长度法计算。

3）雨淋阀的局部水头损失采用表 3-64 所列公式计算。

根据开式喷头数量估算淋水管直径　　表3-63

管道直径（mm）			25	32	40	50	70	80	100	150
喷头直径（mm）	12.7	喷头数量（个）	2	3	5	10	20	26	40	>40
	10	喷头数量（个）	3	4	9	18	30	46	80	>80

雨淋阀的局部水头损失计算公式　　表3-64

阀门直径（mm）	隔膜阀	双圆盘阀
65	$h=0.0371Q^2$	$h=0.048Q^2$
100	$h=0.00664Q^2$	$h=0.00634Q^2$
150	$h=0.00122Q^2$	$h=0.0014Q^2$

4. 水力计算步骤

（1）设定最不利点喷头处的工作压力、喷头口径（例如为10mm），求喷头的出流量，以此流量求喷头①～②之间管段的水头损失。

（2）以第一个喷头处所需压力加喷头①～②之间的水头损失作为第二个喷头处的压力，以此求得第二个喷头的流量。以第二个喷头流量之和作为喷头②～③之间管段的流量，求出该管段中的水头损失。依此类推，计算出所有喷头及管道的流量和压力。

（3）当自不同方向计算至同一点出现不同压力时，则低压力方向管段的总流量应按式（3-42）进行修正：

$$\frac{H_1}{H_2}=\frac{Q_1^2}{Q_2^2} \tag{3-42}$$

式中　H_1——低压方向管段的计算压力，mH_2O；

Q_1——低压方向管段的计算流量，L/s；

H_2——高压方向管段的计算压力，mH_2O；

Q_2——所求低压方向管段的修正流量，L/s。

（4）开式灭火系统入口处所需压力按式（3-43）计算：

$$H=1.2\sum h+h_0+h_1+h_2 \tag{3-43}$$

式中　H——雨淋阀处所需压力，mH_2O；

1.2——管道局部阻力系数；

$\sum h$——至最不利点的管道沿程水头损失，mH_2O；

h_0——雨淋阀的局部水头损失，mH_2O；

h_1——最不利点喷头所需工作压力，mH_2O；

h_2——最不利点喷头的位置高度，mH_2O。

开式自动喷水灭火系统的水力计算方法同闭式自动喷水灭火系统的特性系数法。

3.3　自动跟踪定位射流灭火系统

3.3.1　概述

自动跟踪定位射流灭火系统是近年来由我国自主研发的一种新型自动灭火系统。该系统以水为喷射介质，利用红外线、紫外线、数字图像或其他火灾探测装置对烟、温度、火焰等的探测，对早期火灾自动跟踪定位，并运用自动控制方式实施射流灭火。自动跟踪定位射流灭火系统全天候实时监测保护场所，对现场的火灾信号进行采集和分析。当有疑似火灾发生时，探测装置捕获相关信息并对信息进行处理，如果发现火源，则对火源进行自动跟踪定位，准备定点（或定区域）射流（或喷洒）灭火，同时发出声光警报和联动控制命令，自动启动消防水泵、开启相应的控制阀门，对应的灭火装置射流灭火。该系统是将红外、紫外传感技术，烟雾传感技术，计算机技术，机电一体化技术有机融合，实现火灾监控和自动灭火为一体的固定消防系统，尤其适用于空间高度高、容积大、火场温升较慢、难以设置闭式自动喷水灭火系统的高大空间场所。

所谓高大空间建筑（场所）是指民用和工业建筑物内净空高度大于 8m，仓库建筑物内净空高度大于 12m 的场所。如体育场馆、会展中心、大剧院等具有公共功能的建筑。高大空间建筑（场所）由于其特殊的使用功能，不宜进行防火、防烟分隔，会造成火灾和烟气的大范围扩散；房间高度高，热气流在上升过程中会受到周围空气的稀释和冷却，造成普通火灾探测技术无法及时发现火灾；普通闭式喷头喷出的水滴从高空落下到达燃烧物表面时已失去了灭火效果。所以高大空间建筑（场所）较普通建筑火灾危险性大，消防给水设施更应具有反应迅速、能自动发现和扑灭初期火灾、空间适用高度范围广、灭火效果好等特点。

自动跟踪定位射流灭火系统可分为自动消防炮灭火系统、喷射型自动射流灭火系统和喷洒型自动射流灭火系统等。图 3-131 为三种自动跟踪定位的射流灭火装置示意图。

自动消防炮灭火系统：灭火装置的流量大于 16L/s 的自动跟踪定位射流灭火系统。

喷射型自动射流灭火系统：灭火装置的流量不大于 16L/s 且不小于 5L/s、射流方式为喷射型的自动跟踪定位射流灭火系统。

喷洒型自动射流灭火系统：灭火装置的流量不大于 16L/s 且不小于 5L/s、射流方式为喷洒型的自动跟踪定位射流灭火系统。

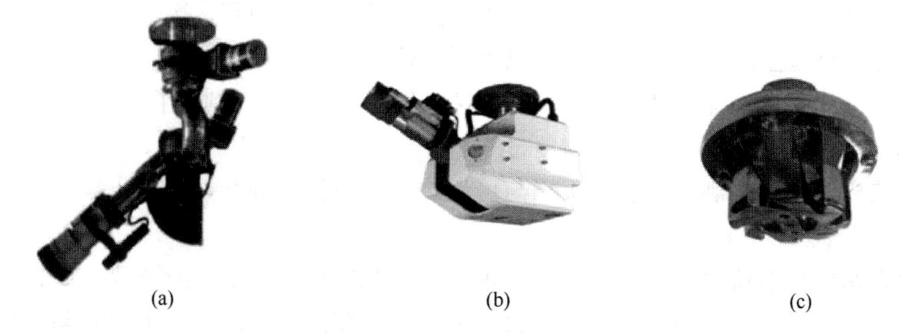

(a)　(b)　(c)

图 3-131　自动跟踪定位射流灭火装置示意图

（a）自动消防炮；（b）喷射型自动射流灭火装置；（c）喷洒型自动射流灭火装置

3.3.2　设置场所

（1）可用于扑救民用建筑和丙类生产车间、丙类库房中，火灾类别为 A 类的下列场所：

1）净空高度大于 12m 的高大空间场所，如高大空间场所：门厅、展厅、中庭、室内步行街、旅客候机（车、船）大厅、售票大厅、宴会厅、阅览室、演讲厅、观众厅、看台等部位。

2）净空高度大于 8m 且不大于 12m，难以设置自动喷水灭火系统的高大空间场所。

（2）不应用于下列场所：

1）经常有明火作业；

2）不适宜用水保护；

3）存在明显遮挡；

4）火灾水平蔓延速度快；

5）高架仓库的货架区域；

6）火灾危险等级为严重危险级的场所。

3.3.3 系统组成与工作原理

3.3.3.1 系统选型

自动跟踪定位射流灭火系统的选型，应根据设置场所的火灾类别、火灾危险等级、环境条件、空间高度、保护区域特点等因素来确定。

自动跟踪定位射流灭火系统的适用范围宜符合表3-65的规定。

自动跟踪定位射流灭火系统的适用范围　　表3-65

系统种类＼适用场所	轻危险级	中危险级	丙类库房
自动消防炮灭火系统	—	√	√
喷射型自动射流灭火系统	√	√	—
喷洒型自动射流灭火系统	√	√	—

注：同一保护区内宜采用一种系统类型。当确有必要时，可采用两种类型系统组合设置。

3.3.3.2 灭火机理与工作原理

1. 灭火机理

自动跟踪定位射流灭火系统的灭火机理主要为冷却、窒息和隔离作用。

（1）冷却作用：射流出的水直接通过水柱或喷洒的大水滴到达燃烧物的表面，吸收大量的热，使燃烧物温度降低至燃烧温度以下后，燃烧即可停止。

（2）窒息作用：射流将水汽化，使助燃物（氧气）浓度得到稀释，起到隔绝空气的作用。

（3）隔离作用：喷洒的水可将火焰与可燃物、助燃物分隔开，达到隔离作用。

2. 工作原理

自动跟踪定位射流灭火系统的工作原理如图3-132所示。在保护区域，设置红外（紫外）等大空间火灾探测器对保护区域的火灾进行实时监测。当发生火灾时，防护区内的红外（紫外）火灾探测器报警，发出报警信号。控制装置（接收到信号后）向自动跟踪定位射流灭火装置发出扫描探测指令，启动灭火装置上的扫描探测器扫描火源位置，确定着火点位置后，反馈信号至控制装置，控制装置发出联动指令，开启电动阀，同时启动消防水泵，启动火灾部位视频监控记录，自动跟踪定位射流灭火装置喷水灭火。

3.3.3.3 系统组成

自动跟踪定位射流灭火系统由灭火装置、探测装置、控制装置、水流指示器和末端试水装置等组成。

（1）灭火装置：是指以射流方式喷射水介质进行灭火的设备，分为自动消防炮、喷射

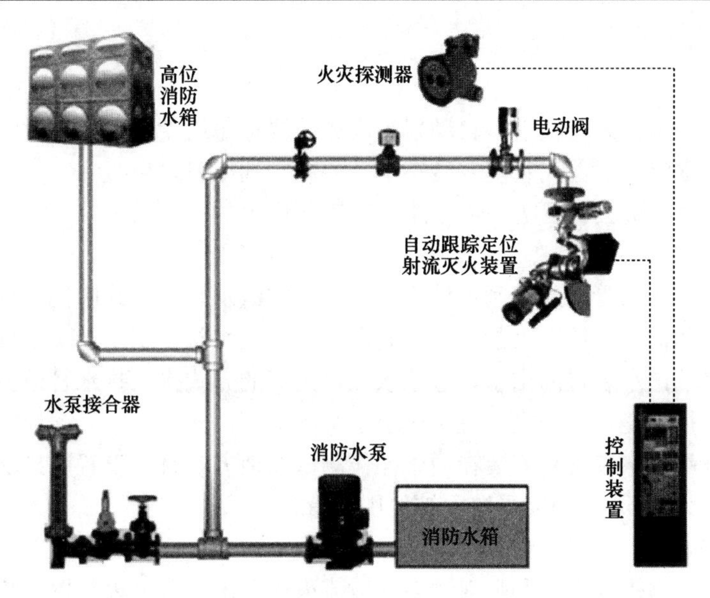

图 3-132 自动跟踪定位射流灭火系统的工作原理

型自动射流灭火装置和喷洒型自动射流灭火装置。

(2) 探测装置：是指具有自动探测、定位火源，并向控制装置传送火源信号等功能的设备。

(3) 控制装置：是系统控制和信息处理的组件，具有接收并处理火灾探测信号，发出控制和报警信息，驱动灭火装置定点灭火，接收反馈信号，同时完成相应的显示、记录，并向火灾报警控制器或消防联动控制器传送信号等功能的装置。

图 3-133 为自动跟踪定位射流灭火系统的系统组成示意图。

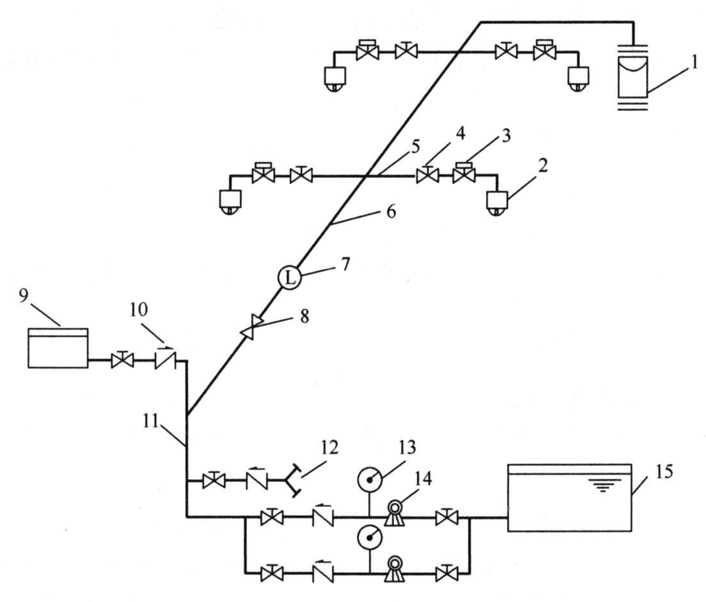

图 3-133 自动跟踪定位射流灭火系统的系统组成示意图

1—模拟末端试水装置；2—灭火装置；3—电磁阀；4—手动闸阀；5—配水支管；6—配水管；7—水流指示器；8—信号阀；9—高位水箱；10—止回阀；11—配水干管；12—水泵接合器；13—压力表；14—加压水泵；15—消防水池

3.3.3.4 系统其他组件设置要求

1. 水流指示器

(1) 每台自动消防炮及喷射型自动射流灭火装置、每组喷洒型自动射流灭火装置的供水支管上应设置水流指示器，且应安装在手动控制阀的出口之后。

(2) 水流指示器的公称压力不应小于系统工作压力的1.2倍。

2. 末端试水装置

(1) 每个保护区的管网最不利点处应设模拟末端试水装置，并应便于排水。模拟末端试水装置应由探测部件、压力表、自动控制阀、手动试水阀、试水接头及排水管组成。

(2) 模拟末端试水装置的出水，应采取孔口出流的方式排入排水管道。排水立管宜设伸顶通气管，管径应经计算确定，且不应小于75mm。

(3) 模拟末端试水装置宜安装在便于操作测试的地方，且应设置明显的标识，试水阀距地面的高度宜为1.5m，并应采取不被他用的措施。

3. 管道与阀门

(1) 自动消防炮灭火系统和喷射型自动射流灭火系统每台灭火装置、喷洒型自动射流灭火系统每组灭火装置之前的供水管路应布置成环状管网。环状管网的管道管径应按对应的设计流量确定。

(2) 系统的环状供水管网上应设置具有信号反馈的检修阀，检修阀的设置应确保在管路检修时，受影响的供水支管不大于5根。

(3) 每台自动消防炮或喷射型自动射流灭火装置、每组喷洒型自动射流灭火装置的供水支管上应设置自动控制阀和具有信号反馈的手动控制阀，自动控制阀应设置在靠近灭火装置进口的部位。

(4) 信号阀、自动控制阀的启、闭信号应传至消防控制室。

(5) 室内、室外架空管道宜采用热浸锌镀钢管等金属管材。架空管道的连接宜采用沟槽连接件（卡箍)、螺纹、法兰、卡压等方式，不宜采用焊接连接。

(6) 埋地管道宜采用球墨铸铁管、钢丝网骨架塑料复合管和加强防腐的钢管等管材。埋地金属管道应采取可靠的防腐措施。

(7) 阀门应密封可靠，并应有明显的启、闭标志。

(8) 在系统供水管道上应设泄水阀或泄水口，并应在可能滞留空气的管段顶端设自动排气阀。

4. 供水系统

自动跟踪定位射流灭火系统的消防水源、消防水泵、消防水泵房、消防水泵接合器的设计应符合现行国家标准《消防给水及消火栓系统技术规范》GB 50974的有关规定。

(1) 消防水泵和供水管网

1) 自动消防炮灭火系统应设置独立的消防水泵和供水管网；喷射型自动射流灭火系统和喷洒型自动射流灭火系统宜设置独立的消防水泵和供水管网。

2) 当喷射型自动射流灭火系统或喷洒型自动射流灭火系统与自动喷水灭火系统共用消防水泵及供水管网时，应符合下列规定：

① 两个系统同时工作时，系统设计水量、水压及一次灭火用水量应满足两个系统同时使用的要求。

② 两个系统不同时工作时，系统设计水量、水压及一次灭火用水量应满足较大一个系统使用的要求。

③ 两个系统应能正常运行，互不影响。

④ 消防水泵应按一用一备或二用一备的比例设置备用泵。备用泵的工作能力不应小于其中工作能力最大的一台工作泵。

（2）高位消防水箱和气压稳压装置

1）采用临时高压给水系统的自动跟踪定位射流灭火系统，宜设高位消防水箱。自动跟踪定位射流灭火系统可与消火栓系统或自动喷水灭火系统合用高位消防水箱。

2）高位消防水箱的设置高度应高于其所服务的灭火装置，且最低有效水位高度应满足最不利点灭火装置的工作压力，其有效储水量应符合现行国家标准《消防给水及消火栓系统技术规范》GB 50974 的有关规定。

3）当无法按照上述要求设置高位消防水箱时，系统应设气压稳压装置。气压稳压装置的设置应符合下列规定：

① 供水压力应保证系统最不利点灭火装置的设计工作压力。

② 稳压泵流量宜为 1～5L/s，并小于一个最小流量灭火装置工作时的流量。

③ 稳压泵应设备用泵。

④ 气压稳压装置的气压罐宜采用隔膜式气压罐，其调节水容积应根据稳压泵启动次数不大于 15 次/h 计算确定，且不宜小于 150L。

（3）消防水泵接合器

系统应设消防水泵接合器，其数量应根据系统的设计流量计算确定，每个消防水泵接合器的流量宜按 10～15L/s 计算。

3.3.3.5 操作与控制

系统应具有自动控制、消防控制室手动控制和现场手动控制三种控制方式。消防控制室手动控制和现场手动控制相对于自动控制应具有优先权。

（1）自动消防炮灭火系统和喷射型自动射流灭火系统在自动控制状态下，当探测到火源后，应至少有 2 台灭火装置对火源扫描定位，并应至少有 1 台且最多 2 台灭火装置自动开启射流，且其射流应能到达火源进行灭火。

（2）喷洒型自动射流灭火系统在自动控制状态下，当探测到火源后，发现火源的探测装置对应的灭火装置应自动开启射流，且其中应至少有一组灭火装置的射流能到达火源进行灭火。

（3）系统在自动控制状态下，控制主机在接到火警信号，确认火灾发生后，应能自动启动消防水泵、打开自动控制阀、启动系统射流灭火，并应同时启动声、光警报器和其他联动设备。系统在手动控制状态下，应人工确认火灾后手动启动系统射流灭火。

（4）系统自动启动后应能连续射流灭火。当系统探测不到火源时，对于自动消防炮灭火系统和喷射型自动射流灭火系统应连续射流不小于 5min 后停止喷射，对于喷洒型自动射流灭火系统应连续喷射不小于 10min 后停止喷射。系统停止射流后再次探测到火源时，应能再次启动射流灭火。

（5）稳压泵的启动、停止应由压力开关控制。气压稳压装置的最低稳压压力设置，应满足系统最不利点灭火装置的设计工作压力。

（6）消防水泵的操作与控制应符合现行国家标准《消防给水及消火栓系统技术规范》GB 50974 的有关规定。

3.3.4　自动消防炮灭火系统设计

3.3.4.1　一般规定

（1）自动消防炮灭火系统应保证至少 2 台灭火装置的射流能到达被保护区域的任一部位。

（2）灭火装置的设计同时开启数量应按 2 台确定。

（3）自动消防炮的俯仰和水平回转角度应满足使用要求，同时消防炮应具有直流—喷雾的转换功能。

（4）自动消防炮的工作压力一般在 0.6MPa 以上。

（5）设计持续喷水时间应不小于 1h。

3.3.4.2　设计参数

1. 灭火装置性能参数

自动消防炮的性能参数应符合表 3-66 的规定。灭火装置的最大保护半径应按产品在额定工作压力时的指标值确定；灭火装置的设计工作压力与产品额定工作压力不同时，应在产品规定的工作压力范围内选用。

自动消防炮的性能参数　　**表 3-66**

额定流量（L/s）	额定工作压力上限（MPa）	额定工作压力时的最大保护半径（m）	定位时间（s）	最小安装高度（m）	最大安装高度（m）
20	1.0	42	≤60	8	35
30		50			
40		52			
50		55			

2. 同时开启灭火装置数量

自动消防炮灭火系统应保证至少 2 台灭火装置的射流能到达被保护区域的任一部位，但在设计中只考虑最多 2 台灭火装置同时开启。

3.3.4.3　设计计算

1. 设计步骤

（1）确定保护对象危险等级，确定灭火装置供给强度。

（2）计算保护区域面积、计算灭火装置流量。

（3）初选自动消防炮型号及数量，布置自动消防炮炮位，校核自动消防炮射程射高。

（4）选定自动消防炮型号和数量。

（5）水力计算，系统组件选择、系统设计等。

2. 水力计算

（1）自动消防炮的设计流量：

自动消防炮灭火系统的设计流量应按两门自动消防炮的水射流同时到达防护区任一部位的要求计算，民用建筑的用水量不应小于 20L/s，工业建筑的用水量不应小于 30L/s。

自动消防炮的设计流量可按式（3-44）确定：

$$Q_S = q_{S0}\sqrt{\frac{P_e}{P_0}} \tag{3-44}$$

式中 Q_S——灭火装置的设计流量，L/s；

q_{S0}——灭火装置的额定流量，L/s；

P_e——灭火装置的设计工作压力，MPa；

P_0——灭火装置的额定工作压力，MPa。

根据流量值确定消防炮的型号。

(2) 最大保护半径可按式 (3-45) 确定：

$$D_S = D_{S0}\sqrt{\frac{P_e}{P_0}} \tag{3-45}$$

式中 D_S——的设计最大保护半径，m；

D_{S0}——灭火装置在额定工作压力时的最大保护半径，m。

根据已算出的流量和自动消防炮入口的工作压力，查样本确定所选型号自动消防炮的最大水平射程。

(3) 管网的水力计算：

自动消防炮灭火系统和喷射型自动射流灭火系统每台灭火装置、喷洒型自动射流灭火系统每组灭火装置之前的供水管路应布置成环状管网，管网计算时宜简化为枝状管网。

1) 系统供水设计总流量应按式 (3-46) 计算：

$$Q = \sum_{n=1}^{N} q_n \tag{3-46}$$

式中 Q——系统的设计总流量，L/s；

N——灭火装置的设计同时开启数量（台）；

q_n——第 n 个灭火装置的设计流量，L/s。

2) 供水或供泡沫混合液管道总水头损失应按式 (3-47) 计算：

$$\sum h = h_1 + h_2 \tag{3-47}$$

式中 $\sum h$——水泵出口至最不利点消防炮进口供水或供泡沫混合液管道总水头损失，MPa；

h_1——沿程水头损失，MPa；

h_2——局部水头损失，MPa。

3) 系统中的消防水泵供水压力应按式 (3-48) 计算：

$$P = 0.01 \times Z + \sum h + P_e \tag{3-48}$$

式中 P——消防水泵供水压力，MPa；

Z——最低引水位至最高位消防炮进口的垂直高度，m；

$\sum h$——水泵出口至最不利点消防炮进口供水或供泡沫混合液管道总水头损失，MPa；

P_e——自动消防炮的设计工作压力，MPa。

3.3.4.4 设计计算实例分析

【实例】

某贸易展览中心中的展厅为大空间建筑，其中1号展厅面积为64m×65m（长×宽），2号厅面积为60m×65m（长×宽），净空高度均为15m，其火灾类型以固体火灾为主。

由于展厅的净空高度超过8m，难以设置自动喷水灭火系统，所以可采用自动消防炮灭火系统进行保护。

【设计计算过程】

（1）1号展厅的设计

根据展厅建筑结构及使用功能，该展厅为一个防火分区。

依据《自动跟踪定位射流灭火系统技术标准》GB 51427—2021，室内自动消防炮的布置数量不应少于两门，并应能使两门自动消防炮的水射流同时到达被保护区域的任一部位。单台自动消防炮的流量不应小于20L/s，且民用建筑的用水量不应小于20L/s。

经查，某厂商自动消防炮性能参数如表3-67所示。

40L/s自动消防炮性能参数 **表3-67**

额定流量（L/s）	额定工作压力上限（MPa）	额定工作压力时的最大保护半径（m）	定位时间（s）	最小安装高度（m）	最大安装高度（m）
40	1.0	52	≤60	8	35

设计拟采用4门40L/s的电控自动消防炮，型号为PSKD40。布置图如图3-134所示。可以保证展厅内任一点都至少有两门自动消防炮的射流能够达到。自动消防炮系统的设计流量为同时开启的自动消防炮的流量之和，同时开启2门时的设计流量为$Q=40\times2=80$L/s。

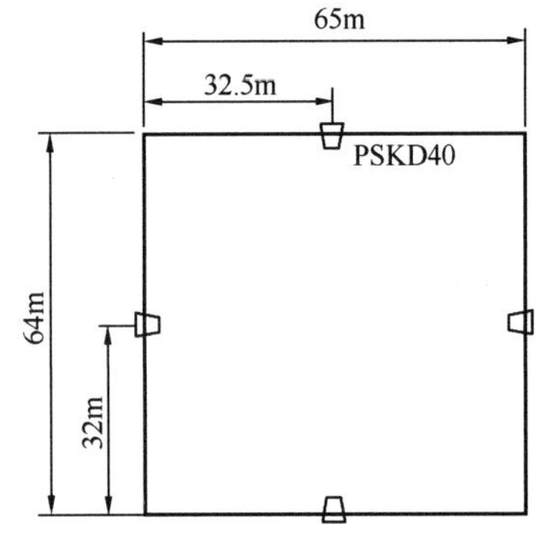

图3-134 展厅自动消防炮的平面布置

根据表3-37，净空高度为12～18m的民用建筑高大净空场所中（影剧院、音乐厅、会展中心等）的喷水强度为20L/(min·m²)，作用面积为160m²，设计用水量为20×160/60=53.3L/s。

可见，自动消防炮系统的设计流量$Q=80\text{L/s}>53.3\text{L/s}$，符合《自动喷水灭火系统设计规范》GB 50084—2017的要求。

根据展厅空间情况，自动消防炮架高10～15m安装。

2号展厅参考1号展厅进行布置。

（2）消防水泵的选择

消防泵组额定流量：$Q_{总}=80$L/s。

消防泵组额定扬程：$H_{总}=H_{炮}+H_{阻}=0.8+0.1+0.2=1.1$MPa。

式中 $H_{炮}$——自动消防炮额定工作压力，MPa；

$H_{阻}$——沿程水头损失，消防管网水头损失（假设为0.2MPa）和自动消防炮架高10m的水头损失（假设为0.1MPa）。

消防泵组性能参数：流量：80L/s，扬程：110m。自动消防炮采用电控方式。

（3）消防水池容积计算

根据扑救室内火灾的设计持续喷水时间应不小于1h的规定，消防水池有效容积为：$V=80\times1\times3.6=288\text{m}^3$。

所以该展览中心的2个展厅共配置电控自动消防炮(40L/s)8门，配置流量为80L/s、扬程为 110m 的消防泵组、自动消防炮控制器等设备。

3.3.5　喷射型自动射流灭火系统设计

3.3.5.1　一般规定

（1）用于扑救轻危险级场所火灾时，单台灭火装置的流量不应小于 5L/s；用于扑救中危险级场所火灾时，单台灭火装置的流量不应小于 10L/s。

（2）喷射型自动射流灭火装置的俯仰和水平回转角度应满足使用要求。

（3）设计持续喷水时间应不小于 1h。

3.3.5.2　设计参数

（1）喷射型自动射流灭火装置性能参数应符合表 3-68 的规定。

（2）灭火装置的最大保护半径应按产品在额定工作压力时的指标值确定。

（3）灭火装置的设计工作压力与产品额定工作压力不同时，应在产品规定的工作压力范围内选用。

喷射型自动射流灭火装置的性能参数　　表 3-68

<table>
<tr><th>额定流量
（L/s）</th><th>额定工作压力上限
（MPa）</th><th>额定工作压力时的
最大保护半径（m）</th><th>定位时间
（s）</th><th>最小安装高度
（m）</th><th>最大安装高度
（m）</th></tr>
<tr><td>5</td><td rowspan="2">0.8</td><td>20</td><td rowspan="2">≤30</td><td rowspan="2">8</td><td>20</td></tr>
<tr><td>10</td><td>28</td><td>25</td></tr>
</table>

（4）同时开启灭火装置数量：喷射型自动射流灭火系统应保证至少 2 台灭火装置的射流能到达被保护区域的任一部位，但在设计中只考虑最多 2 台灭火装置同时开启。

（5）水力计算：喷射型自动射流灭火装置的额定流量有 5L/s 和 10L/s 两种型号(表 3-68)，其水力计算同自动消防炮系统。

3.3.5.3　设计计算实例分析

【实例】

某报告厅为 A 类火灾中危险级Ⅰ级场所，报告厅高度为 18.0m，其中净空高度为 17.8m，报告厅内净空尺寸为 37.3m×32.2m。试对报告厅设计一套喷射型自动射流灭火系统，并确定系统管段的设计流量及管段管径。

【设计计算过程】

（1）设计参数的确定

根据报告厅建筑结构及使用功能，该报告厅为一个防火分区。

依据《自动跟踪定位射流灭火系统技术标准》GB 51427—2021，用于扑救中危险级场所火灾时，单台灭火装置的流量不应小于 10L/s，且应保证至少 2 台灭火装置的射流能到达被保护区域的任一部位。

设计采用额定流量为 10L/s 的喷射型自动射流灭火装置（参数见表 3-68），拟采用 6 台 10 L/s 的喷射型自动射流灭火装置。布置图如图 3-135 所示。可以保证报告厅内任一点都至少有两台灭火装置的射流能够达到。喷射型自动射流灭火系统的设计流量为同时开启的灭火装置的流量之和，同时开启 2 台时的设计流量为 $Q=10\times2=20$L/s。

（2）管径计算

单台灭火装置的流量为 10L/s，管径选取为 $DN65$，流速为 2.84m/s；干管采用环状，系统流量为 20L/s，管径选取为 $DN100$，流速为 2.31m/s。流速满足规范要求。

（3）消防水泵的选择

消防泵组额定流量：$Q_{总}=20$ L/s。

消防泵组额定扬程：$P=0.01\times Z+\sum h+P_e=0.01\times17+0.22+0.8=1.19$MPa。

喷射型自动射流灭火装置额定工作压力为 0.8MPa；消防管网沿程水头损失假设为 0.2MPa；局部水头损失按沿程水头损失的 10%计算；灭火装置架高 17m。

消防泵组性能参数：流量为 20L/s，扬程为 119m。

（4）消防水池容积计算

根据扑救室内火灾的设计持续喷水时间应不小于 1h 的规定，消防水池有效容积为：$V=20\times1\times3.6=72\text{m}^3$。

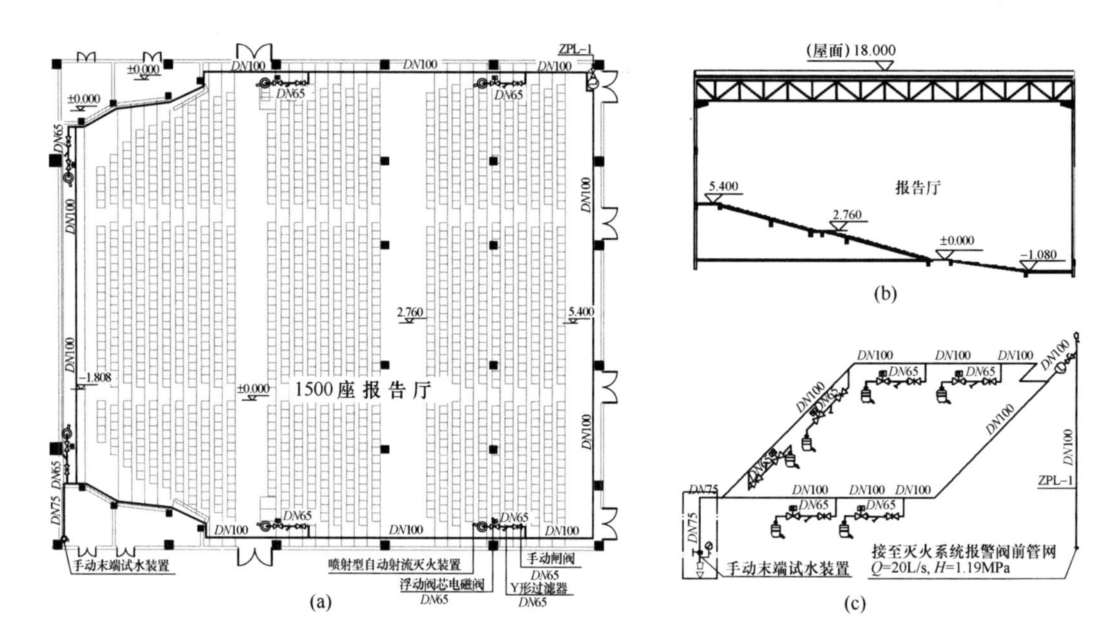

图 3-135 报告厅灭火装置布置示意图

（a）喷射型自动射流灭火装置布置的平面图；（b）报告厅立面图；（c）喷射型自动射流灭火装置布置的系统图

3.3.6 喷洒型自动射流灭火系统设计

3.3.6.1 一般规定

（1）喷洒型自动射流灭火系统灭火装置的设计同时开启数量，应按保护场所内发生火灾情况下，可能同时开启的灭火装置的最大数量确定。

（2）灭火装置的布置应能使射流完全覆盖被保护场所及被保护物。

（3）灭火系统的设计流量应为设计同时开启的灭火装置流量之和，且不应小于 10L/s。

（4）设计持续喷水时间应不小于 1h。

3.3.6.2 设计参数

1. 系统设计参数

喷洒型自动射流灭火系统的设计参数不应低于表 3-69 的规定。

喷洒型自动射流灭火系统的设计参数 **表 3-69**

保护场所的火灾危险等级		保护场所的净空高度（m）	喷水强度[L/(min・m²)]	作用面积（m²）
轻危险级		≤25	4	300
中危险级	Ⅰ级		6	
	Ⅱ级		8	

注：当系统最大保护区的面积不大于表中规定的作用面积时，可按最大保护区面积对应的全部灭火装置数量确定。

表 3-69 中的作用面积是根据综合分析比较后确定的。以目前喷洒型自动射流灭火装置的主要流量规格 5L/s 为例，其标准保护半径为 6m，对于火灾轻危险级场所，按 4L/(min・m²) 的喷水强度，灭火装置呈正方形布置，两个相邻灭火装置的间距为 8.4m（图 3-136），$a=b=8.4$m。考虑在 4 个灭火装置的交叉覆盖点着火，这时 4 个灭火装置会同时打开射流灭火，其保护面积为 16.8 × 16.8 = 282.24m²，为便于计算，取整数 300m²。对于其他火灾危险级场所，喷水强度加大，喷洒型灭火装置布置更密，数量对应增加，但 300m²的保护作用面积不变。

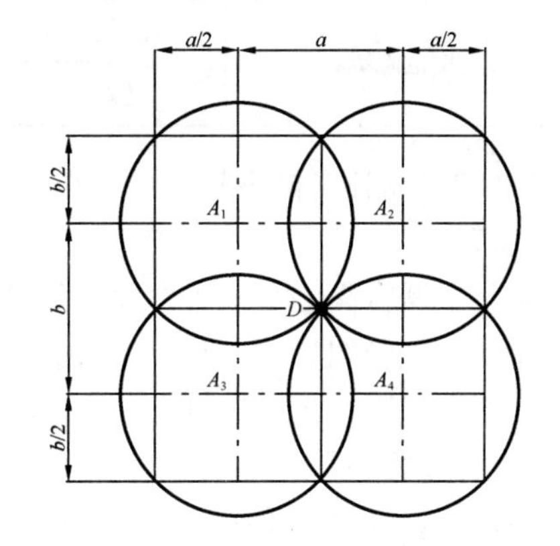

图 3-136 喷洒型灭火装置布置示意图

a—灭火装置与灭火装置的纵向水平间距（m）；

b—灭火装置与灭火装置的横向水平间距（m）。

2. 灭火装置性能参数

喷洒型自动射流灭火装置的性能参数应符合表 3-70 的规定。喷头的最大保护半径应按产品在额定工作压力时的指标值确定；喷头的设计工作压力与产品额定工作压力不同时，应在产品规定的工作压力范围内选用。

喷洒型自动射流灭火装置的性能参数 **表 3-70**

额定流量（L/s）	额定工作压力上限（MPa）	额定工作压力时的最大保护半径（m）	定位时间（s）	最小安装高度（m）	最大安装高度（m）
5	0.6	6	≤30	8	25
10		7			

3. 同时开启灭火装置数量

喷洒型自动射流灭火系统中探测装置和灭火装置通常为分体式安装，一台探测装置可对应一台或多台灭火装置（但通常不大于 4 台）。当某台探测装置探测到火源，则该台探测装置对应的灭火装置将会同时开启射流喷水灭火。在设计中为了保证探测和射流全覆盖保护区域，不可避免会出现交叉覆盖区域。当探测装置的交叉覆盖区域内出现火情时，探测到火源的两个（或多个）探测装置对应的所有灭火装置会同时开启射流。为了避免造成同时开启的灭火装置数量过大，原则上应优先采用探测装置与灭火装置一一对应的布置形式，以控制系统的设计流量不至于过大。

灭火装置的设计同时开启数量应为不小于按作用面积计算所包含的灭火装置数量，且不大于该数量的 150%。若在设计中不能满足这一要求时，应重新选择灭火装置的流量规格、探测装置与灭火装置的对应方式等，重新进行设计布置。

所以，喷洒型自动射流灭火系统灭火装置的设计同时开启数量应符合表 3-71 的规定。

喷洒型自动射流灭火系统灭火装置的设计同时开启数量 N（台）　　表 3-71

保护场所的火灾危险等级		灭火装置的流量规格（L/s）	
		5	10
轻危险级		$4 \leqslant N \leqslant 6$	$N=2$ 或 $N=3$
中危险级	Ⅰ级	$6 \leqslant N \leqslant 9$	$3 \leqslant N \leqslant 5$
	Ⅱ级	$8 \leqslant N \leqslant 12$	$4 \leqslant N \leqslant 6$

3.3.6.3　设计实例分析

【实例】

某主席台高度 25m，内净空尺寸为 23.2m×20.0m，为 A 类火灾中危险级Ⅱ级场所。主席台的剖面图如图 3-137(b) 所示。试对主席台设计一套喷洒型自动射流灭火系统，并确定系统管段的设计流量及管段管径。

【设计计算过程】

（1）设计参数确定

主席台屋顶高度为 25.0m，为 A 类火灾中危险级Ⅱ级场所，查表 3-69 可得，主席台的喷水强度为 8L/(min·m^2)，作用面积为 300m^2；设计采用额定流量为 5L/s，保护半径为 6m 的喷洒型自动射流灭火装置，接管口径为 40mm，喷头最大安装高度为 25m，标准工作压力 0.60MPa；喷头采用一控一布置，系统平面布置如图 3-137(a) 所示，根据表 3-71，最不利点处最大同时开启的灭火装置的数量为：$8 \leqslant N \leqslant 12$，本次设计最不利点处最大同时开启灭火装置数量为 10 台，满足要求。

所以，系统设计流量 $Q_s = 10 \times 5 = 50$ L/s。

由于主席台的喷水强度为 8L/(min·m^2)，作用面积为 300m^2，可得：设计用水量为：$8 \times 300/60 = 40$L/s。

可见，喷洒型自动射流灭火系统的设计流量 $Q = 50$L/s>40L/s，符合《自动跟踪定位射流灭火系统技术标准》GB 51427—2021 的要求。

（2）管径计算

配水支管：同时开启灭火装置数量为 1 个，管段设计流量 5 L/s，管径为 50mm，流速为 2.35m/s；配水干管：同时开启灭火装置数量为 10 个，管段设计流量 50L/s，管径为 150mm（两根），配水管采用环状管道，流速为 2.95m/s；管道系统图如图 3-137(c) 所示。

（3）消防水泵的选择

消防泵组额定流量：$Q_{总} = 50$L/。

消防泵组额定扬程：$P = 0.01 \times Z + \sum h + P_e = 0.01 \times 24 + 0.22 + 0.6 = 1.06$MPa。

喷洒型自动射流灭火装置额定工作压力为 0.6MPa；消防管网沿程水头损失假设为 0.2MPa；局部水头损失按沿程水头损失的 10%计算；灭火装置架高 24m。

消防泵组性能参数：流量为 50L/s，扬程为 106m。

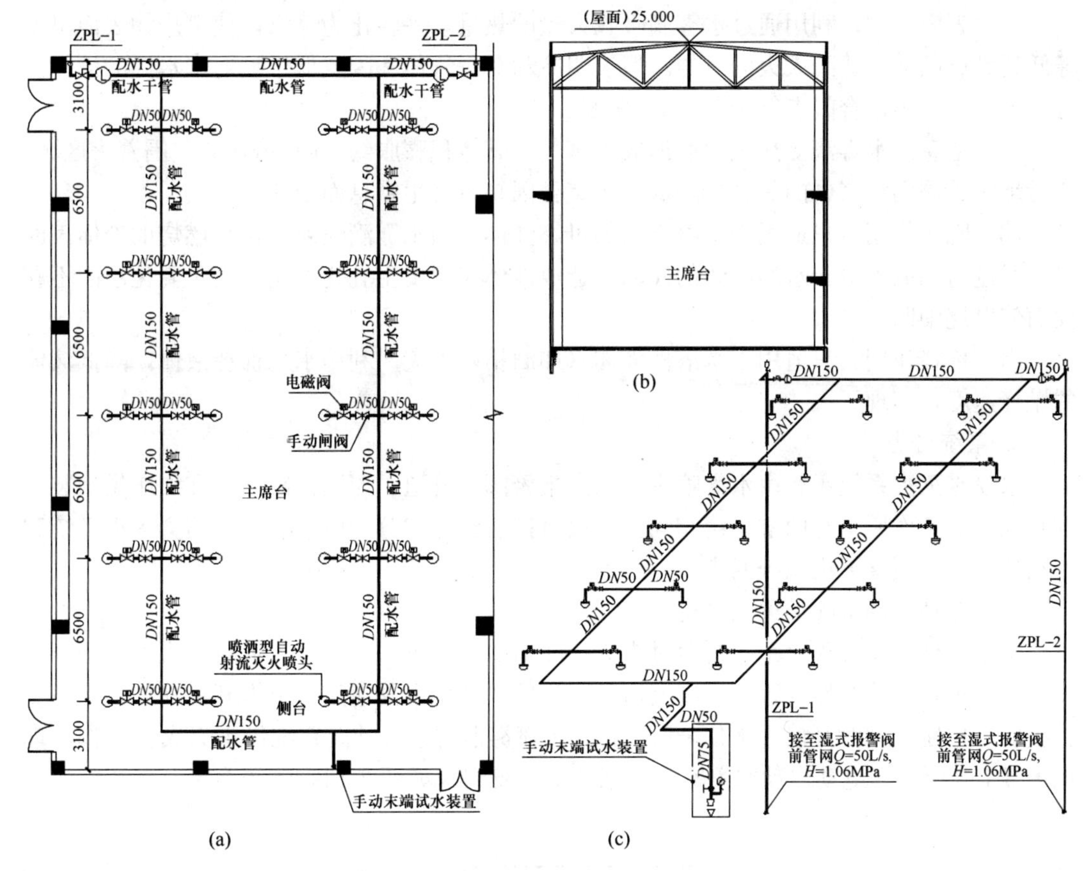

图 3-137 主席台喷洒型自动射流灭火系统

（a）喷头平面布置图；（b）主席台建筑剖面图；（c）喷洒型自动射流灭火系统系统图

（4）消防水池容积计算

根据扑救室内火灾的设计持续喷水时间应不小于 1h 的规定，消防水池有效容积为：$V=50\times1\times3.6=180\text{m}^3$。

3.4 水喷雾及细水喷雾灭火系统

3.4.1 水喷雾灭火系统

3.4.1.1 系统特点

1. 系统概念

水喷雾灭火系统是利用专门设计的水雾喷头，在水雾喷头工作压力下，将水流分解成粒径不超过 1mm 的细小水滴进行灭火或防护冷却的一种固定式灭火系统。

2. 系统灭火机理

水喷雾灭火系统利用水喷雾喷头将水从连续的洒水状态转变成不连续的细小水雾滴之后喷射到正在燃烧的物质表面，通过改变水的物理状态实现灭火。

水喷雾灭火系统具有较高的电绝缘性能和良好的灭火性能，其灭火机理主要有：表面冷却、窒息、乳化和稀释作用。

(1) 表面冷却。利用通过水雾滴吸收大量的热量,并转化为蒸汽,使燃烧物表面温度降低到燃点以下,达到灭火的目的。但表明冷却对于气体和闪点低于喷射水水温的液体没有效果,一般不适合闪点低于60℃的液体。

(2) 窒息。水雾滴受热汽化后形成水蒸气,其体积膨胀约1640倍,会包围着火区域,使燃烧物质周围空气中的氧含量降低,燃烧会因缺氧发生窒息而中断。

(3) 乳化作用。只适用于不溶于水的可燃液体。当水雾滴喷射到正在燃烧的液体表面时,通过与油或不溶于水的液体的搅动,造成液体表层发生乳化作用,由于乳化层的不燃性而使燃烧中断。

(4) 稀释作用。只适用于水溶性液体(如酒精)火灾。利用水来稀释液体,降低液体的燃烧速度,实现灭火。

3. 系统分类

水喷雾灭火系统主要由水雾喷头、雨淋报警阀、管道、探测控制系统和加压供水装置等组成。其工作原理与雨淋系统相同。一般可按启动方式分为电动启动水喷雾灭火系统和传动管启动水喷雾灭火系统两类。

(1) 电动启动水喷雾灭火系统

电动启动水喷雾灭火系统是通过火灾探测器探测火灾。当发生火灾时,火灾探测器动作,向火灾报警控制器报警,控制器启动电磁阀,使雨淋阀泄压,压力开关动作,水力警铃报警,控制阀同时开启进水信号阀,启动水喷雾消防水泵,向系统供水灭火。工作原理如图3-138所示。电动启动水喷雾灭火系统的系统组成如图3-139所示。

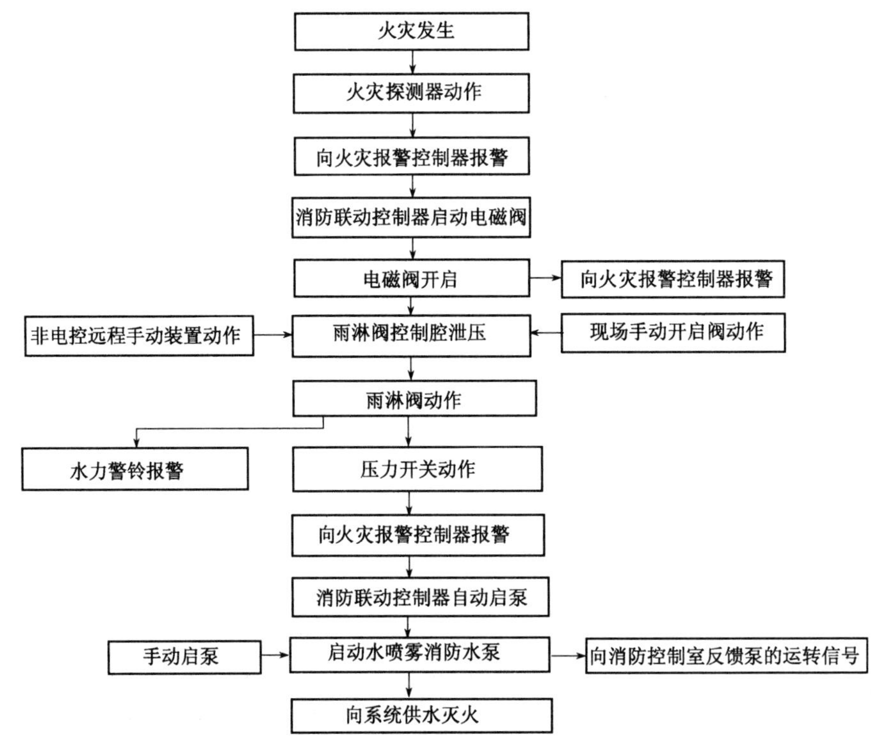

图3-138 水喷雾灭火系统工作原理

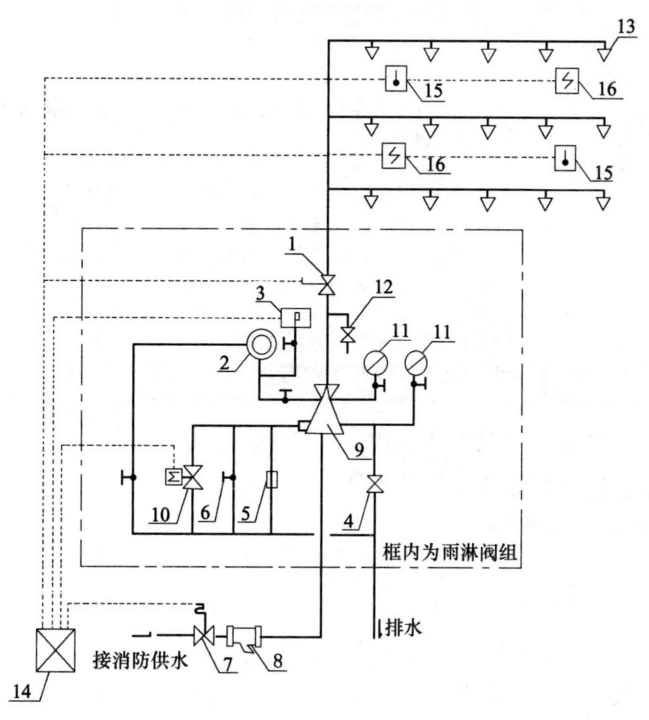

图 3-139 电动启动水喷雾灭火系统组成示意图

1—试验信号阀；2—水力警铃；3—压力开关；4—放水阀；5—非电控远程手动装置；6—现场手动装置；7—进水信号阀；8—过滤器；9—雨淋阀组；10—电磁阀；11—压力表；12—试水阀；13—水雾喷头；14—火灾报警控制器；15—感温探测器；16—感烟探测器

(2) 传动管启动水喷雾灭火系统

传动管启动水喷雾灭火系统是以传动管作为火灾探测系统。传动管内充满压缩空气或压力水。该系统一般适用于防爆场所，其系统组成同传动管启动的雨淋系统。

3.4.1.2 适用范围

水喷雾灭火系统具有灭火和防护冷却两种功能。

1. 灭火的适用范围

(1) 固体火灾。水喷雾灭火系统适用于扑救固体物质火灾。

(2) 可燃液体火灾。水喷雾灭火系统可用于扑救丙类液体火灾和饮料酒火灾，如燃油锅炉、发电机油箱、丙类液体输油管道火灾等。

(3) 电气火灾。水喷雾灭火系统可用于扑救油浸式电力变压器、电缆隧道、电缆沟、电缆井、电缆夹层等处发生的电气火灾，但需要选用离心雾化型水雾喷头。

2. 防护冷却的适用范围

(1) 可燃气体和甲、乙、丙类液体的生产、储存装置和装卸设施的防护冷却。

(2) 火灾危险性大的化工装置及管道，如加热器、反应器等的防护冷却。

3. 系统设置场所

应设置水喷雾灭火系统的场所如表 3-72 所示。

应设置水喷雾灭火系统的场所　　表3-72

目的	建筑类型	设置场所
灭火	民用	充可燃油并设置在高层民用建筑内的高压电容器和多油开关室； 建筑内的燃油锅炉房
	工业	单台容量在40MVA及以上的厂矿企业油浸变压器； 单台容量在90MVA及以上电厂油浸变压器； 单台容量在125MVA及以上的独立变电站油浸变压器； 飞机发动机试验台的试车部位
防护冷却	工业	输送机皮带、电缆、液氨储罐； 甲B、乙、丙类液体储罐，全压、半冷冻式及冷冻式液化烃储罐

水喷雾灭火系统在下列情况不能使用：

（1）使用水雾会造成爆炸或破坏的场所：

1）高温密闭的容器内或房间内；

2）表面温度经常处于高温状态的可燃液体。

（2）不适宜用水扑救的物质也不能采用水喷雾灭火系统：

1）过氧化物，如过氧化钾、过氧化钠、过氧化钡、过氧化镁，这些物质遇水后会发生剧烈分解反应，放出反应热并生成氧气，可能引起爆炸或燃烧。

2）遇水燃烧的物质。这类物质遇水能使水分解，夺取水中的氧与之化合，并放出热量和产生可燃气体造成燃烧或爆炸。如钾、钠、钙、碳化钙（电石）、碳化铝、碳化钠、碳化钾等。

3.4.1.3　系统组件

1. 水雾喷头

水雾喷头一般可分为中速水雾喷头和高速水雾喷头两大类。可根据喷头的特性和保护对象进行选择。

（1）中速水雾喷头：水流与特殊构造的溅水盘发生撞击作用而产生的水雾。主要用于轻质油类（如柴油等）火灾或化学容器的防护冷却。可用于室内或室外。中速水雾喷头的工作压力相对较低，如D3型喷头为0.14～0.41MPa。中速水雾或喷头的外形如图3-140所示。

（2）高速水雾喷头：水流在喷头内部发生撞击作用而产生高速、均匀、方向性很强的水雾。该喷头有较好的雾化效果，可用于扑救闪点高于60℃的液体、油浸电力变压器、柴油发电机等火灾。多用于室内。高速水雾喷头的压力较高，如ZSTWB型喷头为0.34～1.2MPa。高速水雾喷头的外形如图3-141所示。

图3-140　中速水雾喷头

图3-141　高速水雾喷头

(3) 水雾喷头的选型应符合下列要求：

1) 当扑灭电气火灾时，选用离心雾化型水雾喷头；

2) 离心雾化型水雾喷头应带柱状过滤网。

3) 室内粉尘场所设置的水雾喷头应带防尘帽，室外设置的水雾喷头宜带防尘帽。

2. 雨淋阀

雨淋阀是实现水喷雾系统自动、远程或就地手动控制，且具有报警功能的阀组。

3. 火灾探测器

目前国内常用的火灾探测器主要有用于外形不规则的变压器、多层并列排布的电缆等场所的缆式线型定温火灾探测器、光感火灾探测器，乙炔、液化石油气罐库等场所的可燃气体浓度探测器。有关探测器性能和特点详见本书第5章相关内容。

4. 传动控制方式

水喷雾灭火系统有自动控制、手动控制和应急操作三种控制方式。自动控制是指水喷雾灭火系统的火灾探测、报警部分与供水设备、雨淋阀组等部件自动连锁操作的控制方式。手动控制是指人为远距离操纵供水设备、雨淋阀组等系统组件的控制方式。应急操作是指人为现场操纵供水设备、雨淋阀组等系统组件的控制方式。

水喷雾灭火系统一般要同时设有三种控制方式，但是当响应时间大于60s时，可采用手动控制和应急操作两种控制方式。图3-142为典型的电传动水喷雾系统原理图。

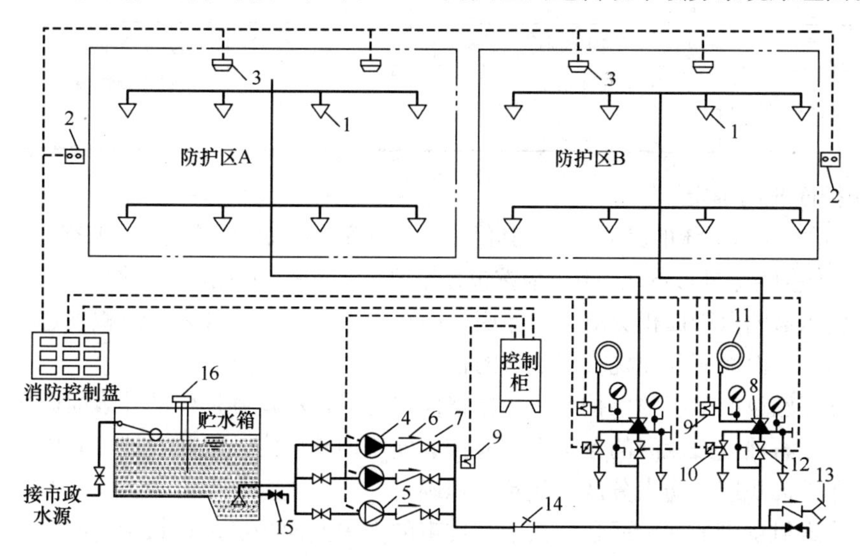

图3-142 电传动水喷雾系统原理图

1—水雾喷嘴；2—手动按钮；3—探测器；4—消防水泵；5—稳压泵；6—截止阀；7—控制阀；8—雨淋阀；9—压力开关；10—电磁阀；11—水力警铃；12—信号阀；13—水泵接合器；14—过滤器；15—泄水阀；16—液位传感器

3.4.1.4 水喷雾灭火系统的设计

水喷雾灭火系统的设计，应根据设计防火目标及保护对象确定喷水强度、系统设计灭火时间及喷嘴工作压力。设计防火目标分为灭火和防护冷却。

1. 水雾喷头工作压力

(1) 当用于灭火时不应小于0.35MPa；

(2) 当用于防护冷却时，不应小于 0.2MPa，但对于甲$_B$、乙、丙类液体储罐不应小于 0.15MPa。

2. 设计供水强度

水喷雾灭火系统的供水强度为系统在单位时间内向单位保护面积喷洒的水量。响应时间为自启动系统供水设施起，至系统中最不利点水雾喷头喷出水雾的时间。供水强度和响应时间应根据防护目的和保护对象确定，并应不小于表 3-73 的规定。

系统的供水强度和响应时间 **表 3-73**

<table>
<tr><th>防护目的</th><th colspan="2">保护对象</th><th>设计供水强度[L/(min·m²)]</th><th>持续喷雾时间(h)</th><th>响应时间(s)</th></tr>
<tr><td rowspan="8">灭火</td><td colspan="2">固体表面火灾</td><td>15</td><td>1</td><td>60</td></tr>
<tr><td colspan="2">传送带</td><td>10</td><td>1</td><td>60</td></tr>
<tr><td rowspan="2">液体火灾</td><td>闪点 60～120℃</td><td>20</td><td rowspan="3">0.5</td><td rowspan="3">60</td></tr>
<tr><td>闪点高于 120℃</td><td>13</td></tr>
<tr><td></td><td>饮料酒</td><td>20</td></tr>
<tr><td rowspan="3">电气火灾</td><td>油浸式电力变压器、油断路器</td><td>20</td><td rowspan="3">0.4</td><td rowspan="3">60</td></tr>
<tr><td>油浸式电力变压器的集油坑</td><td>6</td></tr>
<tr><td>电缆</td><td>13</td></tr>
<tr><td rowspan="3">防护冷却</td><td rowspan="3">甲$_B$、乙、丙类液体储罐</td><td>固定顶罐</td><td>2.5</td><td rowspan="3">直径大于 20m 的固定顶罐为 6h，其他为 4h</td><td rowspan="3">300</td></tr>
<tr><td>浮顶罐</td><td>2.0</td></tr>
<tr><td>相邻罐</td><td>2.0</td></tr>
</table>

3. 保护面积的确定

采用水喷雾灭火系统的保护对象，其保护面积应按其外表面积确定，并要符合下列要求：

(1) 当保护对象外形不规则时，应按包容保护对象的最小规则形体的外表面面积确定。

(2) 变压器的保护面积除应按扣除底面面积以外的变压器外表面面积确定外，还应包括散热器的外表面面积和油枕及集油坑的投影面积。

(3) 分层敷设的电缆的保护面积应按整体包容的最小规则形体的外表面面积确定。

(4) 液化石油气灌瓶间的保护面积应按其使用面积确定，液化石油气瓶库、陶坛或桶装酒库的保护面积应按防火分区的建筑面积确定。

(5) 输送机皮带的保护面积应按上行皮带的上表面面积确定；长距离的皮带宜实施分段保护，但每段长度不宜小于 100m。

(6) 开口容器的保护面积应按液面面积确定。

(7) 甲、乙类液体泵，可燃气体压缩机及其他相关设备，其保护面积应按相应设备的投影面积确定，且水雾应包络密封面和其他关键部位。

3.4.1.5 喷头、管网和阀门的布置

1. 喷头的布置

(1) 保护对象的水雾喷头数量应根据设计喷雾强度、保护面积，选用喷头的流量特性经计算确定。其布置应使水雾直接喷射和覆盖保护对象，当不能满足要求时应增加水雾喷头的数量。

（2）水雾喷头与保护对象之间的距离不得大于水雾喷头的有效射程。有效射程为水雾喷头水平喷射时，水雾达到的最高点与喷口之间的距离。

（3）水雾喷头的平面布置方式可为矩形或菱形。当为矩形布置时，喷头间距不应大于水雾喷头的水雾锥底圆半径的 1.4 倍；当为菱形布置时，喷头间距不应大于水雾喷头的水雾锥底圆半径的 1.7 倍，水雾喷头的平面布置方式如图 3-143 所示。

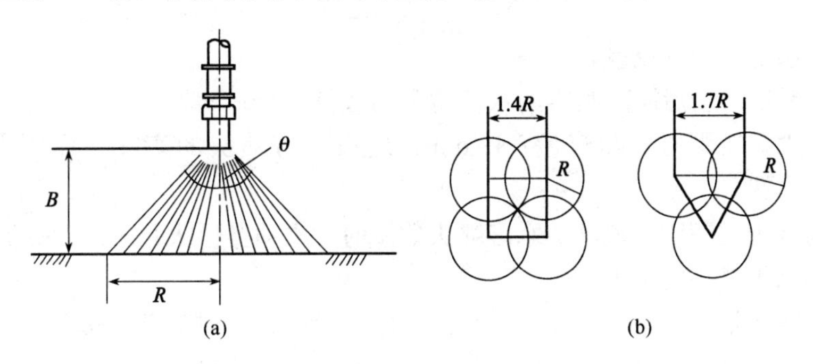

图 3-143　水雾喷头的平面布置方式
（a）水雾喷头的喷雾半径；（b）水雾喷头间距及布置形式

水雾锥底圆半径应按式（3-49）计算：

$$R = B \cdot \tan \frac{\theta}{2} \tag{3-49}$$

式中　R——水雾锥底圆半径，m；

B——水雾喷头的喷口与保护对象之间的距离，m；

θ——水雾喷头的雾化角，取值为 30°、45°、60°、90°、120°。

（4）当保护对象为可燃气体和甲、乙、丙类液体储罐时，水雾喷头与储罐外壁之间的距离不应大于 0.7m。

2. 管网与阀门

（1）系统用水可由消防水池（罐）、消防水箱或天然水源供给，也可由企业独立设置的稳高压消防给水系统供给。

（2）给水管道上应设泄水阀、排污口；过滤器后的管道应采用内外镀锌钢管，且宜采用丝扣连接。

（3）雨淋阀前的管道应设置过滤器，当水雾喷头无滤网时，雨淋阀后的管道亦应设过滤器。

3.4.1.6　水力计算

1. 系统的设计流量

（1）水雾喷头的流量应按式（3-50）计算：

$$q = K\sqrt{10P} \tag{3-50}$$

式中　q——水雾喷头的流量，L/min；

K——水雾喷头的流量系数，取值由生产厂提供；

P——水雾喷头的工作压力，MPa。

（2）保护对象水雾喷嘴的计算数量应按式（3-51）计算：

$$N = SW/q \tag{3-51}$$

式中　N——保护对象的水雾喷头的计算数量，个；

S——保护对象的保护面积，m^2；

W——保护对象的设计供水强度，$L/(min \cdot m^2)$。

（3）系统的计算流量应按式（3-52）计算：

$$Q_j = 1/60\sum_{i=1}^{n} q_i \tag{3-52}$$

式中　Q_j——系统的计算流量，L/s；

n——系统启动后同时喷雾的水雾喷头的数量，个；

q_i——水雾喷头的实际流量，L/min，应按水雾喷头的实际工作压力 p_i（MPa）计算。

当采用雨淋阀控制同时喷雾的水雾喷头数量时，水喷雾灭火系统的计算流量要按系统中同时喷雾的水雾喷头的最大用水量确定。

系统的计算流量，从最不利点水雾喷头开始，沿程按同时喷雾的每个水雾喷头实际工作压力逐个计算其流量，然后累计同时喷雾的水雾喷头总流量确定为系统计算流量。

（4）系统的设计流量

系统的设计流量可按式（3-53）计算：

$$Q_s = kQ_j \tag{3-53}$$

式中　Q_s——系统的设计流量，L/s；

k——安全系数，取1.05～1.10。

2. 管道水力计算

（1）钢管管道的沿程水头损失可按式（3-54）计算：

$$i = 0.0000107 \times \frac{v^2}{D_j^{1.3}} \tag{3-54}$$

式中　i——管道的沿程水头损失，MPa/m；

v——管道内水的流速，m/s，宜取 $v \leqslant 5m/s$；

D_j——管道的计算内径，m；应按管道的内径减1mm确定。

（2）管道的局部水头损失宜采用当量长度法计算，或按管道沿程水头损失的20%～30%计算。

（3）雨淋阀的局部水头损失可按式（3-55）计算：

$$h_r = B_r Q^2 \tag{3-55}$$

式中　h_r——雨淋阀的局部水头损失，MPa；

B_r——雨淋阀的比阻值，取值由生产厂提供；

Q——雨淋阀的流量，L/s。

（4）系统管道入口或消防水泵的计算压力可按式（3-56）计算：

$$H = \sum h + h_0 + Z/100 \tag{3-56}$$

式中　H——系统管道入口或消防水泵的计算压力，MPa；

$\sum h$——系统管道沿程水头损失与局部水头损失之和，MPa；

h_0——最不利点水雾喷头的实际工作压力，MPa；

Z——最不利点水雾喷头与系统管道入口或消防水池最低水位之间的高程差，当系统管道入口或消防水池最低水位高于最不利点水雾喷头时，Z应取负值，m。

3.4.1.7 系统设计实例分析

【实例 1】

某柴油库房，使用面积为 $100m^2$，内设置水喷雾系统进行全平面保护，试确定系统的设计流量（L/s）。假设水雾喷头的流量系数为 64，且所有喷头工作压力相同，均为最小工作压力。

【设计计算过程】

（1）基本设计参数的确定：由于柴油库房的闪点为 60～120℃，为 B 类液体火灾。所以设计供水强度 $W=20L/(min \cdot m^2)$。由于设置水喷雾系统的目的是灭火，因此，水雾喷嘴的工作压力不应小于 0.35MPa。

（2）水雾喷头数量的确定：单个水雾喷头流量 $q = K\sqrt{10P} = 64\sqrt{10 \times 0.35} = 119.73L/min$。

水雾喷头的个数 $N = SW/q = (100 \times 20)/119.73 = 16.7 \approx 17$ 个。

（3）由于所有喷头工作压力相同，均为最小工作压力，所以系统计算流量 $Q_j = 1/60\sum_{i=1}^{n} q_i = 1/60 \times 17 \times 119.73 = 33.92L/s$。

系统设计流量 $Q_s = kQ_j = (1.05 \sim 1.10) \times 33.92 = 35.62 \sim 37.31$ L/s。

【实例 2】

某电厂（一期工程）设有 2 台主变压器，主变压器的型号为 SFP-180MVA/110，露天布置，2 台变压器间有 6m 高的防火墙分隔，变压器的底部设有事故集油坑，集油坑的深度为 700mm，坑内的阻火卵石层厚度为 300mm。其主要的技术参数为：总油重 23.4t，其中储油柜油重 1t，变压器本体尺寸为 8.2m×6.6m×5.1m，集油坑尺寸为 8.6m×10.0m，储油柜（油枕）尺寸为 Φ500×3500mm，储油柜中心离地面高度为 5.02m。

【设计计算过程】

（1）保护面积的计算

包络整个变压器的最小规则形体表面积。

变压器保护的面积：$S_1=(8.2+6.6)\times 5.1\times 2+8.2\times 6.6=205m^2$。

集油坑保护面积：$S_2=8.6\times 10.0-8.2\times 6.6=32m^2$。

储油柜表面积：$S_3=3.14\times 0.50\times 2+2\times 3.14\times 0.5\times 3.5=12.56m^2$。

（2）油浸电力压器主要技术参数的选取

喷雾强度：油浸电力变压器、油开关为 $20L/(min \cdot m^2)$；集油坑为 $6L/(min \cdot m^2)$；持续喷雾时间：24min；系统响应时间：不大于 45s。

（3）系统设计流量的确定

系统计算流量：$Q_j=20\times(205+12.56)\div 60+6\times 32\div 60=76L/s$。

系统设计流量：1.50×76=114L/s，取 120L/s。

由于变压器不规则外形对水雾的干扰很大，变压器有很多配件或形状是突出的，可能会影响喷雾的覆盖面。另外保持对高压电器的安全距离也给喷头的布置带来了很大的困难，必须额外增加更多的喷头才能弥补局部布水的不足，从而导致局部面积的布水重叠。对于变压器这种特殊的保护对象，其设计流量可在规范值的基础上乘以 1.5～1.6 的安全系数作为设计平均值。

（4）水喷雾喷头选择和布置

根据《水喷雾灭火系统技术规范》GB 50219—2014，应选用高压离心雾化型水雾喷头，型号为 ZSTWB/SL-S223-80-120，流量系数为 42.8，额定流量为 80L/min(1.33L/s)，雾化角为 120°，实际流量为 96L/min(1.6L/s)。

喷头数量：$N=120/1.6=75$ 只，取喷头数量为 80 只，接管直径 $DN20$。

水雾喷头保护的面积按平面布置，喷头布置按矩形布置，喷头间距不应大于喷头水雾锥底圆半径的 1.4 倍，水雾锥底圆半径按式（3-49）计算。取 $B=1.4$m，$\theta=120°$，可得：$R=2.42$m，喷头的最大间距为 3.39m。

水喷雾喷头的有效射程为 2.2m，采用矩形布置，喷头水平间距为 1.5m。喷头布置在变压器周围，应避免直接喷射到变压器上部的高压套管。

（5）水喷雾管道的敷设

根据变压器的外形和喷头水雾全包容的原则，布置喷头时需布置上下两个给水环路，上部环路主要保护变压器侧表面的上半部分，包括冷却器、高压套管和油枕，为保护上方的油枕，分别从上部环管上接出 2 根支管，布置 4 只水雾喷头喷向油枕；下部环路主要保护变压器侧表面的下半部分，包括冷却器的下半部分和集油坑，可从下部环管接出支管布置喷头，以 45°喷向集油坑，喷头布置和管道敷设如图 3-144 和图 3-145 所示。

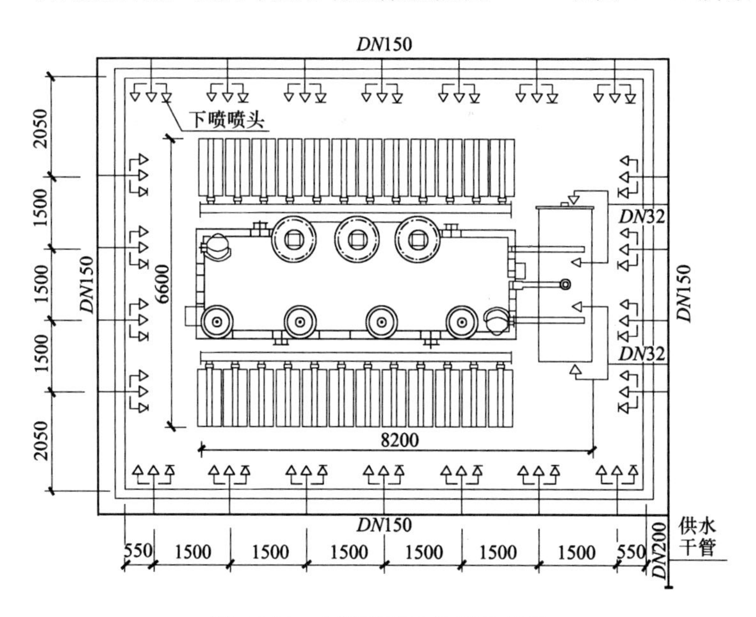

图 3-144 水喷雾喷头的平面布置

3.4.2 细水喷雾灭火系统

3.4.2.1 系统特点

细水喷雾灭火系统是以高度雾化的水，通过高效冷却和窒息作用实现控制、抑制或扑灭火灾的自动消防技术。细水雾的灭火机理有：吸热冷却、隔氧窒息、辐射热阻隔、浸湿作用。该技术起源于 20 世纪 40 年代，但直到 20 世纪 90 年代才作为哈龙气体的主要替代技术而逐步得到广泛应用。如今，该技术已广泛用于工业和民用的各个领域，尤其是用于扑救可燃固体、可燃液体或电气设备火灾。

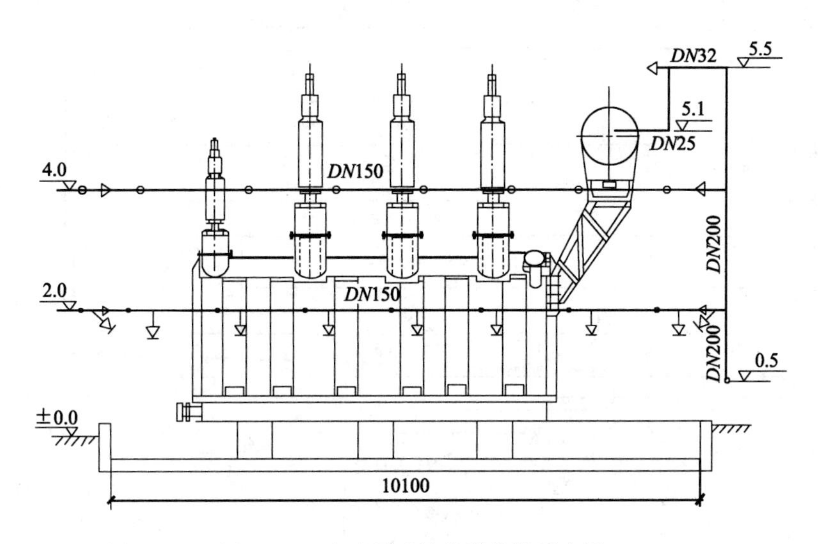

图 3-145 水喷雾系统管道敷设示意图

1. 细水雾定义

细水雾指水在最小系统工作压力下，经过喷头喷出并在喷头轴线下方 1.0m 处的平面上形成的直径 $D_{V0.5}$ 小于 200μm，$D_{V0.99}$ 小于 400μm 的水雾滴。

2. 体积分布直径

细水雾的雾滴大小通常以体积分布直径（D_{Vf}）来表示。D_{Vf} 为累计体积分布直径，f 表示从 0 至某一尺寸雾滴累计体积分布的比例。如 $D_{V0.99}=100\mu m$，表示占总体积 99%的雾滴直径小于 100μm，1%的雾滴直径大于 100μm。

3. 系统分类

（1）按工作压力可分为：低压系统、中压系统和高压系统（表 3-74）。

细水喷雾灭火系统的分类　　表 3-74

系统分类	系统工作压力 P（MPa）
低压系统	$P\leqslant1.21$
中压系统	$1.21<P<3.45$
高压系统	$P\geqslant3.45$

（2）按应用方式可分为：全淹没式系统、局部应用式系统。

（3）按动作方式可分为：开式系统和闭式系统。

（4）按雾化介质可分为：单流体系统和双流体系统。

（5）按供水方式可分为以下三种系统：

1）泵组式系统（适用于高、中和低压系统）；

2）瓶组式系统（适用于中、高压系统）；

3）泵组式与瓶组式结合系统（适用于高、中和低压系统）。

3.4.2.2 系统组成

根据细水雾喷头的形式可分为闭式细水喷雾系统和开式细水喷雾系统两大类。

1. 闭式细水喷雾系统

闭式细水喷雾系统分为湿式、干式和预作用三种系统，除喷头外，其工作原理同闭式自动喷水灭火系统，系统组成示意图如图 3-146 所示。

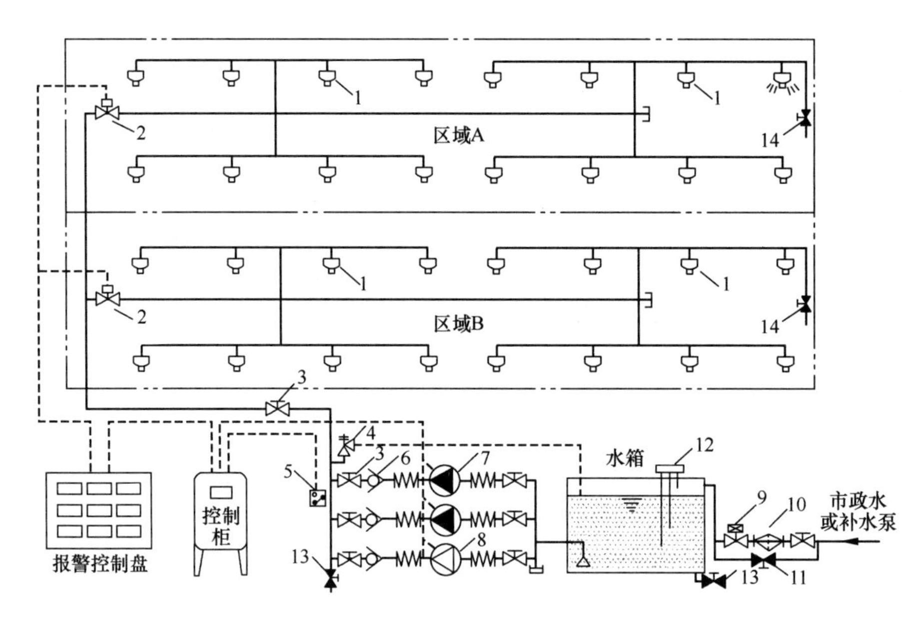

图 3-146　闭式细水喷雾系统组成示意图

1—闭式细水雾喷嘴；2—区域阀；3—控制阀；4—泄压阀；5—压力开关；6—止回阀；7—消防水泵；8—稳压泵；9—电磁阀；10—精密过滤器；11—应急补水阀；12—液位传感器；13—泄水阀；14—试验阀

2. 开式细水喷雾系统

开式细水喷雾系统是采用开式细水雾喷头，由配套的火灾自动报警系统自动连锁或远程控制、手动控制启动后，控制一组喷头同时喷水的自动细水喷雾灭火系统。系统组成示意图如图 3-147 所示。

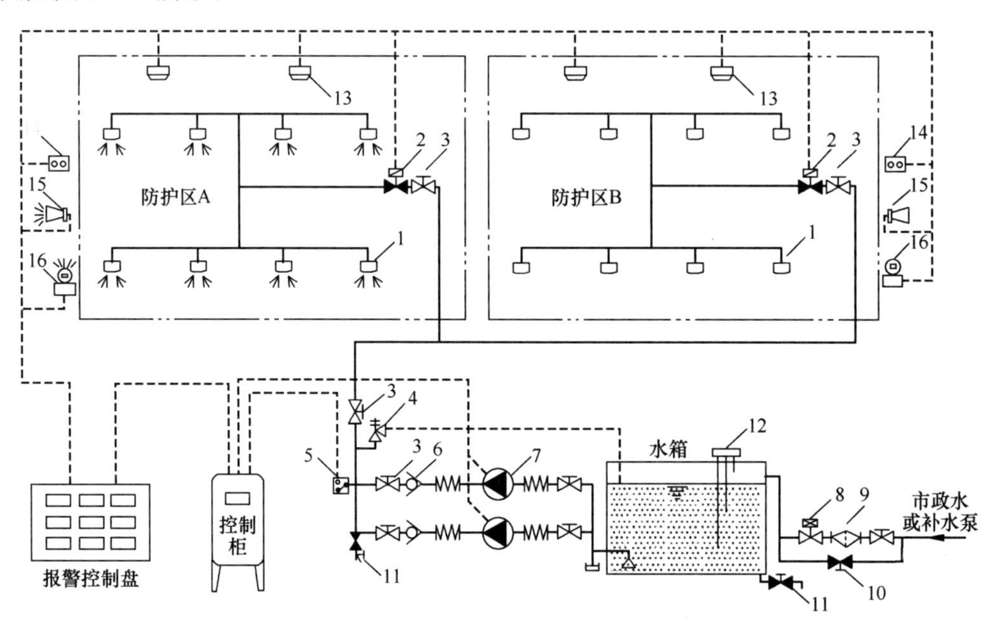

图 3-147　开式细水喷雾系统组成示意图

1—开式细水雾喷嘴；2—选择阀；3—控制阀；4—泄压阀；5—压力开关；6—止回阀；7—消防水泵；8—电磁阀；9—精密过滤器；10—应急补水阀；11—泄水阀；12—液位传感器；13—火灾探测器；14—手动按钮；15—警示灯；16—报警喇叭

3.4.2.3 系统适用范围

（1）细水喷雾灭火系统可用于扑救下列火灾：

1）可燃固体火灾。细水喷雾灭火系统可以有效扑救相对封闭空间内的可燃固体表面火灾（如纸张、木材、塑料泡沫、橡胶等固体火灾）。

2）可燃液体火灾。细水喷雾灭火系统可以有效扑救相对封闭空间内的可燃液体火灾（包括汽油等低闪点可燃液体和润滑油、液压油等中、高闪点可燃液体火灾）。

3）电气火灾。细水喷雾灭火系统可以有效扑救电气火灾，包括电缆、控制柜等电气设备火灾或变压器火灾。但需要选用离心雾化型水雾喷头。

（2）细水喷雾灭火系统不适用于扑救下列火灾：

1）能与水发生剧烈反应或产生大量有害物质的活泼金属及其化合物火灾；

2）可燃气体火灾，包括液化天然气等低温液化气体的场所；

3）可燃固体深位火灾。

（3）设置场所，应设置细水喷雾灭火系统的场所如表 3-75 所示。

应设置细水喷雾灭火系统的场所 **表 3-75**

系统类型		设置场所
闭式系统		非密集柜储存的图书库、资料库和档案库
开式系统	全淹没式	液压站、配电室、电缆隧道、电缆夹层、电子信息系统机房、文物库以及采用密集柜储存的图书库、资料库和档案库
	局部应用式	油浸变压器室、柴油发电机房、润滑油站和燃油锅炉房、厨房内烹饪设备及其排烟罩和排烟管道部位

3.4.2.4 系统组件及其设置

1. 细水雾喷头

细水雾喷头有多种类型，可分为单孔喷头和多孔喷头。多孔喷头又可分为微孔型喷头和集簇式喷头。其中集簇式喷头的应用最为广泛。

集簇式喷头多由 4～7 个微型喷头构成，喷头的流量系数取决于单个微型喷头的流量系数和微型喷头的数量。喷头的工作压力多在 8.0MPa 以上，可产生 100μm 左右的水雾。根据工作原理的不同，集簇式喷头又可分为闭式细水雾喷头和开式细水雾喷头。

（1）闭式细水雾喷头：亦称为自动细水雾喷头。感温玻璃球喷头集成直径为 2.0mm，响应时间指数为 $22(ms)^{0.5}$，为快速响应或超快速响应。喷头常用流量系数为 0.12L/(min・$kPa^{1/2}$)、0.17L/(min・$kPa^{1/2}$)、0.22L/(min・$kPa^{1/2}$)、0.27L/(min・$kPa^{1/2}$)。其工作方式与湿式自动喷水灭火系统相似，可用于保护重要的设备机房、图书馆、档案馆、数据机房等。典型的闭式细水雾喷头如图 3-148(a)所示。

(2)开式细水雾喷头：亦称为非自动细水雾喷头。与闭式细水雾喷头相比，少了一个感温玻璃球。喷头常用流量系数为 0.07L/(min・$kPa^{1/2}$)、0.12L/(min・$kPa^{1/2}$)、0.18L/(min・$kPa^{1/2}$)、0.20L/(min・$kPa^{1/2}$)、0.25L/(min・$kPa^{1/2}$)、0.31L/(min・$kPa)^{1/2}$。开式细水雾喷头可用于全淹没系统、局部应用系统或区域应用系统，其工作需要与火灾探测器联动，以实现系统的自动控制。多用于易燃、可燃液体火灾的扑救，如油浸电力变压器等。图 3-148(b) 为典型的开式细水雾喷头。

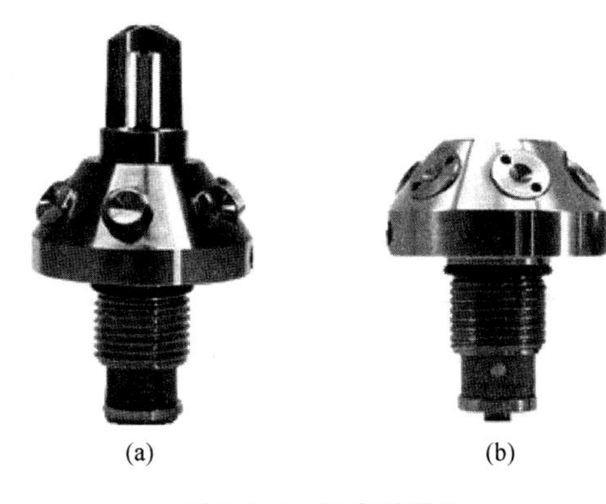

(a) (b)

图 3-148 细水雾喷头
(a)闭式；(b)开式

(3) 细水雾喷头的布置：闭式细水雾喷头应布置在顶板或吊顶下，感温元件与顶板的距离宜为 0.75～0.15m，喷头之间的距离宜为 3.0～4.0m，安装高度不宜大于 12m。开式细水雾喷头布置间距宜为 2.5～3.0m，高度一般不宜超过 6.0m。

2. 系统供水

(1) 消防水泵。应根据细水喷雾灭火系统工作压力选择消防水泵。中压、低压细水雾灭火系统可选择多级离心泵；高压细水喷雾灭火系统应采用柱塞泵，柱塞泵具有小流量、高扬程的特点，每组柱塞泵必须配备泄压阀。

(2) 蓄水箱。蓄水箱的大小取决于泵组的流量、供水水源的可靠性及系统工作时间。如果供水水源有保证，水箱可作为调节之用；如果供水水源没有保证，应贮存工作期间的全部水量。

(3) 稳压泵。对于闭式细水喷雾系统，在准工作状态下，需要设置稳压泵，用于补偿系统泄漏而损失的水量，维持管网的压力，并发出主泵启动的信号。稳压泵的工作由集水管上的压力开关自动控制，其工作压力的范围随系统的不同而变化，高压细水喷雾系统的工作压力一般为 1.0～2.0MPa，流量一般为 1.0～2.0L/min。开式细水喷雾系统的选择阀分散布置在各个被保护区时，为满足系统响应时间的需要，此时宜设置稳压泵。

(4) 瓶组。瓶组式系统有中压瓶组系统、双流体瓶组系统和高压瓶组系统。高压瓶组系统还可分为分装式瓶组系统和一体式瓶组系统。

1) 分装式瓶组系统：由贮水瓶和贮气瓶构成，贮水瓶内充装常压水，贮气瓶内充装 20MPa 的氮气。所有的瓶组都可由同一种启动阀启动，启动阀只需放置在一个主瓶上，主瓶启动后就可启动副瓶。

2) 一体式瓶组系统：驱动气体为高压氮气，与水处于同一个钢瓶内，每个瓶内充装 2/3 的水，1/3 的氮气，由氮气将瓶内加压到 15～20MPa。若一个瓶组就能够满足使用要求，则无需集流管就可直接与管网连接。

3. 控制阀的设置

闭式系统应按楼层或防护区设置分区控制阀，且应为带开关锁定或开关指示的阀组。

开式系统应按防护区设置分区控制阀，且宜在分区控制阀上或阀后邻近位置设置泄放试验阀。

3.4.2.5 系统设计

1. 设计参数

(1) 宜选用泵组系统，闭式系统不应采用瓶组系统。

(2) 喷头的最低设计工作压力不应小于 1.20MPa。

(3) 闭式系统的作用面积不宜小于 140m^2。每套泵组所带喷头数量不应超过 100 只。

(4) 全淹没应用方式的开式系统的防护区容积的确定：

1）单个防护区的容积，泵组系统不宜大于 $3000m^3$。

2）单个防护区的容积，瓶组系统不宜超过 $260m^3$；且瓶组所保护的防火区不宜超过3个。

3）当容积大于1）和2）规定的容积时，宜将该防护区分成多个更小的防护区进行保护。

（5）局部应用方式的开式系统的保护面积应按下列规定确定：

1）对于外形规则的保护对象，应为该保护对象的外表面面积。

2）对于外形不规则的保护对象，应为包容该保护对象的最小规则形体的外表面面积。

（6）系统设计响应时间不应大于30 s。全淹没瓶组式同一防护区采用多组瓶组同时启动时差不应大于2 s。

2. 水力计算

（1）系统设计流量

细水雾喷头的设计流量同水雾喷头，可按式（3-50）～式(3-52）分别进行计算。

系统的设计流量，从最不利点细水雾喷头开始，沿程按同时喷雾的每个细水雾喷头实际工作压力逐个计算其流量，然后累计同时喷雾的细水雾喷头总流量确定为系统设计流量。

（2）管道水力计算

管道尺寸大于或等于20mm的中、低压系统，或流速小于7.6m/s的高压系统的水力计算，可选用海澄-威廉公式。

1）海澄-威廉公式：

$$P = 6.05\frac{Q^{1.85}}{C^{1.85}d^{4.87}} \times 10^7 \tag{3-57}$$

式中 P——单位长度管道的水头损失，kPa/m；

Q——管道的流量，L/min；

d——管道的实际内径，mm；

C——管道的海澄一威廉系数。

细水喷雾灭火系统的管道应采用冷拔无缝不锈钢管（C=150）、焊接不锈钢管（C=100）或无缝紫铜管（C=150）。

高压系统的水力计算，应采用达西-魏茨公式。

2）达西-魏茨公式：

$$P_f = 225.2f\frac{L\rho Q^2}{d^5} \tag{3-58}$$

$$Re = 21.22\frac{Q\rho}{d\mu} \tag{3-59}$$

$$\Delta = \frac{\varepsilon}{d} \tag{3-60}$$

式中 P_f——管道水力损失，bar；

L——管道长度，m；

f——摩阻系数，查莫迪图(图 3-149)；

Q——流量，L/min；

d——管道的实际内径，mm；

Re——雷诺数；

ρ——流体密度，kg/m^3；

μ——动力黏滞系数，kg/(m·s)；

ε——粗糙度，mm，铜管，ε＝0.0015mm；拉拔不锈钢管，ε＝0.0009mm；非拉拔不锈钢管，ε＝0.0451mm；

Δ——相对粗糙度。

采用达西-魏茨公式进行水力计算时，应根据雷诺数（Re）和相对粗糙度（Δ）得到摩阻系数（f），再根据式（3-58）计算管道的水力损失。

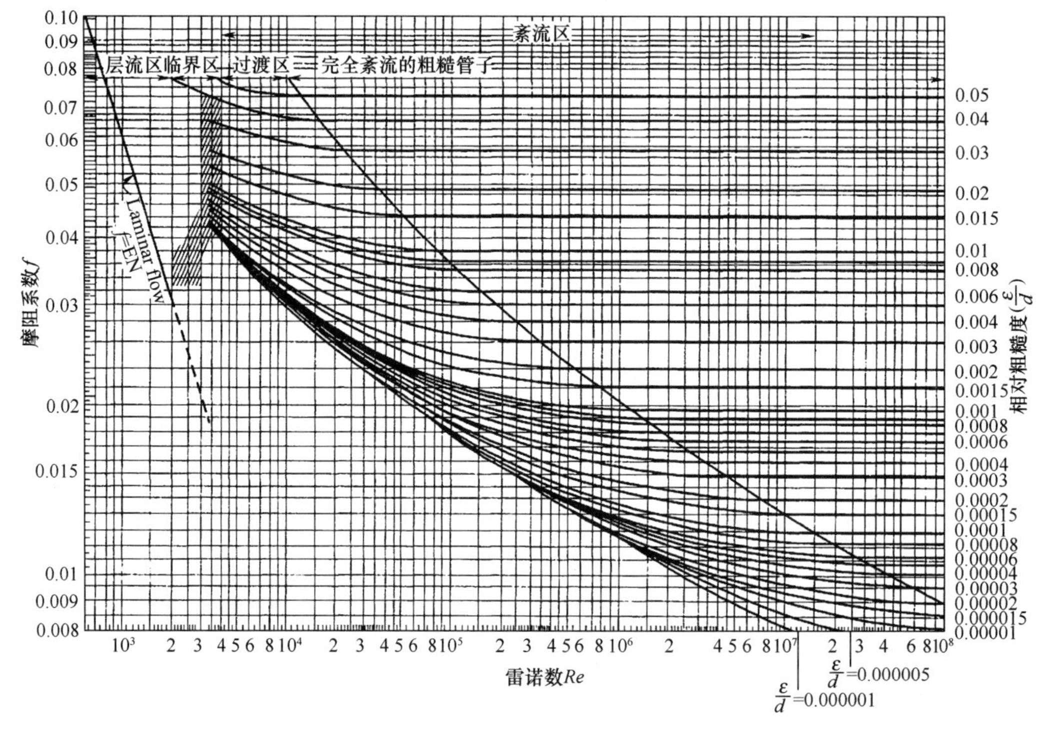

图 3-149 莫迪图

3.4.2.6 系统设计实例分析

【实例】

某汽车涂装车间拟采用高压细水喷雾系统设计保护。依据喷漆室环境特点及火灾蔓延特性，采用开式区域应用系统，即在启动火灾所在灭火分区的同时，启动相邻两个区域的系统进行灭火。设计喷雾强度：人工喷涂、机器人喷涂、人工补涂为 2.9 L/(min· m^2)；晾干室为 1.0 L/(min· m^2)（数据来自欧洲某细水喷雾企业的火灾实验报告）。喷头参数：流量系数 K= 4.0(人工喷涂、机器人喷涂、人工补涂)，工作压力 P=8.0MPa，喷头布置间距 d=4.0m。晾干室，流量系数 K=1.5，工作压力 P=5.0MPa，布置间距d=4.0m。

【设计计算过程】

防护区尺寸及系统设计参数如表 3-76 所示。细水喷雾灭火系统图如图 3-150 所示。

细水雾喷头配置参数表 **表 3-76**

区域名称	面积 (m^2)	高度 (m)	喷头流量系数 K	喷头工作压力 (MPa)	设计喷雾强度 [L/(min·m^2)]	分区控制阀编号
人工喷涂	52	4.5	4.0	8.0	4.13①	NC-1
机器人喷涂	31	4.5	4.0	8.0	4.59	NC-2
人工补涂	42	4.5	4.0	8.0	3.44	NC-3
晾干室	48	3.0	1.5	5.0	1.33	NC-4

注：设计喷雾强度 $Q_S=S\times N\times K\sqrt{10P}=52\times6\times4\times\sqrt{10\times8}=4.13$L/(min·$m^2$)。

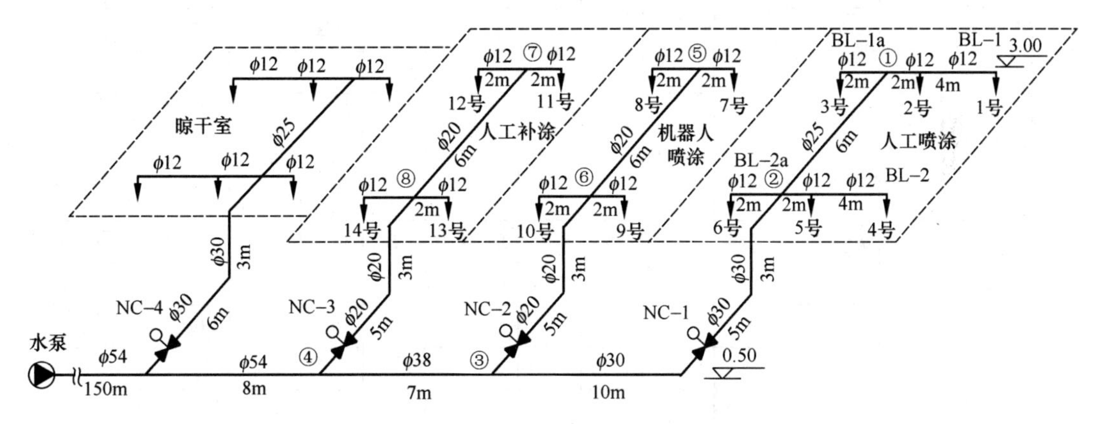

图 3-150 细水喷雾灭火系统图

喷漆室细水喷雾灭火系统水力计算说明如下：

(1) 系统的最大设计流量发生在 NC-2 启动，与之相邻的 NC-1 和 NC-3 也同时启动时。

(2) 各个管段的雷诺数 (Re) 按式 (3-59) 计算。在温度为 15℃时，流体密度 $\rho=998.7$kg/m^3，动力黏滞系数 $\mu=1.10$。

(3) 非拉拔不锈钢管的相对粗糙度 $\Delta=0.0451$mm 。

(4) 依据雷诺数 Re、相对粗糙度 Δ，查莫迪图，可得到相应的摩阻系数 f。

(5) 依据达西-魏茨公式，计算管道单位长度水力损失 P。并以该计算数值为基础，计算管段的沿程水头损失。

(6) 由于管道是不锈钢管道，其摩阻系数 $C=150$，阀门及管道按当量长度计算 。

(7) 喷嘴流量按 $q=\sqrt{10P}$ 计算。

(8) 计算可得 (见水力计算表 3-77)：系统的设计流量 $Q=512.6$L/min，系统总水头损失 $P=10.2$MPa。在表 3-77 中，$P_t=P_e+P_f$，其中，P_t 为总水头损失，P_e 为高程差，P_f 为沿程水头损失；序号 4 、7、11 所对应备注栏中，K 值为管段的综合流量系数。

细水喷雾灭火系统水力计算表　　**表 3-77**

序号	喷嘴编号及节点位置		流量（L/min）	管径（mm）	流速（m/s）	Re	C	管件当量长度（m）	计算长度（m）		水头损失（bar/m）	压力汇总（bar）		备注 K=4.0
			q					1E=0.33	L	4.0		P_t	80	
1	BL-1	1		12	8.2	71838	0.02		F	0.3	0.69	P_e		q=35.8
			Q=35.8						T	4.3		P_f	3	
			q=36.4					1T=0.99	L	2.0		P_t	83.0	
2	BL-1	2		12	16.6	145015	0.02		F	1.0	2.55	P_e		q=36.4
			Q=72.2						T	3.0		P_f	7.6	
3													90.6	
			q					1E=0.33	L	2.0		P_t	80.0	
4	BL-1a	3		12	8.2	71838	0.02		F	0.3	0.69	P_e		K=3.96
			Q=35.8						T	2.3		P_f	1.6	
5													81.6	
		①	q=36.3					2T=1.88	L	6.0		P_t	90.6	
6	BL-1a 汇入			25	5.2	99569	0.02		F	1.7	0.12	P_e		q=36.3
		②	Q=108.5						T	7.7		P_f	0.9	
		②	q=109.1					2E=1.10	L	18.0		P_t	91.6	K=11.4
7	BL-2 BL-2a 汇入			30	6.8	161312	0.02	1GIV=0.9	F	1.2	0.15	P_e	0.3	q=109.1
		③	Q=217.6						T	19.2		P_f	2.9	
8													94.8	
			q					1E=0.33	L	2.0		P_t	80.0	
9		7		12	8.2	71838	0.02		F	0.3	0.69	P_e		q=35.8
			Q=35.8						T	2.3		P_f	1.6	
		⑤	q=35.8					1T=0.72	L	8.0		P_t	81.6	
10				20	5.9	86206	0.02		F	0.7	0.21	P_e		
		⑥	Q=71.6						T	8.7		P_f	1.8	
		⑥	q=72.3					2E=0.72	L	8.0		P_t	83.4	
11				20	11.9	173253	0.02	1GIV=0.09	F	0.8	0.76	P_e	0.3	K=15.1
		③	Q=143.8						T	8.8		P_f	6.7	
12													90.4	90.4<94.8
		③	q=147.0					1T=1.72	L	7.0		P_t	94.8	
13				38	7.6	219633	0.02		F	1.7	0.15	P_e		q=147
		④	Q=364.6						T	8.7		P_f	13	
		④	q=148.0					2T=3.72	L	158		P_t	96.1	
14				54	4.7	205861	0.02		F	1.9	0.04	P_e		
		泵	Q=512.6						T	159.9		P_f	6.1	
15													102	

注：E—90°弯头；T—三通；GIV—球阀；F—闸门；L—管道长度；1bar=0.1MPa。

3.5 建筑灭火器的配置

灭火器是扑救初起火灾的重要消防器材，轻便灵活，使用方便，可手提或推拉至着火点附近，及时灭火，属消防实战灭火过程中较理想的第一线灭火装备。在建筑物内正确选择灭火器的类型，确定灭火器的配置规格与数量，合理定位及设置灭火器，保证足够的灭火能力，并注意定期检查和维护灭火器，就能在被保护场所一旦着火时，迅速用灭火器扑灭初起小火，减少火灾损失，保障人身和财产安全。

3.5.1 灭火器配置场所

1. 适用场所

(1) 生产、使用和储存可燃物的，新建、改建、扩建的各类工业与民用建筑工程均应配置灭火器加以保护。

(2) 已安装消火栓和灭火系统的各类工业与民用建筑，仍需配置灭火器作为早期保护。

2. 不适用场所

生产或储存炸药、弹药、火工品、花炮的厂房或库房。

灭火器的配置场所，可以是民用建筑内的一个房间，如办公室、会议室、阅览室、多功能厅、舞台、实验室、餐厅、配电室、计算机房等，也可以是厂房内的一块区域，还可以是堆场或储罐区所占区域，如露天可燃物堆场、油罐区等。

3.5.2 灭火器配置场所的火灾种类和危险等级

3.5.2.1 火灾种类

(1) 根据物质及其燃烧特性，灭火器配置场所的火灾种类可分为以下六类：

1) A类火灾：固体物质火灾；

2) B类火灾：液体火灾或可熔化固体物质火灾；

3) C类火灾：气体火灾；

4) D类火灾：金属火灾；

5) E类火灾：物体带电燃烧的火灾（电气火灾）；

6) F类火灾：烹饪器具内的烹饪物（如动、植物油脂）火灾。

(2) 火灾场所：存在A类、B类、C类、D类、E类和F类火灾的主要建筑场所如表3-78所示。

存在火灾危险（六类）的主要建筑场所　　　表3-78

火灾种类	主要燃烧物质	场所举例
A类	木材、棉、毛、麻、纸张及其制品	资料室、图书馆、美术馆、百货楼、营业厅、商场、旅馆客房、教学楼、办公楼、医院的病例室、博物馆、电影院、剧院、会堂、礼堂的舞台及后台、文物保护场所、电影、电视摄影棚等
B类	液体（如汽油、煤油、柴油、原油、甲醇、乙醇等）和可熔化固体物质（如沥青、石蜡等）	民用燃油锅炉房、使用甲、乙、丙类液体和有机溶剂的理化试验室及库房、装修公司的油漆间及其库房、民用的油浸变压器室、充油电容器室、注油开关室、汽车加油站、修车间等

续表

火灾种类	主要燃烧物质	场所举例
C类	气体，如煤气、天然气、甲烷、乙烷、丙烷、氢气等	民用液化气站、罐瓶间、燃气锅炉房、液化石油气罐桶间、厨房的液化气瓶灶、煤气灶和昭气灶、乙炔站、氢气站、煤气站、氧气站等
D类	可燃金属，如钾、钠、镁、锆、钛及铝镁合金等	储存产钾、钠、镁、锆、钛及铝镁合金的库房等
E类	燃烧时仍处于带电状态的物体，如发电机、变压器、配电盘、电气开关柜、电子计算机	计算机房、配电室、变压器室、发电机房、电气开关柜等
F类	烹饪时所使用的动植物油脂引发的火灾	家庭厨房、商业厨房器具处等

3.5.2.2 危险等级

民用建筑灭火器配置场所的危险等级，应根据其使用性质、人员密集程度、用电用火情况、可燃物数量、火灾蔓延速度以及扑救难易程度等因素，划分为三级：

(1) 严重危险级：高层公共建筑、地下公共建筑内场所，单、多层公共建筑中的大型人员密集场所，以及其他使用性质重要、人员密集、可燃物多、扑救困难、容易造成重大人员伤亡和财产损失的场所。

(2) 中危险级：其他公共建筑、木结构建筑、居住建筑内场所，商业服务网点，以及其他使用性质较重要、人员较密集、可燃物较多、扑救较困难的场所。

(3) 轻危险级：使用性质一般、人员不密集、可燃物少、扑救容易的场所。

民用建筑灭火器配置场所的火灾危险等级举例如表3-79所示。

民用建筑灭火器配置场所的火灾危险等级举例　　表3-79

火灾危险等级	公共建筑	居住建筑（包括住宅、公寓、别墅、宿舍）
严重危险级	1. 高层公共建筑、地下公共建筑、单、多层公共建筑中大型人员密集场所： (1) 超高层建筑和一类高层建筑的写字楼； (2) 建筑面积在2000m²及以上的图书馆、展览馆的珍藏室、阅览室、书库、展览厅； (3) 建筑面积在200m²及以上的公共娱乐场所； (4) 建筑面积在1000m²及以上的经营易燃易爆化学物品的商场、商店的库房及铺面； (5) 民用机场的候机厅、安检厅及空管中心、雷达机房； (6) 客房数在50间以上的旅馆、饭店的公共活动用房、多功能厅、厨房； (7) 老人住宿床位在50张及以上的养老院； (8) 幼儿住宿床位在50张及以上的托儿所、幼儿园； (9) 建筑面积在500m²及以上的车站和码头的候车（船）室、行李房。	学生住宿床位在100张及以上的学校集体宿舍； 一类高层建筑的公寓楼

续表

火灾危险等级	公共建筑	居住建筑（包括住宅、公寓、别墅、宿舍）
严重危险级	2. 其他使用性质重要、人员密集、可燃物多、扑救困难、容易造成重大人员伤亡和财产损失的场所（房间）： （1）县级及以上的文物保护单位、档案馆、博物馆的库房、展览室、阅览室； （2）设备贵重或可燃物多的实验室； （3）广播电台、电视台的演播室、道具间和发射塔楼； （4）专用电子计算机房； （5）城镇及以上的邮政信函和包裹分检房、邮袋库、通信枢纽及其电信机房； （6）体育场（馆）、电影院、剧院、会堂、礼堂的舞台及后台部位； （7）住院床位在 50 张及以上的医院的手术室、理疗室、透视室、心电图室、药房、住院部、门诊部、病历室； （8）电影、电视摄影棚； （9）县级及以上的党政机关办公大楼的会议室； （10）城市地下铁道、地下观光隧道； （11）汽车加油站、加气站； （12）Ⅰ类汽车库、停车场； （13）机动车交易市场（包括旧机动车交易市场）及其展销厅； （14）民用液化气、天然气灌装站、换瓶站、调压站	学生住宿床位在 100 张及以上的学校集体宿舍； 一类高层建筑的公寓楼
中危险级	1. 其他公共建筑： （1）二类高层建筑的写字楼； （2）建筑面积在 2000m² 以下的图书馆、展览馆的珍藏室、阅览室、书库、展览厅； （3）建筑面积在 200m² 以下的公共娱乐场所； （4）建筑面积在 1000m² 以下的经营易燃易爆化学物品的商场、商店的库房及铺面； （5）民用机场的检票厅、行李厅； （6）客房数在 50 间以下的旅馆、饭店的公共活动用房、多功能厅和厨房； （7）老人住宿床位在 50 张以下的养老院； （8）幼儿住宿床位在 50 张以下的托儿所、幼儿园； （9）百货楼、超市、综合商场的库房、铺面； （10）建筑面积在 500m² 以下的车站和码头的候车（船）室、行李房。 2. 其他使用性质较重要、人员较密集、可燃物较多、扑救较困难的场所： （1）体育场（馆）、电影院、剧院、会堂、礼堂的观众厅； （2）县级以下的文物保护单位、档案馆、博物馆的库房、展览室、阅览室； （3）一般的实验室；	二类高层建筑的公寓楼； 高级住宅、别墅； 床位在 100 张以下的学校集体宿舍

续表

火灾危险等级	公共建筑	居住建筑（包括住宅、公寓、别墅、宿舍）
中危险级	（4）广播电台电视台的会议室、资料室； （5）设有集中空调、电子计算机、复印机等设备的办公室； （6）城镇以下的邮政信函和包裹分检房、邮袋库、通信枢纽及其电信机房； （7）住院床位在 50 张以下的医院的手术室、理疗室、透视室、心电图室、药房、住院部、门诊部、病历室； （8）县级以下的党政机关办公大楼的会议室； （9）学校教室、教研室； （10）民用燃油、燃气锅炉房； （11）民用的油浸变压器室； （12）高、低压配电室； （13）Ⅱ、Ⅲ类汽车库、停车场	二类高层建筑的公寓楼； 高级住宅、别墅； 床位在 100 张以下的学校集体宿舍
轻危险级	日常用品小卖店及经营难燃烧或非燃烧的建筑装饰材料商店； 未设集中空调、电子计算机、复印机等设备的普通办公室； 各类建筑物中以难燃烧或非燃烧的建筑构件分隔的并主要存贮难燃烧或非燃烧材料的辅助房间； Ⅳ类汽车库、停车场	普通住宅； 旅馆、饭店的客房

3.5.3　灭火器的种类与型号

3.5.3.1　灭火器的种类

1. 灭火器的分类

（1）按移动方式，分为手提式灭火器、推车式灭火器。

（2）按驱动灭火的动力来源，分为储气瓶式灭火器、储压式灭火器。

（3）按充装的灭火剂种类，分为水基型灭火器、干粉灭火器、CO_2灭火器、洁净气体灭火器等。

2. 灭火器的性质

（1）水基型灭火器：以水为基础，以氮气为驱动气体的灭火器。主要有清水灭火器和水基泡沫型灭火器等。其中水基泡沫型灭火器内部装有水成膜泡沫灭火剂和氮气。

（2）干粉灭火器：由无机盐、添加剂经干燥、粉碎和混合形成的微细固体粉末装填，以高压 CO_2或氮气为驱动气体的灭火器，其中储气式以 CO_2 作为驱动气体，储压式以 N_2 作为驱动气体。干粉灭火器主要靠干粉中的无机盐挥发性分解物，与燃烧过程中产生的自由基或活性基团发生化学作用，使燃烧的链式反应中断而灭火；同时还可依靠干粉的粉末在高温作用下形成一层玻璃状覆盖层，从而隔绝氧气、窒息灭火。干粉灭火器主要有磷酸铵盐（ABC）干粉灭火器和碳酸氢钠（BC）干粉灭火器两种配置。

（3）CO_2灭火器：内充 CO_2 液体，靠自身压力驱动灭火的灭火器。其主要依靠 CO_2 由液态迅速气化成气态，吸热冷却，以及降低可燃物周围和防护区内氧浓度，产生窒息作用而灭火。

（4）洁净气体灭火器：将洁净气体直接加压充装在容器中形成的灭火器。洁净气体包括卤代烷类气体灭火剂、惰性气体灭火剂等。其中卤代烷类气体灭火剂主要指卤代烷（1211）和六氟丙烷。由于卤代烷的使用目前受到严格限制，现在符合我国环保要求的替代卤代烷 1211 灭火器的主要为六氟丙烷灭火器。

3. 灭火器的图例

建筑灭火器配置设计中，灭火器的相关图例如表 3-80 和表 3-81 所示。

手提式、推车式灭火器和灭火剂图例　　表 3-80

序号	图例	名称	序号	图例	名称
1		手提式灭火器	6		BC 干粉
2		推车式灭火器	7		ABC 干粉
3		水	8		卤代烷
4		泡沫	9		CO_2
5		含有添加剂的水	10		非卤代烷和 CO_2 的气体灭火剂

灭火器组合图例举例　　表 3-81

序号	图例	名称	序号	图例	名称
1		手提式清水灭火器	3		手提式 CO_2 灭火器
2		手提式 ABC 类干粉灭火器	4		推车式 BC 类干粉灭火器

3.5.3.2 灭火器的型号

我国灭火器的型号用类、组、特征代号和主要参数表示。建筑灭火器型号编制方法如图 3-151 所示。其中 M 代表灭火器；灭火剂代号代表灭火剂类型，如 S—清水灭火剂，P—泡沫灭火剂，F—干粉灭火剂，T—CO_2 灭火剂，Y—卤代烷、卤代烃气体灭火剂；T 代表移动方式，如 T—推车式；字母代表充装灭火剂的量。如 MS/Q3 表示 3L 清水型灭

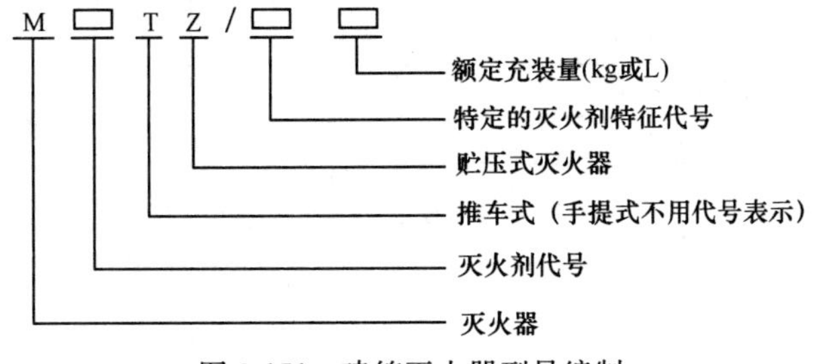

图 3-151　建筑灭火器型号编制

火器，MFT/ABC20 表示 20kg 的推车式磷酸铵盐（ABC）干粉灭火器。

各种类型灭火器的型号和规格如表 3-82、表 3-83 所示。

手提式灭火器的型号规格和灭火级别 **表 3-82**

灭火器类型	灭火剂充装量		灭火器型号	灭火级别		灭火器类型	灭火剂充装量		灭火器型号	灭火级别	
	(L)	(kg)		A类	B类		(L)	(kg)		A类	B类
水型	3	—	MS/Q3	1A	—	ABC干粉（磷酸铵盐）	—	1	MF/ABC1	1A	21B
			MS/T3		55B		—	2	MF/ABC2	1A	21B
	6	—	MS/Q6	1A	—		—	3	MF/ABC3	2A	34B
			MS/T6		55B		—	4	MF/ABC4	2A	55B
	9	—	MS/Q9	2A	—		—	5	MF/ABC5	3A	89B
			MS/T9		89B		—	6	MF/ABC6	3A	89B
泡沫	3	—	MP3、MP/AR3	1A	55B		—	8	MF/ABC8	4A	144B
	4	—	MP4、MP/AR4	1A	55B		—	10	MF/ABC10	6A	144B
	6		MP6、MP/AR6	1A	55B	CO_2		2	MT2		21B
	9	—	MP9、MP/AR9	2A	89B		—	3	MT3	—	21B
BC干粉（碳酸氢钠）	—	1	MF1	—	21B		—	5	MT5	—	34B
	—	2	MF2	—	21B		—	7	MT7	—	55B
	—	3	MF3	—	34B	卤代烷1211（洁净气体）	—	1	MY(MJ)1	—	21B
	—	4	MF4	—	55B			2	MY(MJ)2	0.5A	21B
	—	5	MF5	—	89B			3	MY(MJ)3	0.5A	34B
	—	6	MF6	—	89B			4	MY(MJ)4	1A	34B
	—	8	MF8	—	144B			6	MY(MJ)6	1A	55B
	—	10	MF10	—	144B						

推车式灭火器的型号规格和灭火级别 **表 3-83**

灭火器类型	灭火剂充装量		灭火器型号	灭火级别		灭火器类型	灭火剂充装量		灭火器型号	灭火级别	
	(L)	(kg)		A类	B类		(L)	(kg)		A类	B类
水型	20	—	MST20	4A	—	ABC干粉（磷酸铵盐）	—	20	MFT/ABC20	6A	183B
	45	—	MST40	4A	—		—	50	MFT/ABC50	8A	297B
	60	—	MST60	4A	—		—	100	MFT/ABC100	10A	297B
	125	—	MST125	6A	—		—	125	MFT/ABC125	10A	297B
泡沫	20	—	MPT20、MPT/AR20	4A	—	CO_2	—	10	MTT10	—	55B
	45	—	MPT40、MPT/AR40	4A	144B		—	20	MTT20	—	70B
	60	—	MPT60、MPT/AR60	4A	233B		—	30	MTT30	—	113B
	125	—	MPT125、MPT/AR125	6A	297B		—	50	MTT50	—	183B

续表

灭火器类型	灭火剂充装量		灭火器型号	灭火级别		灭火器类型	灭火剂充装量		灭火器型号	灭火级别	
	(L)	(kg)		A类	B类		(L)	(kg)		A类	B类
BC干粉（碳酸氢钠）	—	20	MFT20	—	183B	卤代烷1211（洁净气体）	—	10	MYT(MJT)10		70B
	—	50	MFT50	—	297B		—	20	MYT(MJT)20		114B
	—	100	MFT100	—	297B		—	30	MYT(MJT)30		183B
	—	125	MFT125	—	297B		—	50	MYT(MJT)50		297B

3.5.3.3 灭火器的选型

应根据配置场所的火灾种类正确选用建筑灭火器。不同火灾场所可选择的灭火器类型如表 3-84 所示。

灭火器的选型 **表 3-84**

灭火器类型／火灾场所	水基型灭火器		干粉灭火器		CO_2灭火器	洁净气体灭火器
	清水	水基泡沫	ABC	BC		
A类火灾	适用	适用	适用	不适用	不适用	适用
B类火灾	不适用	适用	适用	适用	适用	适用
C类火灾	不适用		适用		不适用	不适用
D类火灾	除适用于D类火灾的专用灭火器外，其他均不适用					
E类火灾	不适用		适用于扑救带电的A、B、C类火	适用于扑救带电的B、C类火	适用于扑救带电的B类火	适用于扑救带电的A、B类火
F类火灾	除适用于F类火灾之外，其他均不适用		不适用		不适用	不适用

注：1. 在同一灭火器配置场所，宜选用相同类型和操作方法的灭火器。当同一灭火器配置场所存在不同火灾种类时，应选用通用型灭火器。硫酸铵盐干粉与碳酸氢钠干粉是不相容的灭火剂，不能同时使用。
2. D类火灾即金属燃烧的火灾。应选择适用于该金属的专用灭火器，也可采用干砂或铸铁屑替代。
3. E类火灾不得选用装有金属喇叭喷筒的CO_2灭火器。
4. F类火灾场所应选择适用于F类火灾的水基型灭火器。

3.5.4 灭火器的设置

3.5.4.1 灭火器的设置要求

（1）设置位置：灭火器应设置在位置明显和便于取用的地点，且不得影响安全疏散。比如房内墙边、走廊、楼梯间、电梯前室、门厅等处，不宜放在房间中央或墙角处，并避开门窗、风管和工艺设备等。

（2）设置方式：手提式灭火器宜设置在灭火器箱内或挂钩、托架上，灭火器的摆放应稳固，其铭牌应朝外并清晰可见，灭火器箱不得上锁。

（3）设置高度：手提式灭火器顶部离地面高度不应大于1.50m，一般在1.00～1.50m之间。

（4）设置环境：灭火器不宜设置在潮湿或强腐蚀性的地点。当必须设置时，应有相应的保护措施。灭火器设置在室外时，应有相应的保温、防水、防潮、防腐等保护措施。

3.5.4.2 灭火器的最大保护距离

灭火器的保护距离，是指灭火器配置场所内，灭火器设置点到保护点的直线行走距离。

灭火器的最大保护距离，是指灭火器配置场所内，灭火器设置点到最不利保护点的直线行走距离。它与灭火器配置场所的火灾种类、危险等级和灭火器的类型有关。

设置灭火器距离，按火灾类型可分为以下几种情况：

（1）A类火灾场所：设置在A类火灾场所的灭火器，其最大保护距离应符合表3-85的规定。

A类火灾场所的灭火器最大保护距离（m）　　表3-85

灭火器类型		手提式灭火器	推车式灭火器
危险等级	严重危险级	15	30
	中危险级	20	40
	轻危险级	25	50

（2）B、C类火灾场所：设置在B、C类火灾场所的灭火器，其最大保护距离应符合表3-86的规定。

B、C类火灾场所的灭火器最大保护距离（m）　　表3-86

灭火器类型		手提式灭火器	推车式灭火器
危险等级	严重危险级	9	18
	中危险级	12	24
	轻危险级	15	30

（3）D类火灾场所：设置在D类火灾场所的灭火器，其最大保护距离应根据具体情况研究确定。

（4）E类火灾场所：由于E类火灾通常是伴随着A类和B类火灾而同时存在的，因此，E类火灾场所的灭火器的最大保护距离不应大于对应的A类或B类火灾场所的最大保护距离的规定值。

（5）F类火灾场所：灭火器的最大保护距离不应大于10m。

（6）多种类火灾场所：对于存在多种火灾种类的场所，除特定保护用灭火器可单独设置外，灭火器的最大保护距离应取各类火灾场所灭火器最大保护距离中的最小值。

3.5.4.3 灭火器设置点的数量与定位

1. 灭火器设置点的确定原则

（1）灭火器设置点应均匀布置。

（2）灭火器设置点应布设在位置明显和便于取用的地点，且不得影响安全疏散。当灭火器设置点位于走廊、楼梯间和某些房间时，一般选在走廊、楼梯间的墙壁或楼板上，房间附近。灭火器不应设置在楼梯间休息平台上。

（3）对于独立计算单元或组合计算单元，灭火器设置点均应位于计算单元内；灭火器的最大保护距离仅在计算单元范围内有效。例如某独立计算单元仅有一个房间组成，则灭火器设置点仅限在房间内，因为灭火器最大保护距离仅限于此房间。

对于组合计算单元，灭火器的最大保护距离在该计算单元范围内的各房间、走廊和楼梯间等处均有效。

2. 灭火器设置点的设计方法

确定灭火器设置点的位置和数量的设计方法，主要有保护圆法和折线测算设计法等。对于简单情况，一般采用保护圆法。如遇到门、墙等阻隔使保护圆设计法不适用时，再局部采用折线测量设计法。在实际设计中，往往可将两种设计方法结合起来使用。

（1）保护圆设计法

保护圆设计法是指以灭火器设置点为圆心，以灭火器的最大保护距离为半径所形成的保护范围。一般用在火灾种类和危险等级相同，且面积较大的车间、库房，以及同一楼层中性质特殊的独立单元，如计算机房、理化实验室等。保护圆设计法的步骤如下：

① 以选定的灭火器设置点为圆心，以灭火器的最大保护半径，画保护圆。如果计算单元的区域完全被此圆所覆盖，则此选定的灭火器设置点符合要求。结束并进入③，否则，进入②。

② 另增加一个灭火器设置点，按①的要求，再画一个保护圆，如果计算单元的区域完全被这两个圆覆盖，则所选的两个灭火器设置点符合要求，结束并进入③；否则继续重复②。

③ 如果同时存在若干种均能合理满足要求的灭火器设置点方法，一般采用灭火器设置点的数量相对较多的方案。当其他条件相同时，相对分散优于相对集中。

④ 独立计算单元和组合计算单元内，保护圆均不得穿墙过门。

采用保护圆设计法时，如果保护圆不能将计算单元的配置场所完全包括进去，则需增加灭火器设置点；否则，不必增加灭火器设置点。

图 3-152 所示为 A 类火灾轻危险级的独立单元，采用保护圆法确定灭火器设置点的示意图。对于有柱子的独立单元常以柱子为圆心作为设置点，并注意保护圆不得穿过墙和门。

（2）折线测算设计法

折线测算设计法一般用在有隔墙或隔墙较多的组合单元内。如有成排办公室或客房的办公楼或旅馆等。方法是在建筑物平面图上实际测量建筑物内任何一点与最近灭火器设置点的距离是否在最大保护距离之内。若不能满足，则需调整或增加灭火器设置点。如果同时存在若干种均能合理满足要求的灭火器设置点方案，建议采用灭火器设置点的数量相对较多的方案。例如，某建筑的二层平面需要配置建筑灭火器，由于该楼层均为 A 类中危险级配置场所，所以可按一个组合计算单元进行灭火器的配置（图 3-153）。该计算单元的灭火器最大保护距离为 20m。根据灭火器设置点的要求，初步选 A、B 两个点作为灭火器设置点。该楼层内的①、②、③、④、⑤点对于 A 或 B 点，均有可能是最不利点。

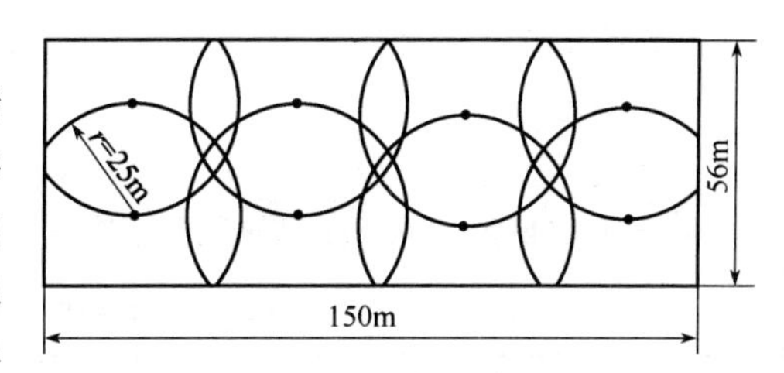

图 3-152 保护圆法确定灭火器设置点示意图

经实测，如果①、②、③、④、⑤点均在 A 和 B 点的最大保护距离（20 m）之内，即可满足设置点要求，但如果减少一个点，上述 5 个点中的任意一点将会不满足最大保护距离要求，所以不能减少灭火器设置点数量。如果增加一个灭火器设置点 C，则可更好地满足最大保护距离的要求。由于相对分散优于相对集中，所以可优先选择 A、B、C 三点的灭火器设置点方案。不过，选择 A、B 两点的灭火器设置点方案也是符合要求的。

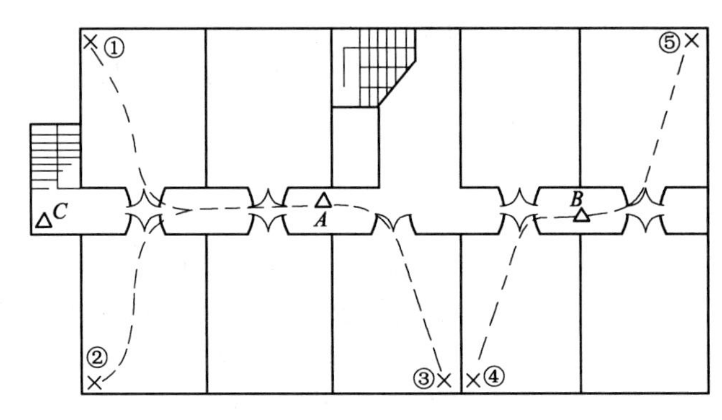

图 3-153　折线测算设计法确定灭火器设置点示意图

△—灭火器设置点；×—最不利点

如果②点与 A 点的距离大于 20m，则需将 A 点向左移动至满足要求的点，且同时使①、②、③点均在最大保护距离之内。如果不调整 A 点的位置，则可选择楼梯间内的 C 点作为一个灭火器设置点，使②点位于 C 点的最大保护距离内。

3.5.5　灭火器的配置

3.5.5.1　灭火器配置的基本原则

（1）一个计算单元（灭火器配置的灭火区域）内配置的灭火器数量不得少于 2 具。

（2）每个设置点的灭火器数量不宜多于 5 具。

（3）当住宅楼每层的公共部位建筑面积超过 $100m^2$ 时，应配置 1 具 1A 的手提式灭火器；每增加 $100m^2$，增配 1 具 1A 的手提式灭火器。

3.5.5.2　灭火器的最低配置基准

灭火器的最低配置基准包括：单具灭火器最小配置的灭火级别和单位灭火级别最大保护面积等内容。

1. A 类火灾场所

A 类火灾场所灭火器的最低配置基准应符合表 3-87 的规定。

A 类火灾场所灭火器的最低配置基准　　表 3-87

危险等级	严重危险级	中危险级	轻危险级
单具灭火器最小配置灭火级别	3A	2A	1A
单位灭火级别 最大保护面积 U（m^2/A）	50	75	100

2. B、C 类火灾场所

B、C 类火灾场所灭火器的最低配置基准应符合表 3-88 的规定。

灭火级别表征灭火器扑灭火灾的能力，灭火级别由表示灭火能力的数字和灭火种类的字母组成。如型号为 MSZ/4A：55B 的手提储压式水基型灭火器，其灭火级别为 4A、55B。字母 A 表示该灭火器扑灭 A 类火灾的基本能力单位，4A 表示该灭火器所能扑灭的

A类标准火试模型火的定量等级相当于4。同样，字母B表示该灭火器扑灭B类火灾的基本能力单位，55B表示灭火器所能扑灭的B类标准火试模型火的定量等级相当于55。

B、C类火灾场所灭火器的最低配置基准　　表3-88

危险等级	严重危险级	中危险级	轻危险级
每具灭火器最小配置灭火级别	89B	55B	21B
单位灭火级别最大保护面积U (m^2/B)	0.5	1.0	1.5

目前世界各国仅对A、B、F类火灾建立了灭火器火试模型，通过灭火试验的方法对其灭火效能确定了可量化的A、B、F三个系列的灭火级别值，并制定了配置基准。

由于C类火灾的特性与B类火灾比较接近，因此，可将C类火灾场所的最低配置基准比照B类火灾场所的最低配置基准制定。

3.D、E类火灾场所

对于D、E类火灾场所，各国标准和国际标准均无可量化的灭火级别值，也未制定相应的配置基准。

D类火灾场所的灭火器最低配置基准应根据金属的种类、物态及其特性等研究确定。

由于E类火灾通常伴随着A类或B类火灾而同时发生，因此，E类火灾场所的灭火器最低配置基准不应低于该场所内A类（或B类）火灾的规定。

4.F类火灾场所

F类火灾场所灭火器的最低配置基准应符合表3-89的规定。

F类火灾场所灭火器的最低配置基准　　表3-89

灭火器最小配置数量	最大保护面积S(m^2)
1具(5F)	$S \leqslant 0.03$
2具(5F)或1具(15F)	$0.03 < S \leqslant 0.05$
2具(15F)或1具(25F)	$0.05 < S \leqslant 0.08$
2具(25F)或1具(40F)	$0.08 < S \leqslant 0.12$
2具(40F)或1具(75F)	$0.12 < S \leqslant 0.25$
2具(75F)	$0.25 < S \leqslant 0.40$

注：F类灭火器不适用于保护面积超过0.40m^2以上的F类火灾场所。

5. 多种类火灾场所

对于存在多种火灾种类的配置场所，灭火器的最低配置基准不应低于同一配置场所内各类火灾的最低配置基准。

3.5.6 灭火器配置设计计算

3.5.6.1 灭火器配置的设计计算步骤

1. 灭火器配置的设计计算程序

建筑灭火器配置的设计计算可按下述步骤进行：

（1）确定各灭火器配置场所的火灾种类和危险等级；

（2）划分计算单元，计算各计算单元的保护面积；

（3）确定灭火器的类型、单具灭火器的最小配置灭火级别和单位灭火级别的最大保护面积；

（4）计算各计算单元最少需配灭火器的数量，取其最大值；

（5）根据灭火器的最大保护距离，确定各计算单元中灭火器设置点的位置和数量；

（6）确定每个灭火器设置点的灭火器配置数量；

（7）确定每具灭火器的设置方式和要求；

（8）在工程设计图上用图例、符号和字母、数字表示灭火器的型号、数量与设置位置。

2. 计算单元的划分

灭火器的计算单元应按下列规定进行划分：

（1）当一个楼层或一个水平防火分区内各配置场所的危险等级和火灾种类相同时，可将其作为一个计算单元。如宾馆的标准客房楼层、机关的普通办公楼层等。

（2）当一个楼层或一个水平防火分区内各配置场所的危险等级和火灾种类不相同时，应将其划为不同的计算单元。如办公楼层中的电子计算机房、科研办公楼层中的理化实验室、生产车间的总控制室等。

（3）同一计算单元不得跨越防火分区和楼层。

（4）对于D、F类火灾场所，应根据同时存在的A类或B（C）类火灾区域划分计算单元。

因为D、F类灭火器是分别针对D类或F类火灾部位进行特定保护而配置的，其所在配置场所的火灾种类属性仍应以同时存在的A类或B（C）类火灾为主，故应以A类或B（C）类火灾场所的类别为依据划分计算单元。

（5）对于住宅建筑，每家住户宜作为一个计算单元，每层的公共部位宜作为一个计算单元。

3. 计算单元的保护面积

计算单元的保护面积应符合下列规定：

（1）建筑物应按其建筑面积确定；

（2）可燃物露天堆场，甲、乙、丙类液体储罐区，可燃气体储罐区应按堆垛、储罐的占地面积确定；

（3）烹饪器具应按单个最大烹饪器具开口面积确定。

4. 计算单元灭火器最小配置数量的计算

A、B类火灾场所计算单元灭火器最小配置数量应按式（3-61）计算：

$$M = K\frac{S}{UR} \tag{3-61}$$

式中 M——计算单元灭火器最小需配置数量，具；

S——计算单元的保护面积，m^2；

U——A、B类火灾场所单位灭火级别最大保护面积，m^2/A 或 m^2/B。

R——A、B类火灾场所单具灭火器最小配置灭火级别，A/具、B/具。

K——修正系数，按表3-90的规定取值。

修正系数 K 的取值 **表 3-90**

计算单元	修正系数 K
未设室内消火栓系统和灭火系统	1.0
设有室内消火栓系统	0.9
设有灭火系统	0.7
设有室内消火栓系统和灭火系统	0.5
可燃物露天堆场、甲乙丙类液体储罐区、可燃气体储罐区	0.3

歌舞娱乐放映游艺场所、网吧、商场、寺庙以及地下场所等的计算单元灭火器最小配置数量应按（3-62）式计算：

$$M = 1.3K\frac{S}{UR} \tag{3-62}$$

式中字母含义同式（3-61）。

计算单元灭火器最小配置数量的实际选定值，应不小于计算值。

例如，某建筑内的一个计算单元，为A类中危险级火灾场所，建筑面积为730m²，故保护面积 S=730m²，单具灭火器最小配置灭火级别 R=2A，最大保护面积 U=75m²/A，根据式（3-61），则 M=4.9，取整得：M=5具。即计算单元需配置手提式灭火器共5具。

5. 灭火器设置点位置与数量的确定

根据对灭火器设置点的要求，同时满足灭火器最大保护距离等规定，确定计算单元内灭火器设置点的具体位置与数目。

例如，上例中，根据A类中危险级火灾场所中，"手提式灭火器最大保护距离不超过20m""计算单元内任一点至少在一具灭火器的保护范围内"等要求，选定灭火器设置点共4个。

6. 每个灭火器设置点的灭火器数量的确定

根据计算单元需配置灭火器的总数和灭火器设置点的数量，确定每个灭火器设置点的灭火器数量。计算单元中各灭火器设置点灭火器配置数量的实际限定值之和，不应小于计算值。

例如，在上例中，在火灾荷载相对较大的1个点设置2具灭火器，在火灾荷载相对较小的3个点设置1具灭火器，即在计算单元内的4个点共设置的灭火器的数量为：2×1+1×3=5具，与计算值5具相同。

7. 灭火器类型、型号的确定

根据计算单元的火灾种类，选择适宜的灭火器的类型及型号（规格）。

例如，上例中，由于火灾种类为A类，设计中选择了两种类型的灭火器，一种是A灭火级别的水基型灭火器，共3具；一种是A灭火级别的磷酸铵盐（ABC）干粉灭火器，共2具。水基型灭火器的型号为MS/Q9：2A，ABC干粉灭火器的型号为MF/ABC3：2A。

8. 确定灭火器的设置方式和相关要求

在工程设计说明中明确灭火器的设置方式、设置高度及相关要求。

例如，在上例中，手提式灭火器的设置方式为挂装，安装高度为1.4m（自灭火器顶部至地面)，铭牌应朝外设置等。

9. 平面图上完成灭火器配置设计

在工程平面图上，应使用灭火器图例具体体现出灭火器的平面布置，包括每个灭火器设置点的准确定位。同时，在每个灭火器图例旁标出灭火器的型号和数量。

例如，上例中，在计算单元中，某一个设置点设置有水基型灭火器 MS/Q9：2A，共 1 具，另一个设置点设置有磷酸铵盐（ABC）干粉灭火器 MF/ABC3：2A，共 2 具，可用图 3-154 表示。

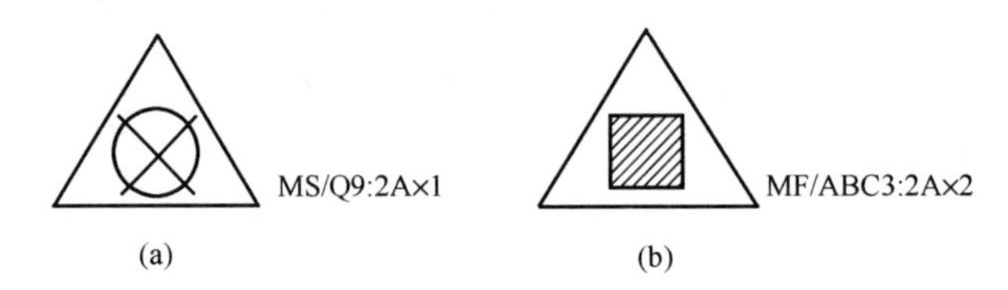

图 3-154　灭火器在平面图上的表示方法

（a）水基型灭火器；（b）干粉灭火器

10. 计算单元需配灭火级别的计算

计算单元最小需配灭火级别应按式（3-63）计算：

$$Q = K\frac{S}{U} \tag{3-63}$$

式中　Q——计算单元的最小需配灭火级别，A 或 B；

S——计算单元的保护面积，m^2；

U——A 类或 B 类火灾场所单位灭火级别最大保护面积，m^2/A 或 m^2/B。

K——修正系数，应按表 3-90 的规定取值。

计算单元中各灭火器设置点实际配置的灭火级别之和，不应小于按式（3-63）的计算值。为校核性步骤。

例如，在上例中，计算单元最小需配灭火级别，按式（3-63）计算，可得 Q=730/75=9.7A。设计布置有 4 个灭火器设置点，共配置 5 具灭火器，其灭火级别之和为 5×2A=10A，大于最小需配置灭火级别值 9.7A，符合规范要求。

3.5.6.2　灭火器配置的设计实例

【实例 1】

某市科技大楼第八层有一间专用计算机房，其边墙的长为 30m，宽为 15m。为保证初期防护的消防安全，需进行建筑灭火器配置设计。

【设计计算过程】

建筑灭火器配置的设计计算步骤如下：

（1）确定灭火器配置场所的火灾种类和危险等级

由于电子计算机房的电子设备，一旦发生火灾，有可能来不及切断电源，故该机房存在 E 类火灾危险。另外，该机房物品多为计算机、电线、电缆、纸张等固体可燃物，因此可以确定该机房同时可能发生的火灾为 A 类火灾。

依据民用建筑灭火器配置场所的火灾危险等级分类，专用计算机房属于严重危险等级。

(2) 划定计算单元并计算各计算单元的保护面积

由于该专用计算机房与大楼的其他区域的危险等级和火灾种类不同，因此，可将该计算机房作为一个独立的计算单元进行灭火器配置的设计。

该计算单元的保护面积即为机房的建筑面积 $S=30\times15=450\text{m}^2$。

(3) 灭火器最低配置基准的确定

依据表 3-84 中灭火器的选型，同时满足 A 类和 E 类火灾场所的灭火器有磷酸铵盐（ABC）干粉灭火器和洁净气体灭火器（如卤代烷、六氟丙烷洁净气体灭火器）。由于本例的配置场所属于卤代烷非必要配置场所，故不能配置卤代烷（1211）灭火器。而 ABC 干粉灭火器虽然满足 A、E 类火灾场所的灭火要求，但使用后，会因有部分颗粒进入到电子设备内部而无法清理干净，会对电子设备造成潜在的不利影响，故该专用计算机房采用手提式六氟丙烷洁净气体灭火器。

根据表 3-87，严重危险等级 A 类火灾场所，单具灭火器最小配置灭火级别 $R=3\text{A}$。但对于需要配置洁净气体灭火器的场所，单具灭火器的最小配置灭火级别可为 1A。单位灭火级别最大保护面积 $U=50\text{m}^2/\text{A}$。

(4) 计算各计算单元最小需配灭火器数量

根据式 (3-61)，计算单元（专用计算机房）灭火器最小配置数量 $M=K\dfrac{S}{UR}=\dfrac{450}{50\times1}=$ 9 具，即实际需要 9 具灭火级别 $R=1\text{A}$ 的手提式六氟丙烷洁净气体灭火器。

(5) 确定计算单元中灭火器设置点的位置和数量

对于同时存在 A、E 类火灾的场所，灭火器最大保护距离按 A 类火灾场所确定。在 A 类严重危险级火灾场所中，手提式灭火器的最大保护距离为 15m。

采用保护圆设计法确定灭火器设置点的位置。按计算单元内任何一点均至少在一具灭火器的保护之下的原则，确定灭火器位置，最终确定了 A、B、C 三个灭火器设置点，即灭火器设置点的数目 $N=3$。如图 3-155 所示。

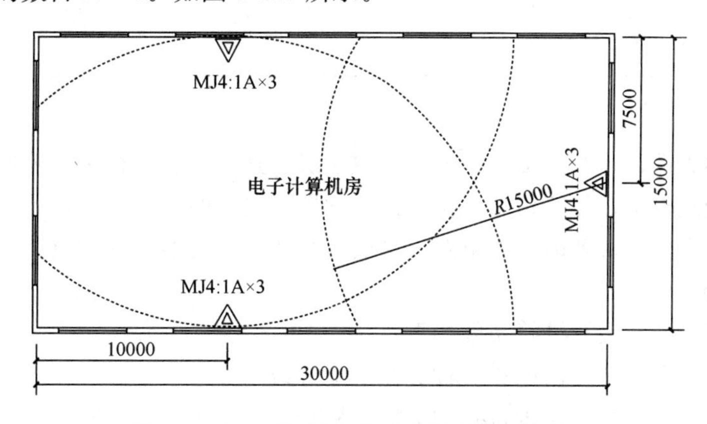

图 3-155 电子计算机房灭火器配置的平面图

(6) 确定每个灭火器设置点的灭火器数量

因为手提式六氟丙烷洁净气体灭火器的总数 $M=9$ 具，灭火器设置点的数目 $N=3$。因此，在 A、B、C 三个设置点上需各设置 3 具手提式六氟丙烷洁净气体灭火器。

(7) 计算单元需配灭火级别的计算

图 3-156　平面图上洁净气体灭火器的表示方法

根据式（3-63），计算单元最小需配灭火级别：$Q = K\dfrac{S}{U} = 1 \times \dfrac{450}{50} = 9$。计算单元最小需配灭火级别 Q=9A，设计布置有 3 个灭火器设置点，共配置 9 具灭火器，其灭火级别之和为 9×1A=9A，大于等于最小需配置灭火级别值 9A，符合规范要求。

（8）确定灭火器类型和型号

手提式六氟丙烷洁净气体灭火器的型号为 MJ4/1A：E。

（9）确定每具灭火器的设置方式和要求

由于计算机房地面比较干净，因此选择落地安装的方式，摆放应稳固，铭牌应朝外。

（10）平面图上完成灭火器的布置

在工程设计平面图上，用手提式六氟丙烷洁净气体灭火器的图例及定位尺寸表示出灭火器的位置，用字母和数字在图例旁标明灭火器的型号、规格和数量，如图 3-155 和图 3-156 所示。

该计算单元的建筑灭火器配置清单（材料表）如表 3-91 所示。

某电子计算机房建筑灭火器配置清单表　　　　**表 3-91**

计算单元种类	独立计算单元	计算单元名称	电子计算机房	
楼层	第八层	灭火器设置点数量	N=3 个	
计算单元保护面积	S=450m^2	计算单元最小需配灭火器数量	M=9 具	
灭火器设置点代号	灭火器		安装	
	型号（规格）	数量（具）	安装方式	安装高度
A	MJ4/1A：E	3	落地安装	—
B	MJ4/1A：E	3	落地安装	—
C	MJ4/1A：E	3	落地安装	—
计算单元总计	—	9	—	—

【实例 2】

某中学教学大楼，建筑高度 14.6m，层数 4 层，其中三层为教室和教师办公室，内设有集中空调、台式电脑、复印机等设备。该教学楼三层平面如图 3-157 所示。为了加强该楼层扑救初起火灾的灭火效能，要求对该楼层进行建筑灭火器配置的设计。

【设计计算过程】

建筑灭火器配置的设计计算步骤如下：

（1）确定灭火器配置场所的火灾种类和危险等级

由于该楼层办公室和教室内设置的桌椅、柜子、窗帘等物品均属于固体可燃物，判断有可能发生 A 类火灾。另外，在室内还设有电脑、复印机等带电设备，意味着有可能同时存在 E 类火灾。

依据民用建筑灭火器配置场所的火灾危险等级分类，该楼层（包括办公室和教室）属于中危险等级配置场所。

（2）划分计算单元，并计算各计算单元的保护面积由于该楼层各灭火器配置场所，包括教室、办公室和走廊等的火灾种类和危险等级均相同，因此，可将该楼层作为一个组合单元来进行灭火器配置的设计计算。

该组合单元的保护面积应按其建筑面积确定。根据三层平面的建筑面积，可求得该组合单元的保护面积 $S=940.92\text{m}^2$。

（3）灭火器最低配置基准的确定

依据表 3-84 中灭火器的选型，同时满足 A 类和 E 类火灾场所的灭火器有磷酸铵盐（ABC）干粉灭火器和洁净气体灭火器（如卤代烷、六氟丙烷洁净气体灭火器）。经综合考虑，选用手提式 ABC 干粉灭火器。

根据表 3-87，A 类火灾场所中危险等级，单具灭火器最小配置灭火级别 $R=2\text{A}$，单位灭火级别最大保护面积 $U=75\text{m}^2/\text{A}$。

（4）计算组合单元最小需配灭火器数量

由于楼层两侧设有消火栓，$K=0.9$。

根据式（3-61），计算组合单元灭火器最小配置数量 $M=K\dfrac{S}{UR}=0.9\dfrac{940.92}{75\times2}=5.65$。取整，$M=6$ 具。即实际需要 6 具灭火级别 $R=2\text{A}$ 的手提式灭火器。满足一个计算单元内配置的灭火器数量不得少于 2 具的规定。

（5）确定组合单元中的灭火器设置点的位置和数量

对于同时存在 A、E 类火灾的计算单元，灭火器的最大保护距离按 A 类火灾场所确定。即手提式灭火器的最大保护距离为 20m。

采用折线测算设计法确定灭火器设置点的位置。根据该楼层的平面布局和内走廊长度尺寸，若分别在 A、B、C、D 点处设灭火器时，最远处①、②、③、④处都在最大保护距离之内（见图 3-157 中的虚线路程），最终确定了 A、B、C、D 四个灭火器设置点，即灭火器设置点的数目 $N=4$。

（6）确定每个灭火器设置点的灭火器数量

因为手提式灭火器的总数 $M=6$ 具，灭火器设置点的数目 $N=4$。因此在 A、D 两个设置点上各设置 1 具手提式灭火器，在 B、C 两个设置点上各设置 2 具手提式灭火器。

（7）计算单元需配灭火级别的计算

根据式（3-63），计算单元最小需配灭火级别：$Q=K\dfrac{S}{U}=0.9\times\dfrac{940.92}{75}=11.29$。计算单元最小需配灭火级别 $Q=11.29\text{A}$，设计布置有 4 个灭火器设置点，共配置 6 具灭火器，其灭火级别之和为 $6\times2\text{A}=12\text{A}$，大于最小需配置灭火级别值 11.29A，符合规范要求。

（8）确定每个设置点灭火器的类型、规格与数量

由于教室和办公室内可能同时发生 A 类和 E 类火灾，故选手提式磷酸铵盐（ABC）干粉灭火器。即在 A 和 D 点配置 1 具 ABC 干粉灭火器，B 和 C 点配置 2 具 ABC 干粉灭火器，型号（规格）均为 MF/ABC3/2A：E。

满足一个计算单元内配置的灭火器数量不得少于 2 具，每个设置点的灭火器数量不宜多于 5 具的要求。

（9）确定每具灭火器的设置方式和要求

由于该楼层 A、B、C、D 点同时布置有消火栓箱，所以选择组合式消防柜，灭火器与消火栓同箱布置。箱体不能上锁，且箱上设有灭火器位置指示标识。

（10）平面图上完成灭火器的布置

在工程设计平面图上，用手提式 ABC 干粉灭火器的图例及定位尺寸表示出灭火器的位置，用字母和数字在图例旁标明灭火器的型号、规格和数量（图 3-157）。

该计算单元的建筑灭火器配置清单（材料表）如表 3-92 所示。

某中学教学大楼三层建筑灭火器配置清单表　　表 3-92

计算单元种类	组合计算单元	计算单元名称	办公与教室	
楼层	第三层	灭火器设置点数量	N=4 个	
计算单元保护面积	S=940.92m^2	计算单元最小需配灭火器数量	M=6 具	
灭火器设置点代号	灭火器		安装	
	型号（规格）	数量（具）	安装方式	安装高度
A	MF/ABC3/2A：E	1	组合式消防柜（灭火器与消火栓同箱布置）	—
B	MF/ABC3/2A：E	2		—
C	MF/ABC3/2A：E	2		—
D	MF/ABC3/2A：E	1		
计算单元总计	—	6	—	—

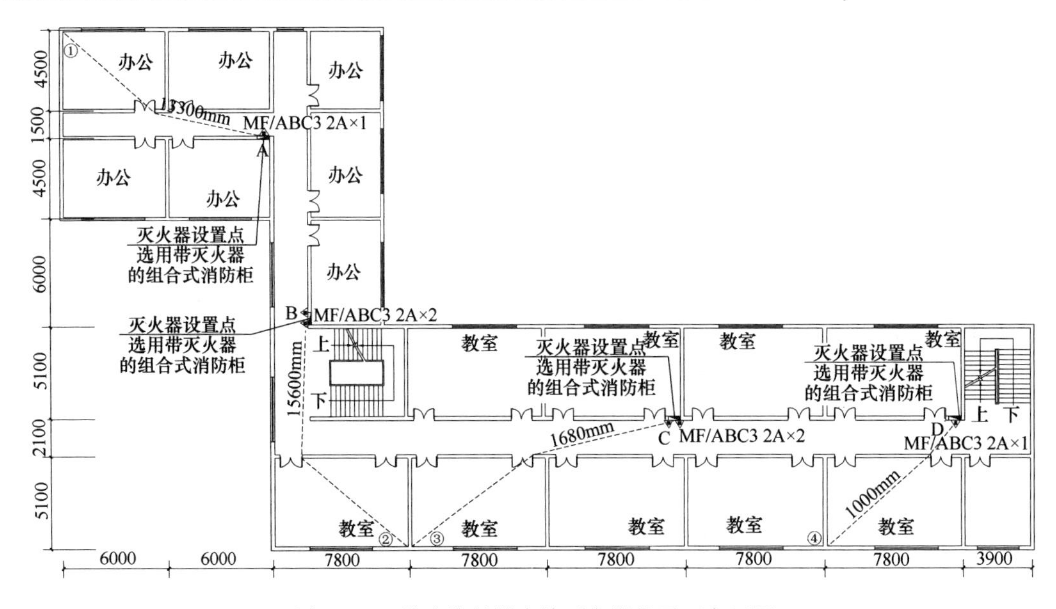

图 3-157　某中学教学大楼灭火器的平面布置图

3.6　气体灭火系统

对于一些不便用水扑救的场所，或易燃、可燃液体很难用水扑灭的场所，以及用水扑救会造成严重的水渍损失的场所（如电子计算机房、通信机房、文物资料、图书、档案馆等），可采用气体灭火系统。

气体灭火系统是以一种或多种混合气体作为灭火介质，通过这些气体在整个防护区或保护对象周围的局部区域建立起灭火浓度而实现灭火，从而保护特殊场合的系统。

3.6.1 气体灭火系统的类型

气体灭火系统根据所使用的灭火剂，主要有卤代烷灭火系统、二氧化碳灭火系统、卤代烷替代系统等类型。

1. 卤代烷灭火系统

卤代烷灭火系统是以“1211”和“1301”卤代烷灭火剂（哈龙）作为灭火介质的系统。灭火机理主要为化学抑制，使燃烧化学反应链中断而达到灭火的目的。卤代烷灭火系统由于毒性小、使用期长、喷射性能和灭火性能好，曾经是国内外应用最广泛的一种气体灭火系统。但由于哈龙等物质被释放并上升到大气平流层时，受到强烈的太阳紫外线UV-C的照射，分解出Cl、Br自由基与臭氧进行连续反应，每个自由基可摧毁10万个臭氧分子。我国于1989年及1991年分别加入了《关于保护臭氧层的维也纳公约》《关于破坏臭氧层物质的蒙特利尔议定书》。“1211”和“1301”卤代烷灭火系统逐渐被淘汰。

2. CO_2 灭火系统

CO_2 灭火系统是以 CO_2 作为灭火介质的气体灭火系统。由于 CO_2 灭火系统高效、廉价，仍一直被广泛使用。

3. 卤代烷替代系统

目前，国内外已开发出化学合成类及惰性气体等多种替代卤代烷的洁净气体灭火剂，其中七氟丙烷、惰性气体（IG-541）灭火剂、氮气灭火剂在我国卤代烷替代气体灭火系统中已有大量应用，效果较好，并积累了一定的经验。

因此，如无特殊说明，本节仅对目前使用较为广泛的七氟丙烷灭火系统、惰性气体（IG-541）灭火系统、氮气（IG-100）灭火系统和 CO_2 灭火系统作重点介绍。

3.6.2 气体灭火系统的分类

气体灭火系统的分类如表3-93所示。

气体灭火系统的分类 **表 3-93**

分类形式	系统的分类	适用的系统
按使用的灭火剂	七氟丙烷灭火系统； 惰性气体（IG-541）灭火系统； 氮气灭火系统； CO_2 灭火系统	
按应用方式	全淹没灭火系统	七氟丙烷灭火系统、IG-541灭火系统、氮气灭火系统、CO_2 灭火系统（无人停留场所）
	局部应用灭火系统	CO_2 灭火系统
按系统的结构特点	无管网灭火系统（柜式和悬挂式）	七氟丙烷灭火系统
	管网灭火系统（单元独立式、组合分配式）	七氟丙烷灭火系统、IG-541灭火系统、氮气灭火系统、CO_2 灭火系统
按加压方式	自压式灭火系统	CO_2 灭火系统（高压）、氮气灭火系统
	内储压式灭火系统	七氟丙烷灭火系统、IG-541灭火系统
	外储压式灭火系统	

1. 气体灭火剂的特点

(1) 七氟丙烷

七氟丙烷（HFC-227ea）灭火剂是一种无色、几乎无味、不导电的气体，是一种替代卤代烷灭火剂的清洁气体灭火剂，其灭火机理主要为窒息、冷却、分解吸热和化学抑制作用。

七氟丙烷具有以下优点：

1）有良好的灭火效率，灭火速度快，效果好，灭火浓度低。

2）对大气臭氧层无破坏作用，在大气中的存留时间比“1301”卤代烷灭火系统低得多。

3）不导电，灭火后无残留物，可用于经常有人工作的场所。

4）七氟丙烷灭火系统所使用的设备、管道及配置方式与“1301”卤代烷灭火系统几乎完全相同，替代更换“1301”卤代烷灭火系统极为方便。

七氟丙烷灭火系统无温室效应和臭氧层损坏，但其分解物对人体和精密设备有伤害，提高浓度和减少喷放时间，可降低分解物的产生。

(2) 惰性气体（IG-541）

IG-541 由 52 %的 N_2、40 %的 Ar 和 8 %的 CO_2混合气体组成，是一种无毒、无色、无味、惰性及不导电的压缩气体。

IG-541 混合气体是以物理方式灭火，主要依靠将氧气浓度降低到不能支持燃烧的浓度来扑灭火灾，灭火机理为窒息作用。

IG-541 具有以下优点：

1）对环境完全无害，可确保长期使用。

2）对人体无害，可用于有人活动的场所。

3）不产生任何化学分解物，对精密的仪器设备和珍贵的数据资料无腐蚀作用。

4）防护区内温度不会急剧下降，对精密的仪器设备和珍贵的数据资料无任何伤害。

(3) 氮气

氮气灭火系统的灭火机理主要为窒息作用。是从大气层中提取的纯氮气，是一种环保型灭火剂，对人体和设备没有任何伤害。灭火效率高，设计浓度较高。灭火剂以气态贮存。适用于经常有人的场所。

(4) CO_2

CO_2 灭火系统的灭火机理主要为窒息作用，并有一定的冷却降温作用。CO_2灭火系统较为经济，能输送较远距离，但因 CO_2 灭火系统较高的灭火浓度对人有窒息作用，不应用于保护经常有人停留的密闭场所。

各类灭火剂的主要性能参数如表 3-94 所示。

各类灭火剂的主要性能参数 **表 3-94**

灭火剂名称	七氟丙烷	IG-541	氮气	CO_2
化学名称	HFC-227ea	$N_2+Ar+CO_2$	N_2	CO_2
灭火机理	窒息、冷却、化学抑制	窒息	窒息	窒息、冷却
灭火浓度(%)	5.8	28.1	30.0	20.0

续表

灭火剂名称	七氟丙烷	IG-541	氮气	CO_2
最小设计浓度(%)	7.5	36.5	36.0	34.0
灭火剂用量	0.63kg/m^3	0.47m^3/m^3	0.52m^3/m^3	0.8 kg/m^3
设计上限浓度(%)	9.5	52	52	—
ODP	0	0	0	0
GWP	2050	0	0	1
NOAEL(%)	9	43	43	浓度>20%对人致死
LOAEL(%)	10.5	52	52	
LC50(%)	>80	—	—	
ALT(a)	31～42	0	0	120
容器储存压力(MPa)(20℃)	2.5/4.2/5.6	15/20	15/20	15(高压)/2.5(低压)
喷放时间(s)	≤10	≤60	≤60	≤60
储存状态	液体	气体	气体	液体
喷嘴最小工作压力(MPa)	0.6	2.0	2.0	1.4(高压)/1.0(低压)

注：1. 设计上限浓度：此值是灭火剂的设计浓度最高值，设计时不能超出此浓度。
2. ODP：破坏臭氧层潜能值；GWP：温室效应潜能值；NOAEL：无毒性反应的最高浓度；LOAEL：有毒性反应的最低浓度；LC50：近似致死浓度；ALT：大气中存活寿命。

2. 按应用方式分类的系统特点

（1）全淹没灭火系统：是指在规定的时间内，向防护区（满足全淹没灭火系统要求的有限封闭空间）喷射一定浓度的灭火剂，并使其均匀地充满整个防护区的灭火系统。该系统可对防护区提供整体保护。

（2）局部应用系统：向防护对象以设计喷射率直接喷射灭火剂，并持续一定时间的灭火系统。

七氟丙烷灭火系统、IG-541 灭火系统和氮气灭火系统为全淹没灭火系统；CO_2 灭火系统一般为局部应用灭火系统，全淹没的 CO_2 灭火系统不应用于经常有人停留的场所。

3. 按系统结构分类的系统特点

（1）无管网灭火系统：又称预制灭火装置，有柜式和悬挂式两种形式。其是按一定的应用条件将储存容器、阀门和喷头等部件组合在一起的成套灭火装置，并具有联动控制功能的全淹没气体灭火系统。具有安装灵活、无管网阻力损失、灭火速度快、效率高等特点。无管网灭火装置不需要单独设置储瓶间，储气瓶及整个系统均设置在防护区内。火警发生时，装置直接向防护区内喷放灭火剂。防火区内设置的预制灭火系统充压压力不应大于 2.5MPa，所以只有七氟丙烷适合预制系统。柜式气体灭火装置外形如图 3-158 所示，柜式气体灭火系统安装示意图如图 3-159 所示，悬挂式气体灭火系统安装示意图如图 3-160所示。

该系统适用于计算机房、档案库、贵重物品库、电信数据中心等面积较小的防护空

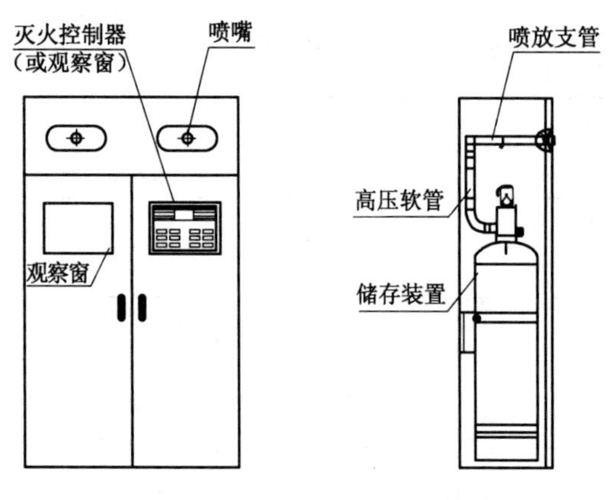

图 3-158　柜式气体灭火装置外形图

间。对原有建筑进行功能改造需增设气体灭火系统时，使用柜式无管网灭火装置更经济、更合理、更快捷。

（2）有管网的单元独立系统：是用一套灭火剂贮存装置单独保护一个防护区或防护对象的灭火系统。

（3）有管网的组合分配系统：是用一套灭火剂贮存装置保护 2 个及以上防护区或防护对象的灭火系统。

4. 按加压方式分类的系统特点

（1）自压式气体灭火系统：钢瓶内储存的是液态的灭火剂（如 CO_2），在系统启动减压时，通过灭火剂自身从液态转变成气态产生的压力推动气体通过管网进行输送。

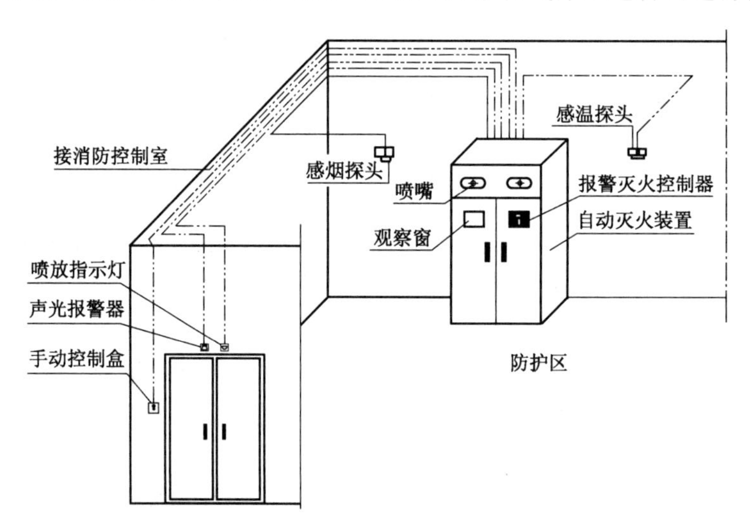

图 3-159　柜式气体灭火系统安装示意图

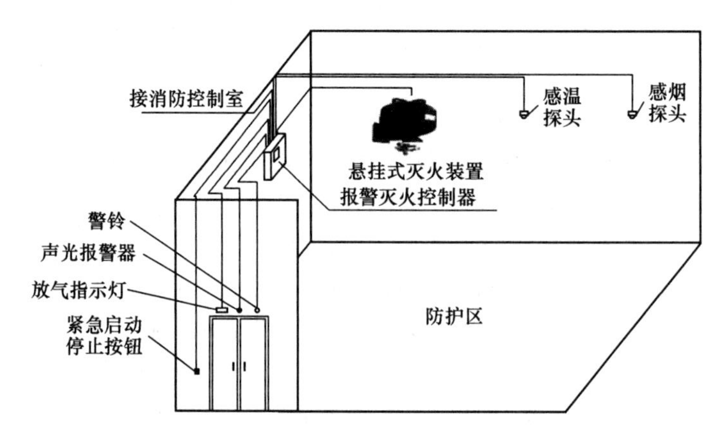

图 3-160　悬挂式气体灭火系统安装示意图

（2）内储压式灭火系统：驱动气体的氮气和灭火剂贮存在同一个钢瓶内。在系统启动时，氮气经减压后推动储瓶内的灭火剂向喷嘴输送，使得灭火剂通过管网进行输送。

（3）外储压式灭火系统：驱动气体的氮气和灭火剂贮存在不同的钢瓶内。在系统启动时，氮气经减压注入灭火剂瓶内推动灭火剂通过管网进行输送，使得灭火剂输送距离得到增大。

3.6.3 设置部位与扑救火灾类型

1. 气体灭火系统的设置部位

下列部位应设置自动灭火系统，且宜采用气体灭火系统：

（1）国家、省级或人口超过 100 万人的城市广播电视发射塔楼内的微波机房、分米波机房、米波机房、变配电室和不间断电源（UPS）室；

（2）国际电信局、大区中心、省中心和一万路以上的地区中心内的长途程控交换机房、控制室和信令转接点室；

（3）两万线以上的市话汇接局和六万门以上的市话端局内的程控交换机房、控制室和信令转接点室；

（4）中央及省级公安、防灾和网局级及以上的电力等调度指挥中心内的通信机房和控制室；

（5）A、B 级电子信息系统机房内的主机房和基本工作间的已记录磁（纸）介质库；

（6）中央和省级广播电视中心内建筑面积不小于 $120m^2$ 的音像制品库房；

（7）国家、省级或藏书量超过 100 万册的图书馆内的特藏库；中央和省级档案馆内的珍藏库和非纸质档案库；大、中型博物馆内的珍品库房；一级纸绢质文物的陈列室；

（8）其他特殊重要设备室。

2. 气体灭火系统扑救的火灾类型

（1）可扑救的火灾：电气火灾；液体或可熔化固体（如石蜡、沥青）火灾；固体表面火灾；灭火前可切断气源的气体火灾。

（2）不可扑救的火灾：硝化纤维、硝酸钠等氧化剂或含氧化剂的化学制品火灾；钾、钠、镁、钛、铀等活泼金属火灾；氢化钾、氢化钠等金属氢化物火灾；过氧化氢、联胺等能自行分解的化学物质火灾；可燃固体物质深位火灾（CO_2 灭火系统除外）。

3.6.4 气体灭火系统的工作原理

气体灭火系统主要由灭火剂储瓶、喷头（嘴）、驱动瓶组、启动器、选择阀、单项阀、低压泄漏阀、压力开关、集流管、高压软管、安全泄压阀、管路系统、控制系统等组成。

图 3-161 和图 3-162 分别为单元独立系统和组合分配系统原理图。

气体灭火系统的储存装置宜设在专用储瓶间或装置设备间内。当防护区发生火灾时，首先感烟和感温探测器发出信号报警，消防控制中心接到火灾信号后，启动联动设备，并打开启动瓶的电磁启动器，将启动瓶中的高压氮气注入灭火剂储气瓶，使灭火剂储瓶内压力迅速升高，推动灭火剂在管网中长距离输送，增强灭火剂的雾化效果，更有效地实施灭火。

图 3-163 为气体灭火系统控制程序图。防护区一旦发生火灾，首先火灾探测器报警，消防控制中心接到火灾信号后，启动联动装置（关闭电源、风机等），延时约 30s 后，打开启动气瓶的选择阀，利用气瓶中的高压氮气将灭火剂储存容器阀打开，灭火剂经管道输

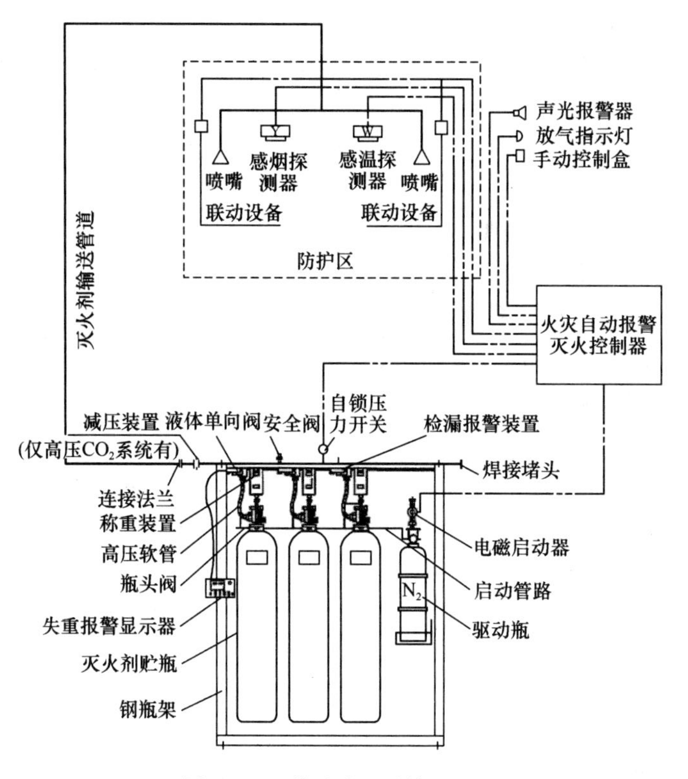

图 3-161 单元独立系统原理图

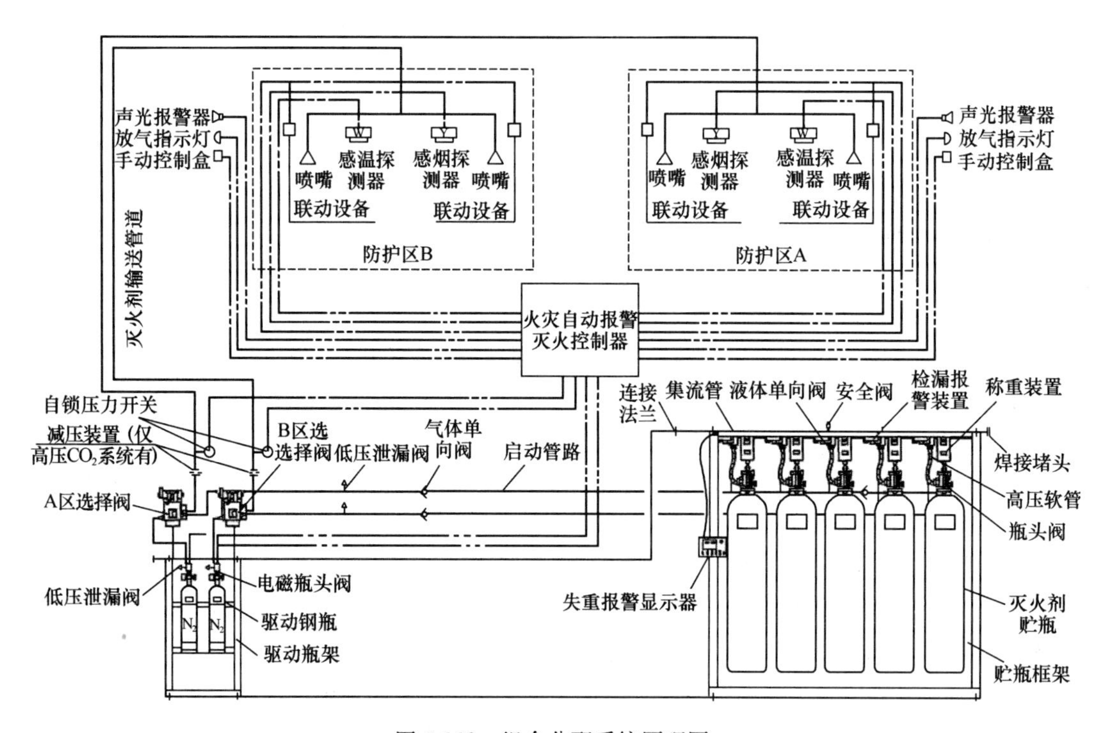

图 3-162 组合分配系统原理图

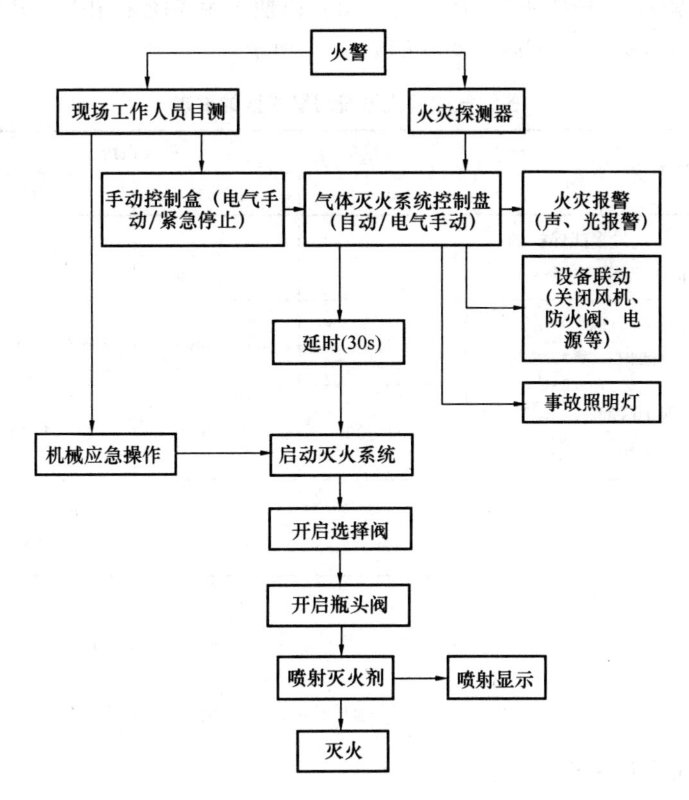

图 3-163　气体灭火系统控制程序图

送到喷头喷出实施灭火。中间延时是为了防护区内人员的疏散。压力开关可监测系统是否工作正常。

管网式气体灭火系统应具有自动控制、手动控制和机械应急操作三种启动方式。对于无管网预制式气体灭火系统，应具有自动控制和手动控制两种启动方式。

3.6.5　气体灭火系统的设计原则

（1）气体灭火系统只能扑救建筑物内部火灾，而建筑物自身的火灾，宜采用其他灭火系统进行扑救。

（2）应根据防护区的具体情况合理选择气体灭火系统的灭火剂和系统形式，确定灭火剂用量、系统组件的布置、系统的操作控制形式等，在保证消防安全的前提下做到经济合理。

（3）选用气体灭火剂时应遵循下列原则：

1）灭火效率高，具有良好的灭火性能；

2）环境指标：ODP 和 GWP 小或为 0，ALT 短；

3）安全性能：长期贮存稳定性好，化学物质的燃烧和分解产物的浓度低，对设备的腐蚀小，对人体的伤害低；

4）实用性：电绝缘性能良好，分解速度快，灭火剂的残留物少或为 0；

5）经济性：经济合理。

（4）防护区的设计要求

在设计中需要对受保护的防护区进行分析，以便确定系统采用组合分配式或单元独立式。各种气体灭火系统对防护区的要求如表 3-95 所示。

各种气体灭火系统对防护区的要求　　表 3-95

设计要求		灭火系统			
		氮气	IG-541	七氟丙烷	CO_2
组合分配系统	一套系统最多能保护的防护区数量（个）	8	8	8	4
	最大保护区面积（m^2）/体积（m^3）	1000/4500	800/3600	800/3600	500/2000
预制灭火系统	最大保护区面积（m^2）/体积（m^3）	100/400	500/1600	500/1600	100/300
泄压口		需要		需要泄压口底部位于防护区净高的 2/3 以上	

注：1. 一个防护区设置的预制式气体灭火系统，其装置数量不宜超过 10 台。

2. CO_2 灭火系统保护 5 个及以上的防护区时，应按最大防护区所需 CO_2 贮存量，设 100%备用量的钢瓶；备用量的贮存容器应与系统管网连接，应能与主贮存容器切换使用。

3. 局部应用的 CO_2 灭火系统和防护区设有防爆泄压孔的 CO_2 系统，可不设泄压口。

3.6.6　七氟丙烷灭火系统设计

1. 压力的分级

七氟丙烷灭火系统可根据贮存容器的增压压力宜分为三级：

(1) 一级：$(2.5+0.1)$MPa；

(2) 二级：$(4.2+0.1)$MPa；

(3) 三级：$(5.6+0.1)$MPa。

预制式气体灭火系统一般为一级，管网式气体灭火系统采用二级、三级。

2. 灭火设计用量

(1) 七氟丙烷灭火系统的灭火设计浓度不应小于灭火浓度的 1.3 倍，其灭火设计用量可按式（3-64）计算：

$$W = K\frac{V}{S}\left(\frac{C}{100-C}\right) \tag{3-64}$$

式中　W——七氟丙烷灭火设计用量，kg；

C——七氟丙烷灭火设计浓度，%，按表 3-96 确定；

V——防护区的净容积，m^3；

K——海拔高度修正系数，见表 3-97。

S——七氟丙烷过热蒸气在 101.3kPa 和防护区最低环境温度下的比容，m^3/kg，按式（3-65）计算。

$$S = 0.1269 + 0.000513T \tag{3-65}$$

式中　T——防护区最低环境温度，℃。

部分防护区的七氟丙烷灭火浓度和最小设计灭火浓度　表 3-96

防护区名称	灭火浓度（%）	最小设计灭火浓度（%）	浸渍时间（min）
图书、档案、票据和文物资料库等	7.6	10.0	20.0
油浸变压器、带油开关的配电室和自备发电机房等	6.9	9.0	10.0
通信机房和电子计算机房等	6.1	8.0	5.0

海拔高度修正系数 K　表 3-97

海拔高度（m）	修正系数 K	海拔高度（m）	修正系数 K
0	1.00	1520	0.82
300	0.96	1830	0.78
610	0.93	2130	0.75
920	0.89	2440	0.72
1210	0.86	2740	0.69

（2）七氟丙烷系统灭火剂储存量应按式（3-66）计算：

$$W_0 = W + \Delta W_1 + \Delta W_2 \tag{3-66}$$

式中　W_0——系统灭火剂储存量，kg；

W——七氟丙烷设计灭火用量，kg；

ΔW_1——储存容器内的灭火剂剩余量，kg，可按储存容器内引升管管口以下的容器容积量换算；

ΔW_2——管道内的灭火剂剩余量，kg，均衡管网和只含一个封闭空间的非均衡管网，其管网内的灭火剂剩余量均可不计。

（3）计算所需钢瓶数，可根据生产厂家的钢瓶容量按式（3-67）估算，同时按照国家标准《气体灭火系统设计规范》GB 50370—2005 的规定值复核。

$$n = W_0/W_1 \tag{3-67}$$

式中　n——所需相应钢瓶规格的钢瓶数；

W_1——相应钢瓶规格的充装量，kg，按表 3-98 取值。

常用七氟丙烷灭火剂钢瓶规格　表 3-98

钢瓶规格（L）	一级增压最大充装量（kg）	二级增压最大充装量（kg）	三级增压最大充装量（kg）
40	46	36	42
70	75	56	75
90	96	72	90
120	128	96	120
150	160	120	150
180	190	144	180

3. 系统浸渍时间的确定

（1）扑救木材、纸张、织物类等固体火灾时，不宜小于 20min；

（2）扑救通信机房、电子计算机房等防护区火灾时，不宜小于 5min；

(3) 扑救其他固体火灾时，不宜小于10min；

(4) 扑救液体和气体火灾时，不宜小于1min。

七氟丙烷灭火时的浸渍时间如表3-96所示。

4. 管网布置与设计要求

(1) 通信机房和电子计算机房等防护区的喷射时间不宜大于8s；其他防护区不应大于10s。

(2) 管道的最大输送长度，当采用气液两相流体模型计算时不宜超过100m，系统中最不利点的喷嘴工作压力不应小于喷放“过程中点”贮存容器内压力的1/2（MPa，绝对压力）；当采用液体单相流体模型计算时不宜超过30m。

(3) 管网宜布置为均衡系统，管网中各个喷嘴的设计质量流量应相等；管网中从第1分流点至各喷嘴的管道计算阻力损失，其相互间的最大差值不应大于20%。

(4) 系统管网的管道总容积不应大于该系统七氟丙烷充装量体积的80%。

5. 喷头设置的要求

全淹没气体灭火系统的喷头布置应满足灭火剂在防护区内均匀分布的要求，其射流方向不应直接朝向可燃液体的表面。

喷头的具体布置形式应满足下列规定：

(1) 喷头宜贴近防护区顶面安装，距顶面的最大距离不宜大于0.5m。

(2) 喷头的最大保护高度不宜大于6.5m，最小保护高度不应小于0.3m，喷头布置间距为4～6m，喷头至墙面的距离不大于3.5m。

(3) 喷头安装高度小于1.5m时，保护半径不宜大于4.5m；喷头安装高度不小于1.5m时，保护半径不应大于7.5m。

6. 系统管网的设计计算

在管网计算时，各管道中的流量宜采用平均设计流量。

(1) 管网中主干管的设计流量按式(3-68)计算：

$$Q_W = W/t \tag{3-68}$$

式中 Q_W——主干管设计流量，kg/s；

W——七氟丙烷设计灭火用量，kg；

t——七氟丙烷的喷放时间，s。

(2) 管网中喷头的设计流量按式(3-69)计算：

$$Q_C = Q_W/N \tag{3-69}$$

式中 Q_C——单个喷头的设计流量，kg/s；

N——喷头总数。

(3) 支管平均设计流量按式(3-70)计算：

$$Q_g = \sum_{1}^{N_g} Q_c \tag{3-70}$$

式中 Q_g——支管平均设计流量，kg/s；

Q_c——单个喷头的设计流量，kg/s；

N_g——安装在计算支管流程下游的喷头数量，个。

【例 3-13】

某多层建筑物内有一计算机房，长 30m、宽 12m、净高 3.2m，设计室内环境温度为 25～27℃，工程所在地海拔高度为 1830m，拟采用七氟丙烷灭火系统。试对七氟丙烷灭火系统进行设计和计算。

【解】

（1）系统设计主要技术参数的确定

该建筑仅计算机房一个防护区，设计采用七氟丙烷单元独立全淹没灭火系统。

灭火设计浓度：8%；防护区海拔高度修正系数：0.78；防护区最低设计温度 $t=$ 25℃；灭火剂设计喷放时间：8s；灭火浸渍时间：5min。

（2）防护区面积（F）、容积（V）计算

$$F = 30 \times 12 = 360\text{m}^2$$

$$V = 30 \times 12 \times 3.2 = 1152\text{m}^3$$

（3）七氟丙烷灭火设计用量计算

防护区最低环境温度 $t=25$℃时七氟丙烷的蒸汽比容：

$$S = 0.1269 + 0.000513T = 0.1269 + 0.000513 \times 25 = 0.1397\text{m}^3/\text{kg}$$

防护区灭火设计用量：

$$W = 0.78 \times \frac{1}{S}\left(\frac{C}{100-C}\right) \times V = 0.78 \times \frac{1}{0.1397}\left(\frac{8}{100-8}\right) \times 1152 = 559.3\text{kg}$$

（4）七氟丙烷灭火剂储存量及储瓶数量计算

选用 70L 储气瓶，每瓶最大充装量为 56 kg，则系统灭火剂的储瓶数 $n=(559.3)/56=$ 9.98 瓶。

设计采用 10 个 70L 的储气瓶，双排钢瓶储存装置。灭火剂实际储存量为 560kg。

（5）防护区喷嘴布置及喷嘴平均设计流量计算

喷嘴布置间距采用 6m，喷嘴至墙面的距离采用 3m，防护区共需布置喷头 10 个。如图 3-164 所示。单个喷嘴的设计流量 $Q_C = 559.3/10 \times 8 = 7.0\text{kg/s}$。

（6）储瓶间平面布置

单排瓶数为 4 瓶的双排储瓶储存装置外形尺寸为：$L=1940\sim2260$mm，$B=660\sim$ 1000mm，$H=1300\sim1720$mm。储瓶间的布置如图 3-165 所示，图中 L_1、B_1 为灭火剂储存装置长度和宽度。储瓶间净高要求：有梁时，梁底高度不宜低于 2.5m；无梁时，梁底高度不宜低于 2.8m。

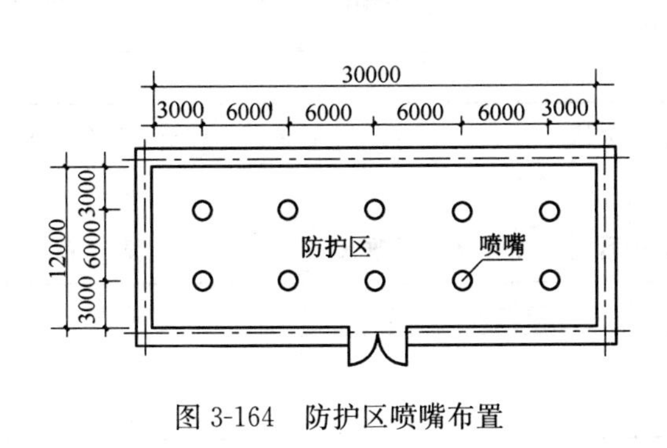

图 3-164　防护区喷嘴布置

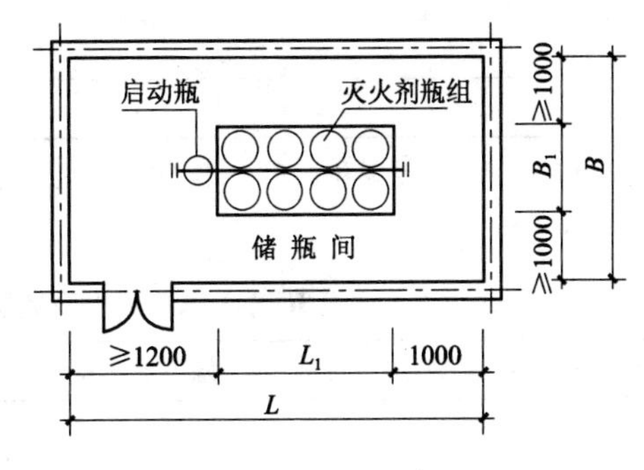

图 3-165　储瓶间布置图

3.6.7　IG-541 气体灭火系统设计

1. 压力分级

IG-541 气体灭火系统可根据系统压力值的大小，分为两类：

（1）一级充压系统：贮存容器的充压为 15.0MPa；

（2）二级充压系统：贮存容器的充压为 20.0MPa。

2. 灭火设计用量

（1）采用淹没系数法计算灭火设计用量：

$$M = XV \tag{3-71}$$

式中　M——IG-541 的灭火设计用量，m^3；

V——防护区净容积，m^3；

X——淹没系数，可由式（3-72）计算：

$$X = \frac{V_S}{S \times \ln\left(\frac{100}{100-C}\right)} \tag{3-72}$$

式中　V_S——20℃时灭火剂的比容，取 0.706m^3/kg；

C——灭火剂灭火设计浓度（%，V/V），按表 3-99 确定；

S——IG-541 的过热蒸气比容（m^3/kg），按式（3-73）计算。

$$S = 0.65799 + 0.00239T \tag{3-73}$$

式中　T——防护区最低环境温度,℃。

（2）采用海拔高度修正系数法计算灭火设计用量

防护区灭火设计用量按式（3-74）计算：

$$W = K\frac{V}{S}\ln\left(\frac{100}{100-C}\right) \tag{3-74}$$

式中　W——IG-541 的灭火设计用量，kg；

K——海拔高度修正系数，见表 3-100。

其他参数意义同前。

部分可燃物火灾的 IG-541 灭火浓度　　**表 3-99**

可燃物名称	灭火浓度（%）	最小灭火设计浓度（%）
固体表面火灾	28.1	36.5
乙醇	35.0	45.5
丙酮	30.3	39.4
乙烯	42.1	54.7

注：IG-541 气体灭火系统的灭火设计浓度不应小于灭火浓度的 1.3 倍，惰化设计浓度不应小于惰化浓度的 1.1 倍。

IG-541 气体灭火系统防护区海拔高度修正系数 *K*　　**表 3-100**

海拔高度（m）	修正系数 K	海拔高度（m）	修正系数 K
−914	1.11	1219	0.86
−610	1.07	1524	0.82

续表

海拔高度（m）	修正系数 K	海拔高度（m）	修正系数 K
−305	1.04	1829	0.78
0	1.00	2134	0.75
305	0.96	2438	0.72
610	0.93	2743	0.69
914	0.89	3048	0.66

（3）灭火系统的灭火剂储存量

系统灭火剂储存量应为防护区灭火设计用量及系统灭火剂剩余量之和，系统灭火剂剩余量应按式（3-75）计算：

$$W_S \geqslant 2.7V_0 + 2.0V_P \tag{3-75}$$

式中　W_S——系统灭火剂剩余量，kg；

V_0——系统全部储存容器的总容积，m^3；

V_P——管网的管道内容积，m^3；

（4）防护区所需钢瓶数计算

可根据生产厂家的钢瓶容量（实际最小充装量）按式（3-76）估算，同时按照《气体灭火系统设计规范》GB 50370—2005 的规定值复核。

$$n = M/W_1 \tag{3-76}$$

式中　n——所需相应钢瓶规格的钢瓶数；

W_1——相应钢瓶规格的充装量，m^3，按表 3-101 取值。

IG-541 灭火剂钢瓶规格（主要应用于一级充压系统）　　表 3-101

钢瓶规格（L）	充装量（m^3）	充装质量（kg）
120	19	25
90	14	19
80	12	16
70	11	14

同时，贮压容器的充装量应符合下列规定：一级充压系统充装量不应大于 211.15kg/m^3，二级充压系统充装量不应大于 281.06kg/m^3。

3. 系统浸渍时间的确定

（1）扑救木材、纸张、织物等固体表面火灾，宜为 20min；

（2）扑救通信机房、电子计算机房内的电气设备火灾，宜为 10min；

（3）扑救其他固体表面火灾，宜为 10min。

4. 系统喷放时间的确定

当 IG-541 气体灭火系统喷放至设计用量的 95%时，其喷放时间不应大于 60s，且不应小于 48s。

5. 管网设计要求

（1）集流管中减压设施的孔径与其连接管道直径之比不应超过 13%～55%；

（2）喷嘴孔径与其连接管道直径之比不应超过11.5%～70%；

（3）喷嘴出口前的压力：对15MPa的系统，不宜小于20MPa；对2.0MPa的系统，不宜小于2.1MPa；

（4）喷嘴孔径应满足灭火剂喷放量的要求；

（5）管道的最大输送长度不宜超过150m；

（6）喷嘴的数量应满足最大保护半径的要求；

（7）管道分流应采用三通管件水平分流。对于直流三通，其旁路出口必须为两路分流中的较小部分。

6. 管网系统的设计计算

（1）主干管、支管的平均设计流量，应分别按式（3-77）和式（3-78）计算：

$$Q_W = 0.95W/t \tag{3-77}$$

$$Q_g = \sum_{1}^{N_g} Q_i \tag{3-78}$$

式中 Q_W——主干管平均设计流量，kg/s；

W——IG-541的灭火设计用量，kg；

t——灭火剂设计喷放时间，s。

Q_g——支管平均设计流量，kg/s；

N_g——安装在计算支管下游的喷头数量，个；

Q_i——单个喷头的设计流量，kg/s。

（2）管道内径宜按式（3-79）计算：

$$D = (24 \sim 36)\sqrt{Q} \tag{3-79}$$

式中 D——管道内径，mm；

Q——管道设计流量，kg/s。

【例3-14】

某计算机房包含两个防护区：计算机房和地板夹层，防护区海拔高度1220m，计算机房的长、宽、高分别为6m、3m和3m；地板夹层的长、宽、高分别为6m、3m和0.3m。房内柱、梁、其他物体所占的体积忽略不计。防护区最大灭火设计浓度不应大于50%，要求采用IG-541全淹没系统进行保护。试对计算机房的IG-541气体灭火系统进行设计。

【解】

（1）防护区容积的确定

计算机房：$V_1=6\times3\times3=54m^3$；地板夹层：$V_2=6\times3\times0.3=5.4\ m^3$。

（2）最小灭火设计浓度的确定

计算机房内的火灾为A类火灾，确定灭火设计浓度为39%（按灭火设计浓度不应小于灭火浓度的1.3倍，最大灭火浓度不应大于50%确定），最低预期温度为16℃。

（3）防护区灭火设计用量的确定

防护区最低环境温度$t=16℃$时，IG-541灭火系统蒸汽比容：

$$S = 0.65799 + 0.00239T = 0.65799 + 0.00239 \times 16 = 0.696m^3/kg$$

设计灭火浓度为39%，可得淹没系数$X=0.514$，则计算机房灭火设计用量$M_1=X\times V_1=0.514\times54=27.76m^3$；地板夹层设计灭火用量：$M_2=X\times V_2=0.514\times$

5.4=2.78m^3。

由内插法计算得海拔高度1220m的修正系数 $K=0.85$，则：海拔高度修正后的IG-541灭火系统的灭火设计用量为：计算机房灭火设计用量 $M'_1=0.85\times M_1=0.85\times27.76=23.60m^3$；地板夹层灭火设计用量 $M'_2=0.85\times M_2=0.85\times2.78=2.36m^3$。

整个系统所需的IG-541灭火剂的量 $M=M'_1+M'_2=23.6+2.36=25.96m^3$。

（4）系统所需钢瓶数的确定

一级充压系统常用的80L钢瓶实际充装容积为12m^3（实际最小充装量），得：$n=M/12=25.96/12=2.16$ 个，所以需要3个钢瓶。

（5）实际灭火设计用量确定

IG-541气体灭火系统实际灭火药剂量 $M_{实}=3\times12=36m^3$。

每个防护区内实际释放的IG-541药剂量：计算机房 $M_{1实}=M_{实}\times M'_1/M=36\times23.6/27.76=30.60m^3$；地板夹层 $M_{2实}=M_{实}\times M'_2/M=36\times2.36/27.76=3.06m^3$。

系统实际的淹没系数：计算机房 $X_{1实}=M_{1实}/(K\times V_1)=30.60/(0.85\times54)=0.666m^3/m^3$；地板夹层 $X_{2实}=M_{2实}/(K\times V_2)=3.06/(0.85\times5.4)=0.666m^3/m^3$。

如计算机房最高预期温度为27℃，根据实际的淹没系数，通过计算后得灭火浓度约为49%，该浓度处于39%～50%范围内，符合要求。

因为当IG-541气体灭火系统喷放至设计用量的95%时，其喷放时间不应大于60s，且不应小于48s，本设计的喷放时间取60s。

（6）系统设计流量的确定

系统设计流量 $Q=M_{实}\times90\%/t=36\times0.9/1=32.4m^3/min$。

3.6.8 氮气灭火系统设计

1. 灭火设计用量

（1）氮气设计用量可根据防护区可燃物相应的灭火设计浓度或惰化设计浓度与防护区净容积，经计算确定。

（2）防护区氮气设计用量应按式（3-80）计算：

$$M=K\times\frac{2.303V}{S}\lg\left(\frac{100}{100-C}\right) \tag{3-80}$$

式中 M——全淹没灭火设计用量，kg；

K——防护区海拔高度修正系数，按表3-102选用；

V——防护区净容积，m^3；

C——防护区灭火设计浓度，%，A类表面火灾，灭火浓度为30.0%；B类和C类火灾：33.6%；E类火灾：31.9%；

S——压力为101.3kPa时，对应防护区最低预期温度时氮气的蒸气比容（m^3/kg），按式（3-81）计算。

$$S=0.799678+0.00293T \tag{3-81}$$

式中 T——防护区最低预期温度，℃。

（3）系统的贮存量应为防护区灭火设计用量与系统中喷放后的剩余量之和，一般可按设计用量的2%估算。

氮气气体灭火系统防护区海拔高度修正系数 K **表3-102**

海拔高度（m）	修正系数 K	海拔高度（m）	修正系数 K
−1000	1.110	2500	0.725
0	1.000	3000	0.670
1000	0.890	3500	0.615
1500	0.835	4000	0.560
2000	0.780	4500	0.505

（4）系统所需的钢瓶数（实际最小充装量）按式（3-82）计算：

$$n = M/W_1 \tag{3-82}$$

式中 n——所需相应钢瓶规格的钢瓶数；

W_1——相应钢瓶规格的充装量，m^3，按表3-103取值。

氮气灭火剂钢瓶规格 **表3-103**

钢瓶规格（L）	80	90
充装质量（kg）	15	16.8

2. 氮气灭火系统设计的一般规定

（1）防护区内灭火剂的抑制时间，不应小于10min。

（2）喷嘴入口压力的计算值不应小于1.0MPa。

（3）氮气的喷射时间不应超过60s。

3.6.9 CO_2 灭火系统设计

CO_2 灭火系统有全淹没和局部应用两种系统。

CO_2 设计浓度不应小于灭火浓度的1.7倍，并不得低于34%，部分可燃物的 CO_2 设计浓度如表3-104所示。

部分可燃物的 CO_2 设计浓度 **表3-104**

可燃物	设计浓度（%）	物质系数 K_b	可燃物	设计浓度（%）	物质系数 K_b
丙酮	34	1.00	乙炔	66	2.57
航空燃料115号/145号	36	1.05	粗苯（安息油、偏苏油）、苯	37	1.10
煤气或天然气	37	1.10	柴油	34	1.00
乙烷	40	1.22	汽油	34	1.00
煤油	34	1.00	甲醇	40	1.22
甲烷	34	1.00	丙烷	36	1.06
纤维材料	62	2.25	棉花	58	2.00
纸张	62	2.25	塑料（颗粒）	58	2.00
电缆间	47	1.50	数据储存间	62	2.25
电子计算机房	47	1.50	油浸变压器	58	2.00
油漆间和干燥设备	40	1.20	电气开关和配电室	40	1.20

1. 全淹没灭火系统的设计计算

(1) CO_2 的设计用量应按式 (3-83) ~式 (3-85) 计算：

$$W = K_b(K_1A + K_2V) \quad (3\text{-}83)$$

$$A = A_V + 30A_0 \quad (3\text{-}84)$$

$$V = V_V + V_g \quad (3\text{-}85)$$

式中 W——CO_2 设计用量，kg；

K_b——物质系数，按表 3-104 选用；

K_1——面积系数，kg/m²，取 0.2kg/m²；

K_2——体积系数，kg/m³，取 0.2kg/m³；

A——折算面积，m²；

A_V——防护区内侧面、底面、顶面（包括其中的开口）的总面积，m²；

A_0——开口总面积，m²；

V——防护区的净容积，m³；

V_V——防护区容积，m³；

V_g——防护区内非燃烧体和难燃烧体的总容积，m³。

(2) CO_2 设计用量的一般规定

1) 防护区的环境温度超过 100℃时，CO_2 的设计用量应在式 (3-83) 计算值的基础上每超过 5℃增加 2%。

2) 当防护区的环境温度低于−20℃时，CO_2 的设计用量应在式 (3-83) 计算值的基础上每低于 1℃增加 2%。

3) CO_2 的贮存量应为设计用量与残余量之和。残余量可按设计用量的 8% 计算；组合分配系统的 CO_2 贮存量，不应小于所需贮存量最大的一个防护区的贮存量。

(3) 系统所需钢瓶数（实际最小充装量）按式 (3-86) 计算：

$$n = W/W_1 \quad (3\text{-}86)$$

式中 n——所需相应钢瓶规格的钢瓶数；

W——CO_2 设计用量，kg；

W_1——相应钢瓶规格的充装量，kg，按表 3-105 取值。

高压 CO_2 灭火剂钢瓶规格 **表 3-105**

钢瓶规格（L）	40	70
充装量（kg）	24	42

2. 局部应用灭火系统的设计计算

(1) 局部应用灭火系统的设计可采用面积法或体积法。当防护对象的着火部位是比较平直的表面时，宜采用面积法；当着火对象为不规则物体时，应采用体积法。

(2) 局部应用灭火系统的 CO_2 喷射时间不应小于 0.5min。对于燃点温度低于沸点温度的液体和可熔化固体的火灾，CO_2 的喷射时间不应小于 1.5min。

(3) 当采用面积法设计时，应符合下列规定：

1) 防护对象计算面积应取被保护表面整体的垂直投影面积。

2) 架空型喷头应以喷头的出口至防护对象表面的距离确定设计流量和相应的正方形

保护面积；槽边型喷头保护面积应由设计选定的喷头设计流量确定。

3）架空型喷头的布置宜垂直于防护对象的表面，其瞄准点应是喷头保护面积的中心。当确定非垂直布置时，喷头的安装角不应小于45°，其瞄准点应偏向喷头安装位置的一方（图3-166），喷头偏离保护面积中心的距离可按表3-106确定。

4）喷头非垂直布置时的设计流量和保护面积应与垂直布置时相同。

5）喷头宜等距布置，以喷头正方形保护面积组合排列，并应完全覆盖保护对象。

6）采用面积法设计的CO_2设计用量应按式（3-87）计算：

$$W = N \times Q_i \times t \tag{3-87}$$

式中 W——CO_2设计用量，kg；

N——喷头数量，个；

Q_i——单个喷头的设计流量，kg/min；

t——喷射时间，min 。

喷头偏离保护面积中心的距离 **表3-106**

喷头安装角（°）	喷头偏离保护面积中心的距离（m）
45～60	$0.25L_b$
60～75	$0.25L_b$～$0.125L_b$
75～90	$0.125L_b$～0

注：L_b为单个喷头正方形保护面积的边长。

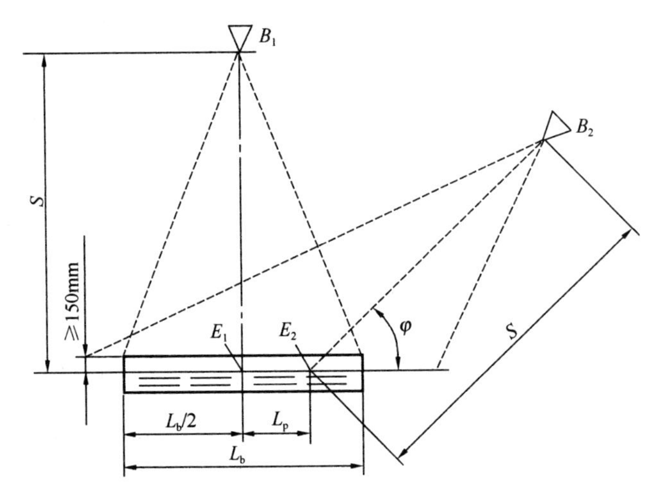

图3-166 架空型喷头布置

B_1、B_2—喷头布置位置；E_1、E_2—喷头瞄准点；

S—喷头出口至瞄准点的距离（m）；L_b—单个喷头正方形保护面积的边长（m）；

L_p—瞄准点偏离喷头保护面积中心的距离（m）；φ—喷头安装角（°）

（4）当采用体积法设计时，应符合下列规定：

1）防护对象的计算体积应采用假定的封闭罩的体积。封闭罩的底应是防护对象的实际底面；封闭罩的侧面及顶部当无实际围护结构时，它们至保护对象外缘的距离不应小于0.6m 。

2）CO_2单位体积的喷射率应按式（3-88）计算：

$$q_V = K_b\left(16 - \frac{12A_P}{A_t}\right) \tag{3-88}$$

式中　q_V——单位体积的喷射率，kg/（min・m³）；

A_t——在假定的封闭罩侧面围封面面积，m²；

A_P——在假定的封闭罩中存在的实体墙等实际围封面面积，m²。

3）采用体积法设计的 CO_2 设计用量应按式（3-89）计算：

$$W = V_1 \times q_V \times t \tag{3-89}$$

式中　V_1——保护对象的计算体积，m³。

（5）CO_2 贮存量，应取设计用量的 1.4 倍与管道蒸发量之和。组合分配系统的 CO_2 贮存量，不应小于所需贮存量最大的一个保护对象的贮存量。

3. 系统管网设计（全淹没系统）

（1）管网中干管的设计流量应按式（3-90）计算：

$$Q = \frac{W}{t} \tag{3-90}$$

式中　Q——干管的设计流量，kg/min。

（2）管网中支管的设计流量应按式（3-91）计算：

$$Q = \sum_{1}^{N_g} Q_i \tag{3-91}$$

式中　N_g——安装在计算支管流程下游的喷头数量；

Q_i——单个喷头的设计流量，kg/min。

4. 贮存容器的数量

贮存容器的数量可按式（3-92）计算：

$$N_P = \frac{M_C}{\alpha V_0} \tag{3-92}$$

式中　N_P——贮存容器数；

M_C——贮存量，kg；

α——充装率，kg/L；

V_0——单个贮存容器的容积，L。

3.7　特殊建筑消防系统设计

3.7.1　汽车库消防系统设计

3.7.1.1　消防系统设置的要求

（1）汽车库、修车库、停车场应设置消防给水系统。消防给水可由市政给水管道、消防水池或天然水源供给。

但如表 3-107 所示的汽车库、修车库、停车场可不设置消防给水系统。

（2）应设置自动喷水灭火系统、泡沫—水喷淋系统、高倍数泡沫灭火系统、CO_2 气体灭火系统的汽车库、修车库如表3-108所示。

可不设置消防给水系统的汽车库、修车库、停车场　　表3-107

类型	条件
汽车库	耐火等级为一、二级，且停车数量≤5辆的汽车库
修车库	耐火等级为一、二级的Ⅳ类修车库
停车场	停车数量≤5辆的停车场

设置自动喷水灭火系统的汽车库、修车库　　表3-108

消防系统	类型	设置条件	备注
自动喷水灭火系统	汽车库	Ⅰ、Ⅱ、Ⅲ类地上汽车库	除敞开式汽车库、屋面停车场外
		停车数大于10辆的地下、半地下汽车库	
		机械式汽车库	
		采用汽车专用升降机作汽车疏散出口的汽车库	
	修车库	Ⅰ类修车库	
泡沫—水喷淋系统	汽车库	Ⅰ类地下、半地下汽车库	
		停车数大于100辆的室内无车道且无人员停留的机械式汽车库	
	修车库	Ⅰ类修车库	
高倍数泡沫灭火系统	汽车库	地下、半地下汽车库	
CO_2气体灭火系统		停车数量≤50辆的室内无车道且无人员停留的机械式汽车库	

（3）除室内无车道且无人员停留的机械式汽车库外，汽车库、修车库、停车场均应配置灭火器。

3.7.1.2　消防用水量的确定

（1）汽车库、修车库的消防用水量应按室内、外消防用水量之和计算。其中，汽车库、修车库内设置消火栓、自动喷水、泡沫等灭火系统时，其室内消防用水量应按需要同时开启的灭火系统用水量之和计算。计算消防用水量时，一般应将上述几种需要同时开启的设备按水量最大一处叠加计算。

不同种类和防火类别的汽车库消防用水量可按表3-109确定。

（2）采用消防水池作为消防水源时，其有效容量应满足2.0h火灾延续时间内室内、外消防用水量之和的要求；自动喷水灭火系统按1.0h计算，泡沫灭火系统按0.5h计算；当室外给水管网能确保连续补水时，消防水池的有效容量可减去火灾延续时间内连续补充的水量。

汽车库、修车库、停车场消防用水量的确定　　表3-109

消防系统	类型	消防用水量(L/s)	备注
室外消防系统	Ⅰ、Ⅱ类汽车库、修车库、停车场	≥20	应按消防用水量最大的一座计算
	Ⅲ类汽车库、修车库、停车场	≥15	
	Ⅳ类汽车库、修车库、停车场	≥10	

续表

消防系统	类型	消防用水量(L/s)	备注
室内消防系统	Ⅰ、Ⅱ、Ⅲ类汽车库	≥10	应保证相邻两个消火栓的水枪充实水柱同时达到室内任何部位
	Ⅰ、Ⅱ类修车库		
	Ⅳ类汽车库	≥5	应保证一个消火栓的水枪充实水柱到达室内任何部位
	Ⅲ、Ⅳ类修车库		
自动喷水灭火系统	消防用水量按中危险级Ⅱ级确定		

3.7.1.3 消防系统的设计要求

1. 室外消防给水系统设计

(1) 当室外消防给水采用高压或临时高压给水系统时，汽车库、修车库、停车场消防给水管道内的压力应保证在消防用水量达到最大时，最不利点水枪的充实水柱不小于10m；当室外消防给水采用低压给水系统时，消防给水管道内的压力应保证灭火时最不利点消火栓的水压不小于0.1MPa（从室外地面算起）。

(2) 室外消火栓的保护半径不应超过150m。在市政消火栓保护半径150m范围内的汽车库、修车库、停车场，市政消火栓可计入建筑室外消火栓的数量。

(3) 停车场的室外消火栓宜沿停车场周边设置，且距离最近一排汽车不宜小于7m，距加油站或油库不宜小于15m（图3-11）。

2. 室内消防给水系统设计

(1) 室内消火栓水枪的充实水柱不应小于10m。

(2) 同层相邻室内消火栓的间距不应大于50m；高层汽车库和地下汽车库、半地下汽车库室内消火栓的间距不应大于30m。

(3) 室内消火栓应设置在易于取用的明显地点，栓口距离地面宜为1.1m，其出水方向宜向下或与设置消火栓的墙面垂直。

(4) 汽车库、修车库室内消火栓超过10个时，室内消防管道应布置成环状，并应有两条进水管与室外管道相连接。

(5) 室内消防管道应采用阀门分成若干独立段，每段内消火栓不应超过5个。高层汽车库内管道阀门的布置，应保证检修管道时关闭的竖管不超过1根，当竖管超过4根时，可关闭不相邻的2根。

(6) 4层以上的多层汽车库、高层汽车库和地下、半地下汽车库，其室内消防给水管网应设置水泵接合器。水泵接合器的数量应按室内消防用水量计算确定，每个水泵接合器的流量应按10～15L/s计算。水泵接合器应设置明显的标志，并应设置在便于消防车停靠和安全使用的地点，其周围15～40m范围内应设室外消火栓或消防水池。

(7) 设置高压给水系统的汽车库、修车库，当能保证最不利点消火栓和自动喷水灭火系统等的水量和水压时，可不设置高位消防水箱。

(8) 设置临时高压消防给水系统的汽车库、修车库，应设置屋顶消防水箱，其容量不应小于12m^3。

其他设计要求同消火栓给水系统。

3. 自动喷水灭火系统设计要求

自动喷水灭火系统的设计除应按现行国家标准《自动喷水灭火系统设计规范》GB 50084的规定执行外，其喷头布置还应符合下列要求：

（1）应布置在汽车库停车位的上方或侧上方。

（2）机械式立体汽车库、应按停车的载车板分层布置，且应在喷头的上方设置集热板。

（3）错层式、斜楼板式的汽车库的车道、坡道上方均应设置喷头。

3.7.1.4 火灾自动报警设备的设置

（1）Ⅰ类汽车库、修车库，Ⅱ类汽车库、修车库，Ⅱ类地下、半地下汽车库、修车库，机械式汽车库，以及采用升降梯做疏散出口的汽车库，应设置火灾自动报警系统，探测器宜选用感温探测器。

（2）采用气体灭火系统、开式泡沫喷淋灭火系统以及设有防火卷帘、排烟设施的汽车库、修车库应设置与火灾报警系统联动的设施。

（3）设有火灾自动报警系统和自动灭火系统的汽车库、修车库应设置消防控制室，消防控制室宜独立设置，也可以与其他控制室、值班室组合设置。

3.7.1.5 灭火器配置

汽车库、修车库在进行灭火器配置时应按有关工业建筑灭火器配置场所的危险等级进行设计。其他设计要求参见本书3.5节有关内容。

【实例】

某地下汽车库，长55.4m，宽37.5m，设计停车位55个。室外市政给水管网供水压力为0.2MPa，能满足室内消防设施的水量及水压要求。试进行地下汽车库消防系统设计。

【设计计算过程】

（1）确定汽车库防火分类

该地下汽车库停车位为55个，属Ⅲ类车库。

（2）消火栓系统设计

1）消火栓系统消防用水量：室外消防用水量为15L/s；室内消防用水量为10L/s，且应保证相邻两个消火栓的水枪充实水柱同时达到室内任何部位。

2）地下汽车库室内消火栓的布置间距不应大于30m。据此在汽车库内布置8个消火栓（包括消防电梯前室布置的一个消火栓），并在汽车库外不小于5m处设置地下式水泵接合器1个，与室内消火栓环状管网连接。消火栓系统平面布置如图3-167所示。

（3）自动喷水灭火系统设计

该地下车库属“停车数超过10辆的地下车库”，故应设自动喷水灭火系统。系统按中危险级Ⅱ级设计。考虑喷头应布置在汽车库停车位的上方的要求，结合柱网尺寸，喷头的布置间距为3.4m×2.5m，共设232个闭式喷头，其中地下室不吊顶处采用直立型喷头。喷头的布置位置及管道走向，如图3-168所示。自动喷水灭火系统的消防用水量为30L/s，进水干管采用*DN*150镀锌钢管。在汽车库外5m外处设置水泵接合器2个，与室内的自动喷水灭火系统干管连接。

（4）消防排水系统设计

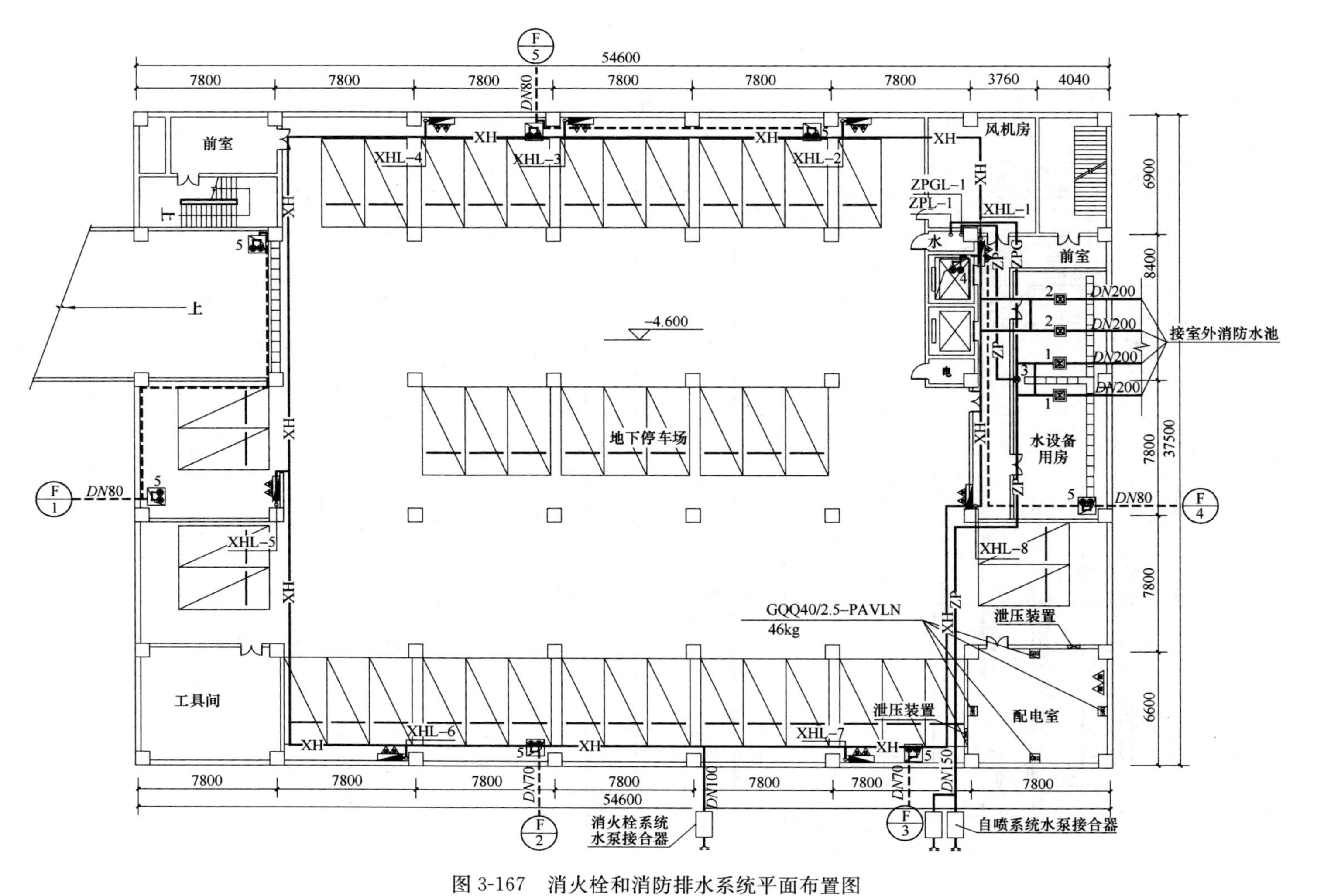

图 3-167 消火栓和消防排水系统平面布置图

1—自喷泵；2—消火栓泵；3—报警阀；4—消防电梯集水坑；5—车库集水坑

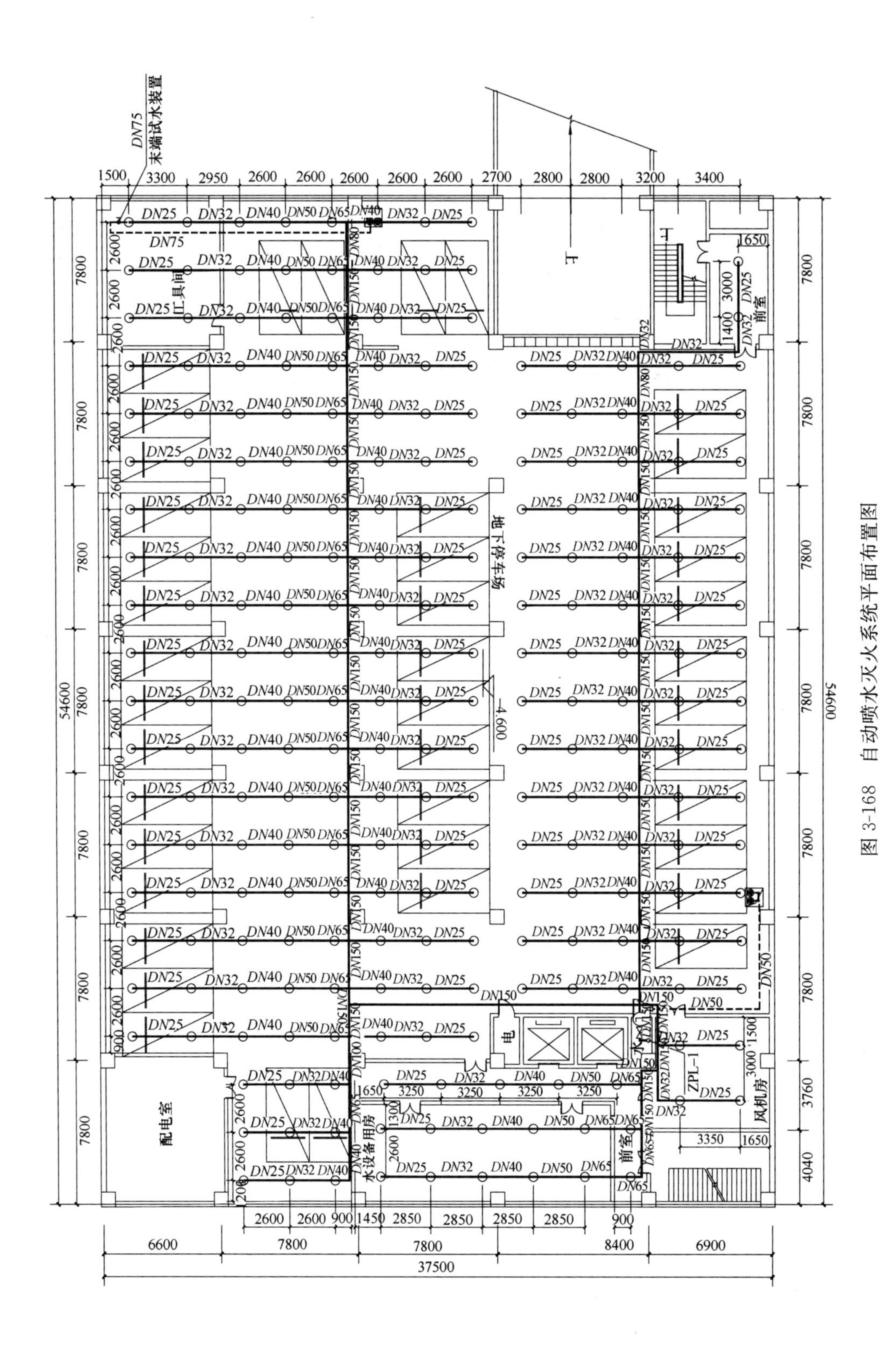

图 3-168　自动喷水灭火系统平面布置图

1）地面排水

在汽车库内按照各部位不同的用途和地面坡度，在水设备用房、地下车库停车场、车库主入口、自动喷水末端试水装置处分别设置了 7 个集水坑[1.0m×1.0m×1.0m(H)]，分别排出消防水泵房排水渠排入集水坑的废水、地下汽车库停车场废水和自喷试水装置废水，并采用潜污泵提升至室外雨水管。潜污泵压力排水管采用镀锌钢管。消防排水泵选用流量为 $23m^3/h$、扬程为 15m 的潜污泵 2 台，1 用 1 备。

2）消防电梯排水

在消防电梯旁设置集水坑[1.7m×1.7m×2.5m(H)]，用以排除火灾时消防电梯的积水。消防排水应满足"消防排水井的容量不应小于 $2m^3$，排水泵的排水量不应小于 10L/s"的规定。消防排水泵选用流量为 $40m^3/h$、扬程为 17m 的潜污泵 2 台，1 用 1 备。

地下汽车库消防排水系统的布置如图 3-167 所示。

（5）灭火器的配置

1）地下汽车库属于中危险级，发生的火灾按 A 类火灾考虑。

2）该地下车库的面积约为 $1645m^2$，由于"地下车库每个防火分区的最大允许建筑面积为 $2000m^2$"，且火灾种类相同，所以该地下汽车库可以作为一个计算单元配置灭火器。

3）地下车库的单具灭火器最小配置灭火级别 $R=2A$，单位灭火级别最大保护面积 $U=75m^2/A$。计算单元最小需配灭火器数量 $M=1.3K\dfrac{S}{UR}=1.3\times0.5\times\dfrac{1645}{75\times2}=7.12\approx8$ 具。

由于车库除了 A 类火灾外，由于汽油或柴油燃烧，还可能发生 B 类火灾，所以选择配置适用于 A 类和 B 类火灾的手提式 ABC（磷酸铵盐）灭火器。

4）计算单元中灭火器设置点的位置和数量确定：该停车场灭火单元为 A 类火灾，中危险级，选用手提式灭火器的最大保护距离为 24m，可与室内消火栓同箱设置，共有 8 个点设置灭火器。

灭火器设置点的数目 $N=8$。计算单元最小需配灭火级别 $Q=1.3K\dfrac{S}{U}=1.3\times0.5\dfrac{1645}{75}=14.25A$。设计布置有 8 个灭火器设置点，共配置 8 具灭火器，其灭火级别之和为 $8\times2A=16A$，大于最小需配置灭火级别值 14.25A，选手提式干粉（磷酸铵盐）灭火器。在消火栓处均配置 MF/ABC4 各 1 具，共 8 具。

该地下车库内配置灭火器总数 n 为 8 具，满足一个计算单元内配置的灭火器数量不得少于 2 具的要求；在每个设置点上配置的灭火器数 n' 为 1 具，满足每个设置点的灭火器数量不宜多于 5 具的要求。

手提式干粉（磷酸铵盐）灭火器的型号为 MF/ABC4：2A，其图示如图 3-169 所示。

（6）气体灭火系统设计

地下汽车库的配电室采用预制式七氟丙烷灭火装置。配电室长、宽和高分别为 7.8m、6.6m 和 4.6m。设防护区的最低环境温度为 15℃，地下车库的海拔高度为 500m。防护区净容积为 $V=7.8\times6.6\times4.6=237\ m^3$。则七氟丙烷灭火剂设计用量 $W=K\dfrac{1}{S}\left(\dfrac{C}{100-C}\right)V=0.95\times\dfrac{1}{0.135}\left(\dfrac{9}{100-9}\right)\times237=$

图 3-169　车库配置的 ABC 干粉灭火器图示

164.95 kg，选用 40L 的储气瓶，每瓶的一级增压最大充装量 46kg，则储气瓶数为：164.95/46＝3.58，设计采用 4 瓶。七氟丙烷灭火装置型号为 GQQ40/2.5-PAVLN，灭火剂装填量为 46kg。

3.7.2 人民防空地下室消防设计

人民防空地下室（以下简称人防地下室）是指为保障人民防空指挥、通信、掩蔽等需要，具有预定防护功能的地下室。按照《中华人民共和国人民防空法》和国家的有关规定："城市新建民用建筑应修建战时可用于防空的地下室"，即要求人防工程建设与城市建设相结合。人防地下室既可附建于地面建筑以下，也可全部埋在室外自然地面以下。在设计上要求人防地下室具有在战时符合防护功能要求，在平时充分满足使用功能的"平战结合"的功能。

人防地下室与地面建筑处在不同的环境，人员疏散、火灾扑救比地面建筑困难，因此比地面建筑的防火要求更高。为了防止和减少火灾对人防工程的危害，人防工程必须遵照现行国家标准《人民防空工程设计防火规范》GB 50098 进行设计。

3.7.2.1 人防工程级别分类

（1）防常规武器抗力级别可分为两级：常 5 级、常 6 级。

（2）防核武器抗力级别可分为 5 级：核 4 级、核 4B 级、核 5 级、核 6 级、核 6B 级。

3.7.2.2 人防工程的术语

（1）人员掩蔽工程：主要用于保障人员掩蔽的人防工程。按照战时掩蔽人员的作用，人员掩蔽工程可分为两等：一等人员掩蔽所，指供战时坚持工作的政府机关、城市生活重要保障部门（电信、供电、供气、供水、食品等）、重要厂矿企业和其他战时有人员进出要求的人员掩蔽工程；二等人员掩蔽所，指战时留城的普通居民掩蔽所。

（2）防护单元：人防工程中防护设施和内部设备均能自成体系的使用空间（图3-170）。

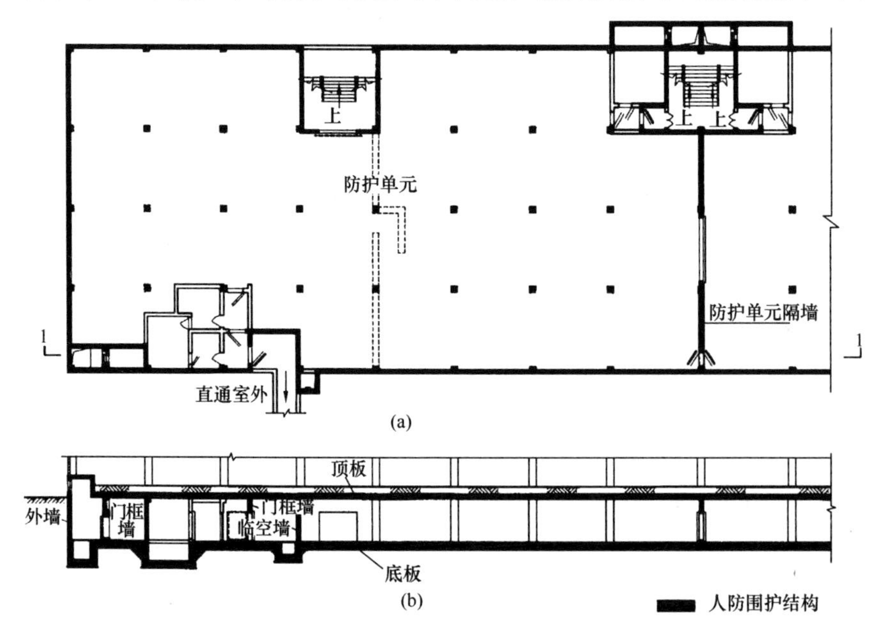

图 3-170 防护单元、临空墙和人防围护结构示意图

（a）平面图；（b）1-1 剖面

(3) 人防围护结构：能承受空气冲击波或土中压缩波直接作用的顶板、墙体和底板的总称，包括顶板、外墙、临空墙、防护密封门门框墙、防护单元隔墙和底板等(图3-170)。

(4) 临空墙：一侧直接受空气冲击波作用，另一侧为防空地下室内部的墙体（图 3-170)。

(5) 主体：能满足战时防护及其主要功能要求的部分，最里面一道密封门以内的部分(图 3-171)。

(6) 口部：防空地下室的主体与地表面或其他地下建筑的连接部分。出入口、通风口、水电口等（图 3-171)。

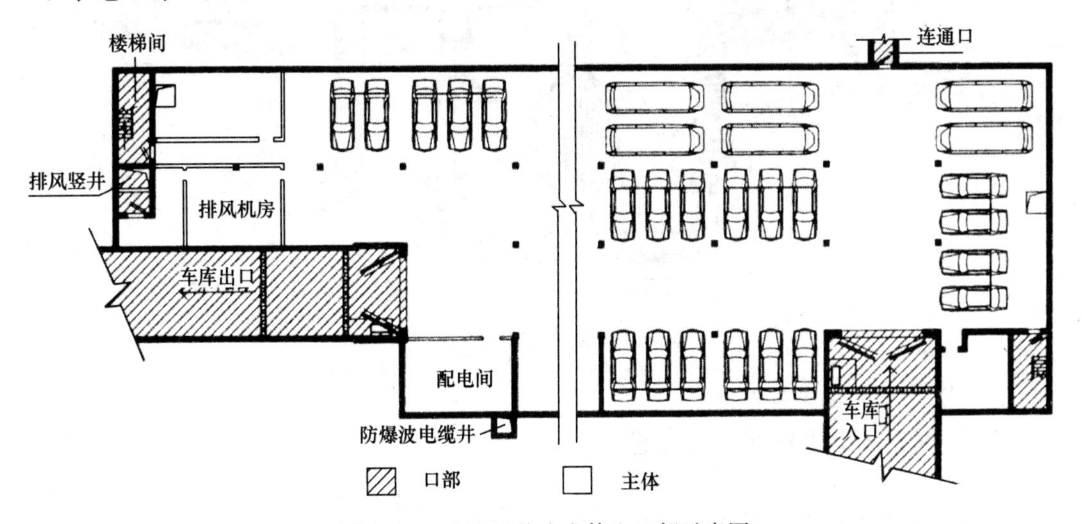

图 3-171 人防系统中主体和口部示意图

(7) 滤毒室：装有通风滤毒设备的专用房间（图 3-172)。过滤吸收器是设置在进风

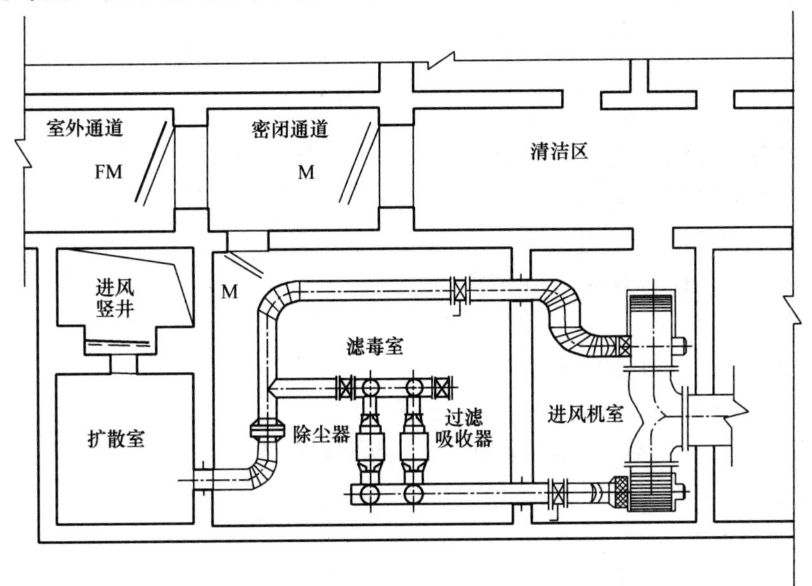

图 3-172 人防系统中滤毒室、密闭通道示意图

系统上的一种滤毒装置（图 3-173）。通过过滤和吸收作用可将室外的染毒空气的浓度降到非致伤的程度。

（8）密闭通道：由防护密封门与密封门之间或两道密封门之间所构成的、阻挡毒剂侵入室内的密封空间（图 3-172）。

（9）防爆地漏：战时能防止冲击波和毒剂等进入防地下室室内的地漏（图 3-174）。

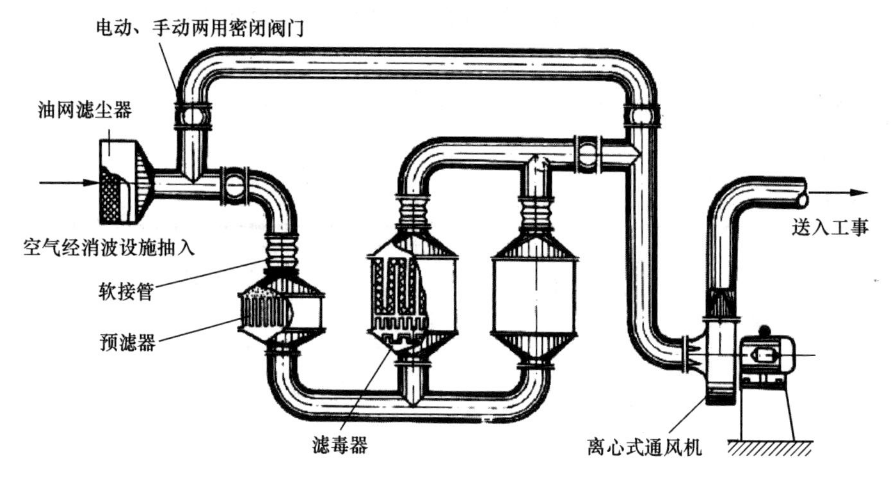

图 3-173　滤毒通风装置示意图

3.7.2.3　灭火设备的设置范围

（1）下列人防工程和部位应设置室内消火栓：

1）建筑面积大于 $300m^2$ 的人防工程；

2）电影院、礼堂、消防电梯前室和避难走道。

（2）下列人防工程和部位应设置自动喷水灭火系统：

1）除丁、戊类物品库房和自行车库外，建筑面积大于 $500m^2$ 的丙类库房和其他建筑面积大于 $1000m^2$ 的人防工程；

2）大于 800 个座位的电影院和礼堂的观众厅，且吊顶下表面至观众席地坪高度不大于 8m 时；

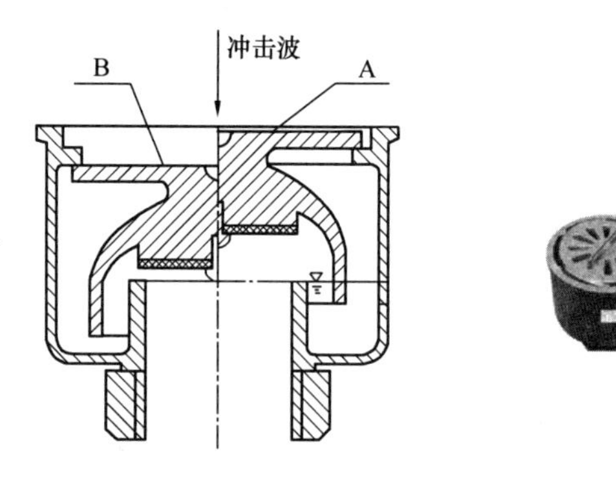

图 3-174　人防系统中防爆地漏的示意图

注：A 位—地漏处于开启状态，正常排水；
B 位—处于防护密封状态，
能防止冲击破、毒剂进入。

3）舞台使用面积大于 $200m^2$ 时；

4）观众厅与舞台之间的台口宜设置防火幕或水幕分隔；

5）采用防火卷帘代替防火墙或防火门，且耐火极限不符合背火面温升的要求时；

6）歌舞娱乐放映游艺场所；

7）建筑面积大于 $500m^2$ 的地下商店；

8）燃油或燃气锅炉房和装机总容量大于 300kW 柴油发电机房。

（3）下列人防工程和部位宜设置自动喷水灭火系统，当有困难时，也可设置局部应用系统：

1）建筑面积大于 100m^2，且小于或等于 500m^{2}的地下商店和展览厅；

2）建筑面积大于 100m^2，且小于或等于 1000m^{2}的影剧院、礼堂、健身体育场所、旅馆、医院等；建筑面积大于 100m^2，且小于或等于 500m^{2}的丙类库房。

（4）下列人防工程和部位应设置气体灭火系统或细水雾灭火系统：

1）图书、资料、档案等特藏库房；

2）重要通信机房和电子计算机机房；

3）变配电室和其他特殊重要的设备房间。

（5）人防工程应配置灭火器，灭火器的配置设计应符合现行国家标准《建筑灭火器配置设计规范》GB 50140 的要求。

3.7.2.4 消防水源

人防工程的消防用水可由市政给水管网、水源井、消防水池或天然水源供给。首选利用市政给水管网供给。

1. 消防水池的设置

满足下列情况之一者，应设置消防水池：

（1）当市政给水管网、水源井或天然水源不能确保消防用水时，应设消防水池；

（2）当市政给水为枝状管道或人防工程只有一条进水管时，应设消防水池。

2. 消防水池的容积计算

（1）当人防工程为单建式工程时，消防水池的有效容积应按室内消防流量与火灾延续时间的乘积计算；当人防工程为附建式工程（防空地下室）时，消防水池存储容积应包括室外消火栓用水量不足部分。

（2）火灾延续时间的确定。消防水池的有效容积应满足在火灾延续时间内室内消防用水总量的要求：

1）建筑面积小于 3000m^{2}的单建掘开式、坑道、地道人防工程消火栓灭火系统火灾延续时间应按 1h 计算。

2）建筑面积大于或等于 3000m^{2}的单建掘开式、坑道、地道人防工程消火栓灭火系统火灾延续时间应按 2 h 计算；改建人防工程有困难时，可按 1h 计算。

3）防空地下室消火栓灭火系统的火灾延续时间应与地面工程一致。

4）自动喷水灭火系统火灾延续时间应按 1h 计算。

（3）消防水池补水量的确定：

1）消防水池的补水量应经计算确定，补水管的设计流速不宜大于 2.5 m/s。

2）在火灾情况下能保证连续向消防水池补水时，消防水池的容积可减去火灾延续时间内补充的水量。

3）消防水池的补水时间不应大于 48h。

（4）消防水池的设置要求：

1）消防水池可设置在人防工程内，也可设置在人防工程外，严寒和寒冷地区的室外消防水池应有防冻措施；

2）容积大于 500m^3 的消防水池，应分成两个能独立使用的消防水池。

3.7.2.5 消防用水量

人防工程内设有室内消火栓、自动喷水等灭火系统时，其消防用水量应按需要同时开启的上述设备用水量之和计算。一般室外消防用水量不计算在消防用水总量中，因为发生火灾时用室外消火栓扑救室内火灾十分困难，人防工程灭火主要立足于室内灭火设备进行自救。所以，人防工程消防用水总量仅按室内消防用水总量计算即可。

（1）室内消火栓用水量如表3-110所示。

室内消火栓最小用水量 **表3-110**

工程类别	体积V（m^3）	同时使用水枪数量（支）	每支水枪最小流量（L/s）	消火栓用水量（L/s）
展览厅、影剧院、礼堂、健身体育场所等	$V\leqslant1000$	1	5	5
	$1000<V\leqslant2500$	2	5	10
	$V>2500$	3	5	15
商场、餐厅、旅馆、医院等	$V\leqslant5000$	1	5	5
	$5000<V\leqslant10000$	2	5	10
	$10000<V\leqslant25000$	3	5	15
	$V>25000$	4	5	20
丙、丁、戊类生产车间、自行车库	$V\leqslant2500$	1	5	5
	$V>2500$	2	5	10
丙、丁、戊类物品库房、图书资料档案库	$V\leqslant3000$	1	5	5
	$V>3000$	2	5	10

（2）增设的消防软管卷盘，由于用水量较少，在计算消防用水量时可不计入消防用水总量。

（3）自动喷水灭火系统的用水量，可根据建筑物的功能确定的危险等级确定。具体设计计算方法参见3.2节相关内容。

3.7.2.6 其他消防设施

1. 消防水泵的设置

（1）在设有消防水池的临时高压消防给水系统中需设消防水泵，室内消火栓给水系统和自动喷水灭火系统，应分别独立设置消防水泵；消防泵应设置备用泵，备用泵的工作能力不应小于最大一台消防泵。

（2）每台消防水泵应设置独立的吸水管，并宜采用自灌式吸水，吸水管上应设置阀门，出水管上应设置试验和检查用的压力表和放水阀门。

2. 室内消防管道的设置

（1）根据《人民防空地下室设计规范》GB 50098—2009第3.1.6条“与防空地下室无关的管道不宜穿过人防围护结构”“穿过防空地下室顶板、临空墙和门框墙的管道，其公称直径不宜大于150mm，凡进入防空地下室的管道及其穿过的人防围护结构，均应采取防护密闭措施”。

因平时使用的消防管道在战时也是需要的，是与人防“有关的管道”，故消防管道可以穿过人防围护结构，但应采取防护密闭措施。

人防工程的消防给水引入管宜从人防工程的出入口引入，并在防护密闭门内侧设置防护阀门；当进水管由人防地下室的外墙或顶板引入时，应在外墙或顶板的内侧设防护阀门；防护阀门应设在便于操作处，并应有明显标志。消防管道穿过外墙、临空墙、顶板、相邻防护单元的做法如图 3-175 所示。

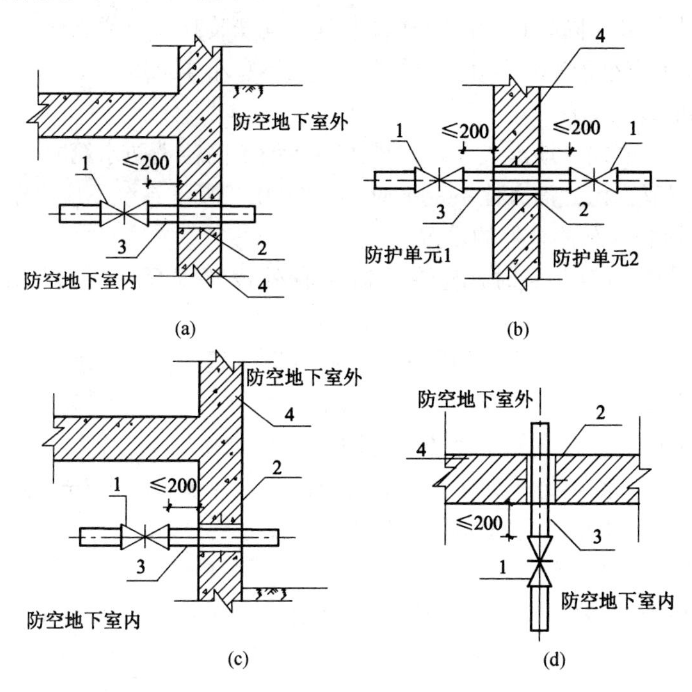

图 3-175 消防管道穿越人防结构的做法

（a）管道从外墙出入；（b）管道从相邻单元引入；（c）管道从临空墙引入；（d）管道从顶板引入

1—防护阀门；2—刚性防水套管；3—管道；4—围护结构墙体

（2）室内消防给水管道宜与其他用水管道分开设置；当有困难时，消火栓给水管道可与其他给水管道合用，但当其他用水达到最大小时流量时，应仍能供应全部消火栓的消防用水量。

（3）当室内消火栓总数大于 10 个时，其给水管道应布置成环状，环状管网的进水管宜设置两条，当其中一条进水管发生故障时，另一条应仍能供应全部消火栓的消防用水量。

（4）在同层的室内消防给水管道，应采用阀门分成若干独立段，当某段损坏时，停止使用的消火栓数不应大于 5 个；阀门应有明显的启闭标志。

（5）室内消火栓给水管道应与自动喷水灭火系统的给水管道分开独立设置。

3. 室内消火栓的设置

（1）室内消火栓的水枪充实水柱应通过水力计算确定，且不应小于 10m。

（2）消火栓栓口的出水压力大于 0.50MPa 时，应设置减压装置。

（3）室内消火栓的间距应由计算确定；当保证同层相邻有两支水枪的充实水柱同时到达被保护范围内的任何部位时，消火栓的间距不应大于 30m；当保证有一支水枪的充实水柱到达室内任何部位时，不应大于 50m。

（4）室内消火栓应设置在明显易于取用的地点；消火栓的出水方向宜向下或与设置消火栓的墙面相垂直；栓口离室内地面高度宜为 1.1m；同一工程内应采用统一规格的消火栓、水枪和水带，每根水带长度不应大于 25m。

（5）每个消火栓处，应设置消防按钮，并应有保护措施。

（6）室内消火栓处应同时设置消防软管卷盘，其安装高度应便于使用，栓口直径宜为 25mm，喷嘴口径不宜小于 6mm，配备的胶带内径不宜小于 19mm 。

4. 消防水箱的设置

单建掘开式、坑道式、地道式人防工程当不能设置高位消防水箱时，宜设置气压给水装置。气压罐的调节容积：消火栓系统不应小于 300L，喷淋系统不应小于 150L。

5. 室外消火栓和水泵接合器的设置

当消防用水量大于 10L/s 时，应在人防工程外设置水泵接合器，并应设置室外消火栓。

（1）水泵接合器和室外消火栓的数量，应按人防工程内消防用水总量确定，每个水泵接合器和室外消火栓的流量应按 10～15L/s 计算。

（2）室外消火栓应设置在便于消防车使用的地点，距人防工程出入口的距离不宜小于 5m 且不宜大于 40m；水泵接合器与室外消火栓的距离不宜小于 15m，且不宜大于 40m。水泵接合器和室外消火栓应有明显的标志。

6. 灭火器配置

人防工程应根据不同物质火灾、不同场所工作人员的特点，配置不同类型的灭火器。详见本书 3.5 节相关内容。

思考题与习题

3.1　消防给水及消火栓系统

1. 室外消防给水系统可划分为几类？各类系统的适用条件和特点是什么？

2. 室外消火栓的布置有何要求？

3. 如何计算室外消防用水量？

4. 简述室内临时高压消防给水系统的工作原理，有哪些主要组件构成？其作用是什么？

5. 建筑室内消火栓的布置有哪些要求？

6. 高位消防水箱的体积如何确定？什么情况下需要设置增压稳压设备？

7. 室内消火栓管网及阀门的设置要求有哪些？

8. 消防水池的体积如何计算？其设置有哪些要求？

9. 简述室内消火栓系统竖向分区原则及对水压的要求。

10. 某高层住宅楼，建筑高度为 90.30m，其中一～二层为商业网点，三～二十层为普通住宅，地下一层（层高 3.5m）为汽车库和设备用房。地下建筑面积为 4000m^2，需设置室内消火栓系统。试进行室内消防给水系统的设计计算。

3.2　自动喷水灭火系统

1. 如何根据建筑物的特点，判断自动喷水灭火系统的火灾危险等级？试举例说明。

2. 闭式自动喷水灭火系统可分为哪几种？各种系统的适用条件和特点是什么？

3. 说明湿式自动喷水灭火系统工作原理，主要组件有哪些，其作用分别是什么？

4. 如何理解自动灭火系统中“非同时作用”系统的概念？试举例说明。

5. 如何采用特性系数法计算自动喷水灭火系统的设计流量？

6. 适合配置雨淋和水幕系统的场所都有哪些？试举例说明。

7. 如何计算水幕系统的消防用水量？

8. 某高层住宅楼，建筑高度为 56.4m，其中一～二层为商业网点，三～二十层为普通住宅，地下一层（层高 3.5m）为汽车库和设备用房。地下建筑面积为 4000m^2，需设置湿式自动喷水灭水系统。选用普通直立型喷头，其特性系数为 80，最不利喷头处压力为 0.1MPa。试按特性系数法进行自动喷水灭火系统的设计与计算。

3.3 自动跟踪定位射流灭火系统

1. 自动消防炮灭火系统的工作原理是什么？有哪些适用场所？

2. 自动消防炮和喷射型自动射流灭火系统均为射流灭火系统，二者有什么区别？在设计中如何选取？

3. 喷射型自动射流灭火系统和喷洒型自动射流灭火系统常见的灭火装置的额定流量均有 5L/s 和 10L/s 两种，两种装置有何区别？两种系统在设计中如何选取？

4. 某会展中心，有 1 个大空间展厅（为一个独立防火分区），为 A 类火灾中危险级 Ⅰ 级场所，展厅高度 18 m，净空尺寸为 28m×56m。试给大空间展厅分别设计一套喷射型自动射流灭火系统和喷洒型自动射流灭火系统，确定系统管段的设计流量和管段的管径，并比较两种灭火系统在设计和选用中的优缺点。

3.4 水喷雾及细水喷雾灭火系统

1. 水喷雾灭火系统和细水喷雾灭火系统适用范围和设置场所有哪些差别？

2. 试比较水喷雾灭火系统和细水喷雾灭火系统的灭火机理。

3. 细水喷雾灭火系统中闭式系统和开式系统在设计中有哪些不同点？

4. 水喷雾灭火系统和细水喷雾灭火系统的设计流量如何进行计算？

3.5 建筑灭火器的配置

1. 灭火器配置场所的火灾种类分为哪几类？危险等级分为几个等级？试举例说明。

2. 如何根据配置场所的火灾种类正确选用建筑灭火器？

3. 灭火器按充装的灭火剂种类可分为几类？各类灭火器有哪些特点？

4. 简述灭火器配置的设计计算程序。

3.6 气体灭火系统

1. 目前常用的气体灭火系统有哪几种类型？各类型的特点和适用场所是什么？

2. 简述单元独立式气体灭火系统的工作原理。

3. 七氟丙烷、IG-451、氮气和 CO_2 等气体灭火系统的灭火机理是什么？

4. 简述七氟丙烷灭火系统的设计原则和方法。

3.7 特殊建筑消防系统设计

1. 地下汽车库的危险等级如何确定？不同类型的地下汽车库室内外消防用水量如何计算？

2. 地下汽车库的消防系统的设计与其他公共建筑的设计有何差异？

3. 什么是人民防空地下室的防护单元、主体、口部、密封通道，主要起何种作用？

4. 人民防空地下室的消防系统的设计与其他公共建筑地下室的设计有何差异？

第4章　建筑防烟排烟

4.1　概　　述

4.1.1　设置防烟排烟的目的

建筑火灾产生的烟气是一种混合物，其中含有CO、CO_2和多种有毒、腐蚀性气体以及火灾空气中的固体碳颗粒。其主要危害有：

（1）烟气的毒性。烟气中含有大量有毒气体，据统计，火灾丧生人员约85%受烟气的窒息，大部分人是吸入烟尘和CO等有毒气体引起昏迷而罹难。

（2）烟气的高温危害。火灾烟气的高温对人和物都可产生不良影响。研究表明，人暴露在高温烟气中，65℃时可短时忍受，在100℃时，一般人只能忍受几分钟，其后就会使口腔及喉头肿胀而发生窒息。

（3）低浓度氧的危害。当空气中含氧量降到10%以下时会威胁人员的生命。

（4）烟气的遮光性。光学测量发现烟气具有很强的减光作用。在有烟的情况下，能见度大大降低，会给火灾现场带来恐慌和混乱，严重妨碍人员安全疏散和消防人员扑救。

建筑发生火灾后，烟气在室内外温差引起的烟囱效应、燃烧气体的浮力和膨胀力、风力、通风空调系统、电梯的活塞效应等驱动力的作用下，会迅速从着火区域蔓延，传播到建筑物内其他非着火区域，甚至传到疏散通道，严重影响人员逃生及灭火。因此，在火灾发生时，为了将建筑物内产生的大量有害烟气及时排除，防止烟气侵入走廊、楼梯间及其前室等部位，确保建筑内人员的安全疏散，为消防人员扑救火灾创造有利条件，在建筑防火设计中合理设置防烟和排烟措施是十分必要的。

防烟、排烟系统应满足控制建筑物内火灾烟气的蔓延、保障人员安全疏散、有利于消防救援的要求。防烟排烟系统应具有保证系统正常工作的技术措施，系统中的管道、阀门组件的性能应满足其在加压送风或排烟过程中正常使用的要求。加压送风风机、排烟风机、补风风机应具有现场手动启动、与火灾自动报警系统联动启动和在消防控制室手动启动的功能。当系统中任一常闭加压送风口开启时，相应的加压风机均应能联动启动；当任一排烟阀或排烟口开启时，相应的排烟风机、补风风机均应联动启动。

4.1.2　防烟、排烟的作用

防烟、排烟的作用主要有以下三个方面：

（1）为安全疏散创造有利条件。防烟、排烟设计与安全疏散和消防扑救关系密切，是防火设计的一个重要组成部分，在进行建筑平面布置和防烟排烟方式的选择时，应综合加以考虑。火灾统计和试验表明：凡设有完善的防烟排烟设施和自动喷水灭火系统的建筑，一般都能为安全疏散创造有利的条件。

（2）为消防扑救创造有利条件。火灾实际情况表明，若消防人员在建筑物处于熏烧阶段，房间充满烟雾的情况下进入火场区，由于浓烟和热气的作用，往往使消防人员睁不开眼睛，看不清着火区情况，从而不能迅速准确地找到起火点，影响灭火进程。如果采取有效的防烟排烟措施，则情况就有很大不同，消防人员进入火场时，对火场区的情况看得比较清楚，可以迅速而准确地确定起火点，判断出火势蔓延的方向，及时扑救，最大限度减少火灾损失。

（3）控制火势蔓延。火灾试验表明，有效的防烟分隔及完善的排烟设施不但能排除火灾时产生的大量烟气，还能排除一场火灾中70%～80%的热量，起到控制火势蔓延的作用。

4.1.3 防烟和排烟方式选择

1. 防烟排烟方式

防烟排烟系统的主要技术措施为：对火灾区域实行排烟控制，使火灾产生的烟气和热量能迅速排除，以利于人员的疏散和扑救；对非火灾区域及疏散通道等采取防烟措施，阻止烟气的侵入，控制火势的蔓延。所以建筑的排烟方式可分为机械排烟方式和可开启外窗的自然排烟方式（图4-1）；建筑防烟系统分为自然通风系统或机械加压送风系统（图4-2）。

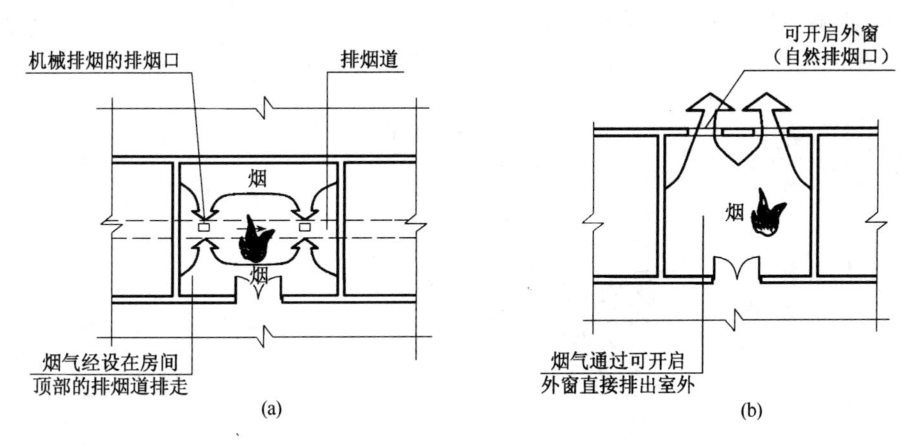

图4-1 建筑中的排烟方式
（a）机械排烟方式；（b）自然排烟方式

2. 防烟排烟方式选择原则

建筑排烟系统的设计应根据建筑的使用性质、平面布局等因素，优先采用自然排烟方式。同一个防烟分区应采用同一种排烟方式，因为两种排烟方式相互之间对气流存在干扰，影响排烟效果，尤其是在机械排烟动作后，自然排烟口还可能会变成进风口，使其失去排烟作用。即凡能利用外窗或排烟口实现自然排烟的部位，应尽可能采用自然排烟方式。靠外墙的防烟楼梯间前室、消防电梯前室和合用前室，可在外墙上每层开设外窗通风；当防烟楼梯间前室、消防电梯前室和合用前室靠阳台或凹廊时，则可利用阳台或凹廊进行自然通风。对于特定的建筑物，防烟排烟方式并不是单一的，应根据具体情况，因地制宜地采用多种方式相结合。有

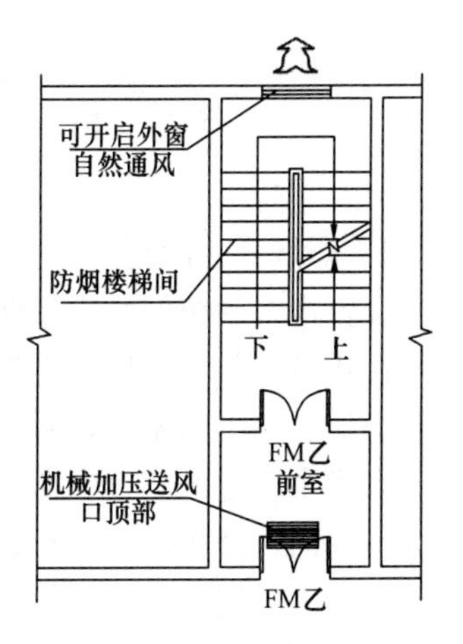

图4-2 建筑中的防烟系统

条件优先采用自然排烟和自然通风方式；当采用自然排烟和自然通风方式不能满足要求时，应采用机械排烟和机械加压送风方式。采用挡烟垂壁划分、空间连通的防烟分区宜采用同一种排烟方式。

4.2 防烟系统设计

建筑防烟系统的设计应根据建筑高度、使用性质等因素，采用自然通风系统或机械加压送风系统。如可通过自然通风系统，防止火灾烟气在楼梯间、前室、避难层（间）等空间内积聚，或通过机械加压送风系统阻止火灾烟气侵入楼梯间、前室、避难层（间）等空间。

4.2.1 防烟设施的设置场所

（1）建筑的下列场所或部位应设置防烟设施：防烟楼梯间及其前室；消防电梯前室或合用前室；避难走道的前室、避难层（间）。

（2）当独立前室或合用前室满足下列条件之一时，楼梯间可不设置防烟系统：采用敞开的阳台、凹廊（图4-3）；设有两个及以上不同朝向的可开启外窗，且独立前室两个外窗面积分别不小于2.0m²，合用前室两个外窗面积分别不小于3.0m²（图4-4）。

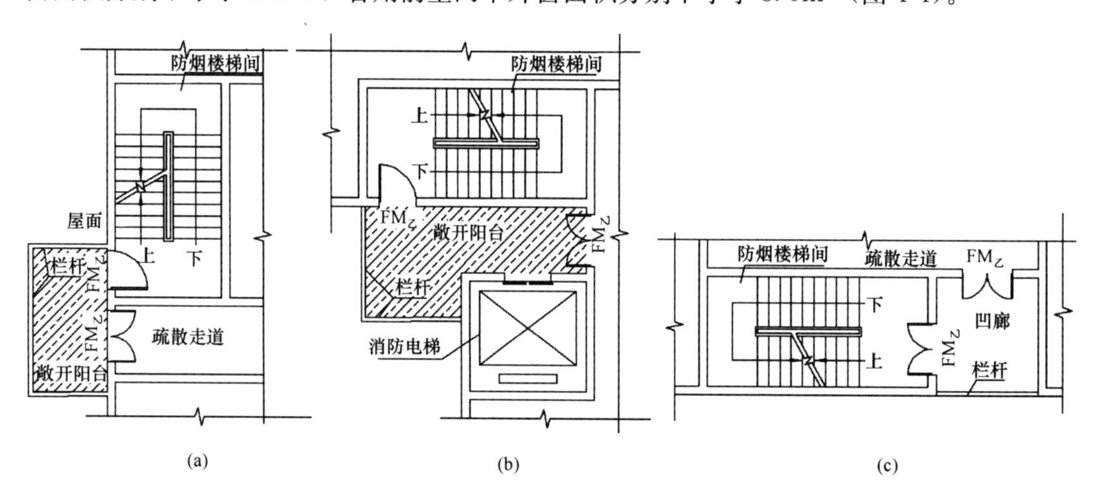

图4-3 采用敞开的阳台、凹廊示意图

（a）利用敞开阳台作为独立前室的楼梯间；（b）利用敞开阳台作为合用前室的楼梯间；（c）利用凹廊作为独立前室的楼梯间

4.2.2 防烟分区的划分

设置排烟系统的场所或部位应采用挡烟垂壁、结构梁及隔墙等划分防烟分区。防烟分区是在建筑内部采用挡烟设施，在火灾初期阶段将烟气控制在一定范围内，并通过排烟设施将烟气迅速排出室外，防止火灾烟气向同一防火分区的其余部分蔓延的局部空间。

火灾中产生的烟气在遇到顶棚后将形成顶棚射流向周围扩散，没有划分防烟分区将导致烟气横向迅速扩散，甚至引燃其他部位；如果烟气温度不是很高，则其在横向扩散过程中将使冷空气混合而变得较冷较薄并下降，从而降低排烟效果。设置防烟分区可使烟气比较集中、温度较高，烟层增厚，并形成一定压力差，有利于提高排烟效果。

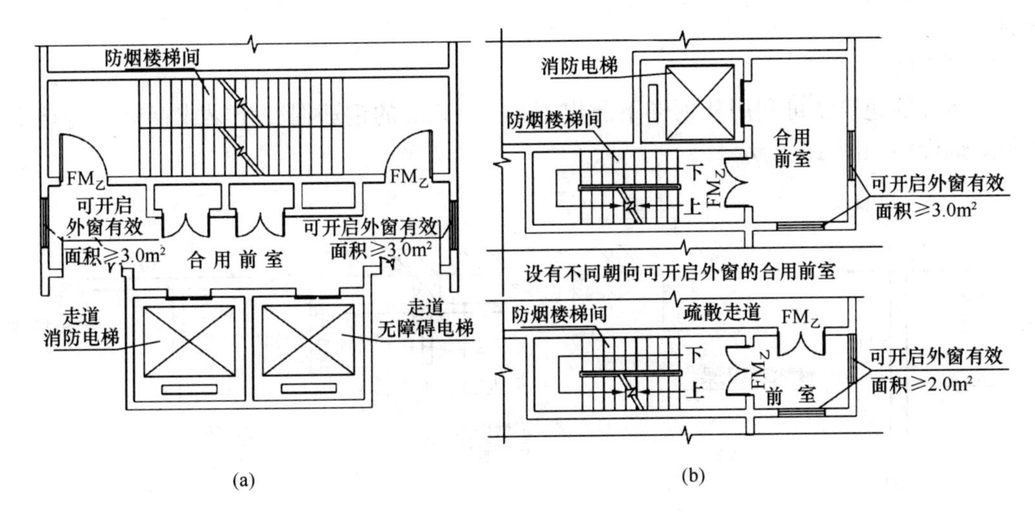

图 4-4　设有两个及以上不同朝向的可开启外窗示意图

(a) 设有不同朝向可开启外窗的合用前室；(b) 设有不同朝向可开启外窗的独立前室

4.2.2.1　防烟分区的划分原则

(1) 防烟分区不应跨越防火分区。

(2) 公共建筑、工业建筑防烟分区的最大允许面积及其长边最大允许长度应符合表 4-1 的规定。

公共建筑、工业建筑防烟分区的最大允许面积及其长边最大允许长度　　表 4-1

空间净高 H（m）	最大允许面积（m²）	长边最大允许长度（m）
$H\leqslant3.0$	500	24
$3.0<H\leqslant6.0$	1000	36
$H>6.0$	2000	60m；具有自然对流条件时，不应大于 75m

注：1. 公共建筑、工业建筑中的走道宽度不大于 2.5m 时，其防烟分区的长边长度不应大于 60m；

2. 当空间净高大于 9m 时，防烟分区之间可不设置挡烟设施；

3. 汽车库防烟分区的面积不应大于 2000m²，且长边不宜大于 60m。

4.2.2.2　防烟设施

防烟分区可采用挡烟垂壁、隔墙或从顶棚下突出不小于 0.5m 的梁等设施进行划分。

1. 挡烟垂壁

挡烟垂壁是用不燃烧材料制成，从顶棚下垂的固定或活动的挡烟设施。活动挡烟垂壁指火灾时因温感、烟感或其他控制设施的作用，自动下垂的挡烟垂壁。挡烟垂壁起阻挡烟气的作用，同时可提高防烟分区排烟口的吸烟效果。

挡烟垂壁深度不应小于储烟仓厚度（且不应小于 500mm），当吊顶开孔不均匀或开孔率小于或等于 25%时，吊顶内空间高度不得计入储烟仓厚度。当采用自然排烟方式时，储烟仓的厚度不应小于空间净高的 20%，且不应小于 500mm；当采用机械排烟方式时，不应小于空间净高的 10%，且不应小于 500mm。同时，储烟仓底部距地面的高度应大于安全疏散所需的最小清晰高度，最小清晰高度应按本章 4.4.4 节计算确定。

2. 挡烟隔墙

从挡烟效果看，挡烟隔墙比挡烟垂壁好，因此要求成为安全区域的场所，宜采用挡烟隔墙。

3. 挡烟梁

有条件的建筑物可利用从顶棚下凸出不小于 0.5m 的钢筋混凝土梁或钢梁进行挡烟。各种防烟设施如图 4-5 所示。

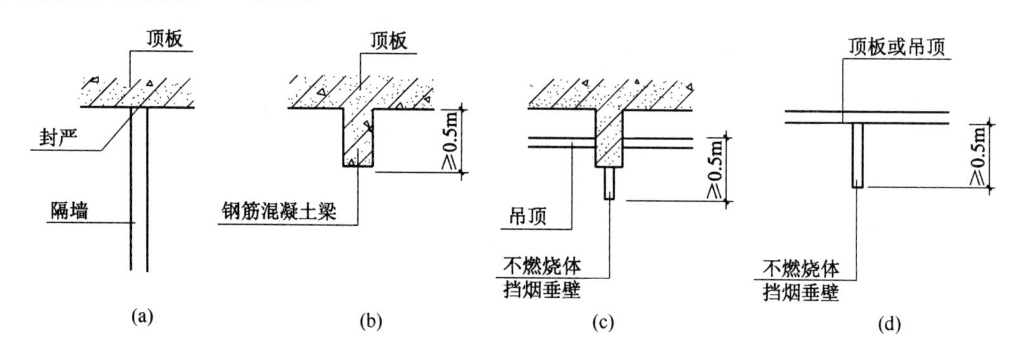

图 4-5　隔墙、挡烟梁和挡烟垂壁等防烟设施的布置

（a）隔墙；（b）钢筋混凝土梁；（c）钢筋混凝土梁加挡烟垂壁；（d）挡烟垂壁

4.2.3　自然通风设施

4.2.3.1　自然通风设施的设置条件

（1）建筑高度不大于 50m 的公共建筑、工业建筑和建筑高度不大于 100m 的住宅建筑，其防烟楼梯间、独立前室、共用前室、合用前室（除共用前室与消防电梯前室合用外）及消防电梯前室应采用自然通风系统。

（2）当独立前室、共用前室及合用前室的机械加压送风口设置在前室的顶部或正对前室入口的墙面时，楼梯间可采用自然通风系统（图 4-6）。

（3）封闭楼梯间应采用自然通风系统。

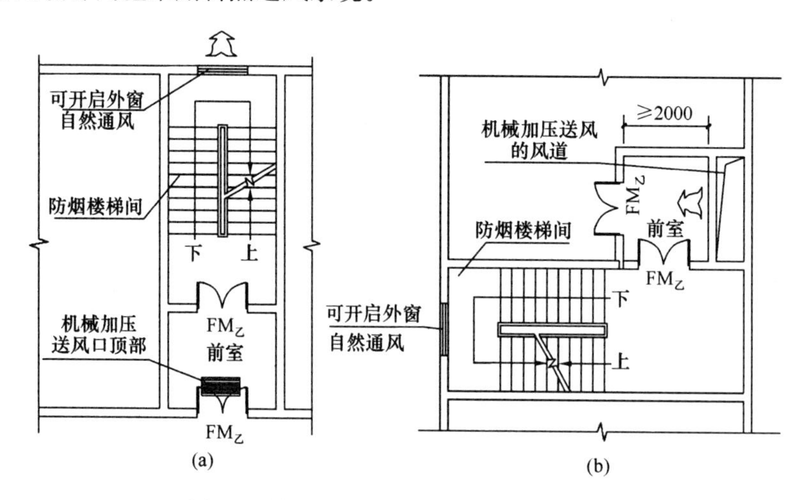

图 4-6　楼梯间可采用自然通风系统示意图

（a）防烟楼梯间自然通风，独立前室顶部设置机械加压送风；

（b）防烟楼梯间自然通风，独立前室入口正对墙面设置机械加压送风口

4.2.3.2 自然通风设施设置要点

（1）采用自然通风方式的封闭楼梯间、防烟楼梯间，应在最高部位设置面积不小于1.0m²的可开启外窗或开口；当建筑高度大于10m时，应在楼梯间的外墙上每5层内设置总面积不应小于2.0m²的可开启外窗或开口，且布置间隔不大于3层。

（2）采用自然通风方式的独立前室、消防电梯间前室可开启外窗或开口的面积不应小于2.0m²；共用前室、合用前室，不应小于3.0m²（图4-7）。

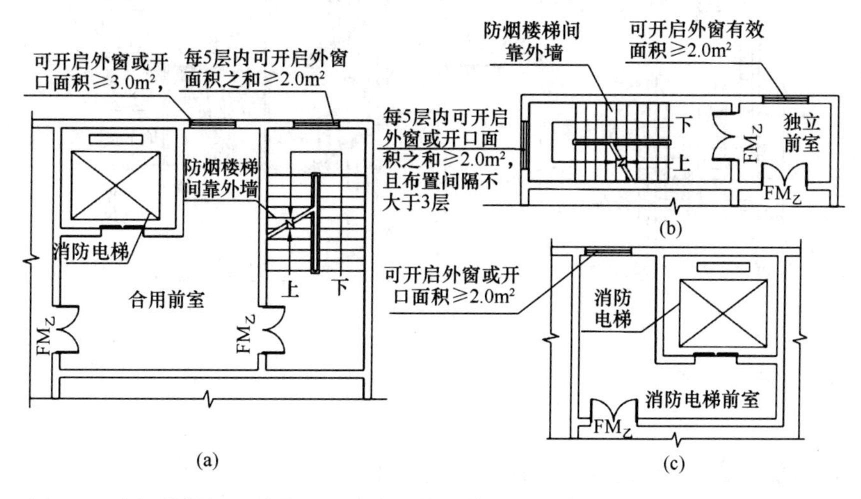

图4-7 防烟楼梯间及其前室、消防电梯间前室以及合用前室设置自然排烟条件

（a）合用前室平面示意图；（b）独立前室平面示意图；（c）消防电梯前室平面示意图

4.3 机械加压送风系统

4.3.1 系统设置部位

下列部位应设置机械加压送风系统：

（1）建筑高度大于50m的公共建筑、工业建筑和建筑高度大于100m的住宅建筑，其防烟楼梯间、独立前室、合用前室、共用前室及消防电梯前室。

（2）建筑高度小于或等于50m的公共建筑、工业建筑和建筑高度小于或等于100m的住宅建筑，其共用前室与消防电梯前室合用的合用前室，以及不能设置自然通风的防烟楼梯间、独立前室、共用前室、合用前室和消防电梯前室。

（3）无自然通风条件或自然通风不满足要求的建筑地下部分的防烟楼梯间前室及消防电梯前室（图4-8）。

（4）当防烟楼梯间在裙房高度以上部分采用自然通风时，不具备自然通风条件的裙房的独立前室、共用前室及合用前室。

（5）当机械加压送风口未设置在前室的顶部或正对前室入口的墙面时，楼梯间应采用机械加压送风系统。

4.3.2 系统组合方式

对不具备自然排烟条件的防烟楼梯间及其前室进行加压送风系统设计时有以下5种组合方式：

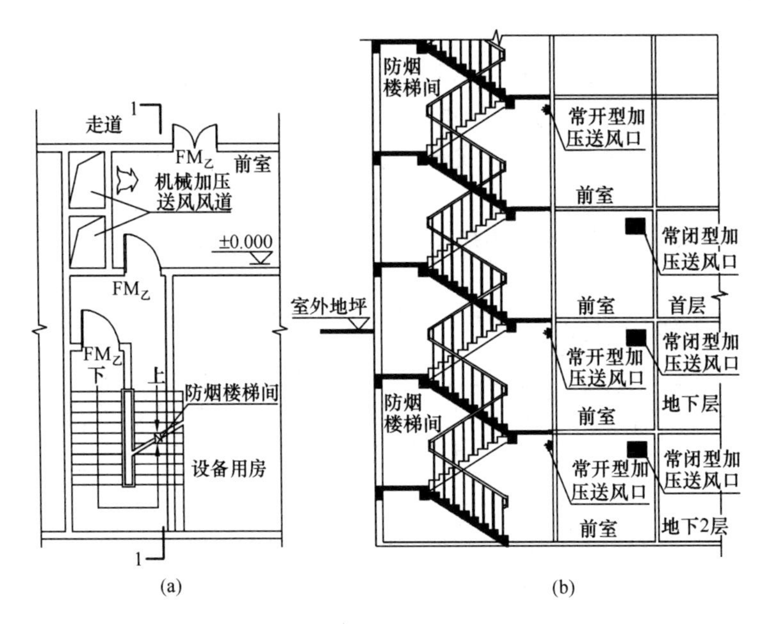

图4-8 无自然通风条件的建筑地下部分防烟楼梯间前室通风示意图

(a) 平面图；(b) 1-1剖面图

(1) 仅对防烟楼梯间进行加压送风，其前室不送风。这种加压送风方式防烟效果差。

(2) 防烟楼梯间及其前室分别设置两个独立的加压送风系统，进行加压送风。这种加压送风方式防烟效果好。

(3) 对防烟楼梯间及有消防电梯的合用前室分别加压送风。这种加压送风方式防烟效果好。

(4) 仅对消防电梯前室加压送风，防烟效果一般。

(5) 防烟楼梯间具有自然通风条件，仅对前室及合用前室加压送风，防烟效果一般。

4.3.3 系统组成

1. 送风风机

机械加压送风风机宜采用轴流风机或中、低压离心风机。送风机的进风口应直通室外，且应采取防止烟气被吸入的措施。送风机的进风口宜设在机械加压送风系统的下部；送风机的进风口不应与排烟风机的出风口设在同一面上［图4-9 (a)］。当确有困难时，送风机的进风口与排烟风机出风口应分开布置，且竖向布置时，送风机的进风口应设置在排烟出口下方，其两者边缘最小垂直距离不应小于6.0m；水平布置时，两者边缘最小水平距离不应小于20.0m［图4-9 (b)］。送风机宜设置在系统的下部，且应采取保证各层送风量均匀性的措施。送风机应设置在专用机房内，送风机房应符合现行国家标准《建筑设计防火规范》GB 50016的规定。当机械加压送风机房设置在丁戊类厂房内时，其防火隔墙的耐火极限≥1.0h，楼板的耐火极限≥0.5h，开向建筑内的门为甲级防火门。当送风机出风管或进风管上安装单向风阀或电动风阀时，应采取火灾时自动开启阀门的措施。

2. 送风口

除直灌式加压送风方式外，楼梯间宜每隔2～3层设一个常开式百叶送风口；前室应每层设一个常闭式加压送风口，并应设手动开启装置；送风口的风速不宜大于7m/s；送

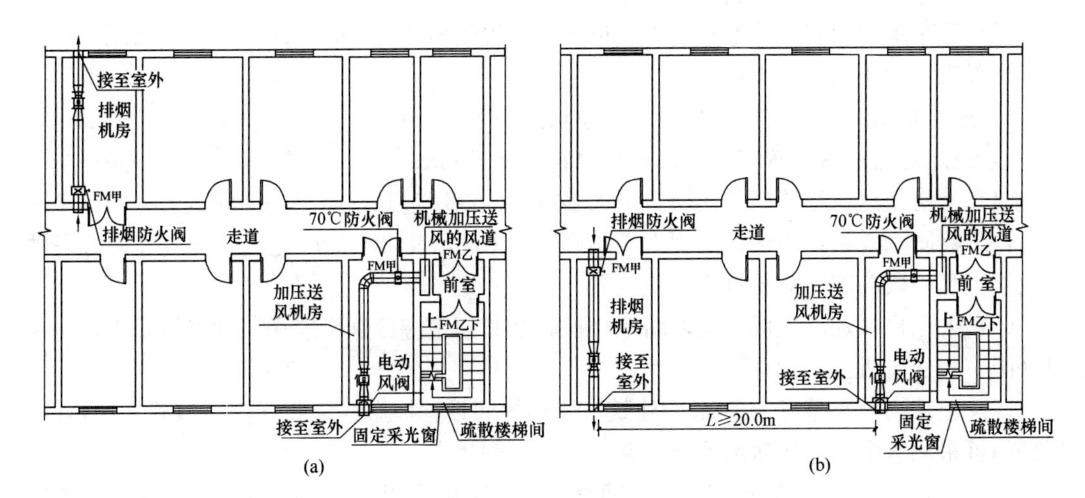

图 4-9 加压风机进风口与排烟口位置示意图

（a）加压送风机房进风口与排烟风机的出风口在不同建筑立面上；

（b）加压送风机房进风口与排烟风机的出风口在同一侧布置的要求示意图

风口不宜设置在被门挡住的部位。

3. 送风管道

机械加压送风系统应采用管道送风，且不应采用土建风道。送风管道应采用不燃材料制作且内壁应光滑。当送风管道内壁为金属时，设计风速不应大于 20m/s；当送风管道内壁为非金属时，设计风速不应大于 15m/s。机械加压送风管道的设置和耐火极限应符合现行国家标准《建筑防烟排烟系统技术标准》GB 51251 的规定。机械加压送风系统的管道井应采用耐火极限不低于 1.0h 的隔墙与相邻部位分隔，当墙上必须设置检修门时应采用乙级防火门。

4.3.4 加压送风设计要点

（1）防烟楼梯间及其前室的机械加压送风系统的设置应符合下列规定：

1）建筑高度小于等于 50m 的公共建筑、工业建筑和建筑高度小于等于 100m 的住宅建筑，当采用独立前室且其仅有一个门与走道或房间相通时，可仅在楼梯间设置机械加压送风系统；当独立前室有多个门时，楼梯间、独立前室应分别独立设置机械加压送风系统。

2）当采用合用前室时，楼梯间、合用前室应分别独立设置机械加压送风系统。

3）对于在梯段之间采用防火隔墙隔开的剪刀梯楼梯间，当楼梯间和前室（包括共用前室和合用前室）均设置机械加压送风系统时，每个楼梯间、共用前室或合用前室的机械加压送风系统均应分别独立设置。

（2）设置机械加压送风系统的场所，楼梯间应设置常开风口，前室应设置常闭风口；当防火分区内火灾确认后，应能在 15s 内联动开启常闭加压送风口和加压送风机，并应符合下列规定：

1）应开启该防火分区楼梯间的全部加压送风机。

2）应开启该防火分区内着火层及其相邻上下层前室及合用前室的常闭送风口，同时开启加压送风机。

（3）避难走道应在其前室及避难走道分别设置机械加压送风系统，但下列情况可仅在前室设置机械加压送风系统：

1）避难走道一端设置安全出口，且总长度小于30m；

2）避难走道两端设置安全出口，且总长度小于60m。

（4）为防止送风系统担负楼层数量太多或竖向高度过高，防烟楼梯间压力分布过于不均匀，影响防烟效果，当建筑高度大于100m的建筑，其机械加压送风系统应竖向分段独立设置，且每段高度不应超过100m。

（5）采用机械加压送风系统的防烟楼梯间及其前室应分别设置送风井（管）道，送风口（阀）和送风机。

（6）建筑高度小于等于50m的建筑，当楼梯间设置加压送风井（管）道确有困难时，楼梯间可采用直灌式加压送风系统，并应符合下列规定：

1）建筑高度≤32m的建筑，楼梯间直灌式送风可采用单点位送风方式；建筑高度>32m的高层建筑，其直灌式送风应采用两点送风方式，送风口之间距离不宜小于建筑高度的1/2；

2）为了弥补漏风，直灌式加压送风机的送风量应按计算值增加20%，直灌式加压送风机的送风量按表4-2和表4-3中的数值选取；

3）加压送风口不宜设在影响人员疏散的部位。

封闭楼梯间、防烟楼梯间（前室不送风）的加压送风量　　表4-2

系统负担高度 h(m)	标准推荐加压送风量(m^3/h)	直灌式加压送风量(m^3/h)
$24<h\leqslant 50$	36100～39200	43320～47040

防烟楼梯间及合用前室分别加压送风量　　表4-3

系统负担高度 h(m)	送风部位	标准推荐加压送风量(m^3/h)	直灌式加压送风量(m^3/h)
$24<h\leqslant 50$	防烟楼梯间	25300～27500	30360～33000
	独立前室、合用前室	24800～25800	24800～25800

注：表4-2和表4-3中数值按以下规定计算：①风量按开启2.0m×1.6m的双扇门确定，当采用单扇门时，其风量可乘以0.75系数计算；②风量按开启着火层及其上下层，共开启3层的风量计算；③风量的选取应按建筑高度或层数、风道材料、防火门漏风量等因素综合比较确定。

（7）设置机械加压送风系统的楼梯间的地上部分与地下部分，其机械加压送风系统应分别独立设置。当受建筑条件限制，且地下部分为汽车库或设备用房时，可共用机械加压送风系统，并应符合下列规定：

1）应分别计算地上、地下部分的加压送风量，相加后作为共用加压送风系统风量；

2）应采取有效措施分别满足地上、地下部分送风量的要求。

（8）对于建筑高度大于100m的建筑中的防烟楼梯间及其前室，其机械加压送风系统应竖向分段独立设置，且每段的系统服务高度不应大于100m。

（9）机械加压送风系统应与火灾自动报警系统联动，并应能在防火分区的火灾信号确认后15s内联动，同时开启该防火分区的全部疏散楼梯间、该防火分区所在着火层及其相邻上下各一层疏散楼梯间及其前室或合用前室的常闭加压送风口和加压送风机。

4.3.5 送风系统风量计算

机械加压送风系统的设计风量不应小于计算风量的1.2倍。机械加压送风系统的送风量应满足不同部位的余压值要求：前室、合用前室、封闭避难层（间）、封闭楼梯间与疏散走道之间的压差应为25～30Pa；防烟楼梯间与疏散走道之间的压差应为40～50Pa。

（1）防烟楼梯间、独立前室、共用前室、合用前室和消防电梯前室机械加压送风的计算风量计算：

1）楼梯间或前室的机械加压送风量应按式（4-1）和式（4-2）计算：

$$L_j = L_1 + L_2 \tag{4-1}$$

$$L_s = L_1 + L_3 \tag{4-2}$$

式中 L_j——楼梯间的机械加压送风量，m^3/s；

L_s——前室的机械加压送风量，m^3/s；

L_1——门开启时，达到规定风速值所需的送风量，m^3/s；

L_2——门开启时，规定风速值下，其他门缝漏风总量，m^3/s；

L_3——未开启的常闭送风阀的漏风总量，m^3/s。

2）门开启时，达到规定风速值所需的送风量应按式（4-3）计算：

$$L_1 = A_k v N_1 \tag{4-3}$$

式中 A_k——一层内开启门的截面面积，m^2，对于住宅楼梯前室，可按一个门的面积取值；

N_1——设计疏散门开启的楼层数量；楼梯间：采用常开风口，当地上楼梯间为24m以下时，设计2层内的疏散门开启，取$N_1=2$；当地上楼梯间为24m及以上时，设计3层内的疏散门开启，取$N_1=3$；当为地下楼梯间时，设计1层内的疏散门开启，取$N_1=1$。前室：采用常闭风口，计算风量时取$N_1=3$；

v——门洞断面风速，m/s。

门洞断面风速（v）在不同情况下的数值为：

① 当楼梯间和独立前室、共用前室、合用前室均机械加压送风时，通向楼梯间和独立前室、共用前室、合用前室疏散门的门洞断面风速均不应小于0.7m/s；

② 当楼梯间机械加压送风、只有一个开启门的独立前室不送风时，通向楼梯间疏散门的门洞断面风速不应小于1.0m/s；

③ 当消防电梯前室机械加压送风时，通向消防电梯前室门的门洞断面风速不应小于1.0m/s；

④ 当独立前室、共用前室或合用前室机械加压送风而楼梯间采用可开启外窗的自然通风系统时，通向独立前室、共用前室或合用前室疏散门的门洞风速不应小于式（4-4）的规定：

$$v = 0.6\,(A_l/A_g + 1) \tag{4-4}$$

式中 A_l——楼梯间疏散门的总面积，m^2；

A_g——前室疏散门的总面积，m^2。

3）门开启时，规定风速值下的其他门漏风总量应按式（4-5）计算：

$$L_2 = 0.827 \times A \times \Delta P^{\frac{1}{n}} \times 1.25 \times N_2 \tag{4-5}$$

式中 A——每个疏散门的有效漏风面积，m^2；疏散门的门缝宽度取0.002～0.004m。

ΔP——计算漏风量的平均压力差，Pa；当开启门洞处风速为 0.7m/s 时，$\Delta P=6.0$Pa；当开启门洞处风速为 1.0m/s 时，$\Delta P=12.0$Pa；当开启门洞处风速为 1.2m/s 时，$\Delta P=17.0$Pa；

n——指数，一般取 $n=2$；

1.25——不严密处附加系数；

N_2——漏风疏散门的数量，楼梯间采用常开风口，N_2 =加压楼梯间的总门数－ N_1 楼层数上的总门数。

4）未开启的常闭送风阀的漏风总量应按式（4-6）计算：

$$L_3 = 0.083 \times A_f \times N_3 \tag{4-6}$$

式中　0.083——阀门单位面积的漏风量，$m^3/(s \cdot m^2)$；

A_f——单个送风阀门的面积，m^2；

N_3——漏风阀门的数量，前室采用常闭风口取 N_3=楼层数－3。

（2）当系统负担建筑高度大于 24m 时，防烟楼梯间、独立前室、合用前室和消防电梯前室应按计算值与表 4-4 中的较大值确定。

机械加压送风系统风量计算　　**表 4-4**

室加压送风区域名称		系统负担高度 h（m）	加压送风量（m^3/h）
消防电梯前室		$24<h\leqslant50$	35400～36900
		$50<h\leqslant100$	37100～40200
楼梯间自然通风时，独立前室、合用前室		$24<h\leqslant50$	42400～44700
		$50<h\leqslant100$	45000～48600
前室不送风，封闭楼梯间、防烟楼梯间		$24<h\leqslant50$	36100～39200
		$50<h\leqslant100$	39600～45800
防烟楼梯间及独立前室、合用前室分别加压送风	楼梯间	$24<h\leqslant50$	25300～27500
		$50<h\leqslant100$	27800～32200
	独立前室、合用前室	$24<h\leqslant50$	24800～25800
		$50<h\leqslant100$	26000～28100

注：1. 风量按开启 1 个 2.0m×1.6m 的双扇门确定，当采用单扇门时，其风量按乘以系数 0.75 计算；
2. 风量按开启着火层及其上下层，共开启 3 层的风量计算；
3. 风量的选取应按建筑高度或层数、风道材料、防火门漏风量等因素综合确定。

4.4　排烟系统设计

建筑排烟系统分为自然排烟系统和机械排烟系统。其设计应根据建筑的使用性质、平面布局等因素，优先采用自然排烟系统，同一个防火分区应采用同一种排烟方式。

4.4.1　排烟系统设置场所

民用建筑中下列场所应设置排烟设施：

（1）设置在一、二、三层且房间建筑面积大于 100m² 的歌舞娱乐放映游艺场所和设置在四层及以上楼层、地下或半地下的歌舞娱乐放映游艺场所。

（2）公共建筑内建筑面积大于 100m² 且经常有人停留的地上房间。

（3）公共建筑内建筑面积大于 300m² 且可燃物较多的地上房间。

（4）建筑内长度大于 20m 的疏散走道。

（5）中庭。

（6）地下或半地下建筑（室）、地上建筑内的无窗房间，当总建筑面积大于 200m² 或一个房间建筑面积大于 50m²，且经常有人停留或可燃物较多的房间。

4.4.2 自然排烟窗（口）设计

4.4.2.1 设计要求

采用自然排烟系统的场所应设置自然排烟窗（口），并应符合以下规定：

（1）防烟分区内任意一点与最近的自然排烟窗（口）之间的水平距离不应大于 30m；当工业建筑采用自然排烟时，其水平距离尚不应大于建筑内空间净高（H）的 2.8 倍；当公共建筑空间净高 $H \geqslant 6$m，且具有自然对流条件时，其水平距离不应大于 37.5m（图 4-10）。

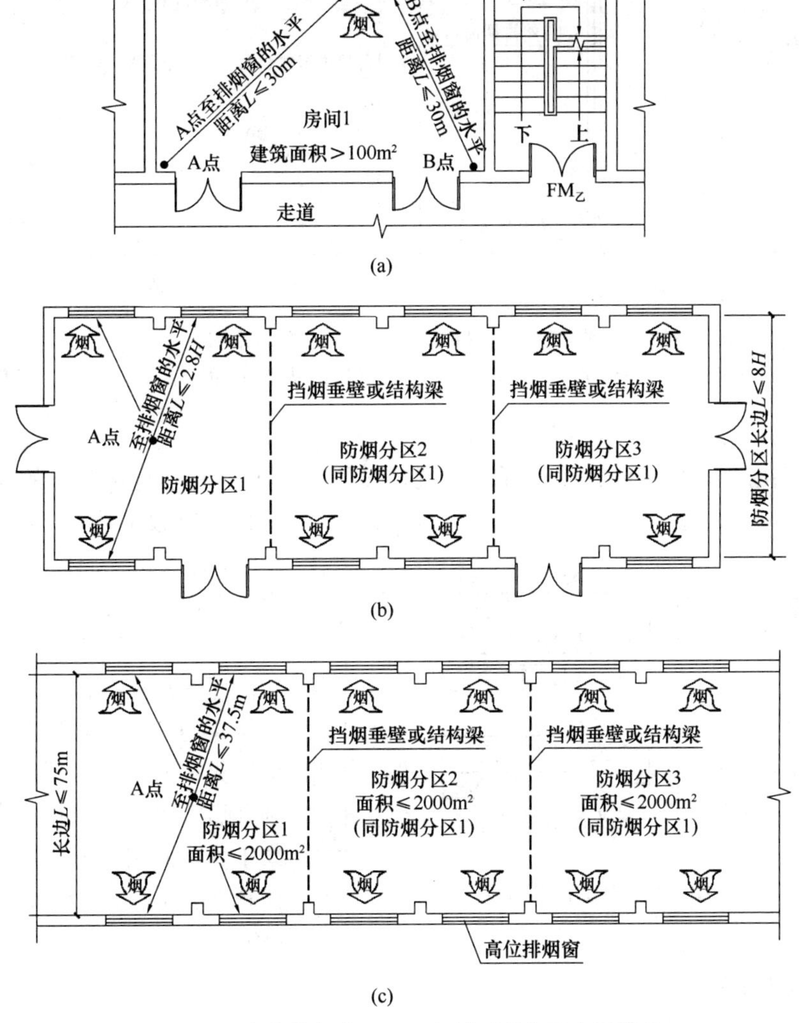

图 4-10 自然排烟窗（口）与最不利点的水平距离

（a）室内任一点至最近的自然排烟窗（口）之间水平距离要求示意图；
（b）工业建筑任一点至最近的自然排烟窗（口）之间水平距离要求示意图；
（c）公共建筑空间净高 $H \geqslant 6$m，具备自然对流条件的，任一点与最近的自然排烟窗（口）之间的水平距离要求示意图

（2）自然排烟窗（口）应设置在排烟区域的顶部或外墙，当设置在外墙上时，自然排烟窗（口）应在储烟仓以内，但走道、室内空间净高不大于 3m 的区域的自然排烟窗（口）可设置在室内净高度的 1/2 以上；自然排烟窗（口）的开启形式应有利于火灾烟气的排出，当房间面积不大于 200m² 时，自然排烟窗（口）的开启方向可不限；自然排烟窗（口）宜分散均匀布置，且每组的长度不宜大于 3.0m［图 4-11（a）］；设置在防火墙两侧的自然排烟窗（口）之间最近边缘的水平距离不应小于 2.0m，主要是为了防止火灾对临近防火分区的影响和蔓延［图 4-11（b）］。

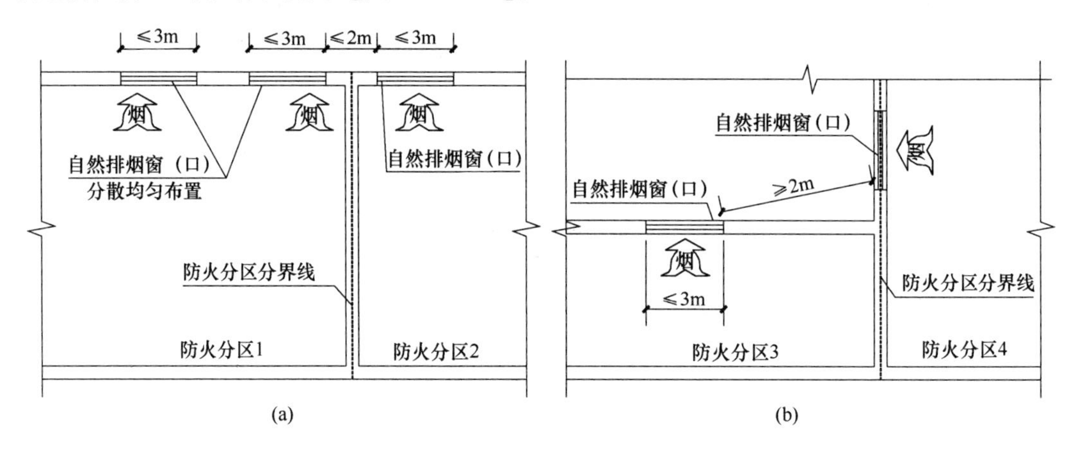

图 4-11　自然排烟窗（口）设置示意图

（a）自然排烟窗（口）分散均匀布置示意图；（b）设置在防火墙两侧的自然排烟窗（口）示意图

4.4.2.2　控制方式

自然排烟窗（口）应设置手动开启装置，设置在高位不便于直接开启的自然排烟窗（口），应设置距地面高度 1.3～1.5m 的手动开启装置。净空高度大于 9m 的中庭，以及建筑面积大于 2000m² 的营业厅、展览厅、多功能厅等场所，由于自然排烟窗设置位置通常较高，且区域较大，为保证火灾时自然排烟窗能及时、顺利开启，因此要求排烟窗具有现场集中手动开启、现场手动开启和温控释放开启功能或者与报警联动（图 4-12）。

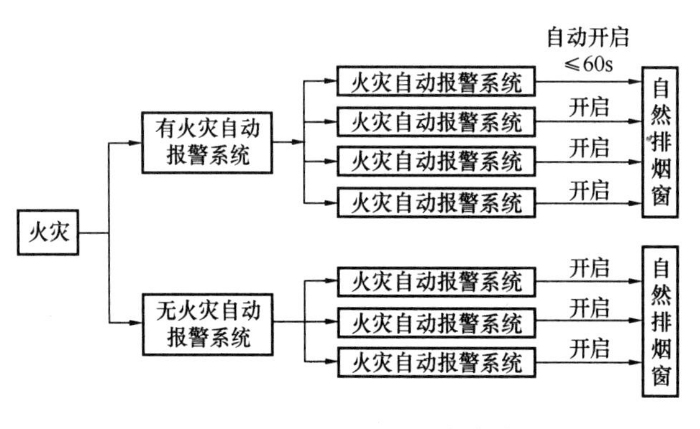

图 4-12　自然排烟窗开启方式

4.4.3　机械排烟系统

4.4.3.1　机械排烟系统设计要点

（1）机械排烟系统的布置应考虑排烟效果、可靠性、经济性等原则。当建筑的机械排烟系统沿水平方向布置时，机械排烟系统不应跨越防火分区进行布置。

（2）建筑高度超过 50m 的公共建筑和建筑高度超过 100m 的住宅，为提高系统可靠性，防止排烟系统负担楼层太多或竖向高度过高，不利于烟气的及时排除，造成大面积失控，对建筑整体安全构成威胁。其排烟系统应竖向分段独立设置，且公共建筑每段高度不应超过 50m，住宅建筑每段高度不应超过 100m。

（3）通风、空调系统与排烟系统合用，系统漏风量大，风阀控制复杂，因此排烟系统与通风、空气调节系统应分开设置；当确有困难时，可以合用，当通风、空调系统与排烟系统合用时，每个风口上都需安装自动控制阀，或在先关的风管上安装自动控制阀，才能满足排烟要求。

4.4.3.2 系统组成

1. 排烟风机

（1）排烟风机宜设置在排烟系统的最高处，烟气出口宜朝上，并应高于加压送风机和补风机的进风口，其两者边缘最小垂直距离不应小于 6.0m；水平布置时，两者边缘最小水平距离不应小于 20.0m。

（2）排烟风机应设置在专用机房内，并应符合现行国家标准《建筑设计防火规范》GB 50016 的规定，且风机两侧应有 600mm 以上的空间。对于排烟系统与通风空调系统共用的系统，其排烟风机与排风风机的合用机房应设置自动喷水灭火系统；机房内不得设置用于机械加压送风的风机与管道；排烟风机与排烟管道的连接部件应能在 280℃时连续 30min 保证其结构完整性。

（3）排烟风机应满足 280℃时连续工作 30min 的要求，排烟风机应与风机入口处的排烟防火阀连锁，当该阀关闭时，排烟风机应能停止运转。

2. 排烟管道

机械排烟系统应采用管道排烟，且不应采用土建风道。排烟管道应采用不燃材料制作且内壁应光滑。当排烟管道内壁为金属时，管道设计风速不应大于 20m/s；当排烟管道内壁为非金属时，管道设计风速不应大于 15m/s；排烟管道的厚度应按现行国家标准《通风与空调工程施工质量验收规范》GB 50243 的有关规定。

排烟管道及其连接部件应能在 280℃时连续 30min 保证其结构完整性。竖向设置的排烟管道应设置在独立的管道井内，排烟管道的耐火极限不应低于 0.5h。水平设置的排烟管道应设置在吊顶内，其耐火极限不应低于 0.5h；当确有困难时，可直接设置在室内，但管道的耐火极限不应小于 1.0h。设置在走道部位吊顶内的排烟管道，以及穿越防火分区的排烟管道，其管道的耐火极限不应小于 1.0h，但设备用房和汽车库的排烟管道耐火极限可不低于 0.5h（图 4-13）。

3. 防火阀

排烟管道下列部位应设置排烟防火阀（图 4-14），排烟防火阀应具有在 280℃时自行关闭和联锁关闭相应排烟风机、补风机的功能。排烟防火阀的设置还应符合下列要求：

（1）垂直风管与每层水平风管交接处的水平管段上；

（2）一个排烟系统负担多个防烟分区的排烟支管上；

（3）排烟风机入口处；穿越防火分区处。

4. 排烟口

排烟口的设置应经计算确定，且防烟分区内任一点与最近的排烟口之间的水平距离不应大于 30m。当排烟口设在吊顶内且通过吊顶上部空间进行排烟时，吊顶应采用不燃材料，且吊顶内不应有可燃物；封闭式吊顶上设置的烟气流入口的颈部烟气速度不宜大于

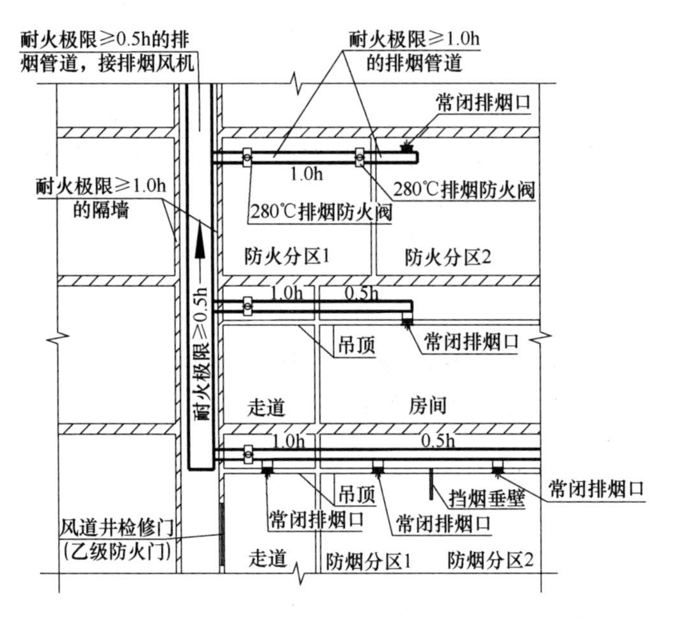

图 4-13　排烟管道的耐火极限要求示意图

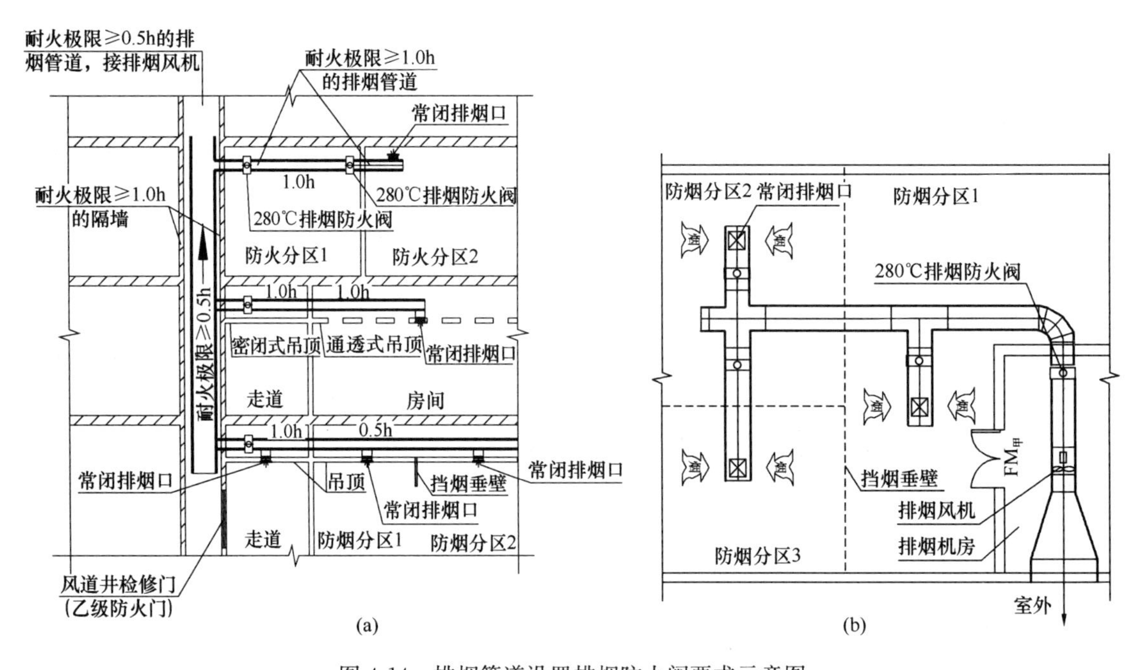

图 4-14　排烟管道设置排烟防火阀要求示意图

(a) 排烟管道设置防火阀；(b) 一个排烟系统负担多个防烟分区的排烟支管上设排烟防火阀

1.5m/s；非封闭式吊顶的开孔率不应小于吊顶净面积的 25%，且孔洞应均匀布置。同时应符合现行国家标准《建筑防烟排烟系统技术标准》GB 51251 的规定。

4.4.3.3　补风系统的设置

除地上建筑的走道或建筑面积小于 500m² 的房间外，设置排烟系统的场所应能直接从室外引入空气补风（图 4-15），补风量和补风口的风速应满足排烟系统有效排烟的要求。

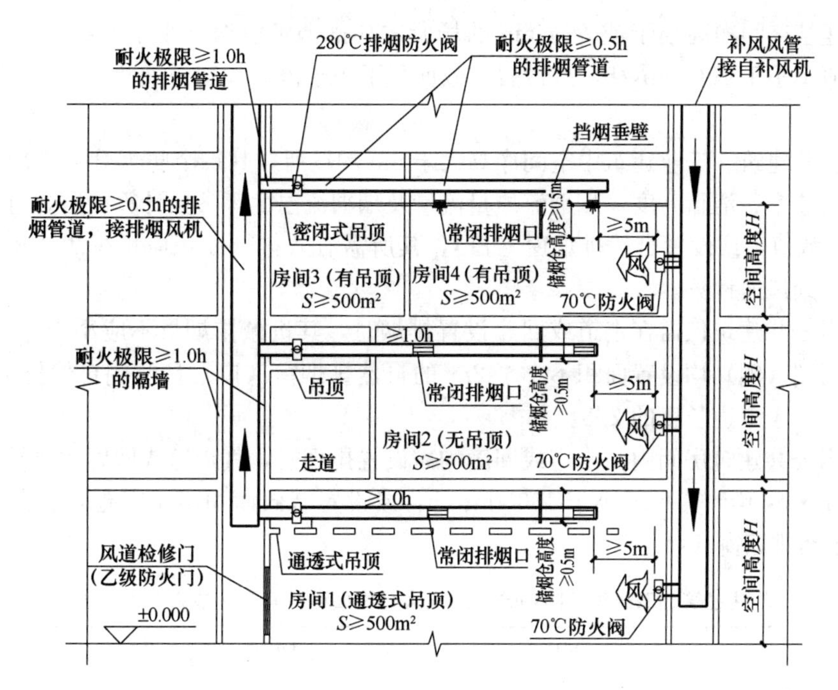

图 4-15 地上建筑设置补风系统的示意图

补风系统应直接从室外引入空气，且补风量不应小于排烟量的 50%。机械补风口的风速不宜大于 10m/s，人员密集场所补风口的风速不宜大于 5m/s；自然补风口的风速不宜大于 3m/s。

4.4.4 排烟系统排烟量计算

排烟系统的设计风量不应小于该系统计算风量的 1.2 倍。当采用自然排烟方式时，储烟仓的厚度不应小于空间净高的 20%，且不应小于 500mm；当采用机械排烟方式时，不应小于空间净高的 10%，且不应小于 500mm（图 4-16）。同时，储烟仓底部距地面的高度应大于安全疏散所需的最小清晰高度。

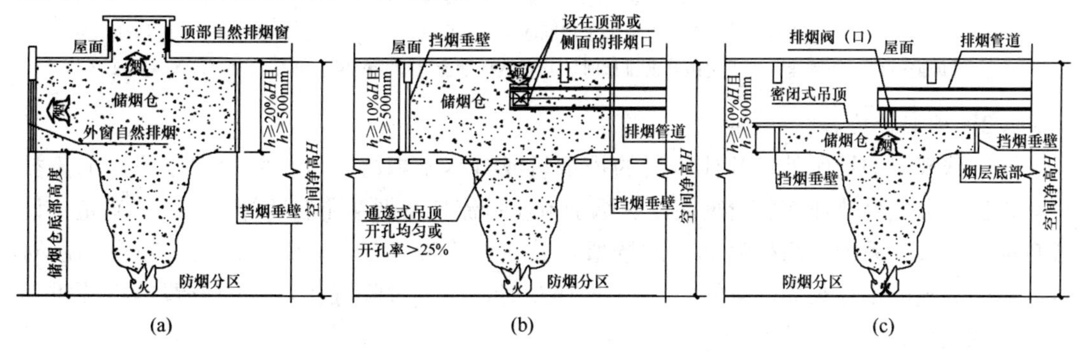

图 4-16 储烟仓厚度设置要求示意图

（a）自然排烟，储烟仓高度要求；（b）机械排烟，储烟仓高度要求（通透式吊顶）；（c）机械排烟，储烟仓高度要求（密闭式吊顶）

4.4.4.1 排烟量基本要求

除中庭外，下列场所一个防烟分区的排烟量计算应符合下列规定：

（1）建筑空间净高小于或等于 6m 的场所，其排烟量应按不小于 $60m^3/(h \cdot m^2)$ 计算，且取值不小于 $15000m^3/h$，或设置有效面积不小于该房间建筑面积 2%的自然排烟窗（口）。

（2）公共建筑、工业建筑中空间净高大于 6m 的场所，其每个防烟分区排烟量应根据火灾热释放速率、清晰高度、烟羽流质量流量及烟羽流温度等参数计算确定，且不应小于表 4-5 中的数值，或设置自然排烟窗（口），其所需有效排烟面积应根据表 4-5 及自然排烟窗（口）处风速计算。

（3）当公共建筑仅需在走道或回廊设置排烟时，其机械排烟量不应小于 $13000m^3/h$，或在走道两端（侧）均设置面积不小于 $2m^2$ 的自然排烟窗（口）且两侧自然排烟窗（口）的距离不应小于走道长度的 2/3。

（4）当公共建筑房间内与走道或回廊均需设置排烟时，其走道或回廊的机械排烟量可按 $60m^3/(h \cdot m^2)$ 计算且不小于 $13000m^3/h$，或设置有效面积不小于走道、回廊建筑面积 2%的自然排烟窗（口）。

公共建筑、工业建筑防烟分区的最大允许面积及其长边最大允许长度　　表 4-5

空间净高（m）	办公室、学校（$\times 10^4 m^3/h$）		商店、展览厅（$\times 10^4 m^3/h$）		厂房、其他公共建筑（$\times 10^4 m^3/h$）		仓库（$\times 10^4 m^3/h$）	
	无喷淋	有喷淋	无喷淋	有喷淋	无喷淋	有喷淋	无喷淋	有喷淋
6.0	12.2	5.2	17.6	7.8	15.0	7.0	30.1	9.3
7.0	13.9	6.3	19.6	9.1	16.8	8.2	32.8	10.8
8.0	15.8	7.4	21.8	10.6	18.9	9.6	35.4	12.4
9.0	17.8	8.7	24.2	12.2	21.1	11.1	38.5	14.2
自然排烟侧窗（口）部风速（m/s）	0.94	0.64	1.06	0.78	1.01	0.74	1.26	0.84

注：1. 建筑空间净高大于 9.0m 的，按 9.0m 取值；建筑空间净高位于表中两个高度之间的，按线性插值法取值；表中建筑空间净高为 6m 处的各排烟量值为线性插值法的计算基准值。
2. 当采用自然排烟方式时，储烟仓厚度应大于房间净高的 20%；自然排烟窗（口）面积＝计算排烟量/自然排烟窗（口）处风速；当采用顶开窗排烟时，其自然排烟窗（口）的风速可按侧窗口部风速的 1.4 倍计。

4.4.4.2　排烟量计算

除特殊规定的场所外，其他场所的排烟量或自然排烟窗（口）面积应按照烟羽流类型，根据火灾热释放速率、清晰高度、烟羽流质量流量及烟羽流温度等参数计算确定。设置自动喷水灭火系统（简称喷淋）的场所，其室内净高大于 8m 时，应按无喷淋场所对待。当储烟仓的烟层与周围空气温差小于 15℃时，应通过降低排烟口的位置等措施重新调整排烟设计。

1. 火灾热释放速率计算

各类场所的火灾热释放速率可按式（4-7）计算且不应小于表 4-6 规定的值。

$$Q = \alpha \cdot t^2 \tag{4-7}$$

式中　Q——热释放速率，kW；

t——火灾增长时间，s；

α——火灾增长系数（按表 4-7 取值），kW/s^2。

火灾达到稳态时的热释放速率 Q　　表 4-6

建筑类别	喷淋设置情况	热释放速率 Q（MW）
办公室、教室、客房、走道	无喷淋	6.0
	有喷淋	1.5
商店、展览厅	无喷淋	10.0
	有喷淋	3.0
其他公共场所	无喷淋	8.0
	有喷淋	2.5
汽车库	无喷淋	3.0
	有喷淋	1.5

火灾增长系数 α　　表 4-7

火灾类别	典型的可燃材料	火灾增长系数 α（kW/s^2）
慢速火	硬木家具	0.00278
中速火	棉质、聚酯垫子	0.011
快速火	装满的邮件袋、木质货架托盘、泡沫塑料	0.044
超快速火	池火、快速燃烧的装饰家具、轻质窗帘	0.178

2. 火灾清晰高度计算

走道、室内空间净高不大于 3m 的区域，其最小清晰高度不宜小于其净高的 1/2，其他区域的最小清晰高度应按式（4-8）计算：

$$H_q = 1.6 + 0.1H' \tag{4-8}$$

式中　H_q——最小清晰高度，m；

H'——对于单层空间，取排烟空间的建筑净高度；对于多层空间，取最高疏散楼层的层高，m。

3. 烟羽流质量流量计算

烟羽流质量流量可按式（4-9）～式（4-11）计算：

当 $Z > Z_1$ 时

$$M_\rho = 0.071\,Q_c^{1/3}\,Z^{5/3} + 0.0018\,Q_c \tag{4-9}$$

当 $Z \leqslant Z_1$ 时

$$M_\rho = 0.032\,Q_c^{3/5}\,Z \tag{4-10}$$

$$Z_1 = 0.166\,Q_c^{2/5} \tag{4-11}$$

式中　Q_c——热释放速率的对流部分，kW，一般取值为 $Q_c = 0.7Q$；

Z——燃料面到烟层底部的高度，m；取值应大于等于最小清晰高度与燃料面高度之差；

Z_1——火焰极限高度，m；

M_ρ——烟羽流质量流量，kg/s。

【例 4-1】

某剧院有一个 4 层共享前厅，前厅设置喷淋系统，前厅高度 21m，一层高为 4m，二、三层均为 6m，四层净高为 5m，排烟口设于前厅顶部（其最近边离墙大于 0.5m）。火灾场景为前厅中央地面附近的可燃物燃烧，烟羽流型为轴对称型烟羽流。最大火灾热释放速率为 2.5MW，火灾时应确保最上层的最小清晰高度，火源燃料为前厅地面。环境温度为 293.15K，气体密度 $\rho_0 = 1.2\text{kg/m}^3$ 。计算烟层平均温度与环境温度的差和排烟量。

【解】

（1）确定热释放速率的对流部分 Q_c ：

$$Q_c = 0.7Q = 0.7 \times 2500 = 1750\text{kW}$$

（2）确定火焰极限高度 Z_1 ：

$$Z_1 = 0.166\, Q_c^{2/5} = 3.29\text{m}$$

（3）确定燃料面到烟层底部的高度 Z ：

$$Z = (4 + 2 \times 6) + H_q = 16 + (1.6 + 0.1\, H') = 16 + (1.6 + 0.1 \times 5) = 18.1\text{m}$$

（4）确定轴对称型烟羽流质量流量 M_ρ ：

$$M_\rho = 0.071 Q_c^{1/3}\, Z^{5/3} + 0.0018\, Q_c = 110.01\text{kg/s}$$

（5）计算烟气平均温度与环境温度的差 ΔT ：

$$\Delta T = \frac{KQ_c}{M_\rho C_P} = 1.0 \times \frac{1750}{110.01} \div 1.01 = 15.75\text{K}$$

（6）确定烟层的平均绝对温度 T ：

$$T = T_0 + \Delta T = 293.15 + 15.75 = 308.90\text{K}$$

（7）计算排烟量 V ：

$$V = \frac{M_\rho T}{\rho_0\, T_0} = 110.01 \times \frac{308.90}{1.2} \div 293.15 = 96.60\text{m}^3/\text{s} = 347760\text{m}^3/\text{h}$$

因为 $V > 111000\text{m}^3/\text{h}$ ，取值 $347760\text{m}^3/\text{h}$。

4. 单个排烟口的最大允许排烟量计算

当一个排烟口排出的烟气量超过一定数量时，就会在烟层底部撕开一个“洞”，使该防烟分区中的无烟空气被卷吸进去，随烟气被排出，从而导致有效排烟量的减少，因此每个排烟口均存在最高临界排烟量。对于机械排烟系统，首先通过计算系统排烟量，确定排烟口尺寸后，再对排烟口进行最高临界排烟量的校核计算。

机械排烟系统中，单个排烟口的最大允许排烟量 $V_{\max}$ 宜按式（4-12）计算，或按《建筑防烟排烟系统技术标准》GB 51251—2017 附录 B 选取。

$$V_{\max} = 4.16 \cdot \gamma \cdot d_b^{5/2} \left(\frac{T - T_0}{T_0}\right)^{1/2} \tag{4-12}$$

式中　$V_{\max}$——排烟口最大允许排烟量 ，m^3/s；

γ——排烟位置系数；当风口中心点到最近墙体的距离大于等于 2 倍的排烟口当量直径时：γ 取 1.0；当风口中心点到最近墙体的距离小于 2 倍排烟口当量直径时：γ 取 0.5；当吸入口位于墙体上时，γ 取 0.5；

d_b——排烟系统吸入口最低点之下烟气层厚度，m；

T——烟层的平均绝对温度，K；

T_0——环境的绝对温度，K。

排烟口设置位置示意图如图 4-17 所示。

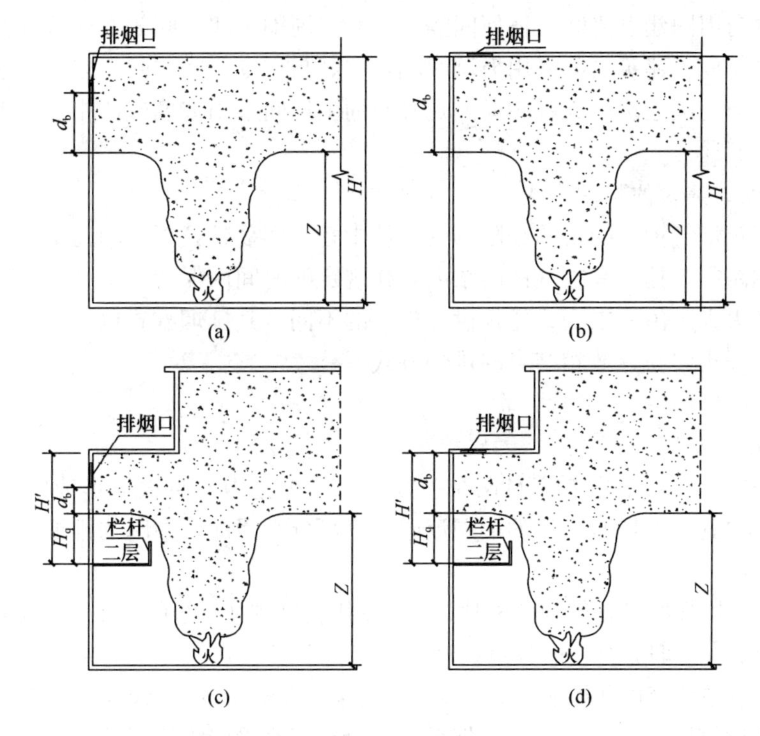

图 4-17 排烟口设置位置示意图

(a) 单个楼层空间侧排烟；(b) 单个楼层空间顶排烟；
(c) 多个楼层组成的高大空间侧排烟；(d) 多个楼层组成的高大空间顶排烟
注：H'—空间净高；Z—储烟仓底部高度；d_b—排烟系统吸入口最低点之下烟气层厚度；H_q—顶部楼层地面下缘至储烟仓底部的高度

5. 自然排烟窗（口）截面积计算

当采用自然排烟方式所需自然排烟窗（口）截面积宜按式（4-13）计算：

$$A_V C_V = \frac{M_\rho}{\rho_0}\left[\frac{T^2 + (A_V C_V / A_0 C_0)^2 T T_0}{2 g d_b \Delta T T_0}\right]^{\frac{1}{2}} \tag{4-13}$$

式中 A_V——自然排烟窗（口）截面积，m^2；

A_0——所有进气口总面积，m^2；

C_V——自然排烟窗（口）流量系数，通常选定在 0.5～0.7 之间；

C_0——进气口流量系数，通常约为 0.6；

g——重力加速度，m/s^2；

其他符号同前。

4.4.5 中庭排烟量的设计

4.4.5.1 中庭式建筑的特点

中庭式建筑是指通过两层或更多层楼，顶部封闭的无间隔筒体空间，筒体周围的大部或全部被建筑物所包围，又称共享空间。由于中庭具有引入自然光、加强通风效果和改善室内环境等多方面的作用，越来越多的建筑尤其是商业建筑采用这种建筑形式。但是由于中庭建筑自身的特点和不同的类型，直接导致防烟、排烟设计的复杂性，如果设计不合理，将留下十分严重的隐患。

中庭式建筑的设计主要有以下三种类型：

（1）中庭与周围建筑之间无任何间隔，中庭与周围房间之间的空气可自由流通。

（2）中庭与周围建筑之间采用玻璃间隔，中庭与周围房间之间无空气流通。

（3）中庭与周围建筑的走廊相通，走廊与周围房间采用玻璃或墙相隔，中庭与周围房间之间无空气流通。

4.4.5.2　中庭式建筑的排烟方式

中庭式建筑烟气控制的目的是限制烟气从中庭空间蔓延到邻近的周围房间或其他安全地点的疏散通路中，控制有害气体的浓度，在规定的时间内保持一定高度的清晰空间，便于人员疏散及灭火。由于中庭式建筑设计类型的不同，其排烟方式也不尽相同，可采用集中式、分散式和集中与分散相结合的排烟方式。

4.4.5.3　中庭式建筑的排烟量计算

1. 计算方法

由于中庭的烟气聚集主要来自两个方面：一是中庭内自身火灾形成的烟羽流上升蔓延；另一个是中庭周围场所产生的烟羽流向中庭蔓延。因此，中庭的排烟量应按以下两种方式计算：

（1）中庭周围场所设有排烟系统时，中庭采用机械排烟系统的，中庭排烟量应按周围场所防烟分区中最大排烟量的2倍数值计算，且不应小于107000m^3/h；中庭采用自然排烟系统时，应按上述排烟量和自然排烟窗（口）的风速不大于0.5m/s计算有效开窗面积。

（2）当中庭周围场所不需设置排烟系统，仅在回廊设置排烟系统时，回廊的排烟量不应小于13000m^3/h，中庭的排烟量不应小于40000m^3/h；中庭采用自然排烟系统时，应按上述排烟量和自然排烟窗（口）的风速不大于0.4m/s计算有效开窗面积。

单台风机的排烟量不小于7200m^3/h。

2. 设计要点

（1）中庭室内净高大于12m时，其火灾热释放量按无自动喷水灭火系统取值，为4MW；当保证清晰高度在6m时，中庭自身火灾产生的烟气量为107000m^3/h。

（2）虽然公共建筑中庭周围场所设有机械排烟系统，但考虑中庭周围场所的机械排烟系统存在机械或电气故障的可能性，导致烟气量大量流向中庭，因此，当公共建筑中庭周围场所设有机械排烟时，中庭排烟量可按周围场所中最大排烟量的2倍取值，且不应小于107000m^3/h。

（3）当回廊周围场所的各个单间面积均小于100m^2，仅需在回廊设置排烟的，由于周边场所面积较小，产生的烟气量有限，所需的排烟量较小，一般不超过13000m^3/h，即使蔓延到中庭，也小于中庭自身火灾的烟气量；当公共建筑中庭周围场所均设置自然排烟时，中庭排烟系统只需担负自身火灾的排烟量。

【例4-2】

某一高层建筑，其与裙房之间设有防火分隔设施，且裙房一防火分区跨越楼层，最大建筑面积小于5000m^2，裙楼设有自动喷水灭火系统。此防火分区分为9个防烟分区，各防烟分区面积如图4-18所示。一层层高7.0m，净高控制在5.5m；二层层高6.0m，净高控制在4.5m；中庭建筑高度18.0m。计算各防火分区及中庭的排烟量。

【解】

（1）计算一层大堂、全日餐厅、大堂吧、日本料理、龙虾排吧特色餐厅以及走道的排烟量：

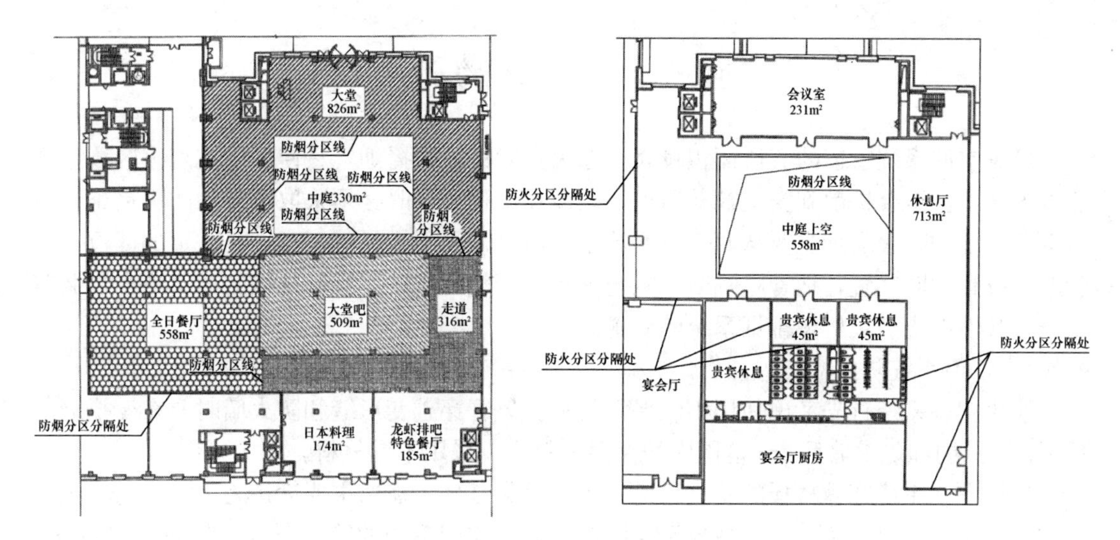

图 4-18 建筑平面示意图

由于一层净高控制在 5.5m，根据建筑空间净高≤6m 的场所，其排烟量应按不小于 60m³/(h·m²) 计算，且取值不小于 15000m³/h，则一层大堂、全日餐厅、大堂吧、日本料理、龙虾排吧特色餐厅的排烟量如下：

1）大堂：$V_{1\text{-}1}=826\times60=49560\text{m}^3/\text{h}>15000\text{m}^3/\text{h}$；

2）全日餐厅：$V_{1\text{-}2}=558\times60=33480\text{m}^3/\text{h}>15000\text{m}^3/\text{h}$；

3）大堂吧：$V_{1\text{-}3}=509\times60=30540\text{m}^3/\text{h}>15000\text{m}^3/\text{h}$；

4）日本料理：$V_{1\text{-}4}=174\times60=10440\text{m}^3/\text{h}<15000\text{m}^3/\text{h}$，取 $15000\text{m}^3/\text{h}$；

5）龙虾排吧特色餐厅：$V_{1\text{-}5}=185\times60=11100\text{m}^3/\text{h}<15000\text{m}^3/\text{h}$，取 $15000\text{m}^3/\text{h}$；

6）走道长边小于 36m，最小净宽 5.6m；当公共建筑房间内与走道或回廊均需设置排烟时，其走道或回廊的机械排烟量可按 60m³/(h·m²) 计算且不小于 13000m³/h，因此，走道的排烟量 $V_{1\text{-}6}=316\times60=18960\ \text{m}^3/\text{h}>13000\ \text{m}^3/\text{h}$。

（2）二层各防烟分区的排烟量

1）休息厅：$V_{2\text{-}1}=713\times60=42780\text{m}^3/\text{h}>15000\text{m}^3/\text{h}$；

2）会议室：$V_{2\text{-}2}=231\times60=13860\text{m}^3/\text{h}<15000\text{m}^3/\text{h}$，取 $15000\text{m}^3/\text{h}$；

3）中庭：$V_{2\text{-}3}=2\times49560=99120\text{m}^3/\text{h}<107000\text{m}^3/\text{h}$，取 $107000\text{m}^3/\text{h}$。

上述计算结果汇总如表 4-8 所示。

各防烟分区排烟量计算结果汇总表 **表 4-8**

防烟分区编号	对应房间名称	房间建筑面积（m²）	计算排烟量（m³/h）
防烟分区 1	一层大堂	826.0	49560
防烟分区 2	一层全日餐厅	558.0	33480
防烟分区 3	一层大堂吧	509.0	30540
防烟分区 4	一层日本料理	174.0	15000
防烟分区 5	一层龙虾排吧特色餐厅	185.0	15000
防烟分区 6	一层走道	316.0	18960
防烟分区 7	二层休息厅	713.0	42780
防烟分区 8	会议室	231.0	13860
防烟分区 9	中庭	558.0	107000

4.5 通风空调系统的防火设计

通风空调系统管道的流通面积较大，在火灾时极易传播烟气，使烟气从着火区蔓延到非着火区，甚至会扩散到安全疏散通道，因此在工程设计时必须采取可靠的防火措施。通风空调系统的阻火隔烟主要从两个方面着手：(1) 采用不燃材料；(2) 在一定的区位，在管路上设置切断装置，把管路隔断，阻止火势、烟气的流动。兼作排烟的通风或空气调节系统，其性能应满足机械排烟系统的要求。

4.5.1 管道系统防火措施

通风空调系统首先考虑使用不燃保温材料。风管穿越变形缝和防火墙时，在变形缝前后 2m 范围内和防火墙后 2m 范围内的保温材料均应采用不燃材料。

通风空调系统穿越楼板的垂直风道是火势垂直蔓延传播的主要途径之一，为防止火灾竖向蔓延，风管穿越楼层的层数应有所限制。通风空调系统的管道布置，竖向不宜超过 5 层，横向应按防火分区设置，尽量使风道不穿越防火分区。当排风管道设有防止回流设施或防火阀（对于高层建筑各层还应设有自动喷水灭火系统）时，其进风和排风管道可不受此限制。另外，通风空调系统垂直风道还应设置在管井内，如图 4-19 所示。

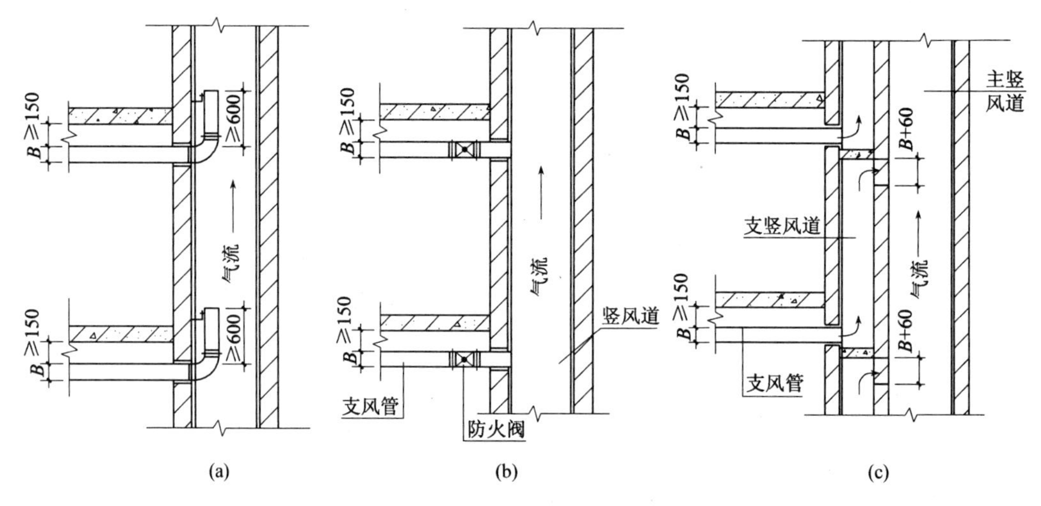

图 4-19 垂直排风管道防止回流措施

(a) 弯头；(b) 防火阀；(c) 支竖风道

图 4-19 中的垂直排风管道均采用了在支管上安装防火阀或防止回流的措施，这样可有效防止火灾蔓延到垂直风道所经过的其他楼层。

4.5.2 防火阀的设置

防火阀是在一定时间内能满足耐火稳定性和耐火完整性要求，用于管道内阻火的活动式封闭装置。其作用是在火灾发生时，切断管道内的气流通路，使火势及烟气不能沿风道转播。

正常工作时，防火阀的叶片常开，气流能顺利流过；当发生火灾时，管内气体的温度上升，达到 70℃时，熔断器熔化，防火阀关闭，输出火灾信号。

通风空调系统风管上的下述部位应设防火阀：

(1) 通风、空气调节系统的风管在穿越防火分区处；

(2) 穿越通风、空气调节机房的房间隔墙和楼板处；

(3) 穿越重要的或火灾危险性大的房间隔墙和楼板处；

(4) 穿越变形缝处的两侧；

(5) 垂直风管与每层水平风管交接处的水平管段上。但当建筑内每个防火分区的通风和空气调节系统均独立设置时，该防火分区内的水平风管与垂直总管的交接处可不设置防火阀。

通风空调系统防火阀设置如图 4-20 所示。

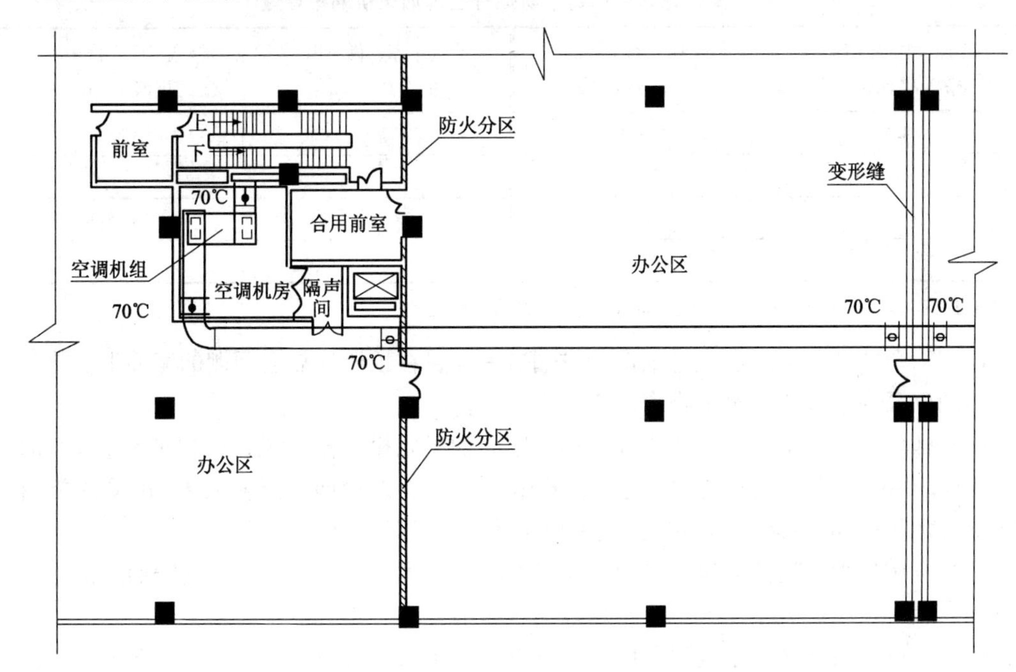

图 4-20 通风空调系统防火阀的设置部位示意图

4.6 地下车库通风及排烟设计

地下汽车库内含有大量汽车排出的尾气。由于除汽车出入口外一般无其他与室外相通的孔洞，因此除敞开式汽车库、建筑面积小于 1000m^2 的地下一层汽车库和修车库外，汽车库、修车库应设置排烟系统，并应划分防烟分区。另外，由于地下车库的密封性，一旦发生火灾，高温烟气会因无法排放而在地下车库内蔓延，因此还必须设置机械排烟系统。地下车库工程设计的目标是既要同时满足这两方面的要求，又要使系统简单、经济和便于管理。

4.6.1 地下车库排烟系统设计原则

(1) 每个防烟分区的建筑面积不宜超过 2000m^2，且防烟分区不应跨越防火分区。

(2) 排烟系统可采用自然排烟方式或机械排烟方式。机械排烟可与人防、卫生等的排气、通风系统合用。

（3）当采用自然排烟方式时，可采用手动排烟窗、自动排烟窗、孔洞等作为自然排烟口，并应符合以下规定：

1）自然排烟口的总面积不应小于室内地面面积的 2%；

2）自然排烟口应设置在外墙上方或屋顶上，并应设置方便开启的装置；

3）房间外墙上的排烟窗（口）宜沿外墙周长方向均匀布置，排烟窗（口）的下沿不应低于室内净高的 1/2，并应沿气流方向开启。

（4）汽车库、修车库内每个防烟分区排烟风机的排烟量不应小于表 4-9 的规定。

汽车库、修车库内每个防烟分区排烟风机的排烟量　　表 4-9

汽车库、修车库的净高 h（m）	汽车库、修车库的排烟量（m^3/h）	汽车库、修车库的净高 h（m）	汽车库、修车库的排烟量（m^3/h）
$h \leqslant 3.0$	30000	$6.0 < h \leqslant 7.0$	36000
$3.0 < h \leqslant 4.0$	31500	$7.0 < h \leqslant 8.0$	37500
$4.0 < h \leqslant 5.0$	33000	$8.0 < h \leqslant 9.0$	39000
$5.0 < h \leqslant 6.0$	34500	$h > 9.0$	40500

注：建筑空间净高介于表中两个高度之间的，按线性插值法取值。

（5）每个防烟分区应设置排烟口，排烟口宜设置在顶棚或靠近顶棚的墙面上。排烟口距该防烟分区内最远点的水平距离不应大于 30m。

（6）排烟风机可采用离心风机或排烟专用的轴流风机，排烟风机应保证在 280℃时能连续工作 30min。在穿过不同防火分区的排烟支管上应设置烟气温度大于 280℃时能自动关闭的排烟防火阀，排烟防火阀应能连锁关闭相应的排烟风机。

（7）机械排烟管道的风速，采用金属管道时不应大于 20m/s；采用内表面光滑的非金属材料风管时，不应大于 15m/s。排烟口的风速不宜大于 10m/s。

（8）当设置机械排烟系统时，应设置（自然、机械）补风系统。当地下车库由于防火分区的防火墙分隔和楼板分隔，使有的防火分区内无直接通向室外的汽车疏散出口时，应设置机械补风系统。如采用自然进风时，应保证每一防烟分区内有自然进风口。补风量不宜小于排烟量的 50%。

4.6.2　地下车库机械通风系统设计原则

地下车库的通风系统包括机械送、排风和自然进风。

（1）机械送、排风系统的送风量应小于排风量，一般为排风量的 80%～85%。

（2）地下车库的排风宜按室内空间上、下两部分设置，上部地带按排出风量的 1/2～2/3 计算，下部地带按排出风量的 1/2～1/3 计算。

【例 4-3】

地下车库机械排烟系统设计：某工程的地下室设有地下车库，层高 3.5m，设计该地下车库的机械排烟（兼排风）系统的排风量和送风系统的送风量。

【解】

（1）确定防火分区和防烟分区

结合建筑的功能，防火分区和防烟分区的划分如图 4-21 所示，其中车库面积为

3184.62m²。由于该车库建筑面积大于 2000m²，故划分为 1 个防火分区，2 个防烟分区，其中 1 个防烟分区面积为 1073m²（设备用房不包括在内）。

（2）排烟量计算

1 个防烟分区面积为 1073m²，层高为 3.5m，根据表 4-9 的要求，排风量为 31500m³/h。

（3）送风量的计算

送风系统：平时送风量按排风量的 80% 计算，送风量为：31500m³/h×80%＝25200m³/h。火灾时的补风量只在排烟时使用，按《建筑防烟排烟系统技术标准》GB 51251—2017 的要求，补风量按排烟量的 50% 计算，即为：31500m³/h×50%＝15750m³/h，故按较大风量选择送风机，风量为 25200m³/h，风压为 460Pa。

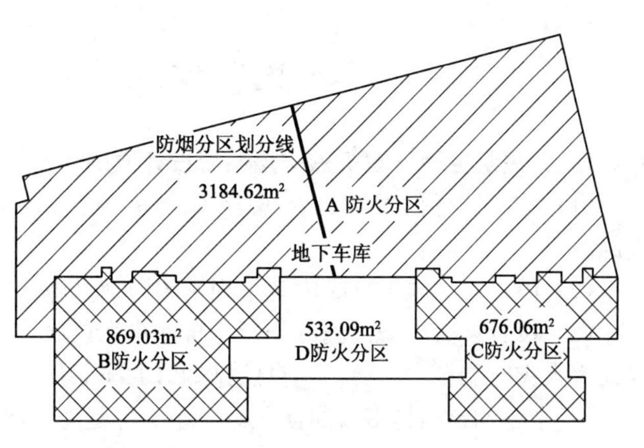

图 4-21　地下室防火分区平面图

（4）车库设排风及排烟的合用系统

车库每个防烟分区分别设一套机械排风（烟）及送（补）风系统。排烟量大于表 4-9 中的排烟量，补风量大于排烟量的 50%；排风量按换气次数为 4 次/h 计算，送风量按排风量的 80%计算。车库采用机械排烟兼排风系统，平时排风机低速运行，火灾时，排烟风机高速运行，补风机运行进行补风。当烟气温度超过 280℃时，排烟防火阀熔断关闭，同时连锁排烟风机送风机停止运行。车库内设置温控器与风机连锁，当冬天温度降低至 0℃以下时，连锁风机停止运行。图 4-22 为地下车库排烟系统平面布置图。

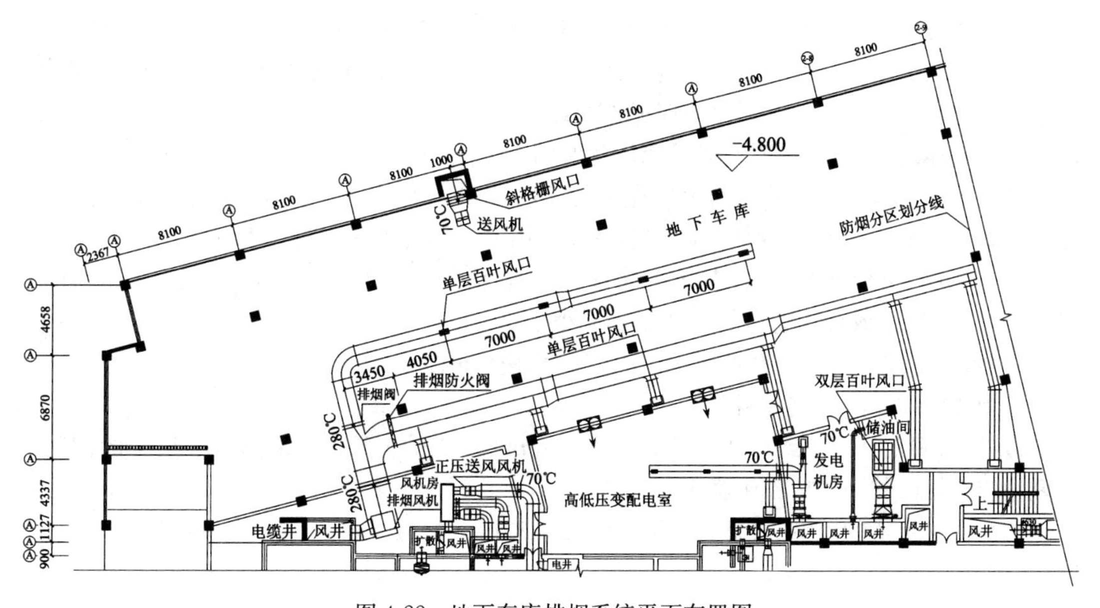

图 4-22　地下车库排烟系统平面布置图

4.7　人民防空地下室防烟排烟设计

4.7.1　人民防空地下室机械排烟系统设计原则

（1）防烟楼梯间及其前室或合用前室、避难走道的前室应设置机械加压送风防烟设施。

（2）丙、丁、戊类物品库宜采用密闭防烟措施。

（3）设置自然排烟设施的场所，自然排烟口底部距室内地面不应小于 2m，并应常开或发生火灾时能自动开启，其自然排烟口的净面积应符合下列规定：

1）中庭的自然排烟口净面积不应小于中庭地面面积的 5%；

2）其他场所的自然排烟口净面积不应小于该防烟分区面积。

（4）总建筑面积大于 $200m^2$ 的人防工程；建筑面积大于 $50m^2$，且经常有人停留或可燃物较多的房间；丙、丁类生产车间；长度大于 20m 的疏散走道；歌舞娱乐放映游艺场所；中庭等场所应设置机械排烟设施。

（5）每个防烟分区内必须设置排烟口，排烟口应设置在顶棚或墙面的上部；排烟口宜在该防烟分区内均匀布置，并应与疏散出口的水平距离大于 2m，且与该分区内最远点的水平距离不应大于 30m；排烟口可单独设置，也可与排风口合并设置。

（6）排烟口的开闭状态和控制应符合下列要求：

1）单独设置的排烟口，平时应处于关闭状态；可采用自动或手动开启方式；手动开启装置的位置应便于操作。

2）排风口和排烟口合并设置时，应在排风口或排风口所在支管设置自动阀门；该阀门必须具有防火功能，并应与火灾自动报警系统联动；火灾时，着火防烟分区内的阀门仍应处于开启状态，其他防烟分区内的阀门应全部关闭。

（7）排烟风机可采用普通离心式风机或排烟轴流风机；排烟风机及其进出口软接头应在烟气温度为 280℃时能连续工作 30min。排烟风机必须采用不燃材料制作。排烟风机入口处的总管上应设置当烟气温度超过 280℃时能自动关闭的排烟防火阀，该阀应与排烟风机连锁，当阀门关闭时，排烟风机应能停止运转。

4.7.2　人民防空地下室机械通风系统设计原则

（1）防烟楼梯间送风系统的余压值应为 40～50Pa。前室或合用前室送风系统的余压值应为 25～30Pa。防烟楼梯间、防烟前室或合用前室的送风量应符合下列规定：

1）当防烟楼梯间和前室或合用前室分别送风时，防烟楼梯间的送风量不应小于 $16000m^2/h$，前室或合用前室的送风量不应小于 $13000m^2/h$；

2）当前室或合用前室不直接送风时，防烟楼梯间的送风量不应小于 $25000m^3/h$，并应在防烟楼梯间和前室或合用前室的墙上设置余压阀；

3）楼梯间及其前室或合用前室的门按 1.5m×2.1m 计算，当采用其他尺寸的门时，送风量应根据门的面积按比例修正。

（2）避难走道的前室送风余压值应为 25～30Pa，机械加压送风量应按前室入口门洞风速 0.7～1.2m/s 计算确定。避难走道的前室宜设置条缝送风口，并应靠近前室入口门，且通向避难走道的前室两侧宽度均应大于门洞宽度 0.1m（图 4-23）。

(3) 避难走道的前室、防烟楼梯间及其前室或合用前室的机械加压送风系统宜分别设置。当需要共用系统时，应在支风管上设置压差自动调节装置。

(4) 设置气体灭火设备的房间，应设置排除废气的排风装置。与该房间连通的风管应设置自动阀门，火灾发生时，阀门应自动关闭。

(5) 通风、空气调节系统的管道宜按防火分区设置。当需要穿过防火分区时，应符合下文第 (7) 条的规定。穿过防火分区前、后 0.2m 范围内的钢板通风管道，其厚度不应小于 2mm。

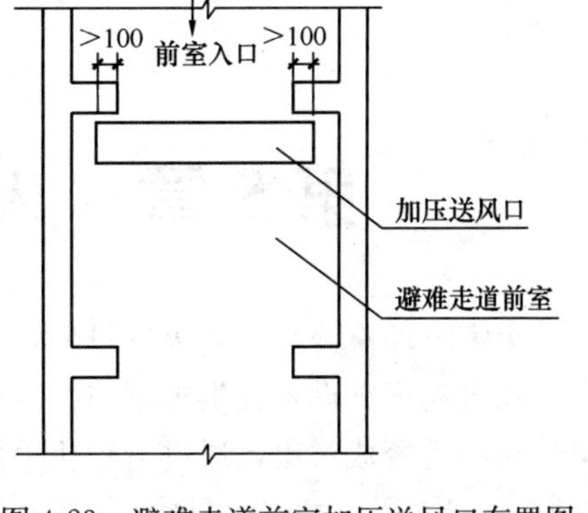

图 4-23　避难走道前室加压送风口布置图

(6) 通风、空气调节系统的风机及风管应采用不燃材料制作，但接触腐蚀性气体的风管及柔性接头可采用难燃材料制作。风管和设备的保温材料应采用不燃材料；消声、过滤材料及胶粘剂应采用不燃材料或难燃材料。

(7) 通风、空气调节系统的风管，当出现下列情况之一时，应设置防火阀：

1) 穿过防火分区处；

2) 穿过设置有防火门的房间隔墙或楼板处；

3) 每层水平干管同垂直总管交接处的水平管段上；

4) 穿越防火分区处，且该处又是变形缝时，应在两侧各设置一个。

思 考 题 与 习 题

1. 简述建筑设置防烟排烟设施的目的和作用。
2. 如何划分建筑的防烟分区，防烟分区有哪些主要构件，其设置要求分别是什么?
3. 机械排烟与自然排烟相比有哪些优缺点?
4. 设置排烟的建筑为何需要设置补风系统?
5. 中庭建筑具有哪些特点，其排烟量计算与普通建筑有哪些区别?

第5章 火 灾 自 动 报 警

火灾自动报警是探测火灾早期特征、发出火灾报警信号，为人员疏散、防止火灾蔓延和启动自动灭火设备提供控制与指示的消防系统。它是依据主动防火对策，以被监测的各类建筑物为警戒对象，通过自动化手段实现早期火灾探测、火灾自动报警和消防设备联动控制。它完成了对火灾的预防与控制功能，可用于人员居住和经常有人滞留的场所、存放重要物资或燃烧后产生严重污染需要及时报警的场所。

5.1 火灾自动报警系统

5.1.1 火灾自动报警系统的构成

火灾自动报警系统对建筑物早期发现并扑灭火灾起着重要的作用，其主要由三部分组成，即火灾触发装置、火灾报警控制器以及火灾警报装置等，如图5-1所示。

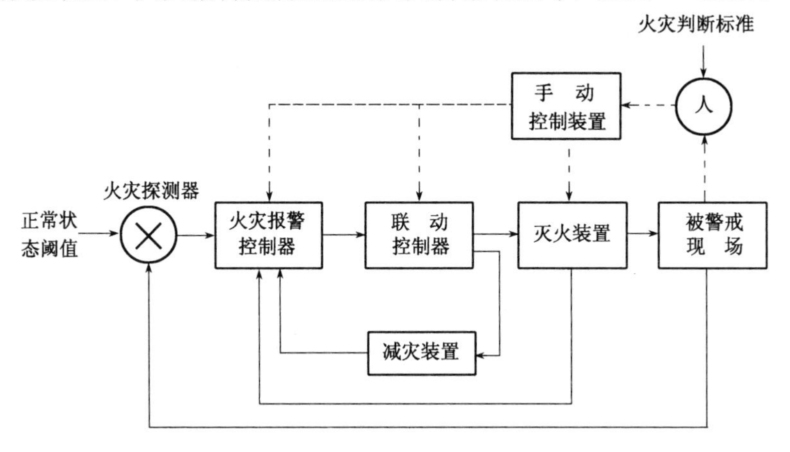

图5-1 火灾自动报警系统的构成

火灾触发装置主要包括火灾探测器（自动触发）和手动报警按钮（手动触发）。火灾手动报警按钮用于火灾发生时，手动向消防报警系统发出火灾信号。火灾探测器是指用来响应其附近区域由火灾产生的物理和化学现象的探测器件，是火灾自动报警系统的主要部件，它安装在监控现场，犹如系统的“感觉器官”，能不间断地监视和探测被保护区域火灾的初期信号。它将火灾发生初期所产生的烟、热、光转变成电信号，然后传送给报警控制系统。

火灾报警控制器的作用是供给火灾探测器高稳定的直流电源；监视连接各火灾探测器的传输导线有无断线故障；保证火灾探测器长期、稳定、有效地工作。当火灾探测器探测到火灾后，能接受火灾探测器发来的报警信号，迅速、正确地进行转换和处理，并以声光报警形式，指示火灾发生的具体部位，以便及时采取有效的处理措施。

在火灾自动报警系统中，火灾时用以发出区别于环境声、光或语音的火灾警报信号，以警示人们采取安全疏散、灭火救灾措施的装置称为火灾警报装置。常用的火灾警报装置有警铃（也称声警报器）、声光报警器、火灾指示灯（也称光警报器）。

5.1.2 火灾自动报警系统的工作过程

设置火灾自动报警系统是为了防止和减少火灾带来的损失和危害，保护生命和财产安全。火灾自动报警系统工作过程如图 5-2 所示。安装在保护区的火灾探测器实时监测被警戒的现场或对象，当监测场所发生火灾时，火灾探测器将检测到火灾产生的烟雾、高温、火焰及火灾特有的气体等信号，并转换成电信号，通过总线传送至报警控制器。现场的人若发现火情后，也应立即直接按动手动报警按钮，发出火警信号。火灾报警控制器接收到火警信号，经确认后，通过火灾报警控制器上的声光报警显示装置显示出来，通知值班人员发生了火灾。同时，火灾自动报警系统通过火灾报警控制器启动报警装置，通过消防广播或消防电话通知现场人员投入灭火操作或从火灾现场疏散；同时启动防烟排烟设备、防火门、防火卷帘、消防电梯、火灾应急照明、切断非消防电源等减灾装置，防止火灾蔓延、控制火势及求助消防部门支援等；启动消火栓灭火系统、自动喷水灭火系统、水幕系统及气体灭火系统及装置，及时扑救火灾，减少火灾损失。一旦火灾被扑灭，整个火灾自动报警系统又回到正常监控状态。

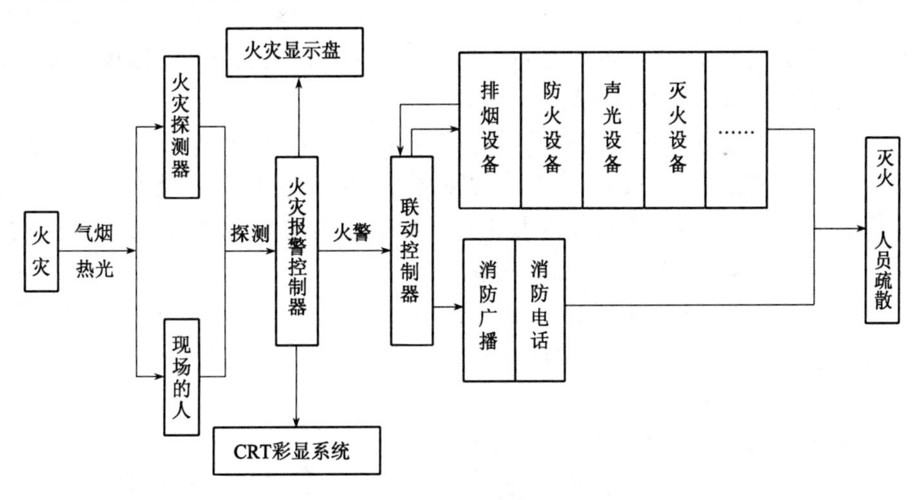

图 5-2 火灾自动报警系统工作过程

5.1.3 火灾报警控制器

火灾报警控制器是火灾报警系统的“心脏”，可分析、判断、记录和显示火灾的部件。火灾报警控制器应能直接或间接接收来自火灾探测器及其他火灾报警触发器件的火灾报警信号，发出火灾报警声、光信号，指示火灾发生部位，记录火灾报警时间，并予以保持，直至手动复位。火灾报警控制器的分类如图 5-3 所示。

火灾报警控制器的主要技术性能：

（1）工作电压：可采用 220V 交流电和 21～32V 直流电（备用）。备用电源应优先选用 24V。

（2）输出电压及允差：输出电压指供给火灾报警探测器使用的工作电压，一般为直流 24V，此时输出电压允差不大于 0.48V，输出电流一般应大于 0.5A。

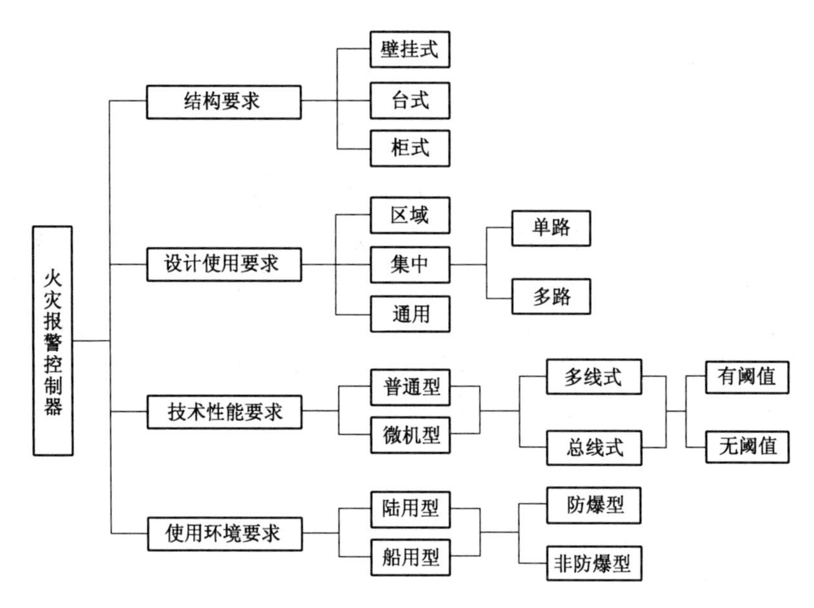

图5-3　火灾报警控制器的分类

(3) 空载功耗：指系统处于工作状态时所消耗的电源功率。空载功耗表明了该系统日常工作费用的高低，因此空载功耗应是越小越好；同时要求系统处于工作状态时，每一报警回路的最大工作电流不超过20mA。

(4) 满载功耗：指当火灾报警控制器容量不超过10路时，所有回路均处于报警状态所消耗的功率；当容量超过10路时，20%的回路（最少按10路计）处于报警状态所消耗的功率。使用时要求在系统工作可靠的前提下，尽可能减小满载功耗；同时要求在报警状态时，每一回路的最大工作电流不超过20mA。

(5) 使用环境条件：主要指报警控制器能够正常工作的条件，如温度、湿度、风速、气压等。要求陆用型环境条件为：温度－10～50℃；相对湿度≤93%（40℃）；风速＜5m/s，气压为85～106kPa。

5.1.4　火灾自动报警系统基本设计形式

火灾自动报警系统设计，一般应根据建设工程的性质和规模，结合保护对象、火灾报警区域的划分和防火管理机构的组织形式等因素，确定不同的火灾自动报警系统。根据火灾监控对象的特点、火灾报警控制器的分类，以及自动灭火联动控制要求的不同，火灾自动报警系统的基本设计形式有三种：区域报警系统、集中报警系统和控制中心报警系统。

5.1.4.1　区域报警系统

一般仅需要报警，不需要联动自动消防设备的保护对象可采用区域报警系统。

区域报警系统由区域报警控制器或火灾报警控制器、火灾探测器、手动火灾报警按钮及火灾声光警报器等组成，系统中可包括消防控制室图形显示装置和指示楼层的区域显示器。

火灾报警控制器应设置在有人值班的房间或场所。

区域报警系统设置消防控制室图形显示装置时，该装置应具有传输消防设施运行状态信息和消防安全管理信息的功能；系统未设置消防控制室图形显示装置时，应设置火警传输设备。区域火灾报警系统示意图如图 5-4 所示。

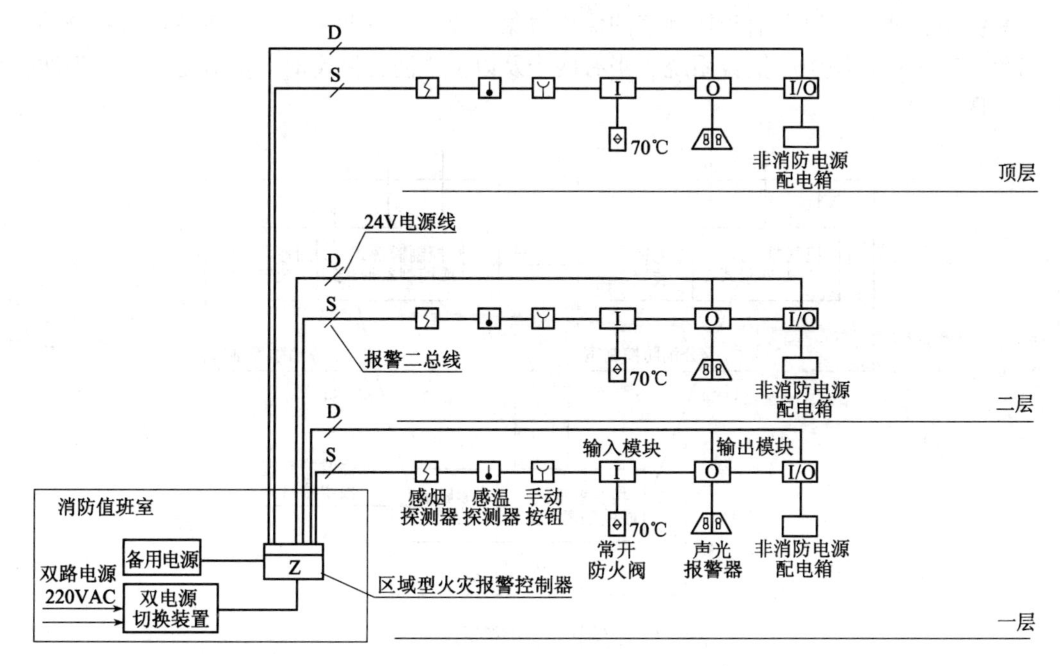

图 5-4　区域型火灾报警系统示意图

5.1.4.2　集中报警系统

集中报警系统不仅需要报警，同时需要联动自动消防设备，且只设置一台具有集中控制功能的火灾报警控制器和消防联动控制器的保护对象，并应设置一个消防控制室(图 5-5)。

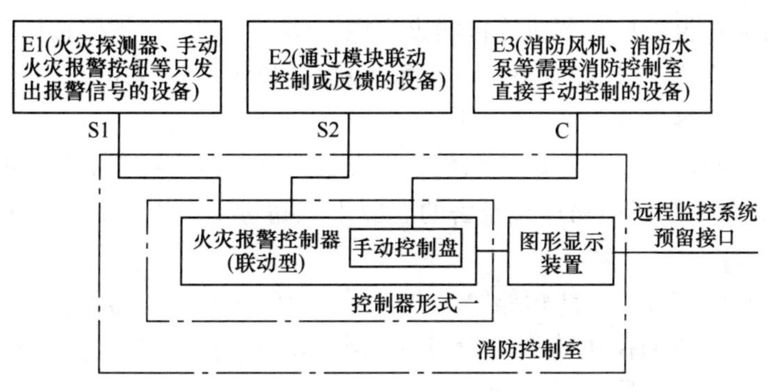

图 5-5　集中报警系统示意图

集中报警系统由火灾探测器、手动火灾报警按钮、火灾声光警报器、消防专用电话、消防控制室图形显示装置、火灾报警控制器、消防联动控制器等组成。

集中报警系统中的火灾报警控制器、消防联动控制器和消防控制室图形显示装置、消防应急广播的控制装置、消防专用电话总机等起集中控制作用的消防设备，应设置在消防控制室内。

集中报警系统设置的消防控制室图形显示装置具有传输消防设施运行状态信息和消防安全管理信息的功能。

5.1.4.3 控制中心报警系统

系统设置两个及以上消防控制室的保护对象，或已设置两个及以上集中报警系统的保护对象，应采用控制中心报警系统。当有两个及以上消防控制室时，应确定一个主消防控制室（图5-6）。

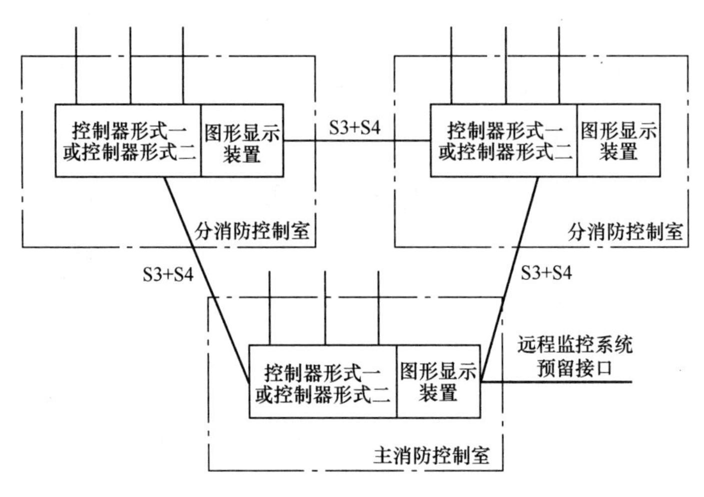

图5-6 控制中心报警系统示意图

主消防控制室能显示所有火灾报警信号和联动控制状态信号，并应能控制重要的消防设备；各分消防控制室内消防设备之间可互相传输、显示状态信息，但不应互相控制。控制中心报警系统设置的消防控制室图形显示装置具有传输消防设施运行状态信息和消防安全管理信息的功能。

5.1.4.4 设计要求

（1）任一台火灾报警控制器所连接的火灾探测器、手动火灾报警按钮和模块等设备总数和地址总数，均不应超过3200点，其中每一总线回路连接设备的总数不宜超过200点，且应留有不少于额定容量的10%的余量。

（2）任一台消防联动控制器地址总数或火灾报警控制器所控制的各类模块总数不应超过1600点，每一联动总线回路连接设备的总数不宜超过100点，且应留有不少于额定容量10%的余量。

（3）系统总线上应设置总线短路隔离器，每只总线短路隔离器保护器保护的火灾探测器、手动火灾报警按钮和模块等消防设备的总数不应超过32点；总线穿越防火分区时，应在穿越处设置总线隔离器。

（4）高度超过100m的建筑中，除消防控制室内设置的控制器外，每台控制器直接控制的火灾探测器、手动报警按钮和模块等设备不应跨越避难层。

（5）水泵控制柜、风机控制柜等消防电气控制装置不应采用变频启动方式。

5.2 火 灾 探 测 器

火灾探测器是火灾自动报警系统的重要组成部分，分布在防护区域内，用来感知初期火灾的发生，并将火灾信号传递给火灾报警控制器，实现火灾报警功能。

5.2.1　火灾探测器的分类

火灾探测器从探测方法和构造原理上可以分为：空气离化法、热（温度）检测法、火焰（光）检测法、可燃气体检测法等类型。根据以上原理，目前世界各国生产的火灾探测器主要有感烟式探测器、感温式探测器、感光式探测器、可燃气体探测器和复合式探测器等种类。火灾探测器的种类如表5-1所示，各种火灾探测器的基本动作原理和技术性能如表5-2所示。

火灾报警探测器的种类与特性　　表5-1

种类	类型	特性
感烟式探测器	离子感烟式	点型探测器①，由电离室和电子线路构成
	光电感烟式	点型探测器，由发光元件和受光原件构成
	吸气感烟式	由气体采样管网、空气分配阀、空气过滤器、抽气泵、氙灯光电探测器和报警器组成
感温式探测器	定温式	点型定温探测器和缆式线型定温探测器②
	差温式	膜盒式差温探测器（点型）和空气管式差温探测器（线型）
	差定温式	兼具差温探测和定温探测复合功能的探测器
	光纤感温式	根据探测方式分为分布式，准分布式
感光式探测器	紫外式火焰探测器	由紫外光敏管、透紫石英玻璃窗、紫外线试验灯、光学遮护板、反光环、电子电路及防爆外壳组成
	红外式火焰探测器	响应光辐射中波长大于700mm的红外辐射进行工作
可燃气体探测器	响应燃烧或热解产生的气体的火灾探测器	
复合式探测器	烟温复合式、双灵敏度感烟输出式	

① 点型探测器：是探测元件集中在一个特定点上，响应该点周围空间的火灾参量的火灾探测器。民用建筑中几乎均使用点型探测器。

② 线型探测器：是一种响应某一连续线路周围的火灾参量的火灾探测器。多用于工业设备及民用建筑中一些特定场合。

火灾报警探测器的基本动作原理和性能　　表5-2

种类	基本动作原理	性能
离子感烟式探测器	用装有一片放射性物质镅、α源构成的两个电离室和场效应晶体管等电子器件组成的电子电路，把火灾发生时的烟雾信号转换成直流电压信号而报警	采用空气离化探测法实现感烟探测，对火灾初起和阴燃阶段烟雾气溶胶检测灵敏有效，可探测到微小烟雾颗粒
光电感烟式探测器	有遮光式和散射光式两种。在检测室内装入发光元件和受光元件，当烟雾进入检测室后，受光元件的光线要么被烟雾遮挡而使光量减少，探测器发出报警信号，或由于烟粒子的作用，使发光元件发射的光产生漫反射，使受光元件受光照射而使阻抗发生变化，产生光电流而报警	根据烟雾粒子对光的吸收和散射作用实现感烟探测。宜用于特定场合
定温式探测器	易熔合金定温火灾探测器利用低熔点合金在火灾时熔化，使保险片由于本身的弹力将电接点闭合而报警	在规定时间内，火灾引起的温度上升超过某个温度定值时启动报警，有点型和线型两种结构形式

续表

种类	基本动作原理	性能
差温火灾探测器	膜盒式差温火灾探测器：在火灾发生时利用密封的金属膜盒气室内的气体膨胀，把气室底部的波纹板推动接通电接点而报警； 热敏电阻式差温火灾探测器：在火灾发生时，由于温度的变化使热敏电阻的阻值发生变化，产生电信号而报警	在规定时间内，火灾引起的温度上升速率超过某个规定值时启动报警，有点型和线型两种结构形式
差定温式火灾探测器	用探测器的定温和差温两部分组成复合式火灾探测器	兼有定温式和差温式两者的功能，可靠性较高
紫外式火焰探测器	利用紫外线探测元件，接收火焰自身发出的紫外线辐射而报警	监测物质燃烧过程中产生的火焰，多用于油品和电力装置火灾监测
红外式火焰探测器	利用红外线探测元件接收火焰自身发出的红外辐射，产生电信号而报警	根据物质燃烧时火焰的闪烁现象，探测火灾，而对一般光源不起作用，多用于电缆地沟、地下铁道及隧道等处
可燃气体探测器	按使用的气敏元件和传感器的不同分为热催化原理、热导原理、气敏原理和三端电化学原理	探测空气中可燃气体浓度、气体成分。用于宾馆厨房、炼油厂等存在可燃气体的场所

5.2.2　火灾探测器的选用

火灾探测器的选用应根据火灾探测区域内可能发生的初期火灾的形成和发展特点、房间高度、环境条件和可能引起误报的因素等综合确定。

1. 根据火灾的形成和发展特点选择探测器

根据建筑特点和火灾的形成和发展特点选用探测器，是火灾探测器选用的核心所在，应遵循以下原则：

（1）对火灾初期有阴燃阶段，产生大量的烟雾和少量的热，很少或没有火焰辐射的场所，应选择感烟探测器。

（2）对火灾发展迅速，可产生大量热、烟和火焰辐射的场所，可选择感温探测器、感烟探测器、火焰探测器或其组合。

（3）对火灾发展迅速，有强烈的火焰辐射和少量烟、热的场所，应选择火焰探测器。

（4）对使用、生产或聚集可燃气体或可燃液体蒸气的场所，应选择可燃气体探测器。

（5）对火灾形成特征不可预料的场所，可根据模拟实验的结果选择探测器。

（6）在通风条件较好的车库内可选用感烟探测器，一般车库内可选用感温探测器。

（7）对无遮挡大空间保护区域宜选用线型火灾探测器。

2. 根据房间高度选择火灾探测器

不同高度的房间可按表 5-3 和表 5-4 选择点型火灾探测器。

不同高度的房间点型火灾探测器的选择 **表 5-3**

房间高度 h (m)	点型感烟火灾探测器	点型感温火灾探测器			火焰探测器
		A1，A2	B	C，D，E，F，G	
$12<h\leq20$	不适合	不适合	不适合	不适合	适合
$8<h\leq12$	适合	不适合	不适合	不适合	适合
$6<h\leq8$	适合	适合	不适合	不适合	适合
$4<h\leq6$	适合	适合	适合	不适合	适合
$h\leq4$	适合	适合	适合	适合	适合

点型感温火灾探测器分类 **表 5-4**

探测器类别	典型应用温度 (℃)	最高应用温度 (℃)	动作温度下限值 (℃)	动作温度上限值 (℃)
A1	25	50	54	65
A2	25	50	54	70
B	40	65	69	85
C	55	80	84	100
D	70	95	99	115
E	85	110	114	130
F	100	125	129	145
G	115	140	144	160

3. 综合环境条件选用火灾探测器

火灾探测器使用的环境条件（如环境温度、气流速度、空气湿度、光干扰等）会对其工作有效性产生影响。民用建筑及其不同场所点型探测器类型的选用如表 5-5 所示。线型火灾探测器的选用如表 5-6 所示。

不同场所点型火灾探测器的选择 **表 5-5**

类型	宜选择设置的场所	不宜选择设置的场所
感烟探测器	饭店、旅馆、教学楼、办公楼的厅堂、卧室、办公室、商场等；计算机房、通信机房、电影或电视放映室等；楼梯、走道、电梯机房、车库、书库、档案库等	不宜选择离子感烟探测器的场所有：相对湿度经常大于 95%；气流速度大于 5m/s；有大量粉尘、水雾滞留；可能产生腐蚀性气体；在正常情况下有烟滞留；产生醇类、醚类、酮类等有机物质。 不宜选择光电感烟探测器的场所有：有大量粉尘、水雾滞留；可能产生蒸气和油雾；高海拔地区；在正常情况下有烟滞留
感温探测器	湿度经常大于 95%；可能发生无烟火灾；有大量粉尘；在正常情况下有烟或蒸气滞留；厨房、锅炉房、发电机房、烘干车间、吸烟室等；其他不宜安装感烟探测器的厅堂和公共场所；需要联动熄灭“安全出口”标志灯的内侧	不宜选择差温探测器的场所有：可能产生阴燃火或发生火灾不及时报警将造成重大损失；温度在 0℃以下的场所，不宜选择定温探测器；温度变化较大

续表

类型	宜选择设置的场所	不宜选择设置的场所
火焰探测器	火灾时有强烈的火焰辐射；液体燃烧火灾等无阴燃阶段的火灾；需要对火焰做出快速反应	探测器的“视线”易被油雾、烟雾、水雾和冰雪遮挡；在火焰出现前有浓烟扩散；探测器的镜头易被污染；探测器宜受阳光或其他光源直接或间接照射；探测区域内的可燃物是金属和无机物
可燃气体探测器	用可燃气体的场所；燃气站和燃气表房以及存储液化石油气罐的场所；其他散发可燃气体和可燃蒸气的场所	有可能产生一氧化碳气体的场所，宜选择一氧化碳气体探测器
复合式探测器	装有联动装置、自动灭火系统以及用单一探测器不能有效确认火灾的场合，宜采用感温探测器、感烟探测器、火焰探测器的组合	

不同场所线型探测器的选择 **表 5-6**

类型	设置的场所
红外光束感烟探测器	无遮挡大空间或有特殊要求的场所
缆式线型定温探测器	电缆隧道、电缆竖井、电缆夹层、电缆桥架等；不易安装点型探测器的夹层、闷顶；各种皮带输送装置；其他环境恶劣不适合点型探测器安装的场所
吸气式感烟探测器	具有高速气流的场所；点型感烟、感温火灾探测器不适宜的大空间、舞台上方、建筑高度超过 12m 或有特殊要求的场所；低温场所；需要进行隐蔽探测的场所；需要进行火灾早期探测的重要场所；人员不宜进入的场所

5.3 消防联动控制系统

火灾自动报警系统应具备对室内消火栓系统、自动喷水灭火系统、气体灭火系统、防烟排烟系统、防火门及防火卷帘系统、电梯系统、火灾警报和消防应急广播系统、消防应急照明和疏散指示系统及相关联动系统的联动控制功能。

5.3.1 室内消火栓系统的联动控制

室内消火栓系统由消防给水设备（包括供水管网、消火栓泵及阀门等）和电控部分（包括手动报警器、消防中心启泵装置及消火栓泵控制柜等）组成。室内消火栓系统中消防泵联动控制流程如图 5-7 所示。

室内消火栓系统应具有以下控制功能：

（1）消防控制室自动/手动控制启停泵。消防控制室火灾报警控制柜接收现场报警信号（消火栓按钮、手动报警按钮、报警探测器等），通过与总线连接的输入、输出模块自动/手动启停消防泵，并显示消防泵的工作状态。

（2）硬接线手动直接控制。从消防控制室报警控制台到泵房的消防泵启动柜用硬接线方式直接启动消火栓泵。当火灾发生时，可在消防控制室直接手动操作启动消防泵进行灭火，并显示泵的工作状态。

（3）消火栓泵联动控制方式，应由消火栓系统出水干管上设置的低压压力开关、高位

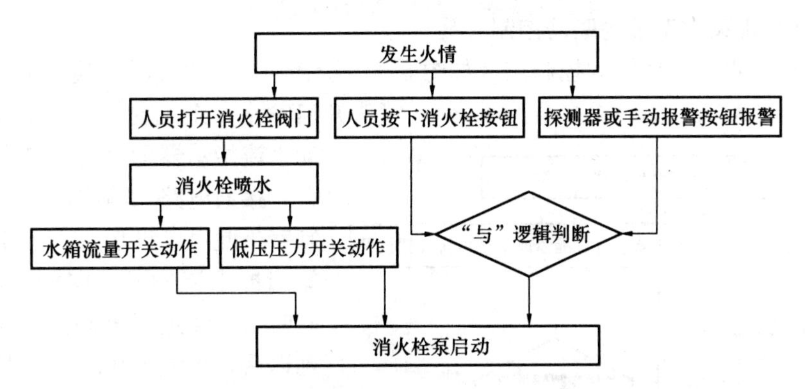

图 5-7 消火栓泵联动控制系统工作流程图

消防水箱出水管上设置的流量开关或报警阀压力开关等信号作为触发信号，直接控制启动消火栓泵，联动控制不应受消防联动控制器处于自动或手动状态影响。消火栓按钮应作为报警信号及启动消火栓泵的联动触发信号，由消防联动控制器联动控制消火栓泵的启动。

图 5-8 为临时高压消火栓灭火系统联动控制示意图。

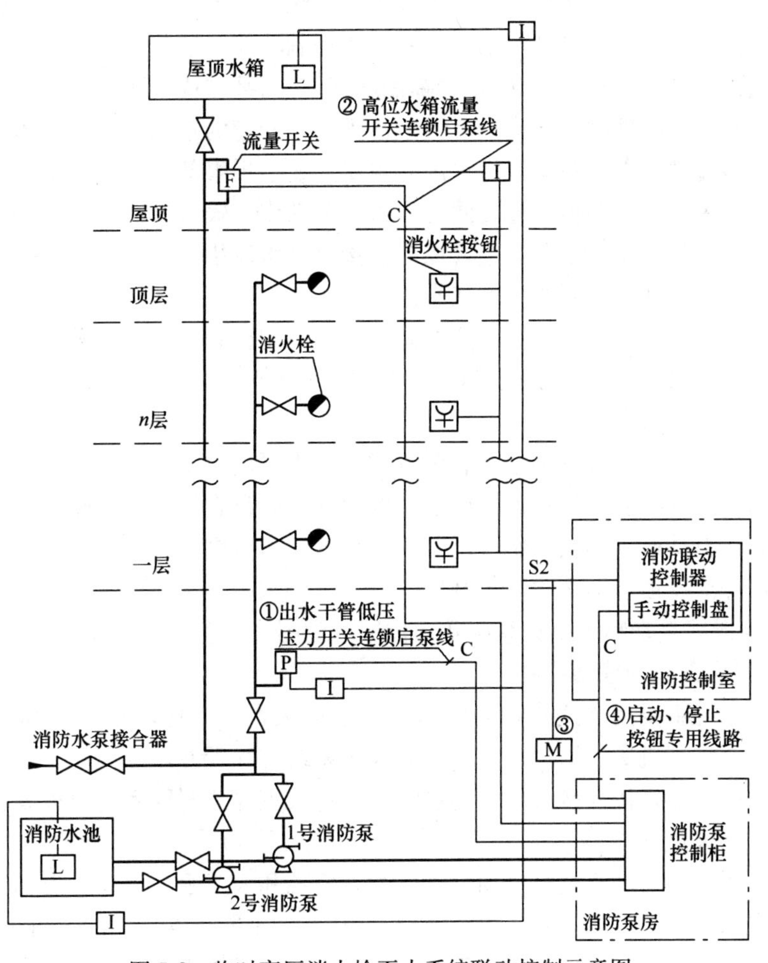

图 5-8 临时高压消火栓灭火系统联动控制示意图

5.3.2　自动喷水灭火系统的联动控制

湿式自动喷水灭火系统的控制流程如图 5-9 所示。当发生火灾时，喷头上的玻璃球破碎（或易熔合金喷头上的易熔合金片脱落），喷头开启喷水，系统支管的水流动，水流推动水流指示器的桨片，使其电触点闭合，接通电路，输出电信号至消防控制室。此时，设在主干管上的湿式报警阀被水流冲开，向洒水喷头供水，同时水流经过报警阀流入延迟器，经延迟后，再流入压力开关使压力继电器动作接通，动作信号也送至消防控制室。随后，喷淋泵启动，启泵信号返回至消防控制室，而压力继电器动作的同时，启动水力警铃，发出报警信号。当支管末端放水阀或试验阀动作时，也将有相应的动作信号送入消防控制室，这样既保证了火灾时动作无误，又方便平时维修检查。喷淋泵可受水路系统的压力开关或水流指示器直接控制，延时启动泵，或者由消防控制室控制启停泵。自动喷水灭火系统的控制功能如下：

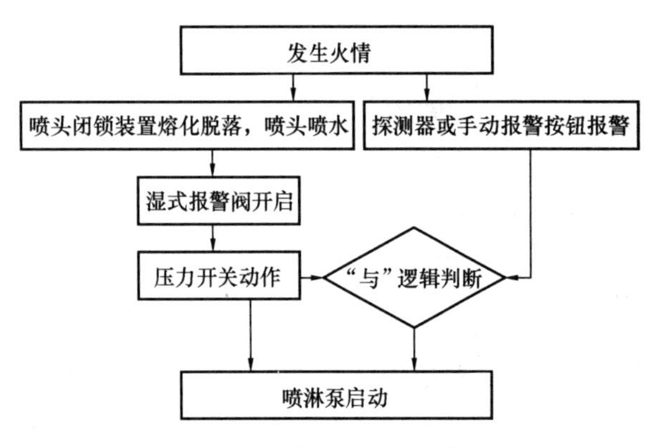

图 5-9　湿式自动喷水灭火系统控制流程图

（1）总线控制方式（具有手动/自动控制功能）。当某层或某防火分区发生火灾时，喷头表面温度达到动作温度后，喷头开启，喷水灭火，相应的水流指示器动作，其报警信号通过输入模块传递到报警控制器，发出声光报警并显示报警部位，随着管内水压下降，湿式报警阀动作，带动水力警铃报警，同时压力开关动作，输入模块将压力开关的动作报警信号通过总线传递到报警控制器，报警控制器接收到水流指示器和压力开关报警后，向喷淋泵发出启动指令，并显示泵的工作状态。

（2）硬接线手动直接控制。从消防控制室报警控制台到泵房的喷淋泵启动柜用硬接线方式直接启动喷淋泵。当火灾发生时，可在消防控制室直接手动操作启动喷淋泵进行灭火，并显示泵的工作状态。

（3）喷淋泵联动控制有三种远程启泵方式：①水泵出水干管上设置的压力开关直接连锁启泵；②消防联动控制器联动控制启泵；③手动控制盘直接启泵。联动控制不应受消防联动控制器处于自动或手动状态影响。水流指示器、信号阀、压力开关、喷淋泵的启动和停止的动作信号应反馈至消防联动控制器。

图 5-10 为湿式自动喷水灭火系统联动控制示意图。

5.3.3　气体灭火系统的联动控制

气体灭火系统主要用于建筑物内不适宜用水灭火，且又比较重要的场所。如变配电室、通信机房、计算机房、档案室等。气体灭火系统应配置专用的气体灭火控制器。

气体灭火控制器直接连接火灾探测器时，通过火灾探测报警系统对灭火装置进行联动控制，实现自动灭火。

气体灭火系统的启动方式有自动启动、紧急启动和人工手动启动。自动启动信号要求来自不同火灾探测器的组合（防止误动作）。自动启动不能正常工作时，可采用紧急启动，紧急启动不能正常工作时，可采用人工手动启动。典型气体灭火联动控制系统工作流程如

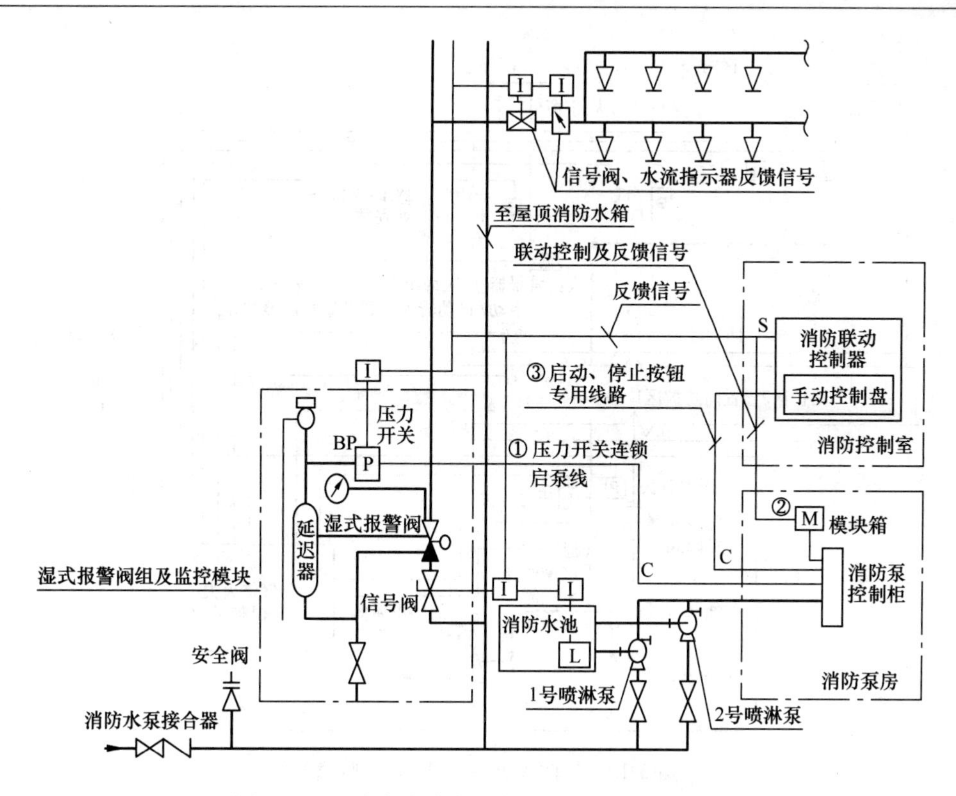

图 5-10　湿式自动喷水灭火系统联动控制示意图

图 5-11 所示。气体灭火系统联动控制示意图如图 5-12 所示（采用集中探测报警方式）。

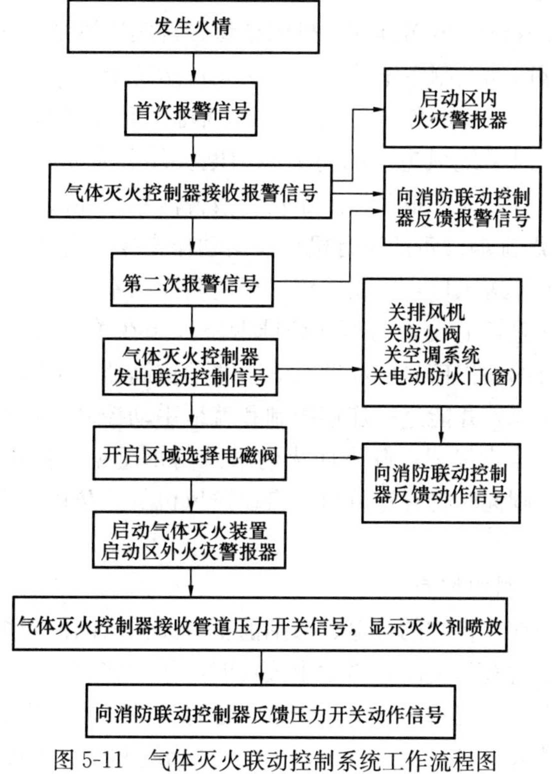

图 5-11　气体灭火联动控制系统工作流程图

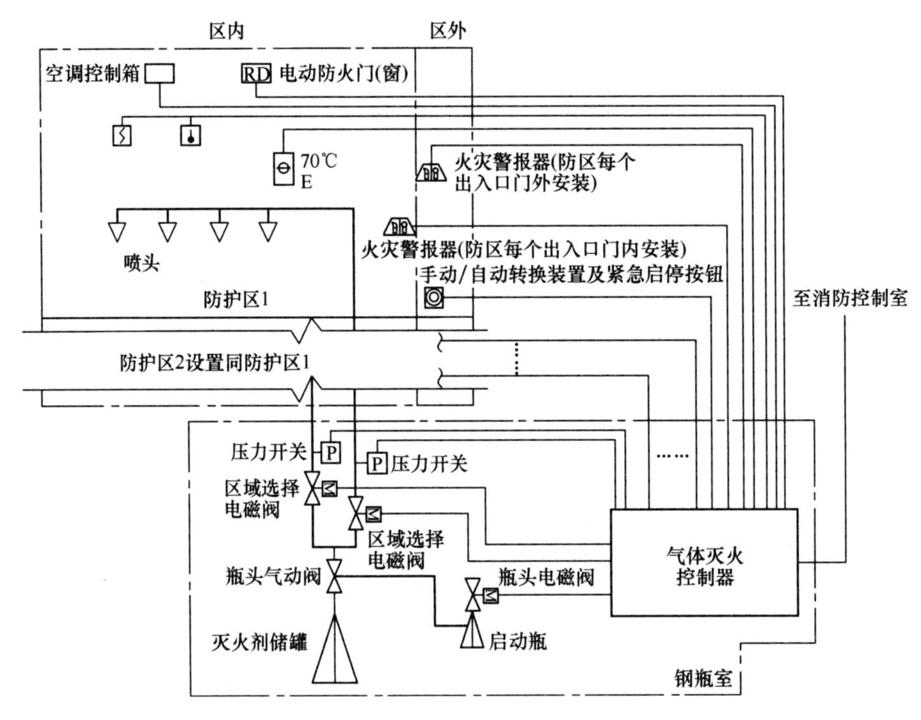

图 5-12 气体灭火系统联动控制示意图

5.3.4 防烟排烟设备的联动控制

5.3.4.1 防烟排烟系统控制

防烟排烟系统一般在选定自然排烟、机械排烟、自然通风系统或机械加压送风系统四种方式后进行防烟排烟联动控制系统的设计。在无自然防烟、排烟的条件下，走廊作机械排烟，前室作加压送风，楼梯间作加压送风。防烟排烟系统的控制流程如图 5-13 所示。发生火灾后，空调、通风系统风道上的防火阀熔断关闭并发出报警信号，同时感烟（感温）探测器发出报警信号，火灾报警控制器收到报警信号，确认火灾发生位置，由联动控制盘自动/手动向各防烟排烟设备的执行机构发出动作指令，启动加压送风机和排烟风机、开启排烟阀（口）和正压送风口，并反馈信号至消防控制室。

排烟风机入口处的总管上设置的 280°C 排烟防火阀在关闭后应直接联动控制风机停止，排烟防火阀及风机的动作信号应反馈至消防联动控制器。消防控制室能显示各种电动防烟排烟设备的运行情况，并能进行连锁控制和就地手动控制，根据火灾情况打开有关排烟道上的排烟口，启动排烟风机，降下防火卷帘及防烟垂壁，停止防火分区内的空调系统，设有正压送风系统则同时打开送风口、启动送风机等。防排烟系统联动控制示意图如图 5-14 所示。

5.3.4.2 排烟阀和防火阀的控制

排烟阀或送风阀装在建筑物的过道、防烟前室或无窗房间的防烟排烟系统中，用作排烟口或加压送风口。平时阀门关闭，当发生火灾时，阀门接收信号打开。防火阀一般装在有防火要求的通风及空调系统的风道上。正常时是打开的，当发生火灾时，随着烟气温度上升，熔断器熔断，使阀门自动关闭。图 5-15 为排烟阀和防火阀安装示意图。在由空调

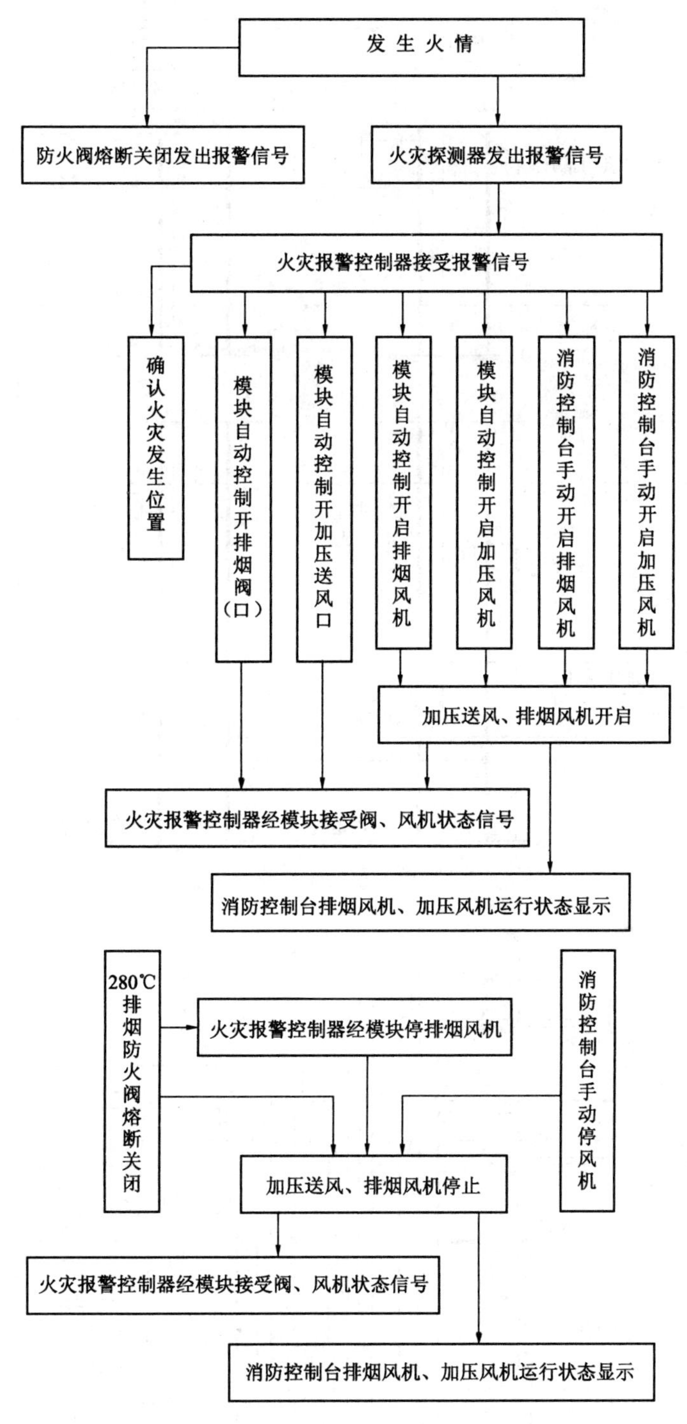

图 5-13　防烟排烟系统控制流程

控制的送风管道中安装的防火阀，在火灾时应能自动关闭，停止送风。在回风管道回风口处安装的防火阀也应在火灾时能自动关闭。但在由排烟风机控制的排烟管道中安装的排烟阀，在火灾时则应打开排烟。

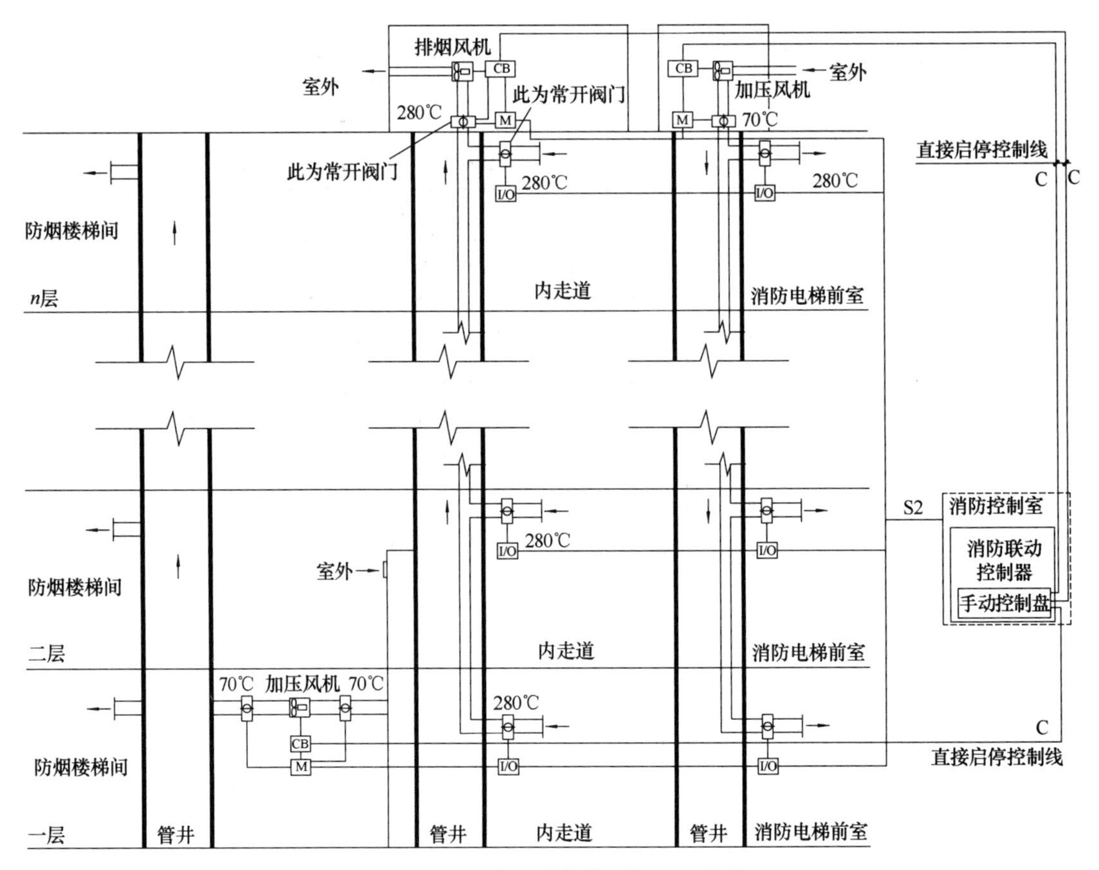

图 5-14　防排烟系统联动控制示意图

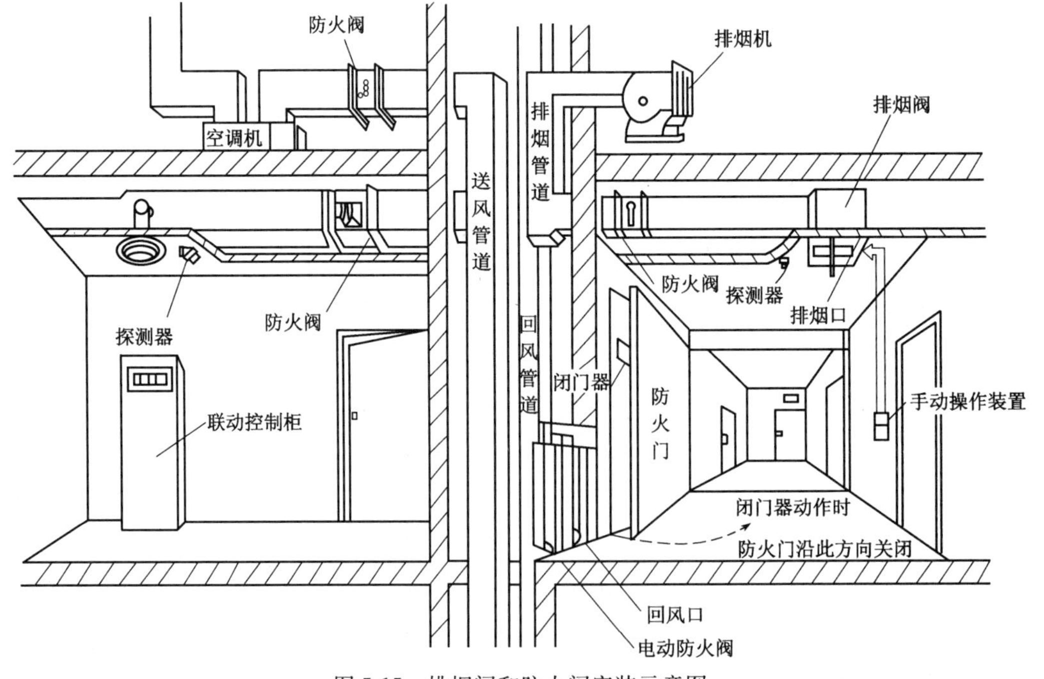

图 5-15　排烟阀和防火阀安装示意图

5.3.5 防火卷帘及防火门的控制

5.3.5.1 防火卷帘的控制

防火卷帘是安装在建筑物洞口处的防火、隔热设施，能有效阻止火势蔓延。其可通过传动装置和控制系统控制卷帘的升降。防火卷帘设计的一般要求为：

（1）疏散通道上的防火卷帘，卷帘门两侧应设置由火灾探测器组成的警报装置，且两侧应设置手动控制按钮。

（2）疏散通道上的防火卷帘应按下列程序自动控制下降（安装图见图5-16）：

1）感烟探测器动作后，卷帘下降至距地面1.8m；

2）感温探测器动作后，卷帘下降到底。

（3）用作防火分隔的防火卷帘，火灾探测器动作后，卷帘应下降到底（安装图见图5-17）。

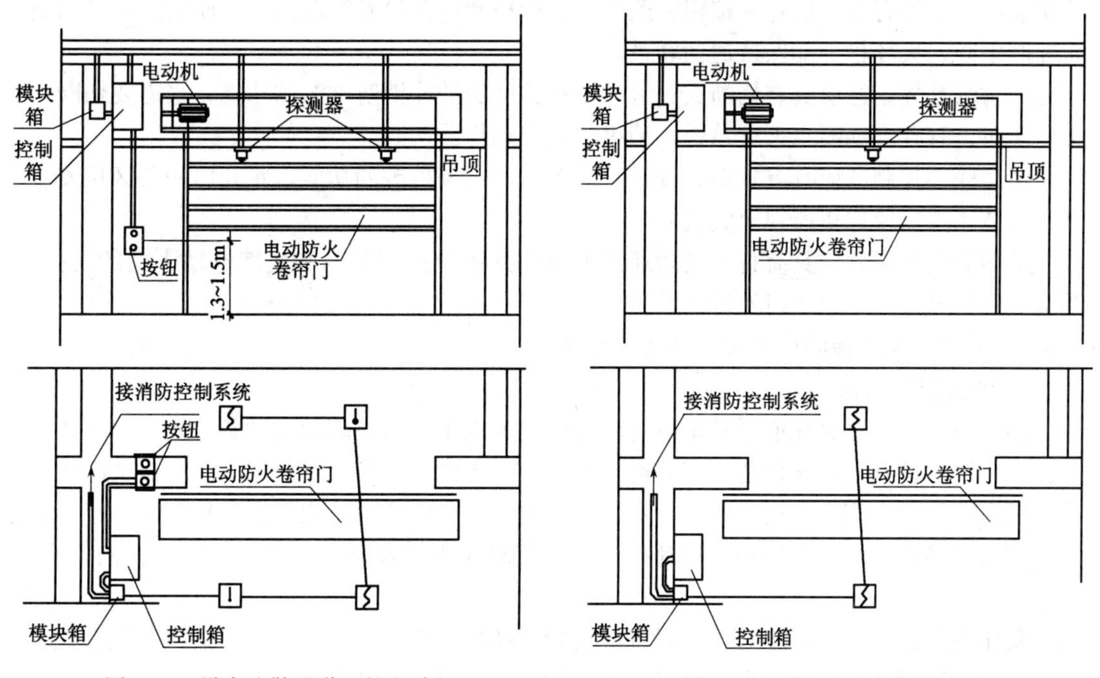

图5-16 设在疏散通道上的电动防火卷帘门安装图

图5-17 用作防火分隔的电动防火卷帘门安装图

（4）消防控制室应能远程控制防火卷帘。

（5）感烟、感温火灾探测器的报警信号及防火卷帘的关闭信号应送至消防控制室。

（6）当防火卷帘采用水幕保护时，水幕电动阀的开启宜用定温探测器与水幕管网有关的水流指示器组成的控制电路控制。

5.3.5.2 防火门的控制

疏散通道上的防火门有常闭型和常开型。常闭型防火门有人通过后，闭门器将门关闭不需要联动。常开型防火门平时开启，防火门任一侧所在防火分区内两只独立的火灾探测器或一只火灾探测器与一只手动报警按钮报警信号的“与”逻辑联动防火门关闭。防火门的故障状态可以包括闭门器故障、门被卡后未完全关闭等。常开防火门系统的联动控制设计，应符合下列规定：

（1）由防火门所在防火分区任意两只感烟探测器或一只感烟探测器和一只手动报警按钮的报警信号作为触发信号，由消防联动控制器或防火门监控器联动控制防火门关闭。

（2）疏散通道上各防火门的开启、关闭及故障状态信号应反馈至防火门监控器。

5.3.6 非消防电源断电及消防电梯应急控制系统

消防电梯是在火灾发生时消防人员扑救火灾和营救人员的重要通道。消防控制中心在确定火灾后，消防控制室内的主控机通过现场控制模块应能控制全部电梯迫降至首层或电梯转换层，并接收其反馈信号。

消防电梯除了正常供电线路外，还应有事故备用电源，使之不受火灾时停电的影响。

消防电梯要有专用操作装置，该装置可设在消防控制中心，也可设在消防电梯首层或转换层的操作按钮处。消防电梯在火灾状态下应能在消防控制室和首层或转换层电梯门庭处明显的位置设有控制迫降的按钮。此外，电梯桥厢内要设专线电话，以便消防队员与消防控制中心、火场指挥部保持通话联系。

消防联动控制器应具有切断火灾区域及相关区域的非消防电源的功能，当需要切断正常照明时，宜在自动喷水灭火系统、消火栓系统动作前切断。

消防联动控制器应具有自动打开设计疏散的电动栅栏等的功能，宜开启相关区域安全技术防范系统的摄像机监视火灾现场。

消防联动控制器应具有打开疏散通道上由门禁系统控制的门和庭院电动大门的功能，并应具有打开停车场出入口挡杆的功能。

5.3.7 消防应急广播和火灾警报系统的联动

1. 消防应急广播

消防应急广播是火灾或意外事故时能有效迅速地组织人员疏散的设备，其主体设备可与消防控制室的其他消防设备一起装配在消防控制柜内，设备的工作电源统一由消防控制系统的电源提供。当发生火灾时，火灾探测器将火灾信号传送给火灾报警控制器，经确认后，再通过消防应急广播控制器启动扬声器，及时向人们通报火灾部位，指导人们安全、迅速疏散。

集中报警系统和控制中心报警系统应设置消防应急广播。消防应急广播系统联动控制信号应由消防联动控制器发出。当确认火灾后，应同时向全楼进行广播。

2. 火灾警报系统

火灾警报系统是发生火灾或意外事故时向人们发出警告的装置，主要包括警铃、警笛、警灯等。虽然火灾应急广播设备与火灾警报装置在设置范围上有差异，但使用目的是一致的，即及时向人们通报火灾信息，指导人们安全、迅速疏散。

火灾警报系统应设置火灾声光警报器，并应在确认火灾后启动建筑内的所有火灾声光警报器。未设置消防联动控制器的火灾自动报警系统，火灾声光警报器应由火灾报警控制器控制；设置消防联动控制器的火灾自动报警系统，火灾声光警报器应由火灾报警控制器或消防联动控制器控制。

为了保证安全，火灾警报装置应在火灾确认后，由消防控制室按疏散顺序统一向有关区域发出警报。

火灾警铃是一种安装于走道、楼梯等公共场所的火灾警报装置。在建筑中设置的火灾警铃通常按照防火分区设置，其报警方式采用分区报警。在装设手动报警开关处需装设火灾警铃或讯响器，一旦发现火灾，操作手动报警开关就可向本地区报警。

5.3.8 消防应急照明与疏散指示系统的联动

火灾发生时，无论是在事故停电还是人为切断电源的情况下，为了保证火灾扑救人员的正常工作和人员安全疏散，防止疏散通道骤然变暗带来的影响，抑制人们心理上的惊慌，必须保证一定的电光源，据此而设置的照明统称为消防应急照明。消防应急照明有两个作用：一是使消防人员继续工作；二是使人员安全疏散。消防应急照明包含疏散指示照明，消防应急照明和疏散指示照明系统联动控制如图 5-18 所示。

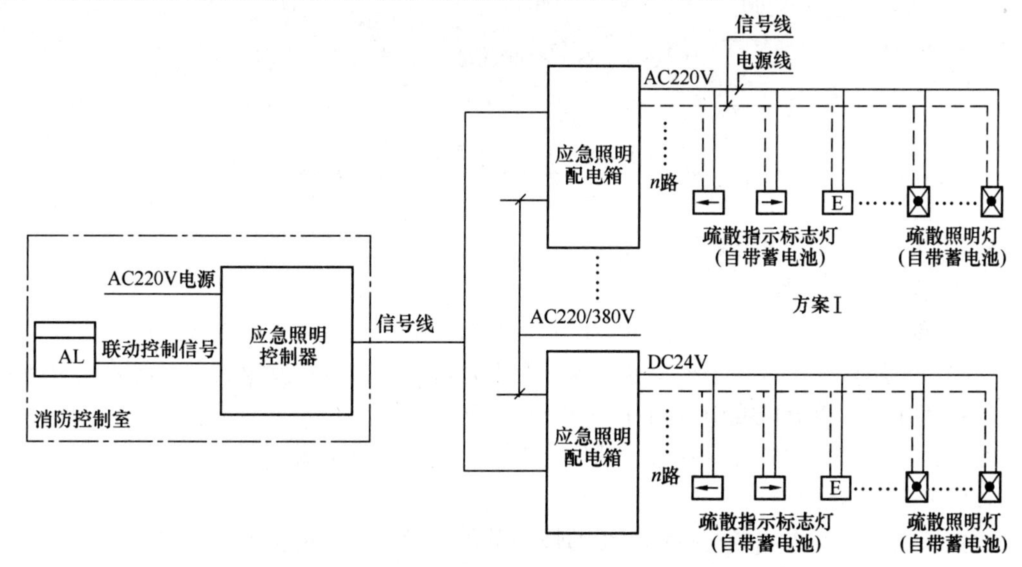

图 5-18 消防应急照明和疏散指示照明系统联动控制示意图

消防应急照明是在发生火灾时，保证重要部位或房间能继续工作及在疏散通道上达到最低照度的照明。消防应急照明系统按消防应急灯具的控制方式可分为集中控制型和非集中控制型。系统设计应遵循系统架构简洁、控制简单的基本设计原则，包括灯具布置、系统配电、系统在非火灾状态下的控制设计、系统在火灾状态下的控制设计；集中控制型系统尚应包括应急照明控制器和系统通信线路的设计。

疏散指示标志是以显眼的文字，鲜明的箭头标记指明疏散方向，引导疏散的符号标记，它与电光源的组合称为疏散指示灯。疏散指示灯在发生火灾时能够指明疏散通道和入口的位置及方向，便于人员有秩序地疏散。

疏散指示方案应包括确定各区域疏散路径、指示疏散方向的消防应急标志灯具的指示方向和指示疏散出口、安全出口消防应急标志灯具的工作状态，并应符合下列规定：

（1）具有一种疏散指示方案的区域，应按照最短路径疏散的原则确定该区域的疏散指示方案。

（2）需要借用相邻防火分区疏散的防火分区，应根据火灾时相邻防火分区可借用和不可借用的两种情况，分别按最短路径疏散原则和避险原则确定相应的疏散指示方案。

（3）需要采用不同疏散预案的场所，应分别按照最短路径疏散原则和避险疏散原则确定相应疏散指示方案；其中，按最短路径疏散原则确定的疏散指示方案为该场所默认的疏散指示方案。

图 5-19 为建筑中疏散照明和疏散指示标志布置示意图。

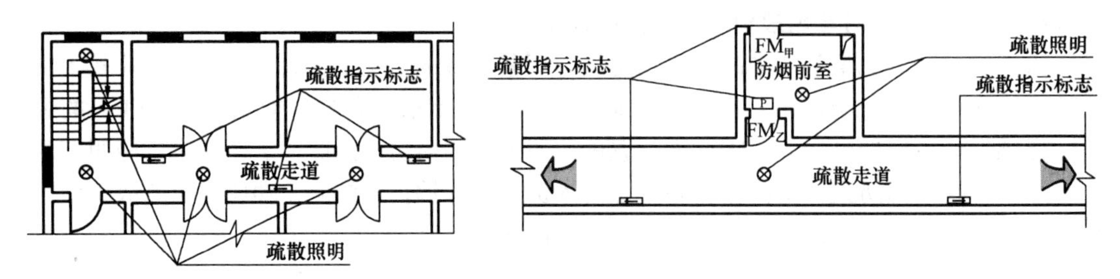

图 5-19　建筑中疏散照明和疏散指示标志布置示意图

5.4　火灾自动报警系统的设计

5.4.1　火灾报警区域和探测区域的划分

5.4.1.1　报警区域的划分

火灾报警区域是将火灾自动报警系统所警戒的范围按照防火分区或楼层划分的报警单元。可将一个防火分区或一个楼层划分为一个报警区域，也可将发生火灾时需要同时联动设备的相邻几个防火分区或楼层划分为一个报警区域。

每个火灾报警区域应设置一台区域报警控制器或区域显示盘。

5.4.1.2　探测区域的划分

火灾探测区域是火灾自动报警系统的最小单位，代表了火灾报警的具体部位。它能帮助值班人员及时、准确地到达火灾现场，采取有效措施，扑灭火灾，减少损失。

火灾探测区域是将报警区域按照探测火灾的部位划分的单元。每一个火灾探测区域对应在火灾报警控制器（或楼层显示盘）上显示一个部位号，这样才能迅速而准确地探测出火灾报警的具体部位。因此，在被保护的火灾报警区域内应按顺序划分火灾探测区域。

火灾探测区域的划分应符合下列要求：

（1）火灾探测区域应按独立房（套）间划分。一个探测区域的面积不宜超过 $500m^2$；从主要入口能看清其内部，且面积不超过 $1000m^2$ 的房间，也可化为一个探测区域。

（2）红外光束线型感烟火灾探测器和缆式线型感温火灾探测器的探测区域长度，不宜超过 100m；空气管差温火灾探测器的探测区域长度宜在 20～100m 之间。

5.4.2　火灾探测器及手动报警按钮的设置

5.4.2.1　火灾探测器设置部位

火灾探测器设置的部位如表 5-7 所示。

火灾探测器的设置部位　　　　表 5-7

类型	设置部位
商业建筑	财贸金融楼的办公室、营业厅、票证库
	电信楼、邮政楼的机房和办公室
	商业楼的营业厅、展览楼的展览厅和办公室
	旅馆的客房和公共活动用房

续表

类型	设置部位
商业建筑	办公楼的办公室、会议室、档案室
	体育馆、影剧院、会堂、礼堂的舞台、化妆室、道具室、放映室、观众厅、休息厅及其附设的一切娱乐场所
	陈列室、展览室、营业厅、商业餐厅、观众厅等公共活动用房
重要的公共建筑	电力调度楼、防灾指挥调度楼等的微波机房、计算机房、控制机房、动力机房和办公室
	广播电视楼的演播室、播音室、录音室、办公室、节目播出技术用房、道具布景房
	图书馆的书库、阅览室、办公室
	档案楼的档案库、阅览室、办公室
一般公共建筑	医院病房楼的病房、办公室、医疗设备室、病历档案室、药品库
	科研楼的办公室、资料室、贵重设备室、可燃物较多和火灾危险性较大的实验室
	教学楼的电化教室、理化演示和实验室、贵重设备和仪器室
	公寓（宿舍、住宅）的卧室、书房、起居室（前厅）、厨房；以可燃气为燃料的商业和企事业单位的公共厨房及燃气表房
	电子计算机的主机房、控制室、纸库、光和磁记录材料库
机房、楼梯间、竖井等空间	空调机房、配电室（间）、变压器室、自备发电机房、电梯机房
	消防电梯、防烟楼梯的前室及合用前室、走道、门厅、楼梯间
	敷设具有可延燃绝缘层和外护层电缆的电缆竖井、电缆夹层、电缆隧道、电缆配线桥架
闷顶、夹层	净高超过 0.8m 的具有可燃物的闷顶、商业用或公共厨房。净高超过 2.6m 且可燃物较多的技术夹层
汽车库	高层汽车库，Ⅰ类汽车库，Ⅰ、Ⅱ类地下汽车库、机械立体汽车库、复式汽车库、采用升降梯作汽车疏散出口的汽车库（敞开车库可不设）

5.4.2.2 火灾探测器数量的确定

在探测区域内的每个房间应至少设置一只火灾探测器。当某探测区域较大时，探测器的设置数量应根据探测器不同种类、房间高度以及被保护面积的大小而定；若房间顶棚有 0.6m 以上梁隔开时，每个隔开部分应划分一个探测区域，然后再确定探测器数量。

根据探测器监视的地面面积 S、房间高度、屋顶坡度及火灾探测器的类型，由表 5-8确定不同种类探测器的保护面积和保护半径，由式（5-1）计算出所需设置的探测器数量。

$$N \geqslant \frac{S}{K \cdot A} \tag{5-1}$$

式中 N——一个探测区域内所需设置的探测器数量，只，N 取整数；

S——一个探测区域的面积，m^2；

A——探测器的保护面积，m^2；

K——修正系数，容纳人数超过 10000 人的公共场所，取 0.7～0.8；容纳人数为 2000～10000 人的公共场所，宜取 0.8～0.9；容纳人数为 500～2000 人的公共场所，宜取 0.9～1.0；其他场所可取 1.0。

感烟、感温探测器的保护面积和保护半径　　**表 5-8**

火灾探测器的种类	地面面积 S（m^2）	房间高度 h（m）	一只探测器的保护面积 A 和保护半径 R					
			屋顶坡度 θ					
			$\theta\leqslant 15°$		$15°<\theta\leqslant 30°$		$\theta>30°$	
			A（m^2）	R（m）	A（m^2）	R（m）	A（m^2）	R（m）
感烟探测器	$S\leqslant 80$	$h\leqslant 12$	80	6.7	80	7.2	80	8.0
	$S>80$	$6<h\leqslant 12$	80	6.7	100	8.0	120	9.9
		$h\leqslant 6$	60	5.8	80	7.2	100	9.0
感温探测器	$S\leqslant 30$	$h\leqslant 8$	30	4.4	30	4.9	30	5.5
	$S>30$	$h\leqslant 8$	20	3.6	30	4.9	40	6.3

注：保护面积指一只探测器能有效探测的地面面积；保护半径指一只探测器能有效探测的单向最大水平距离。

5.4.2.3　火灾探测器布置与安装

当一个探测区域所需的探测器数量确定后，如何布置这些探测器，依据是什么，会受到哪些因素的影响，如何处理等是设计中最关心的问题。

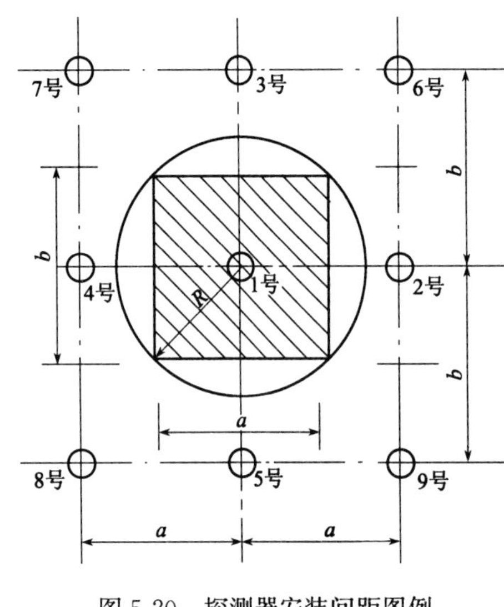

图 5-20　探测器安装间距图例

1. 探测器的安装间距

探测器的安装间距为两只相邻探测器中心之间的水平距离，如图 5-20 所示。当探测器矩形布置时，a 为横向安装间距，b 为纵向安装间距。图 5-20 中，1 号探测器的安装间距是指其与之相邻的 2 号、3 号、4 号、5 号探测器之间的距离。

2. 探测器的平面布置

布置的基本原则是被保护区域都要处于探测器的保护范围之中。一个探测器的保护面积是以它的保护半径 R 为半径的内接正四边形面积，而它的保护区域是一个保护半径为 R 的圆（图 5-20）。A、R、a、b 之间近似符合如下关系：

$$A = a\times b \tag{5-2}$$

$$R = \sqrt{\left(\frac{a}{2}\right)^2 + \left(\frac{b}{2}\right)^2} \tag{5-3}$$

$$D = 2R \tag{5-4}$$

工程设计中，为了减少探测器布置的工作量，常借助于“安装间距 a、b 的极限曲线”（图 5-21）确定满足 A、R 的安装间距，其中 D 为保护直径。图 5-21 中的极限曲线 D_1～D_4 和 D_6 适于感温探测器，极限曲线 D_7～D_{11} 和 D_5 适于感烟探测器。

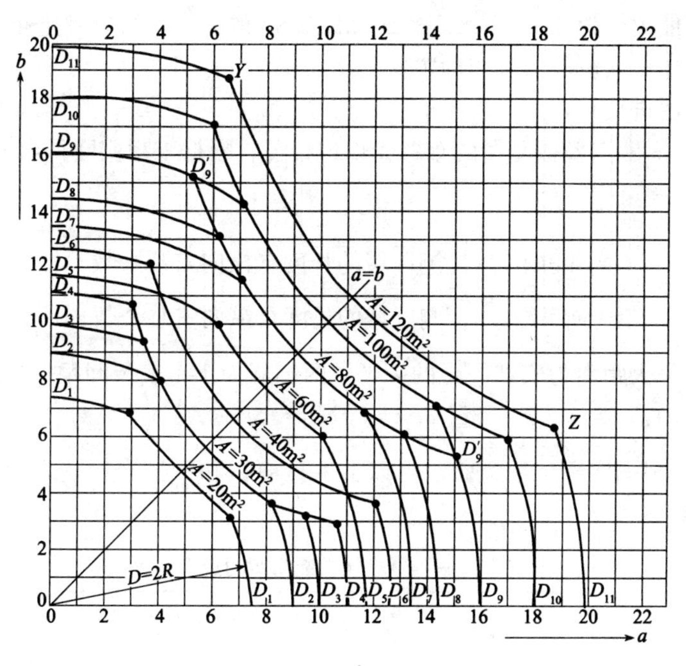

图 5-21　安装间距极限曲线

当从表 5-8 查得保护面积 A 和保护半径 R 后，计算保护直径 $D=2R$，根据算得的 D 值和对应的保护面积 A，在图 5-21 上取一点，此点所对应的数即为安装距离 a、b。具体布置后，再检验探测器到最远点水平距离是否超过了探测器的保护半径，若超过，应重新布置或增加探测器的数量。

【例 5-1】

某高层教学楼的其中一个阶梯教室被划分为一个探测区域，其地面面积为 30m×40m，房顶坡度为 13°，房间高度为 8m，试对该教室进行火灾探测器的布置。

【解】

(1) 根据所用场所可知，阶梯教室选感温和感烟探测器均可，但根据房间高度，仅能选感烟探测器。

(2) 因人数在 500～2000 人，属于学校，故 K 取 1.0，地面面积 30m×40m=1200m² >80m²，房间高度 h=8m，在 $6<h\leqslant12$ 之间，房间坡度 $\theta=13°\leqslant15°$。查表 6-8 得，保护面积 A=80m²，保护半径 R=6.7m。

$$N\geqslant\frac{S}{K\cdot A}=\frac{1200}{1\times80}=15\text{ 只}$$

(3) $D=2R=2\times6.7=13.4$m。

根据图 5-21 中曲线 D_7 上 YZ 线段上选取探测器安装间距 a、b 的数值，并根据现场实际情况调整，最后取 a=8m，b=10m，布置方式如图 5-22 所示。

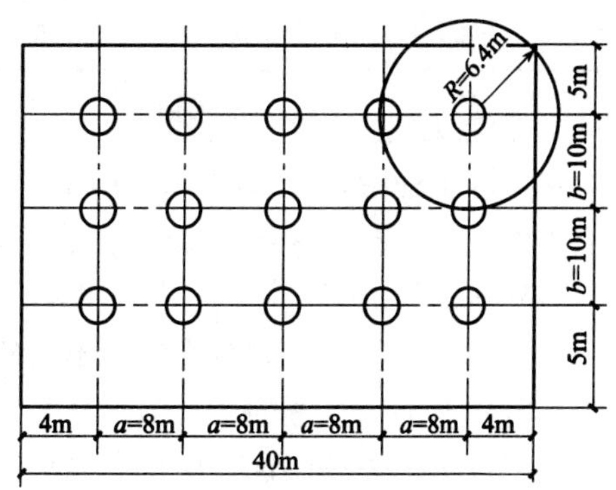

图 5-22　探测器的布置示例

(4) 验证。根据图 5-22，由式 (5-3) 得探测器的保护半径：$R=\sqrt{4^2+5^2}=6.4\text{m}<6.7\text{m}$，

且探测器距墙的最大值为 5m，不大于安装间距 10m 的一半，可以判定布置合理。

（5）除了上述根据极限曲线图确定探测器的布置间距外，实际工程中还常常用经验法和查表法对探测器进行布置。

1）经验法：一般点型探测器的布置为均匀布置，根据工程实际得出经验公式为：

$$D=2R=2\times6.7=13.4$$

$$a(\text{横向间距})=\text{探测区域的长度}/(\text{横向安装个数}+1)$$

$$b(\text{纵向间距})=\text{探测区域的长度}/(\text{纵向安装个数}+1)$$

因为距墙的最大距离为安装间距的一半，两侧墙为 1 个安装间距。按经验法，阶梯教室探测器的布置为：$a=40/5=8\text{m}$，$b=30/3=10\text{m}$。

2）查表法：根据实际工程经验，可以由保护面积和保护半径查表 5-9 确定火灾探测器最佳安装间距。

火灾探测器最佳安装间距的选择　　**表 5-9**

探测器种类	保护面积 $A(\text{m}^2)$	保护半径 $R(\text{m})$	参照的极限曲线	最佳安装间距 a、b 及其保护半径 $R(\text{m})$									
				$a\times b$	R	$a\times b$	R	$a\times b$	R	$a\times b$	R	$a\times b$	R
感烟探测器	60	5.8	D_5	7.7×7.7	5.4	8.3×7.2	5.5	8.8×6.8	5.6	9.4×6.4	5.7	9.9×6.1	5.8
	80	6.7	D_7	9.0×9.0	6.4	9.6×8.3	6.3	10.2×7.8	6.4	10.8×7.4	6.5	11.4×7.0	6.7
	80	7.2	D_8	9.0×9.0	6.4	10.0×10.0	6.4	11.0×7.3	6.6	12.0×6.7	6.9	13.0×6.1	7.2
	80	8.0	D_9	9.0×9.0	6.4	10.6×7.5	6.5	12.1×6.6	6.9	13.7×5.8	7.4	15.4×5.3	8.0
	100	8.0	D'_9	10.0×10.0	7.1	11.1×9.0	7.1	12.2×8.2	7.3	13.3×7.5	7.6	14.4×6.9	8.0
	100	9.0	D_{10}	10.0×10.0	7.1	11.8×8.5	7.3	13.5×7.4	7.7	15.3×6.5	8.3	17.0×5.9	9.0
	120	9.9	D_{11}	11.0×11.0	7.8	13.0×9.2	8.0	14.9×8.1	8.5	16.9×7.1	9.2	18.7×6.4	9.9
感温探测器	20	3.6	D_1	4.5×4.5	3.2	5.0×4.0	3.2	5.5×3.6	3.3	6.0×3.3	3.4	6.5×3.1	3.6
	30	4.4	D_2	5.5×5.5	3.9	6.1×4.9	3.9	6.7×4.8	4.1	7.3×4.1	4.2	7.9×3.8	4.4
	30	4.9	D_3	5.5×5.5	3.9	6.5×4.6	4.0	7.4×4.1	4.2	8.4×3.6	4.6	9.2×3.2	4.9
	30	5.5	D_4	5.5×5.5	3.9	6.8×4.4	4.0	8.1×3.7	4.5	9.4×3.2	5.0	10.6×2.8	5.5
	40	6.3	D_6	6.5×6.5	4.6	8.0×5.0	4.7	9.4×4.3	5.2	10.9×3.7	5.8	12.2×3.3	6.3

3. 影响火灾探测器设置的因素

在实际工程中，建筑结构、房间分隔等因素均会对火灾探测器的有效监测产生影响，从而影响到火灾探测区域内探测器设置的数量。

（1）房间梁的影响

在无吊顶房间内，如装饰要求不高的房间、库房、地下停车场、地下设备层的各种机房等处，常有突出顶棚的梁。梁对烟气流、热气流会形成障碍，并会吸收一部分热量，因此会影响火灾探测器的保护面积。当梁间净距小于 1m 时，可视为平顶棚，即可不考虑梁的影响；当梁高小于 200mm 时，可不考虑梁的影响；当梁高为 200～600mm 时，可按照

图 5-23 或表 5-10 来确定火灾探测器的安装位置。由图 5-23 可见，C～G 类感温探测器房间高度极限值为 4m，梁高限度为 200mm；B 类感温探测器房间高度极限值为 6m，梁高限度为 225mm；A1、A2 类感温探测器房间高度极限值为 8m，梁高限度为 275mm；感烟探测器房间高度极限值为 12m，梁高限度为 375mm；一只探测器能保护的梁间区域个数可由表 5-10 得出。当梁高大于 600mm 时，被梁隔断的每个梁间区域至少应设置一只火灾探测器。

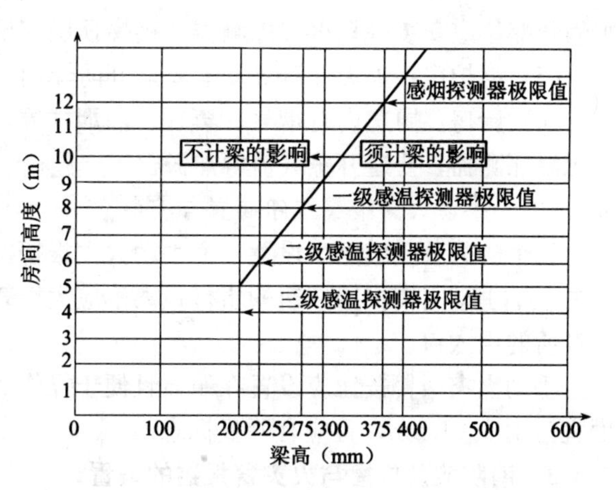

图 5-23 梁高对火灾探测器布置的影响

按梁间区域面积确定一只火灾探测器保护的梁间区域的个数　　表 5-10

探测器的保护面积 A（m^2）		梁隔断的梁间区域面积 Q（m^2）	一只探测器保护的梁间区域的个数	探测器的保护面积 A（m^2）		梁隔断的梁间区域面积 Q（m^2）	一只探测器保护的梁间区域的个数
感温探测器	20	$Q>12$	1	感烟探测器	60	$Q>36$	1
		$8<Q\leqslant12$	2			$24<Q\leqslant36$	2
		$6<Q\leqslant8$	3			$18<Q\leqslant24$	3
		$4<Q\leqslant6$	4			$12<Q\leqslant18$	4
		$Q\leqslant4$	5			$Q\leqslant12$	5
	30	$Q>18$	1		80	$Q>48$	1
		$12<Q\leqslant18$	2			$32<Q\leqslant48$	2
		$9<Q\leqslant12$	3			$24<Q\leqslant32$	3
		$6<Q\leqslant9$	4			$16<Q\leqslant24$	4
		$Q\leqslant6$	5			$Q\leqslant16$	5

（2）房间隔离物的影响

有一些房间因使用需要，被轻质活动间隔、玻璃、书架、档案架、货架、柜式设备等分隔成若干空间。当各类分隔物的顶部至顶棚或梁的距离小于房间净高的 5%时，会影响烟雾、热气流从一个空间向另一个空间扩散，这时应将每个被隔断的空间当成一个房间对待，即每一个隔断空间应装一个火灾探测器。

4. 火灾探测器的安装要求

（1）探测区域内的每个房间至少应设置一只火灾探测器。

（2）走道：当宽度小于 3m 时，应居中安装。感烟探测器间距不超过 15m；感温探测器间距不超过 10m；在走道的交叉或汇合处宜安装一只火灾探测器。

（3）电梯井、升降机井：火灾探测器宜设置在井道上方的机房的顶棚上。

（4）楼梯间：至少每隔 3～4 层设置一只火灾探测器，若被防火门、防火卷帘等隔开，则隔开部位应安装一只火灾探测器，楼梯顶层应设置火灾探测器。

(5) 锅炉房：火灾探测器安装要避开防爆门、远离炉口、燃烧口及燃烧填充口等。

(6) 厨房：厨房内有烟气、蒸气、油烟气等，感烟探测器易发生误报，不宜使用；使用感温探测器，要避开蒸气流等热源。

5.4.2.4 手动火灾报警按钮布置与安装

每个防火分区应至少设置一个手动火灾报警按钮。从一个防火分区的任何位置到最邻近的一个手动火灾报警按钮的步行距离不应大于30m。手动火灾报警按钮宜设置在公共活动场所的出入口。

手动火灾报警按钮应设置在明显且便于操作的部位。当安装在墙上时，其底边距地高度宜为1.3～1.5m，且应有明显标志。

5.4.3 消防应急广播与火灾警报器的设置

(1) 消防应急广播扬声器的设置，应符合下列规定：

1) 民用建筑内扬声器应设置在走道和大厅等公共场所，每个扬声器的额定功率不应小于3W，其数量应能保证从一个防火分区的任何部位到最近一个扬声器的距离不大于25m。走道内最后一个扬声器至走道末端的距离不应大于12.5m。

2) 在环境噪声大于60dB的场所设置的扬声器，在其播放范围内最远点的播放声压级应高于背景噪声15dB。

3) 宾馆客房设置专用扬声器时，其功率不宜小于1.0W。

4) 壁挂扬声器的底边距地面高度应大于2.2m。

(2) 火灾警报器应设置在每个楼层的楼梯口、消防电梯前室、建筑内部拐角等处的明显部位，且不宜与安全出口指示标志灯具设置在同一面墙上。每个报警区域内应均匀设置火灾警报器，其声压级不应小于60dB；大于60dB的场所其声压级应高于背景噪声15dB。当火灾警报器采用壁挂方式安装时，其底边距地面高度应大于2.2m。

5.4.4 消防专用电话的设置

消防专用电话网络是与普通电话网络分开的独立消防通信系统。在消防控制室设置消防专用电话总机，一般采用集中式对讲电话，主机设在消防控制室，分机设在其他各个部位。同时应在消防控制室、总调度室或企业的消防站等处装设向消防部门直接报警的外线电话。

在消防水泵房、变配电室、备用发电机房、防烟排烟机房、电梯机房及其他与消防联动控制有关的且经常有人值班的机房设消防专用电话分机；灭火系统控制、操作处或控制室设消防专用电话分机；消防专用电话分机，应固定安装在明显且便于使用的部位，并应有区别于普通电话的标识。

在民用建筑中设有手动火灾报警按钮及消火栓按钮等处宜设消防电话插孔，并宜选择带有电话插孔的手动火灾报警按钮。各避难层应每隔20m设置一个消防专用电话分机或插孔；电话插孔在墙上安装时，其底边距地面高度宜为1.3～1.5m。

5.4.5 区域显示器的设置

每个报警区域宜设置一台区域显示器（火灾显示盘）；宾馆、饭店等场所应在每个报警区域设置一台区域显示器。当一个报警区域包括多个楼层时，宜在每个楼层设置一台仅显示本楼层的区域显示器。

区域显示器应设置在出入口等明显且便于操作的部位。当采用壁挂方式安装时，其底边距地高度宜为1.3～1.5m。

5.4.6 消防电源及其配电系统

在火灾时为了保证消防控制系统设备能连续不间断地工作，火灾自动报警系统应设有交流电源和蓄电池备用电源。

火灾自动报警系统的交流电源应采用消防电源，备用电源可采用火灾报警控制器和消防联动控制器自带的蓄电池电源或消防设备应急电源。当备用电源采用消防设备应急电源时，火灾报警控制器和消防联动控制器应采用单独的供电回路，并应保证在系统处于最大负载状态下不影响火灾报警控制器和消防联动控制器的正常工作。

消防控制室图形显示装置、消防通信设备等的电源，宜由UPS电源装置或消防设备应急电源供电。火灾自动报警系统主电源不应设置剩余电流动作保护和过负荷保护装置。

消防设备应急电源输出功率应大于火灾自动报警及联动控制系统全负荷功率的120%，蓄电池组的容量应保证火灾自动报警及联动控制系统在火灾状态同时工作负荷条件下连续工作3h以上。

消防用电设备应采用专用的供电回路，其配电设备应设有明显标志，其配电线路和控制回路宜按防火分区划分。

5.4.7 系统布线

由于火灾发生后对人的生命和财物构成严重危害，必须在第一时间发现并及时地扑救，这就要求自动报警系统在布线上有自身的特点。系统布线应采取必要的防火耐热措施，有较强的抵御火灾的能力，即使在火灾十分严重的情况下，仍能保证系统安全可靠。建筑火灾自动报警系统的布线应遵循以下原则：

(1) 火灾自动报警系统传输线路和50V以下供电的控制线路，应采用电压等级不低于交流300V/500V的铜芯绝缘导线或铜芯电缆。采用交流220V/380V的供电或控制线路应采用电压等级不低于交流450V/750V铜芯绝缘导线或铜线电缆。

(2) 火灾自动报警系统传输线路线芯截面的选择，除应满足自动报警装置技术条件的要求外，还应满足机械强度的要求。

铜芯绝缘导线和铜芯电缆的线芯最小截面面积应按表5-11确定。

铜芯绝缘导线和铜芯电缆的线芯最小截面面积　　表5-11

序号	类别	线芯的最小截面面积（mm^2）
1	穿管敷设的绝缘导线	1.00
2	线槽内敷设的绝缘导线	0.75
3	多芯电缆	0.50

(3) 采用无线通信方式的系统设计，应符合下列规定：

1) 无线通信模块的设置间距不应大于额定通信距离的75%；

2) 无线通信模块应设置在明显部位，且应有明显标识。

(4) 户内火灾自动报警系统的传输线路应采用穿金属管、可挠（金属）电气导管、B1级以上的刚性塑料管或封闭式线槽保护方式布线。

(5) 消防控制、通信和报警线路采用暗敷设时，宜采用金属管、可挠（金属）电气导管、B1级以上的刚性塑料管保护，并应敷设在不燃烧体的结构层内，且保护层厚度不宜小于30mm。当采用明敷设时，应采用金属管、可挠（金属）电气导管、金属线槽保护，并应采取防火保护措施。矿物绝缘类不燃性电缆可直接明敷。

(6) 火灾自动报警系统用的电缆竖井，宜与电力、照明用的低压配电线路电缆竖井分别设置。如受条件限制必须合用时，两种电缆应分别布置在竖井的两侧。

(7) 从接线盒、线槽等处引到探测器底座盒、控制设备盒、扬声器箱的线路均应加金属软管保护。

(8) 火灾探测器的传输线路，宜选择不同颜色的绝缘导线或电缆。正极（“＋”）线应为红色，负极（“－”）线应为蓝色。同一工程中相同用途导线的颜色应一致，接线端子应有标号。

(9) 接线端子箱内的端子宜选择压接或带锡焊接点的端子板，其接线端子上应有相应的标号。

(10) 火灾自动报警系统的传输网络不应与其他系统合用。不同电压等级的线缆不应穿入同一根保护管内，当合用同一线槽时，线槽内应有隔板分隔。

5.4.8 消防控制室和系统接地

5.4.8.1 消防控制室的设置

(1) 消防控制室宜设置在建筑物的首层（或地下一层），门应向疏散方向开启，且入口处应设置明显的标志，并应设直通室外的安全出口。

(2) 消防控制室周围不应布置电磁场干扰较强及其他影响消防控制设备工作的设备用房，不应将消防控制室设于厕所、锅炉房、浴室、汽车座、变压器室等的隔离壁和上、下层相对应的房间。

(3) 有条件时宜设置在防火监控、广播、通信设施等用房附近，并适当考虑长期值班人员房间的朝向。

(4) 消防控制室内严禁与其无关的电气线路及管路穿过。

(5) 消防控制室的送、回风管在其穿墙处应设防火阀。

(6) 消防控制室应有相应的竣工图纸、各分系统控制逻辑关系说明、设备使用说明书、系统操作规程、应急预案、值班制度、维护保养制度及值班记录等文件资料。

5.4.8.2 消防控制室的设备布置

(1) 设备面盘前的操作距离：单列布置时不应小于1.5m；双列布置时不应小于2m。

(2) 在值班人员经常工作的一面，控制屏（台）至墙的距离不应小于3m。

(3) 控制屏（台）后维修距离不宜小于1m。

(4) 控制屏（台）的排列长度大于4m时，控制屏两端应设置宽度不小于1m的通道。

(5) 集中报警控制器安装在墙上时，其底边距地高度应为1.3～1.5m，靠近其门轴的侧面距墙不应小于0.5m，正面操作距离不应小于1.2m。

5.4.8.3 系统接地

为保证火灾自动报警系统和消防设备正常工作，对系统接地规定如下：

(1) 火灾自动报警系统应设专用接地干线，并应在消防控制室设置专用接地板。专用接地干线应从消防控制室专用接地板引至接地体。

（2）专用接地干线应采用铜芯绝缘导线，其线芯截面面积不应小于 $25mm^2$。专用接地干线宜穿硬质塑料管埋设至接地体。

（3）有消防控制室接地板引至消防电子设备的专用接地线应选用铜芯绝缘导线，其线芯截面面积不应小于 $4mm^2$。

（4）消防电子设备凡采用交流供电时，设备金属外壳和金属支架等应作保护接地，接地线应与保护接地干线（PE 线）相连接。

（5）火灾自动报警系统接地装置的接地电阻值应符合下列要求：

1）采用共用接地装置时，接地电阻值不应大于 1Ω；共用接地装置示意图如图 5-24 所示。

2）采用专用接地装置时，接地电阻值不应大于 4Ω；专用接地装置示意图如图 5-25 所示。

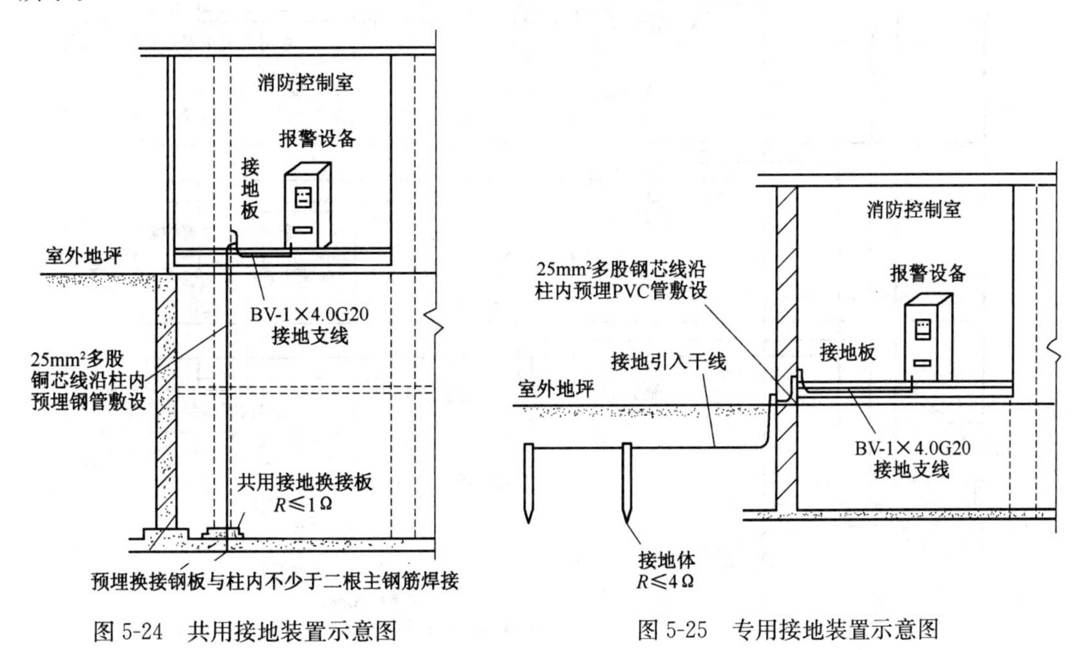

图 5-24　共用接地装置示意图

图 5-25　专用接地装置示意图

5.5　住宅建筑火灾自动报警系统

5.5.1　住宅建筑火灾自动报警系统的设计

住宅建筑火灾自动报警系统的设计可选择：A 类系统、B 类系统、C 类系统和 D 类系统，其选择应符合下列规定：

（1）有物业集中监控管理且设有需联动控制的消防设施的住宅建筑应选用 A 类系统。

（2）仅有物业集中监控管理的住宅建筑宜选用 A 类或 B 类系统。

（3）没有物业集中监控管理的住宅建筑宜选用 C 类系统。

（4）别墅式住宅和已投入使用的住宅建筑可选用 D 类系统。

5.5.1.1　A 类系统的设计

A 类系统可由火灾报警控制器、手动火灾报警按钮、家用火灾探测器、火灾声警报器、应急广播等设备组成，其设计示意图如图 5-26 所示。

家用火灾报警控制器除连接住户内的家用感烟火灾探测器之外，还连接了空调温控器、电动窗帘控制器、被动红外入侵探测器、玻璃破碎探测器等设备，具有火灾报警、安全防范和舒适性控制等功能。家用火灾报警控制器分别通过报警总线和超 5 类网线与合用控制室的火灾报警控制器和管理服务器相连。通过报警总线传递火灾报警信息，通过网线进行其他信息的交互。

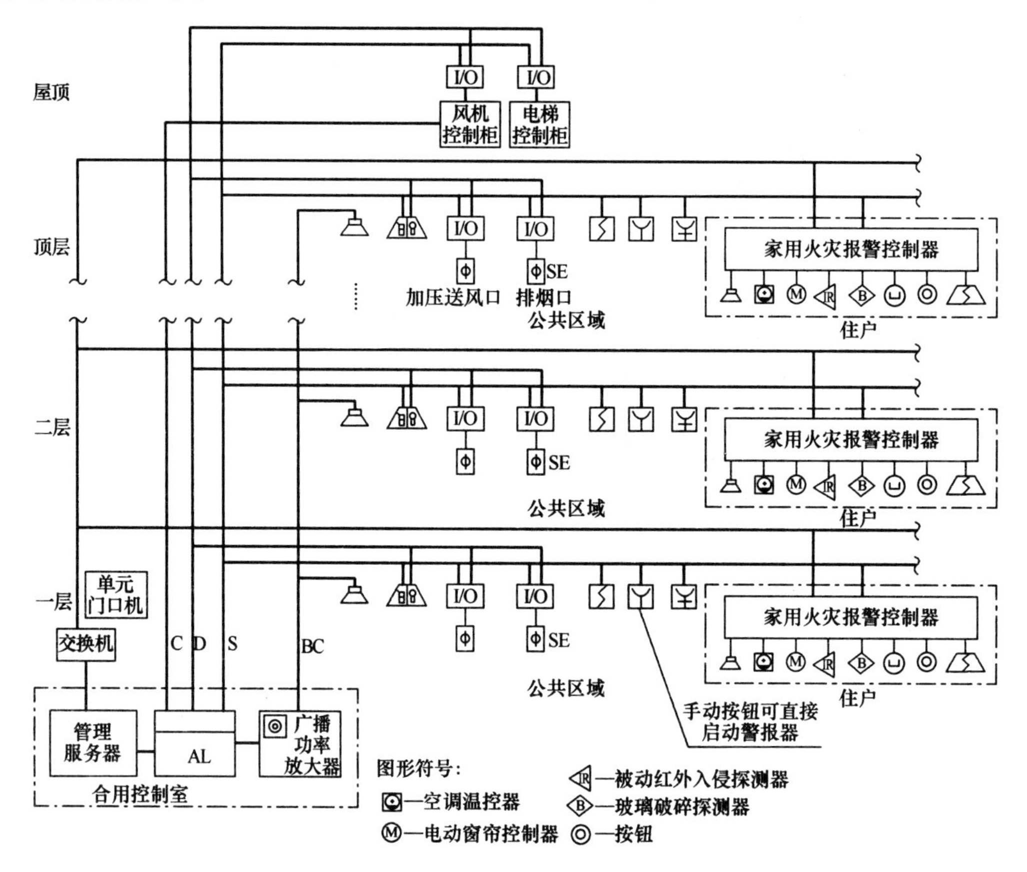

图 5-26　住宅建筑火灾自动报警 A 类系统示意图

5.5.1.2　B 类系统的设计

B 类系统可由控制中心监控设备、家用火灾报警控制器、家用火灾探测器、火灾声警报器等设备组成，其设计示意图如图 5-27 所示。

在 B 类系统中，可燃气体探测器可接入家用火灾报警控制器。住宅应设置家用火灾探测器和家用火灾报警控制器，且住宅物业管理中心应设置控制中心监控设备，对居民住宅的报警信号进行集中管理，当控制中心监控设备接收到居民住宅的火灾报警信号后，应启动设置在公共区域的火灾声警报警器，提醒住宅内的其他居民迅速撤离。家用火灾报警控制器通过超 5 类网线与中控室的控制中心监控设备相连，通过网线进行报警信息及其他信息的交互。家用火灾报警控制器或手动火灾报警按钮报警后，控制中心监控设备启动公共区域的火灾警报器。

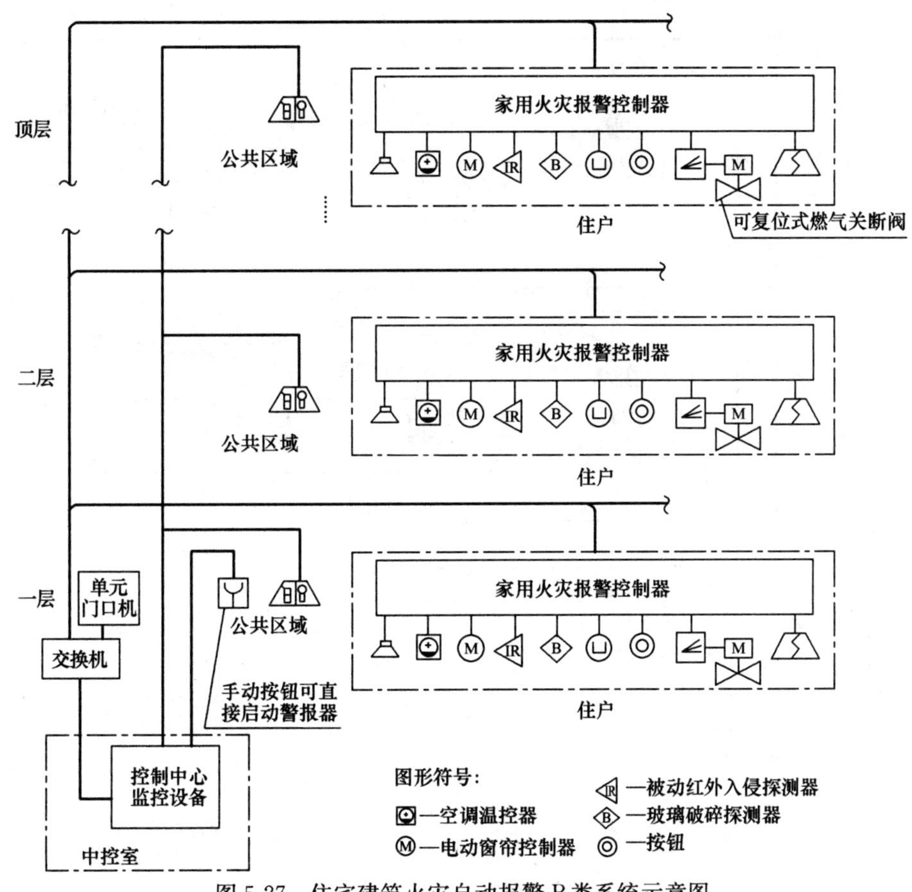

图 5-27 住宅建筑火灾自动报警 B 类系统示意图

5.5.1.3 C 类系统的设计

C 类系统可由家用火灾报警控制器、家用火灾探测器、火灾声警报器等设备组成，其设计示意图如图 5-28 所示。

C 类系统中，可燃气体探测器可接入家用火灾报警控制器。住户内设置的家用火灾探测器应接入家用火灾报警控制器。当住宅内发出火灾报警信号后，应启动设置在住宅公共区域的火灾声警报器，提醒住宅内的其他居民迅速撤离。公共区域的火灾警报器由家用火灾报警控制器或手动火灾报警按钮报警直接启动。

5.5.1.4 D 类系统的设计

D 类系统可由独立式火灾探测报警器、火灾声警报器等设备组成。D 类系统设计时，应满足下列要求：

(1) 有多个起居室的住户，宜采用互连型独立式火灾探测报警器（一个火灾探测器报警，其余火灾探测器同时报警）。

(2) 宜选择电池供电时间不少于 3 年的独立式火灾探测报警器。

(3) 采用无线方式组成系统的设计。

在采用无线通信方式将独立式火灾探测器报警器组成家用火灾安全系统时，尤其是对于已投入使用的住宅，可根据实际情况采用有线、无线或两者相结合的方式组建 A 类、B 类、C 类系统。在这种情况下，其设计应符合 A 类、B 类或 C 类系统之一的设计要求。

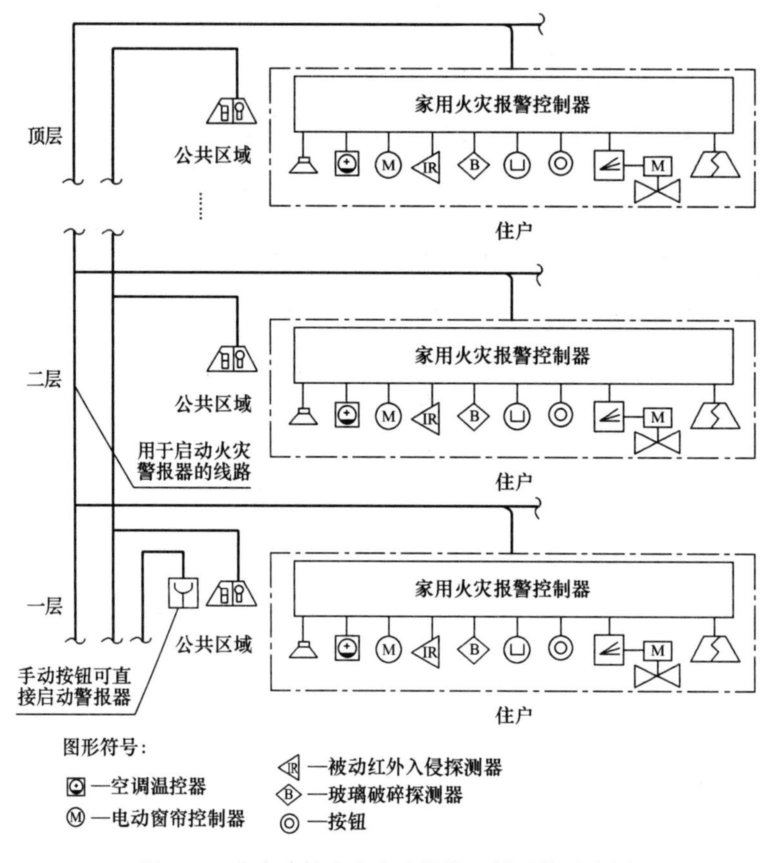

图 5-28　住宅建筑火灾自动报警 C 类系统示意图

5.5.2　住宅建筑火灾自动报警设备的设置

1. 火灾探测器的设置

一般卧室和起居室内的易燃物起火时均会产生大量的烟气，因此每间卧室、起居室内应至少设置一只感烟火灾探测器。

可燃气体探测器在厨房设置时，应符合下列规定：

(1) 使用天然气的用户应选择甲烷探测器，使用液化气的用户应选择丙烷探测器，使用煤制气的用户应选择一氧化碳探测器。

(2) 连接燃气灶具的软管及接头在橱柜内部时，探测器宜设置在橱柜内部。

(3) 甲烷探测器应设置在厨房顶部，丙烷探测器应设置在厨房下部，一氧化碳探测器可设置在厨房下部，也可设置在其他部位。

(4) 可燃气体探测器不宜设置在灶具的正上方。

(5) 可燃气体探测器一旦报警，一般情况下应直接联动关断燃气供应的阀门，所以宜采用具有联动关断阀功能的可燃气体探测器

(6) 探测器联动的燃气关断阀宜为用户可以自己复位的关断阀，并应具有胶管脱落自动保护功能。

2. 家用火灾报警控制器的设置

家用火灾报警控制器应独立设置在每户内，且应设置在明显和便于操作的部位。当采

用壁挂方式安装时，其底边距地高度宜为1.3～1.5m，具有可视对讲功能的家用火灾报警控制器宜设置在进户门附近，可以与可视对讲系统结合使用，也可以与防盗系统结合使用，设置在门口处方便布防和撤防。

3. 火灾声警报器的设置

为了使住户都能听到火灾警报和语音提示，设置在住宅建筑公共部位的火灾声警报器应具有语音功能，且应能接受联动控制或手动火灾报警按钮信号直接控制发出警报，每台警报器覆盖的楼层不应超过3层，且首层明显部位应设置用于直接启动火灾声警报器的手动火灾报警按钮，这样也为人员发现火灾后及时启动火灾声警报器提供了技术手段。

4. 应急广播的设置

住宅建筑内设置的应急广播应能接收联动控制或手动报警按钮信号直接控制进行广播。每台扬声器覆盖的楼层不应超过3层，广播功率放大器应具有消防电话插孔，消防电话插入后应能直接讲话。为了防止发生火灾时供电中断导致广播不能工作，广播功率放大器应配有备用电池，电池持续工作不能达到1h时，应能向消防控制室或物业值班室发送报警信息。为了保证消防人员到场后能尽快且方便地使用广播知会人员疏散，广播功率放大器应设置在首层内走道侧面墙上，箱体面板应有防止非专业人员打开的措施。

5.6 电气火灾和消防设备电源监控系统

5.6.1 电气火灾监控系统

电气火灾监控系统应由电气火灾监控器、剩余电流式电气火灾监控探测器和测温式电气火灾监控探测器等设备组成，可用于具有电气火灾危险的场所。

电气火灾监控系统应根据建筑物的性质及电气火灾危险性设置，并应根据电气线路敷设和用电设备的具体情况，确定电气火灾监控探测器的形式与安装位置：

（1）在无消防控制室且电气火灾监控探测器设置数量不超过8只时，可采用独立式电气火灾监控探测器。非独立式电气火灾监控探测器不应接入火灾报警控制器的探测器回路。

（2）在设置消防控制室的场所，电气火灾监控器的报警信息和故障信息应在消防控制室图形显示装置或起集中控制功能的火灾报警控制器上显示。但该类信息与火灾报警信息的显示应有区别。

（3）电气火灾监控系统的设置不应影响供电系统的正常工作，不宜自动切断供电电源。

（4）当线型感温火灾探测器用于电气火灾监控时，可接入电气火灾监控器。

5.6.2 消防设备电源监控系统

当消防设备电源发生中断供电、过压、欠压、缺相等故障时，消防设备电源监控器可进行声光报警、记录，并实时显示被检测电源的电压值及故障点位置。消防设备电源监控系统的设置应满足下列要求：

（1）现场信号传感器的供电由消防设备电源状态监控器主机（内置备用电源）或中继器（内置备用电源）集中供给，并采用DC 24V安全电压。

（2）现场传感器应采用不影响被监测电源回路的方式采集电压信号及开关状态。

(3) 消防设备电源状态监控器专用于消防设备电源监控系统，并独立安装于消防控制室内，不兼用其他功能的消防系统，不与其他消防系统共用设备；能通过软件远程设置现场传感器的地址编码及故障报警参数，方便系统调试及后期维护使用。

5.7 工程实例

【实例 1】

本工程为某企业业务综合办公楼，总建筑面积 10550.4m^2，建筑高度 36.9m，属二类高层建筑。地下 1 层，为汽车库和设备房，停车 15 辆；地上 7 层，首层为业务大厅，二～七层均为办公用房，屋面设有风机房、电梯机房及水箱间。该工程设有一部消防电梯，一部普通客梯，两部防烟楼梯间，每层为一个防火分区，中庭处每层设特级防火卷帘，火灾自动报警系统采用集中报警控制系统。

【工程设计内容】

在本工程首层设消防控制室，内设联动型火灾报警控制器、UPS 消防电源、消防对讲电话系统、消防广播控制系统、图文显示及打印系统、消防设备电源监控器、电气火灾监控设备、防火门监控器等。在各楼层设楼层显示器，火灾时显示着火部位。本工程火灾自动报警系统图如图 5-29 所示。

(1) 系统组成

本工程消防控制系统包括：火灾自动报警系统，消防联动控制系统，火灾应急广播系统，消防直通对讲电话系统，应急照明控制系统，防火门监控系统，电气火灾监控系统，消防设备电源监控系统，气体灭火系统。

(2) 消防控制室的设计

1) 本工程消防控制室设在首层，并设有直接通往室外的出口。

2) 消防控制室的报警控制设备由火灾报警控制主机、联动控制台、显示器、打印机、应急广播设备、消防直通对讲电话设备、电梯监控盘和电源设备等组成。

3) 消防控制室可接收感烟、感温等火灾探测器的报警信号及水流指示器、检修阀、压力报警阀、手动报警按钮、消火栓按钮的动作信号。

4) 消防控制室可显示消防水池、消防水箱水位，显示消防水泵的电源及运行状况。

5) 消防控制室可联动控制所有与消防有关的设备。

(3) 火灾自动报警系统的设计

1) 本工程采用集中报警控制系统。消防自动报警系统按两总线设计。

2) 火灾探测器：车库、办公等场所均设置感烟探测器。

3) 火灾探测器与灯具的水平净距应大于 0.2m；与送风口边的水平净距应大于 1.5m；与多孔送风顶棚孔口或条形送风口的水平净距应大于 0.5m；与嵌入式扬声器的净距应大于 0.1m；与自动喷水头的净距应大于 0.3m；与墙或其他遮挡物的距离应大 0.5m。

4) 在本楼适当位置设手动报警按钮及消防对讲电话插孔。手动报警按钮及对讲电话插孔底距地 1.4m。

5) 在消火栓箱内设消火栓报警按钮。接线盒设在消火栓的开门侧。

(4) 消防联动控制

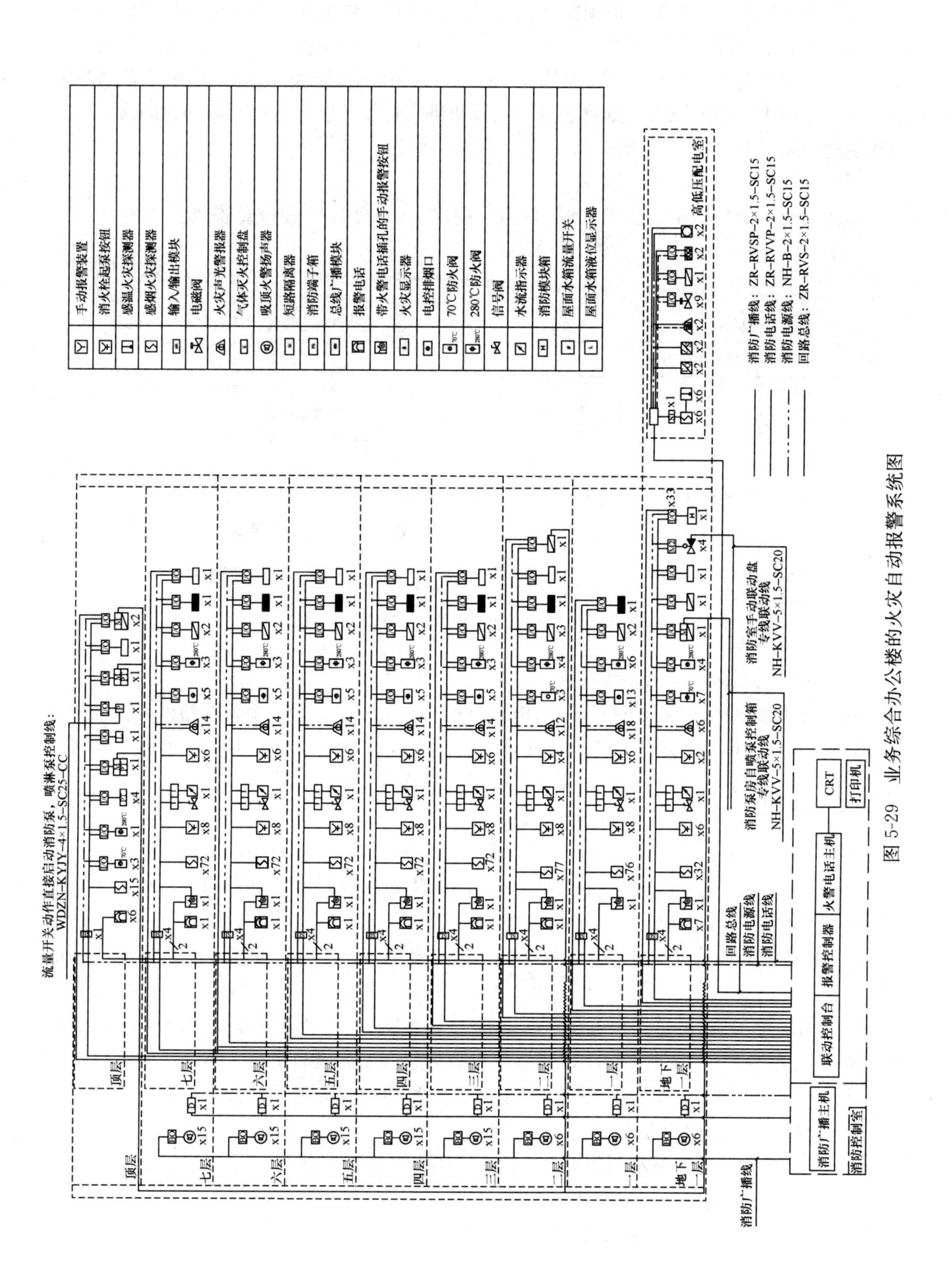

图 5-29　业务综合办公楼的火灾自动报警系统图

火灾报警后，消防控制室应根据火灾情况，控制相关层的正压送风阀及排烟阀、电动防火阀、并启动相应加压送风机、排烟风机，排烟阀 280℃熔断关闭，防火阀 70℃熔断关闭，阀、风机的动作信号要反馈至消防控制室。在消防控制室，对消火栓泵、自动喷淋泵、加压送风机、排烟风机，既可通过现场模块进行自动控制，也可在联动控制台上通过硬线手动控制，并接收其反馈信号。

（5）气体灭火系统

气体灭火系统的控制，要求同时具有自动控制、手动控制和应急操作三种控制方式（图 5-30）。

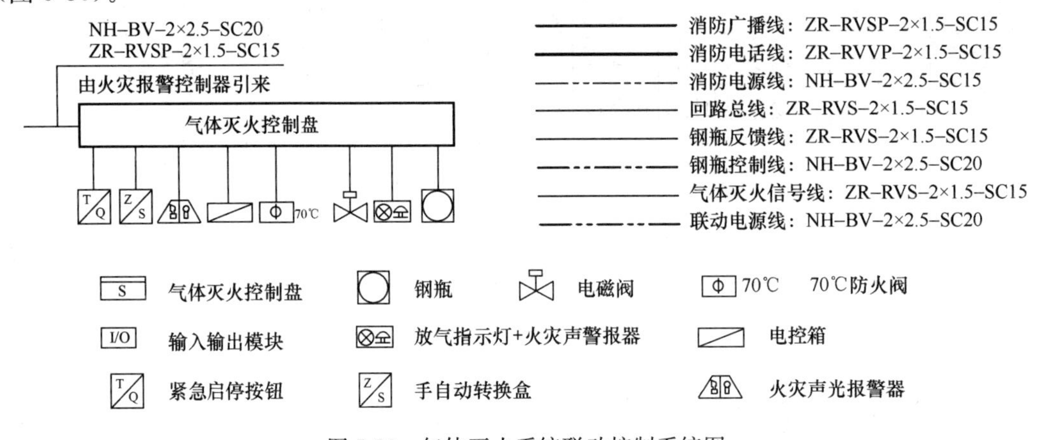

图 5-30　气体灭火系统联动控制系统图

（6）消防直通对讲电话系统

在消防控制室内设置消防直通对讲电话总机，除在各层的手动报警按钮处设置消防直通对讲电话插孔外，在变配电室、消防水泵房、备用发电机房、消防电梯轿厢、电梯机房、防烟排烟机房等处设置消防直通对讲电话分机或专用对讲机。

（7）火灾声光警报器及消防应急广播系统

1）确认火灾后，火灾自动报警系统应能同时启动或停止所有火灾声光警报器工作。

2）消防应急广播系统的联动控制信号应由消防联动控制器发出；当确认火灾后，应同时向全楼进行广播。

3）消防应急广播与普通广播或背景音乐广播合用时，具有强制切入消防应急广播的功能。

4）消防应急广播的单次语音播放时间宜为 10～30s，与火灾声警报器分时交替工作，可采取 1 次火灾声警报器播放，1 次或 2 次消防应急广播播放的交替工作方式循环播放。

5）在消防控制室应能手动或按预设控制逻辑联动控制选择广播分区、启动或停止消防应急广播系统，并应能监听消防应急广播。

6）消防控制室应能显示消防应急广播的广播分区的工作状态。

（8）电气火灾监控系统的设计

本工程电气火灾监控系统由下列设备组成：

1）电气火灾监控器；

2）剩余电流式电气火灾监控探测器；

3）测温式电气火灾监控探测器；

4）配电室重要的低压出线回路，设置电气火灾探测器；

5）照明总配电箱进线处设置电气火灾探测器；

6）电力总配电箱进线处设置电气火灾探测器；

7）建筑物内的会议厅等人员密集场所配电箱进线处设置电气火灾探测器；

8）其他电气火灾危险性大的场所设置电气火灾探测器。

电气火灾监控器设在消防控制室，电气火灾监控器的报警信息和故障信息应在消防控制室图形显示装置或起集中控制功能的火灾报警控制器上显示，但该类信息与火灾报警信息的显示应有区别。电气火灾监控系统的设计如图 5-31 所示。

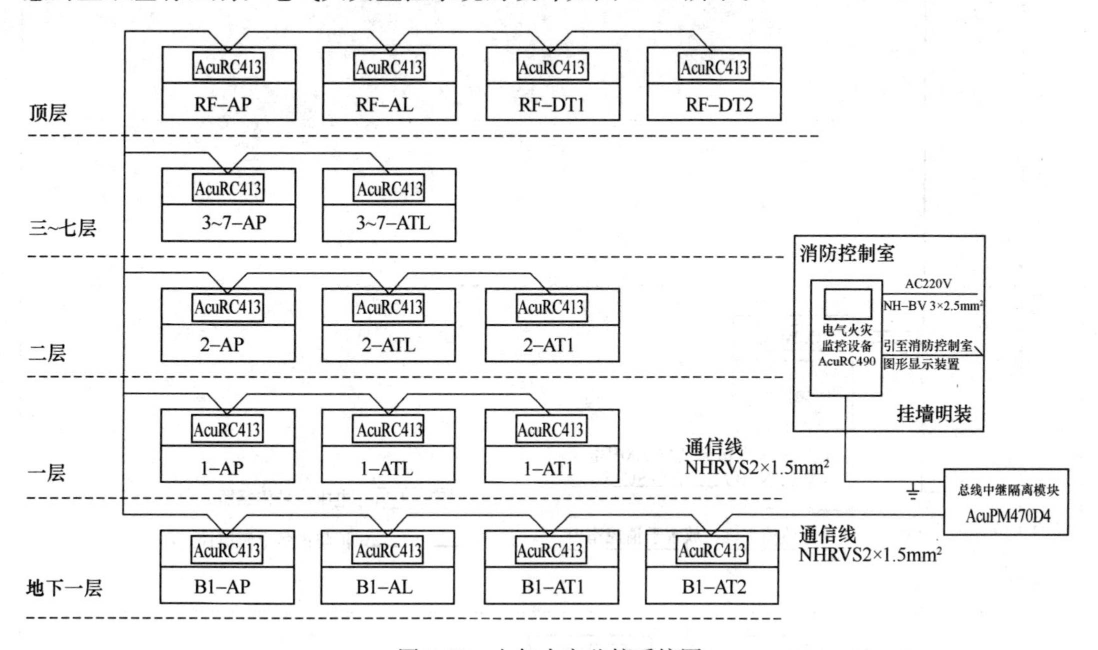

图 5-31 电气火灾监控系统图

电气火灾监控系统的设置不应影响供电系统的正常工作，不宜自动切断供电电源。

（9）消防设备电源监控系统的设计

消防设备电源监控系统用于监控消防设备电源工作状态，当其发生故障时能发出报警信号，由消防设备电源状态监控器和传感器组成（图 5-32）。

消防设备电源监控系统是针对消防设备的电源进行实时监控的预警系统，应能实时监测各个分散于建筑物的消防设备（如消防泵、消防电梯、防火卷帘等）的供电回路，当出现过压、欠压、缺相、过流等情况时，及时记录并报警，提示维护人员及时检修，排除故障，避免火灾发生时消防设备因电源故障而不能正常投入使用，从而造成无法挽回的损失。

消防设备电源状态监控器应符合下列要求：

1）应能显示消防用电设备的供电电源和备用电源的工作状态和故障报警信息。

2）应能将消防用电设备的供电电源和备用电源的工作状态和欠压报警信息传输给消防控制室图形显示装置。

（10）防火门监控系统的设计

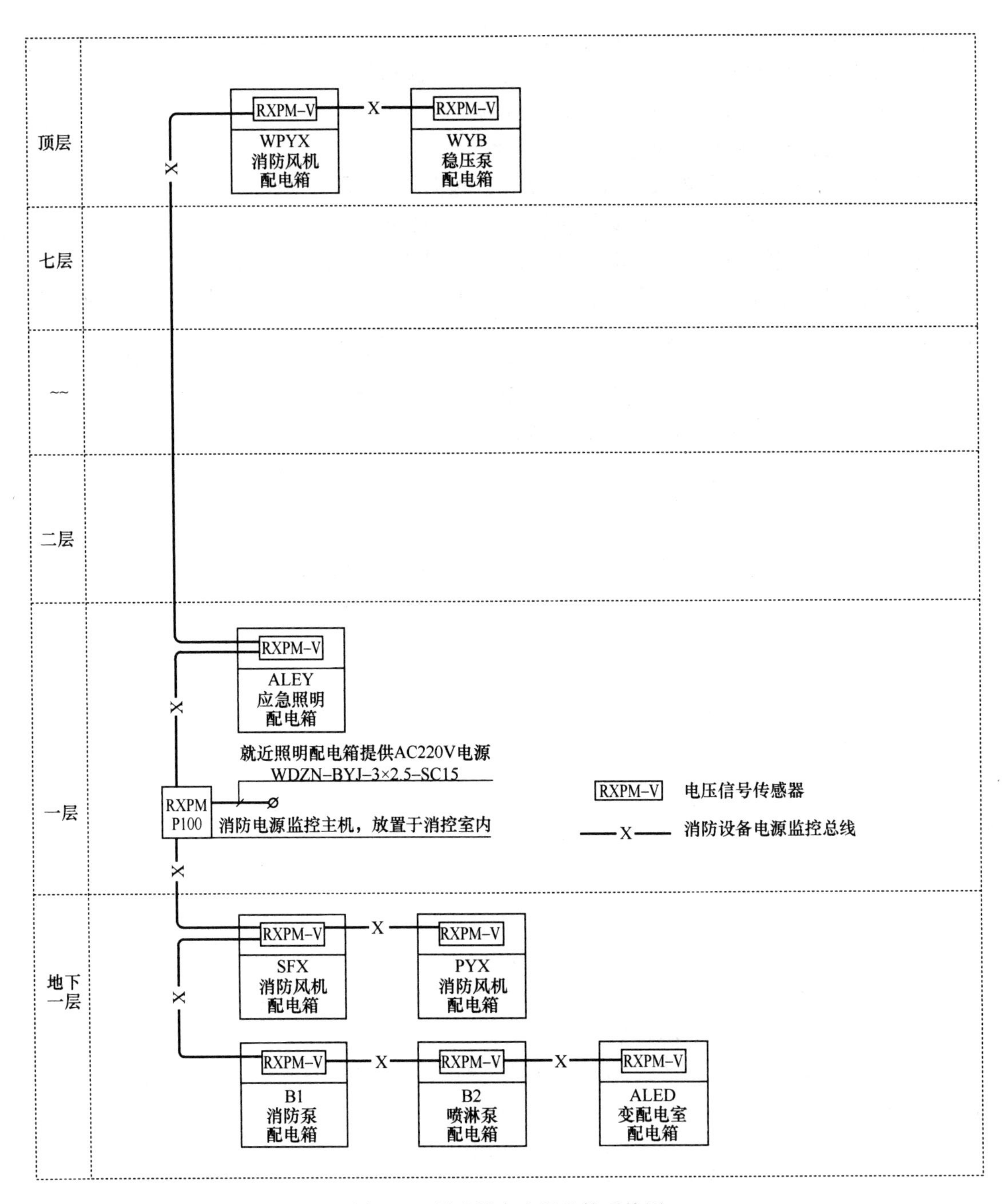

图 5-32 消防设备电源监控系统图

由常开防火门所在防火分区内的两只独立的火灾探测器或一只火灾探测器与一只手动火灾报警按钮的报警信号，作为常开防火门关闭的联动触发信号，联动触发信号由火灾报警控制器或消防联动控制器发出，并由消防联动控制器或防火门监控器联动控制防火门关闭。

疏散通道上各防火门的开启、关闭及故障状态信号反馈至防火门监控器。防火门监控系统如图 5-33 所示。

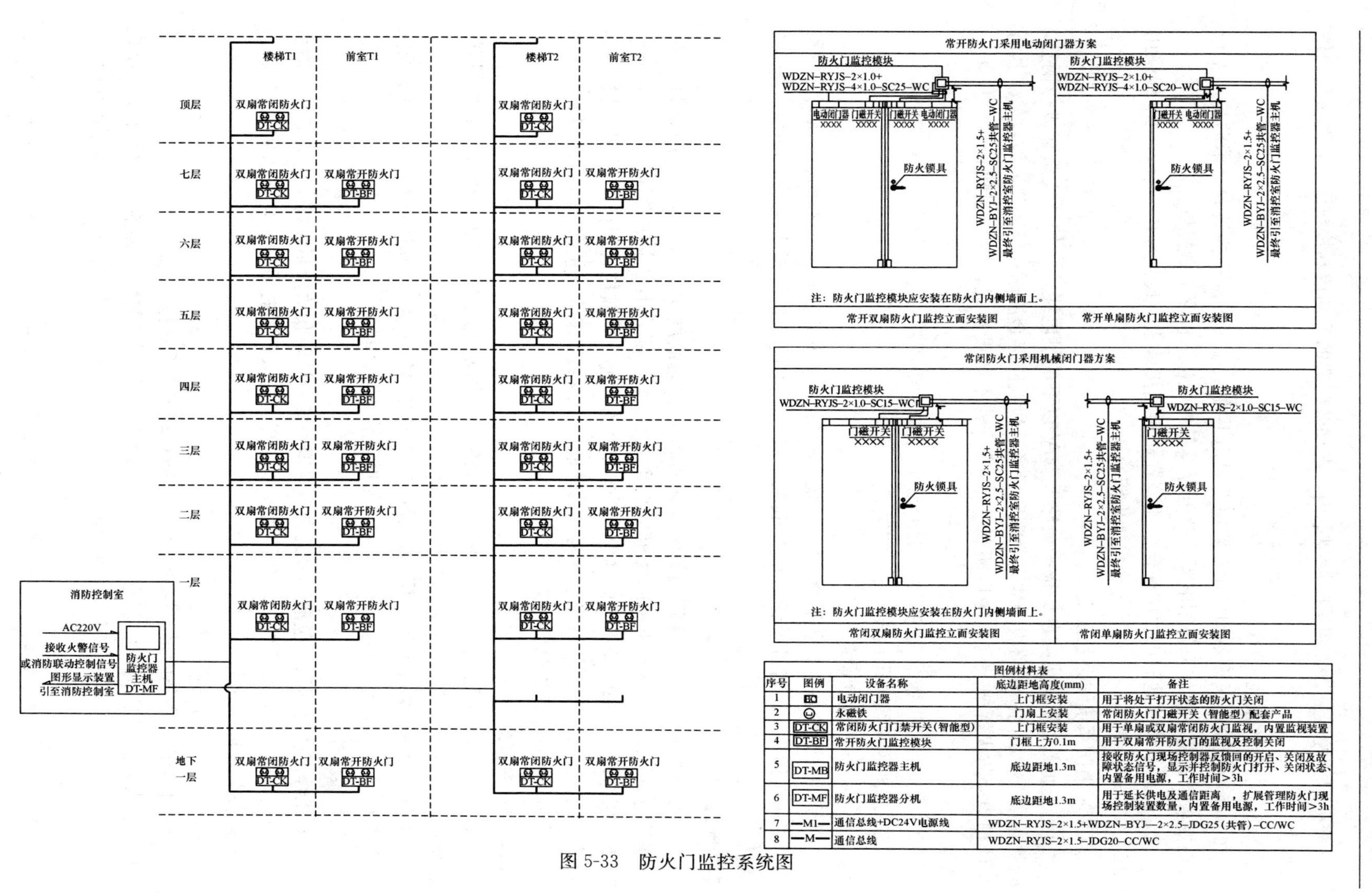

图例材料表

序号	图例	设备名称	底边距地高度(mm)	备注
1	EC	电动闭门器	上门框安装	用于将处于打开状态的防火门关闭
2	☺	永磁铁	门扇上安装	常闭防火门门磁开关（智能型）配套产品
3	DT-CK	常闭防火门门禁开关(智能型)	上门框安装	用于单扇或双扇常闭防火门监视，内置监视装置
4	DT-BF	常开防火门监控模块	门框上方0.1m	用于双扇常开防火门的监视及控制关闭
5	DT-MB	防火门监控器主机	底边距地1.3m	接收防火门现场控制器反馈回的开启、关闭及故障状态信号，显示并控制防火门打开、关闭状态，内置备用电源，工作时间>3h
6	DT-MF	防火门监控器分机	底边距地1.3m	用于延长供电及通信距离，扩展管理防火门现场控制装置数量，内置备用电源，工作时间>3h
7	—M1—	通信总线+DC24V电源线	WDZN-RYJS-2×1.5+WDZN-BYJ—2×2.5-JDG25（共管）-CC/WC	
8	—M—	通信总线	WDZN-RYJS-2×1.5-JDG20-CC/WC	

图 5-33　防火门监控系统图

防火门监控器应设置在消防控制室内，电动开门器的手动控制按钮设置在防火门内侧墙面上。

（11）电源及接地

1）所有消防用电设备均采用双路电源供电并在末端设自动切换装置。消防控制室设备还要求设置蓄电池作为备用电源，此电源设备由设备承包商负责提供。

2）消防系统接地利用大楼综合接地装置作为其接地极，设独立引下线，引下线采用 BV-1×35mm²-PC40。要求其综合接地电阻小于 1Ω。

（12）消防系统线路敷设要求

1）平面图中所有火灾自动报警线路及 50V 以下的供电线路、控制线路穿镀锌钢管，暗敷在楼板或墙内。由顶板接线盒至消防设备一段线路穿金属耐火（阻燃）波纹管。其所用线槽均为防火桥架，耐火极限不低于 1.0h。若不敷设在线槽内，明敷管线应作防火处理。

2）火灾自动报警系统的每回路地址编码总数应留 15%～20%的余量。

3）就地模块箱顶距顶板 0.2m 安装。

（13）系统的成套设备

系统的成套设备包括报警控制器、联动控制台、CRT 显示器、打印机、应急广播、消防专用电话总机、对讲录音电话及电源设备等，均由承包商成套供货，并负责安装、调试。

【实例 2】

本工程为住宅楼，总建筑面积 24326.98m²，建筑高度 96.3m。地下一层为储藏间，本建筑地下一层与小区地下车库为相互连通（其中车库部分不在本次设计范围内），一～三十二层为住宅，属一类高层标准建筑。本工程有物业集中监控管理且设有需联动控制的消防设施。火灾自动报警系统采用两总线带地址编码的集中火灾报警系统，楼内所有火警线路均由小区内消防控制室引来。

【工程设计内容】

本工程集中火灾报警系统主要由火灾探测器、手动火灾报警按钮、火灾声光警报器、消防应急广播、消防专用电话等组成。

消防控制室设置在地下一层，距通往室外安全出口不大于 20m，门上加“消防控制室”明显标志。图 5-34 为本工程火灾自动报警及消防控制系统图。

（1）系统组成

本工程消防控制系统包括：火灾自动报警系统，消防联动控制系统，火灾应急广播系统，消防直通对讲电话系统，应急照明控制系统，防火门监控系统，电气火灾监控系统，消防设备电源监控系统。

（2）火灾自动报警系统

1）本工程采用集中报警控制系统。消防自动报警系统按两总线设计。

2）火灾探测器：库房、公共走道、电梯前室、门厅、防烟楼梯前室、楼梯间、风机房、电气竖井、电梯机房等处设置智能感烟探测器。住宅户内起居室、卧室内设感烟探测器。

3）在本楼适当位置设手动报警按钮及消防对讲电话插孔。手动报警按钮及对讲电话

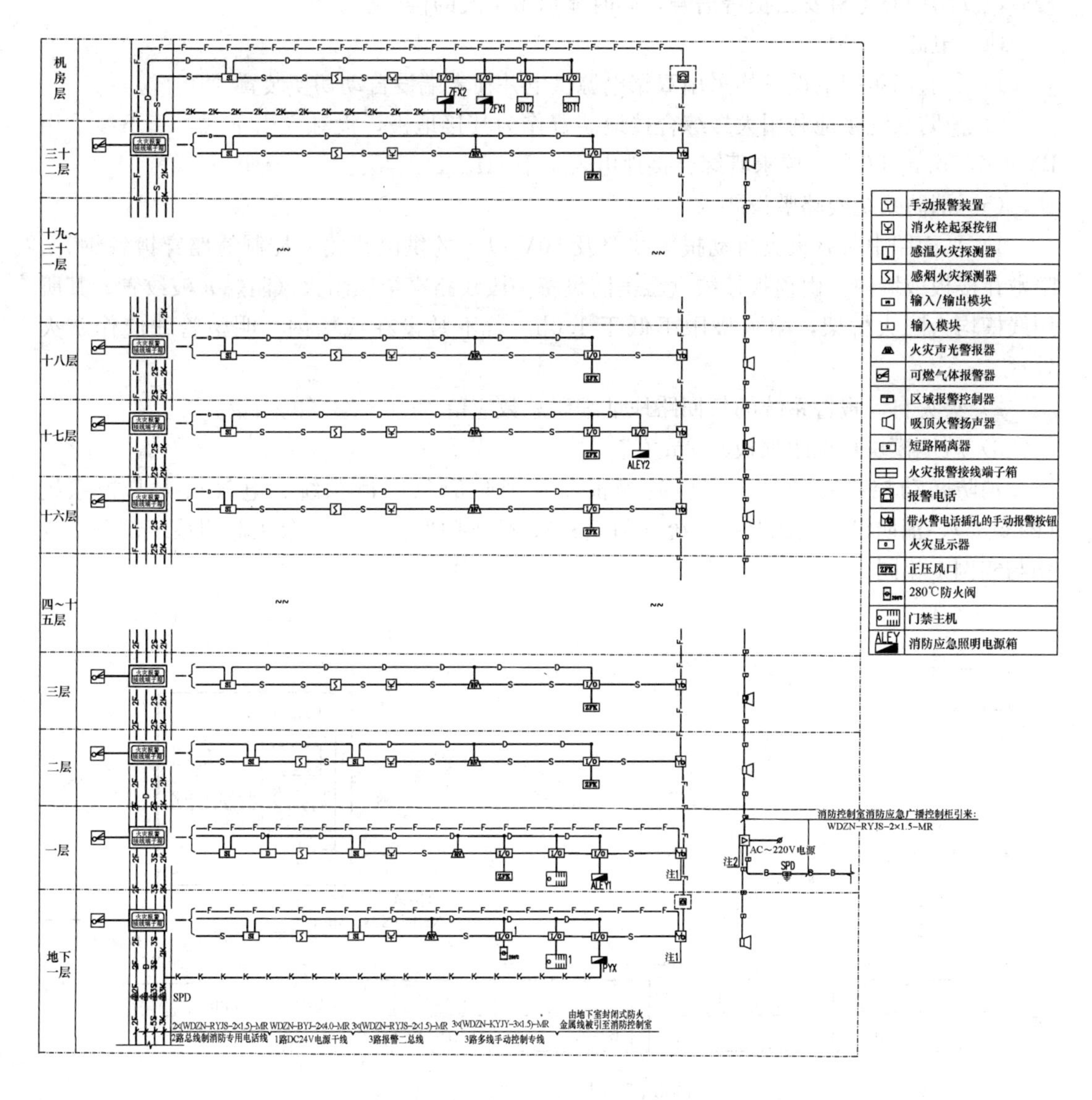

图 5-34 火灾自动报警及消防控制系统图

插孔底距地 1.4m。

4）在消火栓箱内设消火栓报警按钮。接线盒设在消火栓的开门侧。

（3）可燃气体报警系统

1）可燃气体探测报警系统由可燃气体报警控制器、可燃气体探测器和火灾声光警报器组成。

2）可燃气体报警控制器设置在消控室内。

3）厨房内设具有联动关断燃气关断阀功能的甲烷探测器。关断阀宜为用户自复位型，并应具有胶管脱落自动保护功能。

4）户内厨房设可燃气体报警器，直接与小区安防中心可燃气体探测控制器相连。报警后，安防中心主机发出报警信号，同时显示出事发的楼、层、户。

（4）电源及接地

1）所有消防用电设备均采用双路电源供电并在末端设自动切换装置。

2）消防系统接地利用大楼综合接地装置作为其接地极，设独立引下线，引下线采用 BV-1×35mm²-PC40。要求其综合接地电阻小于 1Ω。

（5）消防系统线路敷设要求

1）平面图中所有火灾自动报警线路及 50V 以下的供电线路、控制线路穿镀锌钢管，暗敷在楼板或墙内。由顶板接线盒至消防设备一段线路穿金属耐火（阻燃）波纹管。其所用线槽均为防火桥架，耐火极限不低于 1.0h。若不敷设在线槽内，明敷管线应作防火处理。

2）火灾自动报警系统的每回路地址编码总数应留 15%～20%的余量。

3）就地模块箱顶距顶板 0.2m 安装。

消防联动控制系统、火灾声光警报器及消防应急广播系统、电气火灾监控系统（图 5-35）、消防设备电源监控系统（图 5-36）、防火门监控系统、余压监测系统部分设计均与实例 1 相同。

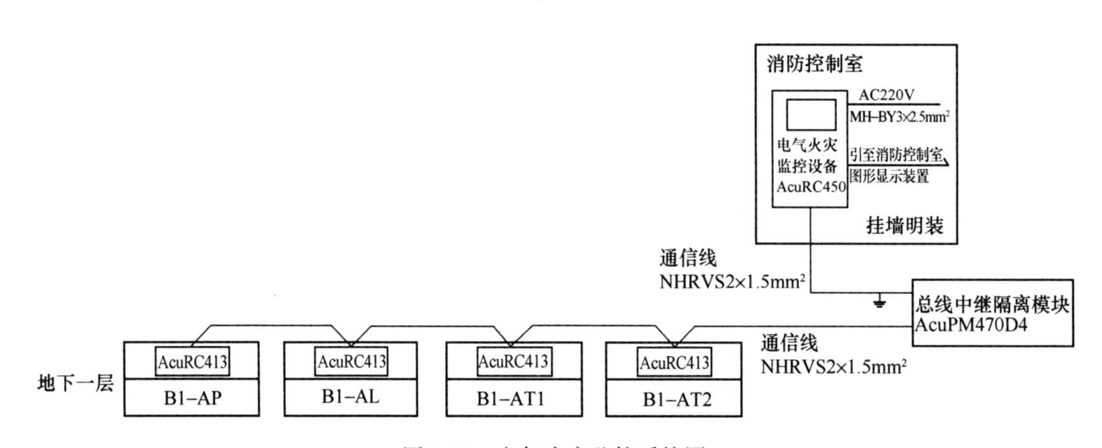

图 5-35　电气火灾监控系统图

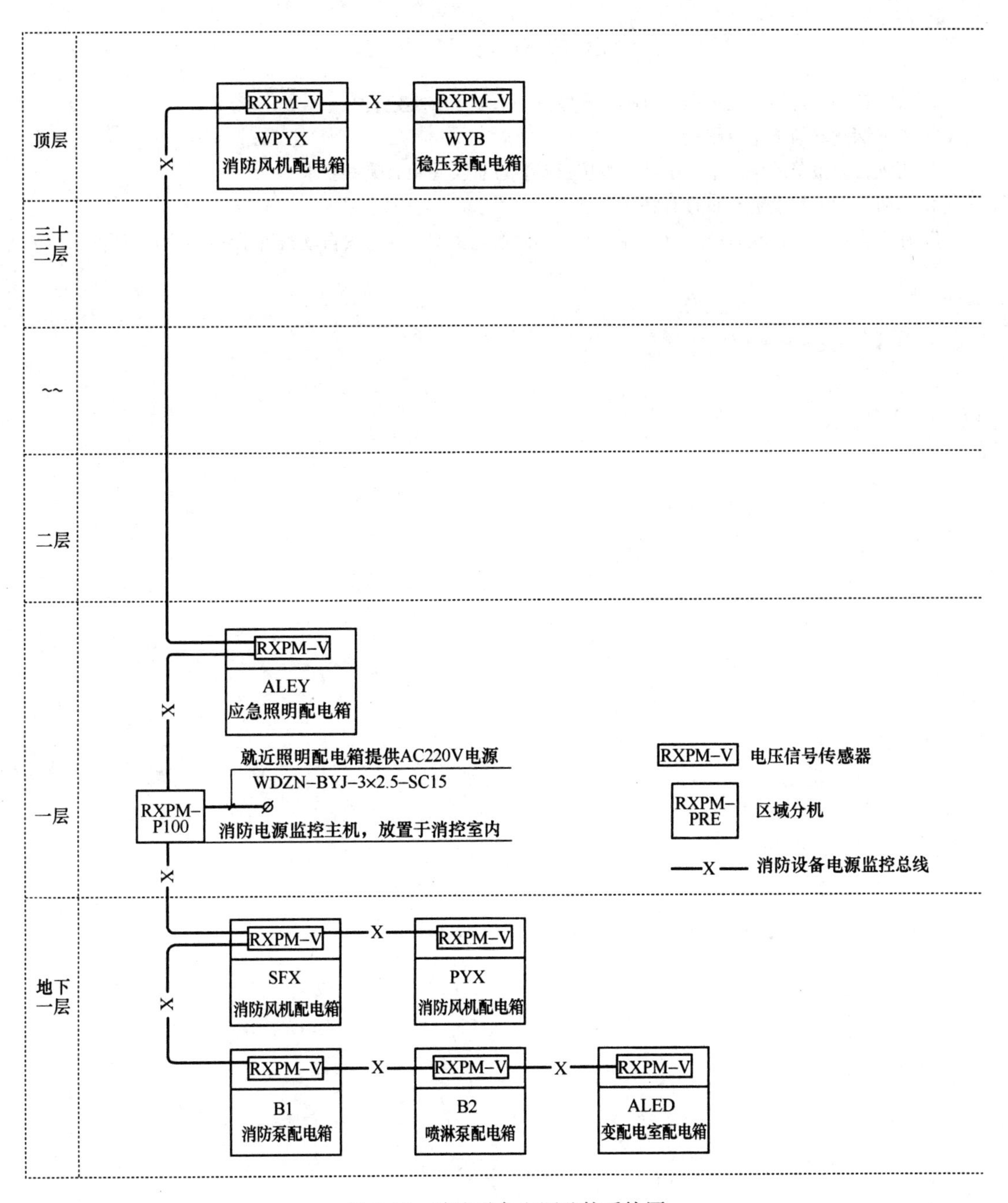

图 5-36 消防设备电源监控系统图

思考题与习题

1. 火灾自动报警系统基本形式有哪几种？分别适用于哪类建筑？
2. 火灾探测器的选用原则是什么？
3. 火灾自动报警系统图中，手动报警按钮安装位置及间距有哪些要求？
4. 消防控制室的设置与布置有哪些要求？
5. 住宅火灾自动报警系统有哪几种类型？不同住宅类型选择火灾自动报警系统的原则有哪些？

附录 钢管水力计算表

Q (L/s)	$DN$32 (mm)		$DN$40 (mm)		$DN$50 (mm)		$DN$80 (mm)		$DN$100 (mm)		$DN$125 (mm)	
	v	1000i	v	1000i	v	1000i	v	1000i	v	1000i	v	1000i
1.0	1.05	95.7	0.80	47.3	0.47	12.9	0.20	1.64				
1.2	1.27	135	0.95	66.3	0.56	18.0	0.24	2.27				
1.5	1.58	211	1.19	101	0.71	27.0	0.30	3.36				
1.6	1.69	240	1.27	114	0.75	30.4	0.32	3.76				
1.8	1.90	304	1.43	144	0.85	37.8	0.36	4.66				
2.0	2.11	375	1.59	178	0.94	46.0	0.40	5.62	0.23	1.47		
2.2	2.32	454	1.75	216	1.04	54.9	0.44	6.66	0.25	1.72		
2.4	2.53	541	1.91	256	1.13	64.5	0.48	7.79	0.28	2.00		
2.5	2.64	587	1.99	278	1.18	69.6	0.50	8.41	0.29	2.16		
2.6	2.74	635	2.07	301	1.22	74.9	0.52	9.03	0.30	2.31	0.20	0.826
2.8	2.95	736	2.23	349	1.32	86.9	0.56	10.3	0.32	2.63	0.21	0.940
3.0			2.39	400	1.41	99.8	0.6	11.7	0.35	2.98	0.23	1.06
3.2			2.55	456	1.51	114	0.64	13.2	0.37	3.36	0.24	1.19
3.4			2.71	515	1.60	128	0.68	14.7	0.39	3.74	0.26	1.32
3.5			2.78	545	1.65	136	0.70	15.5	0.40	3.93	0.264	1.40
3.6			2.86	577	1.69	144	0.72	16.3	0.42	4.14	0.27	1.46
3.8			3.02	643	1.79	160	0.76	18.0	0.44	4.57	0.29	1.61

续表

Q (L/s)	$DN$50 (mm)		$DN$70 (mm)		$DN$80 (mm)		$DN$100 (mm)		$DN$125 (mm)		$DN$150 (mm)	
	v	$1000i$	v	$1000i$	v	$1000i$	v	$1000i$	v	$1000i$	v	$1000i$
4.0	1.88	177	1.13	46.8	0.81	19.8	0.46	5.01	0.30	1.76		
4.2	1.98	196	1.19	51.2	0.85	21.7	0.48	5.46	0.32	1.92		
4.4	2.07	215	1.25	56.0	0.89	23.6	0.51	5.94	0.33	2.09		
4.5	2.12	224	1.28	58.6	0.91	24.6	0.52	6.20	0.34	2.18		
4.6	2.17	235	1.30	61.2	0.93	25.7	0.53	6.44	0.35	2.27		
4.8	2.26	255	1.36	66.7	0.97	27.8	0.55	6.95	0.56	2.45		
5.0	2.35	277	1.42	72.3	1.01	30.0	0.58	7.49	0.38	2.63	0.265	1.12
5.2	2.45	300	1.47	78.2	1.05	32.2	0.60	8.04	0.39	2.82	0.276	1.20
5.4	2.54	323	1.53	84.4	1.09	34.6	0.62	8.64	0.41	3.02	0.286	1.28
5.6	2.64	348	1.59	90.7	1.13	37.0	0.65	9.23	0.42	3.22	0.297	1.37
5.8	2.73	373	1.64	97.3	1.17	39.5	0.67	9.84	0.44	3.43	0.31	1.45
6.0	2.82	399	1.70	104	1.21	42.1	0.69	10.5	0.45	3.65	0.32	1.54
7.0			1.99	142	1.41	57.3	0.81	13.9	0.53	4.81	0.37	2.03
8.0			2.27	185	1.61	74.8	0.92	17.8	0.60	6.15	0.424	2.58
9.0			2.55	234	1.81	94.6	1.04	22.1	0.68	7.62	0.477	3.20
10.0			2.84	289	2.01	117	1.15	26.9	0.753	9.23	0.53	3.87
10.25			2.91	304	2.06	123	1.18	28.2	0.77	9.67	0.54	4.04
10.5			2.98	319	2.11	129	1.21	29.5	0.79	10.1	0.56	4.22
11.0					2.21	141	1.27	32.4	0.83	11.0	0.58	4.60
13.0					2.62	197	1.50	45.2	0.98	15.0	0.69	6.24

续表

Q (L/s)	$DN$80 (mm)		$DN$100 (mm)		$DN$125/ mm		$DN$150/ mm		Q (L/s)	$DN$125 (mm)		$DN$150 (mm)	
	v	1000i	v	1000i	v	1000i	v	1000i		v	1000i	v	1000i
14.0	2.82	229	1.62	52.4	1.05	17.2	0.74	7.15	24.5	1.85	51.8	1.30	20.4
15.0			1.73	60.2	1.13	19.6	0.79	8.12	25.0	1.88	53.9	1.32	21.2
15.5			1.78	64.2	1.17	20.8	0.82	8.62	25.5	1.92	56.1	1.35	22.1
16.0			1.85	68.5	1.20	22.1	0.85	9.15	26.0	1.96	58.3	1.38	22.9
16.5			1.90	72.8	1.24	23.5	0.87	9.67	26.5	2.00	60.5	1.40	23.8
17.0			1.96	77.3	1.28	24.9	0.90	10.2	27.0	2.03	62.9	1.43	24.7
17.5			2.02	81.9	1.32	26.4	0.93	10.8	27.5	2.07	65.2	1.46	25.7
18.0			2.08	86.6	1.36	27.9	0.95	11.4	28.0	2.11	67.6	1.48	26.6
18.5			2.14	91.5	1.39	29.5	0.98	11.9	28.5	2.15	70.0	1.51	27.6
19.0			2.19	96.5	1.55	38.3	1.01	12.6	29.0	2.18	72.5	1.54	28.5
19.5			2.25	102	1.59	40.4	1.03	13.2	29.5	2.22	75.0	1.56	29.5
20.0			2.31	107	1.63	42.5	1.06	13.8	30.0	2.26	77.6	1.59	30.5
20.5			2.37	112	1.67	44.6	1.09	14.5	30.5	2.30	80.2	1.62	31.6
21.0			2.42	118	1.71	46.8	1.11	15.2	31.0	2.34	82.9	1.64	32.6
21.5			2.48	124	1.62	39.9	1.14	15.8	31.5	2.37	85.6	1.67	33.7
22.0			2.54	129	1.66	41.7	1.17	16.5	32.0	2.41	88.3	1.70	34.8
22.5			2.60	135	1.69	43.6	1.19	17.2	32.5	2.45	91.1	1.72	35.9
23.0			2.66	141	1.73	45.6	1.22	18.0	33.0	2.49	93.9	1.75	37.0
23.5			2.71	148	1.77	47.6	1.24	18.7	33.5	2.52	96.8	1.77	38.1
24.0			2.77	154	1.81	49.7	1.27	19.5	34.0	2.56	99.7	1.80	39.2

续表

Q (L/s)	$DN$150 (mm)		Q (L/s)	$DN$150 (mm)		Q (L/s)	$DN$150 (mm)	
	v	1000i		v	1000i		v	1000i
35.0	1.85	41.6	40	2.12	54.3	50	2.65	84.9
35.5	1.88	42.8	41	2.17	57.1	51	2.70	88.3
36.0	1.91	44.0	42	2.23	59.9	52	2.76	91.8
36.5	1.93	45.2	43	2.28	62.8	53	2.81	95.4
37.0	1.96	46.5	44	2.33	65.7	54	2.86	99.0
37.5	1.99	47.7	45	2.38	68.7	55	2.91	103
38.0	2.01	49.0	46	2.44	71.8	56	2.97	106
38.5	2.04	50.5	47	2.49	75.0	57	3.02	110
39.0	2.07	51.6	48	2.54	78.2			
39.5	2.09	53.0	49	2.60	81.5			

参 考 文 献

［1］ 公安部天津消防研究所．建筑设计防火规范(2018 年版)：GB 50016—2014[S]. 北京：中国计划出版社，2018.

［2］ 中华人民共和国住房和城乡建设部．消防设施通用规范：GB 55036—2022[S]. 北京：中国建筑工业出版社，2022.

［3］ 中华人民共和国公安部．汽车库、修车库、停车场设计防火规范：GB 50067—2014[S]. 北京：中国计划出版社，2014.

［4］ 总参工程兵第四设计研究院等．人民防空工程设计防火规范：GB 50098—2009[S]. 北京：中国计划出版社，2009.

［5］ 中国中元兴华工程公司．消防给水及消火栓系统技术规范：GB 50974—2014[S]. 北京：中国计划出版社，2014.

［6］ 公安部天津消防研究所．自动喷水灭火系统设计规范：GB 50084—2017[S]. 北京：中国计划出版社，2017.

［7］ 应急管理部上海消防研究所，上海市消防救援总队，山西省消防救援总队等．自动跟踪定位射流灭火系统技术标准．GB 51427—2021. 北京：中国计划出版社，2021.

［8］ 公安部上海消防研究所．固定消防炮灭火系统设计规范：GB 50338—2003[S]. 北京：中国计划出版社，2003.

［9］ 公安部天津消防研究所等．水喷雾灭火系统技术规范：GB 50219—2014[S]. 北京：中国计划出版社，2014.

［10］ 公安部天津消防研究所．细水雾灭火系统技术规范：GB 50898—2013[S]. 北京：中国计划出版社，2013.

［11］ 公安部上海消防研究所．建筑灭火器配置设计规范：GB 50140—2005[S]. 北京：中国计划出版社，2005.

［12］ 公安部天津消防研究所．气体灭火系统设计规范：GB 50370—2005[S]. 北京：中国计划出版社，2006.

［13］ 公安部四川消防研究所．建筑防烟排烟系统技术标准：GB 51251—2017[S]. 北京：中国计划出版社，2017.

［14］ 公安部沈阳消防研究所．火灾自动报警系统的设计规范：GB 50116—2013[S]. 北京：中国计划出版社，2013.

［15］ 中国建筑东北设计研究院有限公司．民用建筑电气设计标准：GB 51348—2019[S]. 北京：中国建筑工业出版社，2020.

［16］ 应急管理部沈阳消防研究所．消防应急照明和疏散指示系统技术标准：GB 51309—2018[S]. 北京：中国建筑工业出版社，2018.

［17］ 中国建筑标准设计研究院．《建筑设计防火规范》图示[M]. 18J811—1. 北京：中国

计划出版社，2018.
[18] 中国建筑标准设计研究院.《消防给水及消火栓系统技术规范》图示[M]. 15S909. 北京：中国计划出版社，2016.
[19] 中国建筑标准设计研究院. 自动喷水灭火设施安装[M]. 20S206. 北京：中国计划出版社，2021.
[20] 中国建筑标准设计研究院. 自动喷水灭火系统的设计[M]. 19S910. 北京：中国计划出版社，2019.
[21] 中国建筑标准设计研究院.《建筑防烟排烟系统技术标准》图示[M]. 15K606. 北京：中国计划出版社，2017.
[22] 中国建筑标准设计研究院.《火灾自动报警系统设计规范》图示[M]. 14X505-1. 北京：中国计划出版社，2014.
[23] 中国建筑设计研究院有限公司. 建筑给水排水设计手册(上册、下册)[M]. 北京：中国建筑工业出版社，2018.
[24] 徐志嫱，李梅，孙小虎. 建筑消防工程(第二版)[M]. 北京：中国建筑工业出版社，2018.
[25] 赵锂，陈怀德，姜文源.《消防给水及消火栓系统技术规范》GB 50974—2014 实施指南[M]. 北京：中国建筑工业出版社，2016.
[26] 李亚峰，唐婧，余海静. 建筑消防工程(第 2 版)[M]. 北京：机械工业出版社，2019.